# 走进一线谈炼铁

## Into the Frontline: Discussions on Ironmaking

张宏星　陈龙智　编著

（彩图资源）

北　京
冶　金　工　业　出　版　社
2024

## 内 容 提 要

本书介绍了炼铁技术的发展历程、现状及未来趋势，以一线高炉操作者的角度从炼铁原料、高炉大修、铁前配套设施、高炉操作、炉缸维护及常见事故处理等方面介绍了高炉炼铁的实际操作和管理，深入探讨了炼铁过程中的理论创新和经济炼铁综合技术，最后对未来炼铁的发展趋势作了展望，以期为读者提供行业发展的前瞻性思考。

本书可供炼铁领域从业者阅读参考，也可作为一线员工的培训教材使用。

**图书在版编目(CIP)数据**

走进一线谈炼铁/张宏星，陈龙智编著．—北京：冶金工业出版社，2024. 8. —ISBN 978-7-5024-9899-3

Ⅰ. TF53

中国国家版本馆 CIP 数据核字第 2024T2K541 号

**走进一线谈炼铁**

---

| | | | |
|---|---|---|---|
| **出版发行** | 冶金工业出版社 | **电　　话** | (010)64027926 |
| **地　　址** | 北京市东城区嵩祝院北巷 39 号 | **邮　　编** | 100009 |
| **网　　址** | www. mip1953. com | **电子信箱** | service@ mip1953. com |

责任编辑　张佳丽　美术编辑　吕欣童　版式设计　郑小利

责任校对　葛新霞　责任印制　窦　唯

北京印刷集团有限责任公司印刷

2024 年 8 月第 1 版，2024 年 8 月第 1 次印刷

710mm×1000mm　1/16；18. 25 印张；354 千字；282 页

**定价 118. 00 元**

---

**投稿电话　(010)64027932　投稿信箱　tougao@ cnmip. com. cn**

**营销中心电话　(010)64044283**

**冶金工业出版社天猫旗舰店　yjgycbs. tmall. com**

(本书如有印装质量问题，本社营销中心负责退换)

# 前　言

炼铁技术是工业发展的重要支柱，对于现代社会的经济发展具有举足轻重的作用。本书旨在全面介绍炼铁技术的发展历程、现状及未来趋势，同时从一线高炉操作者的角度深入探讨炼铁过程中的理论创新和经济炼铁综合技术。我们希望通过本书，使读者能够更深入地了解炼铁技术的各个方面，为炼铁行业的可持续发展做出贡献。

本书共分为5章，第1章简要介绍了炼铁技术的发展简史和铁前系统，为读者提供了炼铁技术的基本框架。第2章详细介绍了炼铁原料、高炉设计、铁前配套设施、高炉操作、炉缸维护及常见问题处理等方面，使读者能够深入地了解高炉炼铁的实际操作和管理。第3章探讨了中医思维在炼铁生产中的应用实践及铁前一盘棋的理念，为读者提供了全新的视角和思考方式。第4章重点介绍了铁前系统原料优化技术、高炉高煤比关键技术及智慧炼铁技术等，旨在提高炼铁生产的经济效益和资源利用效率。第5章展望了炼铁技术的未来发展方向，为读者提供了行业发展的前瞻性思考。

本书能够顺利完成，离不开国内很多炼铁厂和炼铁界老朋友的大力支持，感谢他们提供大量有价值的素材。同时，衷心感谢所有为本书的编写和完成所付出辛勤劳动的人们，感谢所有支持和关心炼铁技术发展的机构和个人，特别感谢刘晓萍、史志苗、徐彩龙、李君、徐振庭、李金辉、卞小松、邹佳曦、韩敏东、杨和祺、李冬、王玉鑫、樊建业、沈正华、吴燕龙、周广强等人在本书编写过程中给予的帮助，同时对李毓、吴云雷、曹森华、沈丽、孙悦等人的支持一并表示感谢。最后，感谢所有为炼铁事业默默奉献的一线操作者和工作人员，是你们的辛勤付出，让炼铁产业更加繁荣。还要感谢所有参考文献的作者们，他们的研究成果为本书提供了重要的理论依据和实践经验。

在编写过程中，我们力求做到内容准确、语言通俗易懂，注重理论与实践相结合。同时，我们也参考了文献资料和专业书籍，以确保信息的权威性和可靠性。希望本书能够为炼铁行业的从业者、研究人员及相关领域的学者提供有价值的参考和借鉴。我们也欢迎广大读者提出宝贵的意见和建议，共同推动炼铁技术的进步和发展。

编著者

2024 年 3 月

# 目　　录

# 1 概　　论

## 1.1 炼铁技术发展简史

我国是世界上炼铁技术发展最早的国家之一，但几千年封建统治和百余年帝国主义侵略，使得当时我国炼铁工业相比西方发达国家长期滞后。但是新中国成立 70 多年来，随着国家的繁荣昌盛和科学技术的发展，我国炼铁工业取得了巨大的进展和成就。

### 1.1.1 早期炼铁技术的发展

早在商朝，我国就开始使用天然的陨铁锻造铁刃。而真正的炼铁技术发明于西周晚期（公元前 840—前 771 年），这时采用的块炼铁法是在土坑里用木炭于 800~1000 ℃下还原铁矿石，得到一种含有大量非金属氧化物的海绵状固态块铁。这种块铁含碳量很低，具有较好的塑性，经锻打成型，用于制作器具。春秋中期（公元前 600 年前后），我国已经发明了生铁冶炼技术，到了春秋末年，铁制的农具和兵器也已得到普遍使用。到战国时代（公元前 403—前 221 年），我国已经掌握了“块铁渗碳钢”制造技术，造出了非常坚韧的农具和锋利的宝剑。西汉中晚期（公元前 100—公元 9 年），我国发明了“炒钢”的生铁脱碳技术。东汉初期（公元 25—220 年），南阳地区已经制造出水力鼓风机，扩大了冶炼生产规模，产量和质量都得到了提高，使炼铁生产向前迈进了一大步。北宋时期（公元 960—1127 年），炼铁技术进一步发展，由皮囊鼓风机改为木风箱鼓风，并广泛以石炭（煤）为炼铁燃料，当时的炼铁规模是空前的。

在世界历史上，中国、印度和埃及是最早用铁的国家，也是最早掌握炼铁技术的国家。欧洲的块炼铁法是公元前 1000 年前后才发明的，直到公元 13 世纪末、14 世纪初才掌握生铁冶炼技术。获得生铁的初期，人们把它当作废品，因为它性脆，不能锻造成器具。后来发现将生铁与矿石一起放入炉内再进行冶炼，会得到性能比生铁好的粗钢。从此钢铁冶炼就开始形成了一直沿用至今的二步冶炼法：第一步从矿石中冶炼出生铁；第二步把生铁精炼成钢。随着时代的发展，高炉燃料从木炭、煤发展到焦炭，鼓风动力用蒸汽机代替人力、水力（或风力），鼓风也由热风代替冷风，产量不断增长，从而逐渐进入近代炼铁的时期。

我国修建现代化高炉始于 1891 年，首先在汉阳建了两座日产百吨铁的小高炉，以后又陆续在大冶、石景山、阳泉等地建起一些高炉。日本帝国主义入侵我国东北后，为了掠夺我国矿产资源，又在鞍山、本溪等地建了一些高炉。1943 年是我国在新中国成立前钢铁产量最高的一年，生铁产量达 180 万吨，钢产量 90 万吨，占世界第 16 位。到 1949 年，我国钢铁工业技术水平及装备极其落后，铁的年产量只有 25 万吨，钢为 15.8 万吨。新中国成立后，在党中央的英明领导下，我国钢铁生产迅速得到恢复和发展。

### 1.1.2 新中国成立后炼铁技术的发展及现状

新中国成立 70 多年来我国生铁产量的变化如图 1-1 所示。结合社会和经济的发展，北京科技大学杨天钧教授将我国炼铁工业大体分为 4 个阶段：奠定基础阶段（1949—1978 年）、引进学习阶段（1978—2000 年）、自主开发阶段（2000—2013 年）及绿色创新阶段（2013 年至今）。各个阶段生产技术水平的变化，可以通过高炉炼铁的焦比、利用系数以及入炉原料品位的变化得到反映，如图 1-2 所示。

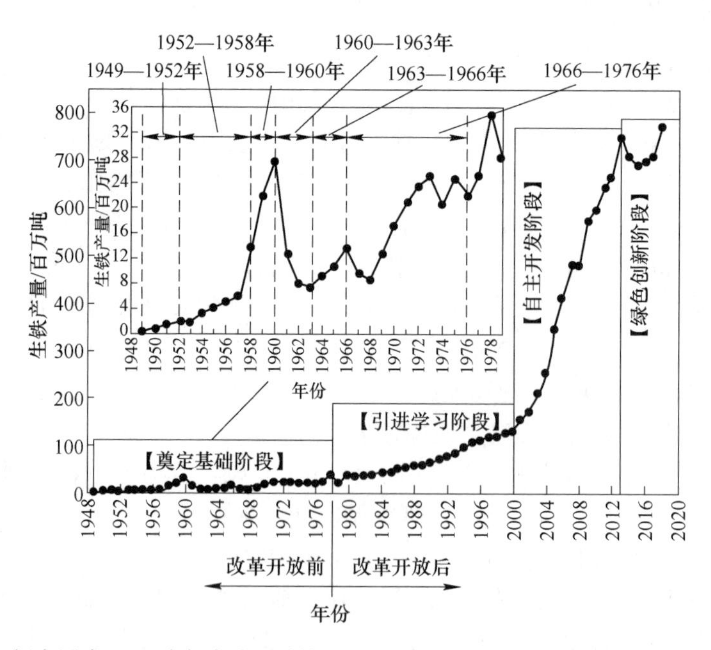


图 1-1 新中国成立 70 多年来我国炼铁工业的发展阶段和时期及其对应生铁产量变化

（1）艰苦奋斗是奠定基础阶段（1949—1978 年）显著的特征。如图 1-1 所示，1949 年新中国成立初期，百废待兴，中国的生铁产量每年只有约 25 万吨。在 1978 年之前的这一阶段中（改革开放前），随着社会经济的发展，我国炼铁工业主要经历了 6 个时期：1949—1952 年是恢复生产时期、1952—1958 年是我国

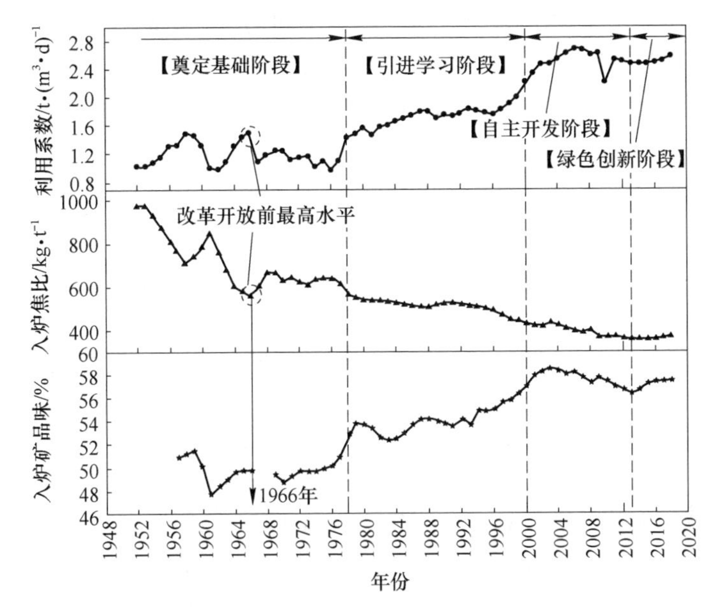


图 1-2 中国炼铁工业各历史发展阶段对应的高炉利用系数、入炉焦比及入炉品位变化

炼铁工业学习苏联时期、1958—1960 年属于“大跃进”时期、1960—1963 年为国民经济调整时期、1963—1966 年为独立发展时期，1966—1976 年属于“文化大革命”时期。中国炼铁工业的发展在这 6 个时期里均留下了深刻的时代烙印。

1949—1952 年时的炼铁工业，鞍钢 7 号高炉重建投产是一个重要标志，当时在落后的装备条件下努力保持高炉顺行，吨铁焦比接近 1000 kg/t，利用系数只有 1.0 t/($m^3$ · t)，如图 1-2 所示。第一个五年计划开始，中国钢铁工业全面向苏联学习，高炉炼铁水平明显提高，1953 年，中国科学院和冶金工业部联合十几个研究单位对包头铁矿的综合利用进行了全面研究，成功解决了复杂矿综合利用问题。这时的吨铁高炉燃料比降到 713 kg/t，利用系数增加到 1.49 t/($m^3$ · t)，高炉入炉品位也保持上升趋势。1958 年开始，炼铁工业发展的势头迅猛，但是焦比明显增加，利用系数和入炉品位有所降低。1961 年，中国开始对国民经济进行调整，相当多的炼铁企业停产减产，产量从 1960 年的 2716 万吨降低到 1963 年的 741 万吨。1963—1966 年，在这一短暂的独立发展时期，我国炼铁技术取得了明显进步。1965 年，在大量试验研究的基础上，中国成功解决了攀枝花钒钛磁铁矿的高炉冶炼问题。1966 年高炉技术经济指标达到了新中国成立以来的最好水平，重点企业的吨铁焦比降至 558 kg/t，如图 1-2 所示，当时仅次于日本，居世界第二位，喷吹煤粉的一些高炉的吨铁焦比甚至降至 400 kg/t 左右，达到当时的国际领先水平。但是，1966—1976 年这个时期结束了炼铁工业的大好形势，尽管产量略有增长，但总体来讲，这一时期中国钢铁生产起伏不定，形成了钢铁工业“十年徘徊”的局面。

（2）改革开放是引进学习阶段（1978—2000 年）显著的特征。1978 年，党的十一届三中全会开启了“改革开放”的新征程。中国陆续引进了日本和欧美的当代先进炼铁工艺技术。1985 年建成投产的宝钢 1 号高炉是中国炼铁进入学习国外先进技术阶段的重要标志。宝钢一期工程的原料场、烧结、焦化、高炉以日本新日铁君津、大分等厂为样板，成套引进，国产化率只有 12%；二期工程由国内设计，设备以国产设备为主，国产化率达到 85%以上，于 1991 年建成投产；三期工程在 1994 年前后陆续建成投产。此外，1991 年建成投产的武钢新 3 号高炉（3200 $m^3$，现称 5 号高炉）也是 20 世纪 80 年代学习国外先进技术的另一个案例，从第一代生产实践来看，高炉实现了设计目标，一代炉役寿命达到 15 年零 8 个月。

通过不断引进和学习国外先进技术，中国炼铁工业在此阶段的产量保持稳定增长，从 1978 年的 3479 万吨增加到 2000 年的 1.31 亿吨，与此对应的吨铁焦比从 1978 年的 562 kg/t 降低到 2000 年的 429 kg/t，高炉利用系数从 1.43 t/($m^3$·t) 增加到 2.22 t/($m^3$·t)。这一时期的积累为中国炼铁工业进入 21 世纪后的高速发展打下了坚实的基础。

（3）开拓进取是自主开发阶段（2000—2013 年）显著的特征。进入 21 世纪后，中国炼铁工业进入自主开发阶段，炼铁技术装备的大型化和现代化是这一时期炼铁工业发展的特点，各个方面也都取得了很大进步，比如原燃料质量得到改善、高炉操作技术不断进步、高炉寿命延长等。在此阶段随着中国经济的腾飞，对钢铁的需求不断增加，2000—2013 年中国生铁产量快速增长，除了 2005—2009 年受金融危机影响之外，这一阶段生铁产量保持每两年增长 1 亿吨的速度高速发展，其中中国生铁产量于 2009 年在世界生铁产量中占比达到 57%，此后，一直占据世界生铁产量的半壁江山。

在此期间，我国建设了京唐 5500 $m^3$ 高炉、沙钢 5800 $m^3$ 高炉，以及鞍钢鲅鱼圈等企业的十几座 4000 $m^3$ 级的大型高炉，并建设了京唐 550 $m^2$、太钢 600 $m^2$ 等大型烧结机，很多大型装备达到了国际先进水平。首钢京唐 1 号高炉于 2009 年 5 月 21 日投产，2 号高炉于 2010 年 6 月 26 日投产，这两座 5500 $m^3$ 高炉的主要技术经济指标已经按照国际先进水平设计：利用系数为 2.3 t/($m^3$·d)，焦比为 290 kg/t，煤比为 200 kg/t，燃料比为 490 kg/t，风温为 1300 ℃，煤气含尘量为 5 mg/$m^3$，一代炉役寿命为 25 年等。京唐两座高炉投产以来的生产实践表明，中国炼铁技术自主创新和集成创新取得了重大进展。

（4）转型升级和高质量发展是绿色创新阶段（2013 年至今）显著的特征。2013 年后，中国炼铁工业由高速增长阶段转向绿色创新阶段，生铁产量开始略微降低，产量稳定在7亿吨左右，伴随着国家经济结构和产业结构的转型升级，炼铁工业面临资源、环保和结构调整的多重压力，开始呈现减量化创新发展的态势。注重高质量和绿色环保是这一阶段炼铁工业发展的特点。具有代表性的进展是宝钢湛江两座5050 $m^3$ 高炉的投产。湛江钢铁1号高炉和2号高炉分别于2015年9月25日和2016年7月15日顺利投产。湛江钢铁高炉设计贯彻高效、优质、低耗、长寿、环保的技术方针，采用多项先进工艺技术及装备。此外，山钢日照的两座5100 $m^3$ 高炉分别于2017年12月和2019年1月顺利投产。

这一阶段，中国在绿色炼铁新工艺，特别是熔融还原和直接还原方面也迈出了新的步伐。宝武集团八钢欧冶1号炉于2015年6月18日正式点火投产，其原型是2012年宝钢罗泾的Corex-3000炼铁炉，设计年产铁水150万吨，是目前全球最大、最先进的熔融还原炼铁炉。此外，山东墨龙石油机械公司引进消化了澳洲力拓的HIsmelt技术，于2016年6月开炉成功，首次实现了HIsmelt连续工业化出铁，采用粉煤和粉矿直接冶炼出生铁，取得了一系列的技术进步。2013年5月，山西中晋太行矿业公司与伊朗MME公司在太原签约，引进并消化先进的“直接还原铁”工艺技术和设备（自主命名为CSDRI），计划年产30万吨，这是国内第一次用焦炉煤气改质生产直接还原铁。

## 1.2 铁前系统概述

钢铁生产是一项系统工程，首先要对煤矿和铁矿进行采矿和选矿，将精选的炼焦煤和品位达到要求的铁矿石，通过陆路或水运送到钢铁企业的原料场进行配煤或配矿，混匀，再分别在焦化厂和烧结厂进行炼焦和烧结，获得符合高炉炼铁质量要求的焦炭和烧结矿。球团矿厂可直接建在矿山，也可建在钢铁厂，它的任务是将细粒精矿粉造球、干燥、经高温焙烧后得到直径9~16mm的球团矿。对于钢铁联合企业而言，铁前系统包括焦化厂、烧结厂、球团厂和炼铁厂。高炉炼铁原料及工艺流程如图1-3所示。

### 1.2.1 焦化

焦化是一个工业过程，是指煤在焦炉炭化室内隔绝空气加热，经历一系列物理和化学变化，最终转化为焦炭及焦炉煤气。焦化工业在国民经济中占有重要地位，其产品如焦炭、焦炉煤气以及各种化学副产品广泛用于冶金、化工、医药、耐火材料和国防等多个行业。例如，焦炭是高炉冶炼的主要燃料，而焦炉煤气则可以作为燃料或用于制造其他化学品。

炼铁过程实际是个还原过程，需要大量还原剂和热量来源。高炉炼铁消耗的燃料很多，2000多年前炼1 t铁需要大约7 t的燃料，目前先进高炉炼1 t铁，需

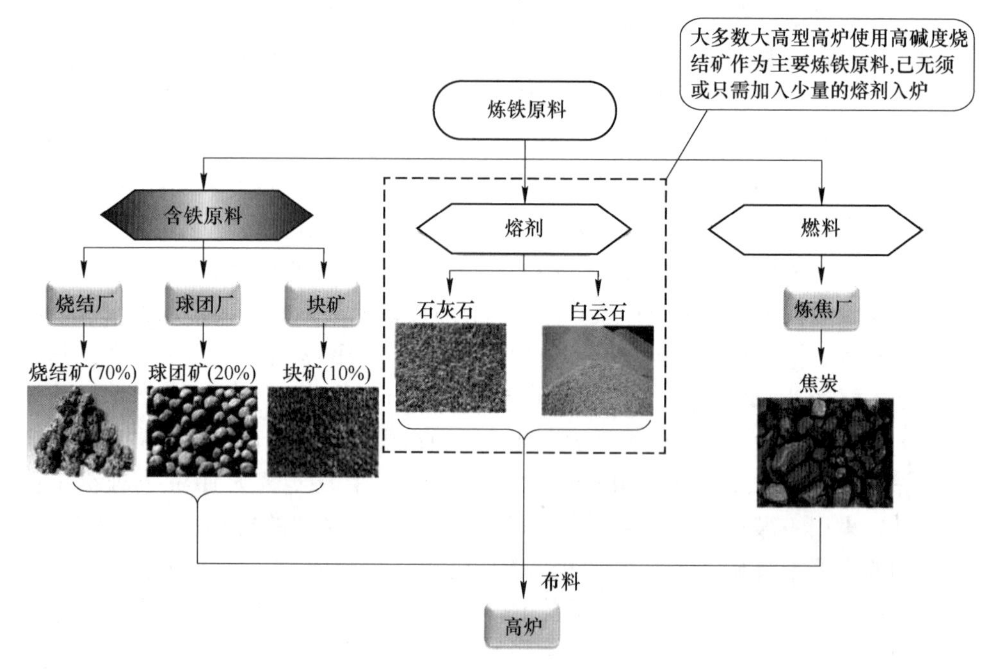


图 1-3 高炉炼铁原料及工艺流程

要约 0.5 t 燃料（包括焦炭和煤粉）。能满足高炉这样巨大的燃料需求量要求的只有碳元素。

最早使用的高炉燃料是木炭。木炭含碳高、含硫低，有一定强度和块度，是高炉较好的燃料。但木炭价格太贵，而且大量用木炭炼铁必然破坏大片森林。我国是最早将煤用于炼铁的国家。公元 4 世纪成书的《释氏西域记》曾有记载。

煤的储量巨大，但作高炉燃料局限性很大，煤含有 20%~40%的挥发物，在 250~350 ℃开始剧烈分解，坚硬的煤块爆裂成碎块和煤灰。这些粉煤会填塞到大块铁矿石、烧结矿、球团矿的间隙中，显著破坏高炉料柱的透气性，较大的高炉难以顺利生产，灰渣还会填满炉缸。在高炉中使用煤，开始时会出现技术经济指标降低的情况，接着就会炉况不佳甚至出现大的事故。同时，煤中含硫量一般较高，用煤炼铁常常引起铁水含硫量升高，从而降低生铁质量。因此，现在除风口喷吹煤粉外，从高炉炉顶加入的燃料仅为焦炭。焦炭是高炉炼铁的主要燃料。

1.2.1.1 焦炭在高炉内的作用

（1）在风口前燃烧，提供冶炼所需热量。高炉冶炼是一个高温物理化学过程，矿石被加热，进行各种化学反应，熔化成液态渣铁，将其加热到能从渣铁中顺利流出的温度，需要大量的热量。这些热量主要是靠燃料的燃烧提供。燃料燃烧提供的热量占高炉热量总收入的 70%~80%。

（2）固体C及其氧化产物CO是铁氧化物等的还原剂。高炉冶炼主要是一个高温还原过程。生铁中的主要成分Fe、Si、Mn、P等元素都是从矿石的氧化物中还原出来的。还原过程中所需的还原剂也主要是由固体C及其氧化产物CO提供。

（3）作为高炉料柱的骨架。高炉料柱中的其他炉料，在下降到高温区后，相继软化熔融，唯有块状固体燃料不软化也不熔化，在炉料中所占体积较大，为1/3~1/2，如骨架一样支撑着软熔状态的矿石炉料，使煤气流能从料柱中穿透上升。这也是当前其他燃料无法替代焦炭的根本原因。

（4）有助于铁水渗碳。由于还原出来的纯铁熔点很高，为1535 ℃，在高炉冶炼的温度下难以熔化。但当铁在高温下与燃料接触不断渗碳后，其熔化温度逐渐降低，可至1150 ℃，这样生铁在高炉内能顺利熔化、滴落，与由脉石组成的熔渣良好分离，保证高炉生产过程不断进行。生铁中含碳量达3.5%~4.5%，均来自燃料，所以说焦炭是生铁组成成分中碳的来源。

传统的典型高炉生产，其燃料为焦炭，现代发展高炉喷吹燃料技术后，焦炭已不再是高炉唯一的燃料。但是任何一种喷吹燃料只能代替焦炭的铁水渗碳、作为热源和还原剂的作用，而代替不了焦炭在高炉内的料柱骨架作用，焦炭对高炉来说是必不可少的。而且随着冶炼技术的进步，焦比不断下降，焦炭作为骨架保证炉内透气、透液性的作用更为突出。焦炭质量对高炉冶炼过程有极大的影响，它的数量和质量在很大程度上决定着高炉的生产和冶炼的效果，成为限制高炉生产发展的因素之一。

#### 1.2.1.2 炼焦工艺过程

我国在大型焦炉运用和改造过程中解决了诸多技术管理难题，积累了丰富的实践经验。2006年6月山东兖矿国际焦化公司引进德国7.63 m顶装焦炉投产，拉开了中国焦炉大型化发展的序幕。此后中冶焦耐公司开发推出的7 m顶装、唐山佳华的6.25 m捣固焦炉，以及目前已研发出炭化室高8 m的特大型焦炉，实现沿燃烧室高度方向的贫氧低温均匀供热，达到均匀加热和降低$NO_x$生成的目的，标志着我国大型焦炉炼焦技术的成熟，一些焦化的技术经济指标已达国际先进水平，焦化工序如图1-4所示。

（1）原料准备：原煤在炼焦之前，要先进行洗煤，目的是降低煤中灰分和其他有害杂质；然后将各种结焦性能不同的煤经过洗选后按一定比例配合进行炼焦。

（2）结焦过程：根据资源条件，将按一定配比的粉末状煤混匀，置于炼焦炉中隔绝空气的炭化室内，由两侧燃烧室供热。随着温度的升高，粉末开始干燥和预热（50~200 ℃）、热分解（200~300 ℃）、软化（300~500 ℃），产生液态胶质层，并逐渐固化形成半焦（500~800 ℃）和成焦（900~1000 ℃），最后形

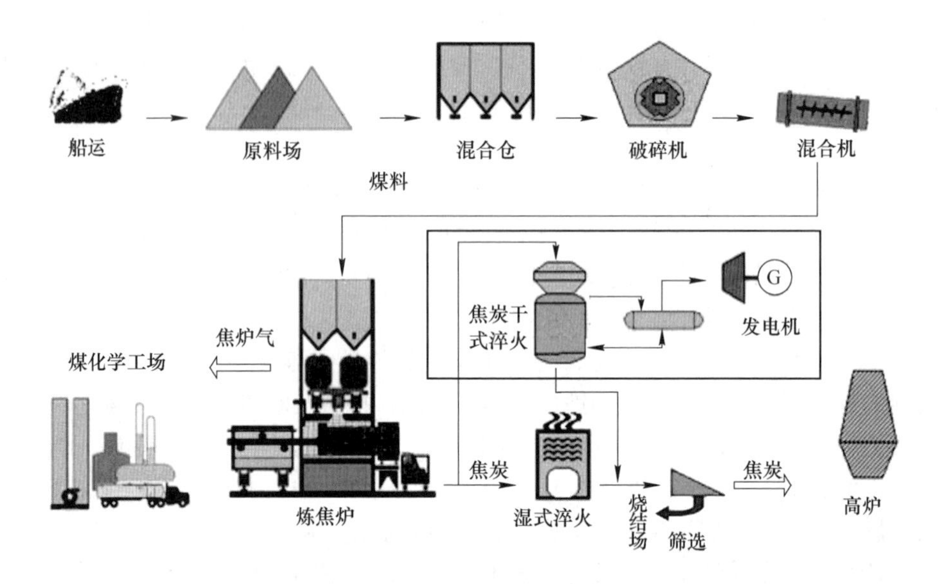


图 1-4　焦化流程图

成具有一定强度的焦炭。干馏产生的煤气经集气系统，送往化学产品回收车间进行加工处理。经过一个结焦周期（即从装炉到推焦所需的时间，一般为 14～18 h，视炭化室宽度而定），用推焦机将炼制成熟的焦炭经拦焦机推入熄焦车。

（3）焦炭处理：从炼焦炉出炉的高温焦炭，需经过熄焦、凉焦、筛焦、贮焦等一系列处理。为满足炼铁的要求，有的还需进行整粒。

1）熄焦：有湿法熄焦和干法熄焦两种方式。前者是用熄焦车将出炉的红焦载往熄焦塔用水喷淋。后者是用 180 ℃左右的惰性气体逆流穿过红焦层进行热交换，焦炭被冷却到约 200 ℃，惰性气体则升温到 800 ℃左右，并送入余热锅炉，生产蒸汽。每吨焦发生蒸汽量 400～500 kg，干法熄焦可消除湿法熄焦对环境的污染，提高焦炭质量，同时回收大量热能，但基建投资大，设备复杂，维修费用高。

2）凉焦：将湿法熄焦后的焦炭，卸到倾斜的凉焦台面上进行冷却。焦炭在凉焦台上的停留时间一般要 30 min 左右，以蒸发水分，并对少数未熄灭的红焦补行熄焦。

3）筛焦：根据用户要求将混合焦在筛焦楼进行筛分分级。中国钢铁联合企业的焦化厂，一般将焦炭筛分成四级，即粒度大于 40 mm 为大块焦，40～25 mm 为中块焦，25～10 mm 为小块焦，小于 10 mm 为粉焦。通常大、中块焦供冶金用，小块焦供化工部门用，粉焦用作烧结厂燃料。

4）贮焦：将筛分处理后的各级焦炭分别贮存在贮焦槽内，然后装车外运，或由胶带输送机直接送给用户。

每1000 kg干精煤约可获得冶金焦750 kg、煤焦油15~34 kg、氨1.5~2.6 kg、粗苯4.5~10 kg、焦炉煤气290~350 m³，焦炉煤气的化学成分见表1-1。

**表1-1 焦炉煤气的化学成分**

| 成分 | $H_2$ | $CH_4$ | $C_mH_n$ | CO | $CO_2$ | $N_2$ | $O_2$ |
|---|---|---|---|---|---|---|---|
| 含量/% | 54~59 | 23~28 | 2~3 | 5.5~7 | 1.5~2.5 | 3~5 | 0.3~0.7 |

### 1.2.2 烧结

烧结生产必须依据具体原料、设备条件及对产品质量的需求，按照烧结过程的内在规律，合理确定生产工艺流程和操作制度，并充分利用现代科学技术成果，采用新工艺新技术，强化烧结生产过程，提高技术经济指标，实现高产、优质、低耗、长寿。

烧结生产流程由原料的接受、储存与中和、熔剂燃料的破碎筛分、配料及混合料制备、烧结和产品处理等环节组成，如图1-5所示。通过原料的中和混匀，将多品种的粉矿和精矿经配料及混匀作业，将化学成分稳定、粒度组成均匀的混合矿送往烧结机点火烧结；烧结产品经冷却后整粒，筛除粉末并使成品烧结粒度上限控制在50 mm以内，达到较理想的粒度组成。

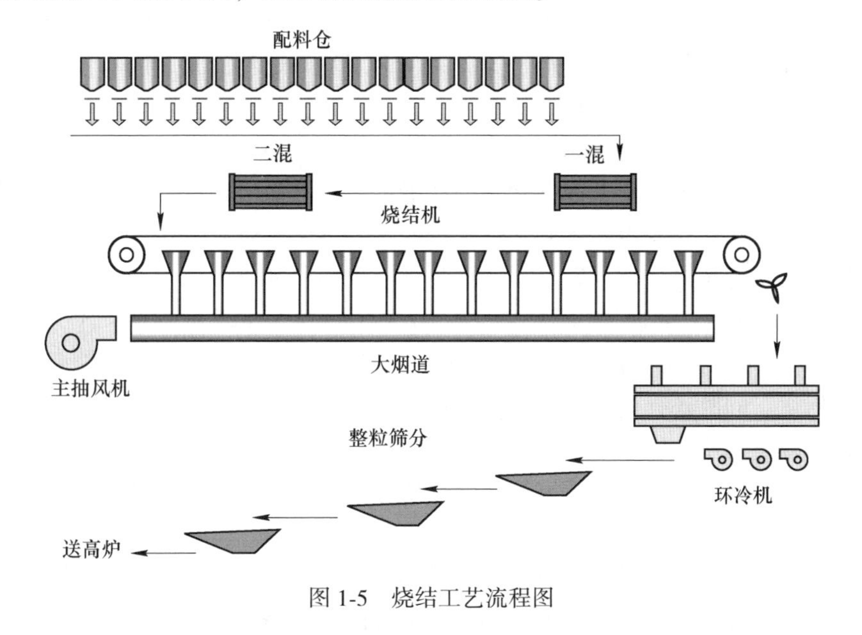


图1-5 烧结工艺流程图

#### 1.2.2.1 烧结过程及主要变化

A 烧结配料

烧结配料是将各种准备好的烧结料（熔剂、燃料、含铁原料），按照配料计算所确定的配比和烧结机所需要的给料量，准确地进行配料的作业过程。目前常用的配料方法有容积配料法、重量配料法和化学配料法。

B 混合料制备

配合料混合的主要目的是使各组分均匀混合，以保证烧结矿成分均一稳定。在物料搅拌混合的同时，加水润湿和制粒，有时还通过蒸汽预热，改善烧结料的透气性，促进烧结顺利进行。

C 烧结制度

a 布料

（1）布铺底料。在烧结台车炉箅上先布上一层厚20~40 mm、粒径10~20 mm、基本不含燃料的烧结料，目的是将混合料与炉箅隔开，防止烧结时燃烧带与炉箅直接接触，既可保证烧好、烧透，又能保护炉箅，延长其使用寿命，提高作业率。

（2）布混合料。保证布到台车上的混合料具有一定的松散性，料层自上而下粒度逐渐变粗，含碳量逐渐减少，沿台车方向料面平整，无大的波浪和拉沟现象，避免台车拦板附近因布料不满而形成斜坡，加重气流的边缘效应，造成风的不合理分布和浪费。

b 点火

烧结点火是将表层混合料中的燃料点燃，并在抽风作用下继续往下燃烧产生高温，使烧结过程得以正常进行。点火燃料多用气体燃料，常用的有焦炉煤气及高炉煤气与焦炉煤气的混合煤气。

c 烧结过程

由于烧结过程由料层表面开始逐渐往下进行，因而沿料层高度方向就有明显的分层性。根据各层温度水平和物理化学变化的不同，可以将正在烧结的料层分为五层，依次为烧结矿层、燃烧层、预热层、干燥层和过湿层，如图1-6所示。

（1）烧结矿层。烧结矿层从点火开始既已形成，并渐渐加厚，这一带的温度1100 ℃以下，大部分固体燃料中的碳已被燃烧成$CO_2$和CO，只有少量碳被空气继续燃烧，同时还伴随FeO、$Fe_3O_4$和硫化物的氧化反应，当熔融的高温液相被抽入的冷空气冷却时，液相渐渐结晶或凝固，并放出熔化潜热，通过矿层的空气被烧结矿的物理热、反应热和熔化潜热所加热，热空气进入下部使下层的燃料继续燃烧，形成燃烧带。

（2）燃烧层。燃烧层是从燃料着火（600~700 ℃）开始，到料层达到最高温度（1200~1400 ℃）并下降到1100 ℃左右为止，厚度一般为20~50 mm，并以每分钟10~40 mm的速度往下移动。这一带进行的主要反应有燃料的燃烧，碳酸盐的分解，铁氧化物的氧化、还原、热分解，硫化物的脱硫和低熔点矿物的生成与熔化等，由于燃烧产物温度高并有液相生成，故这层的阻力损失较大。

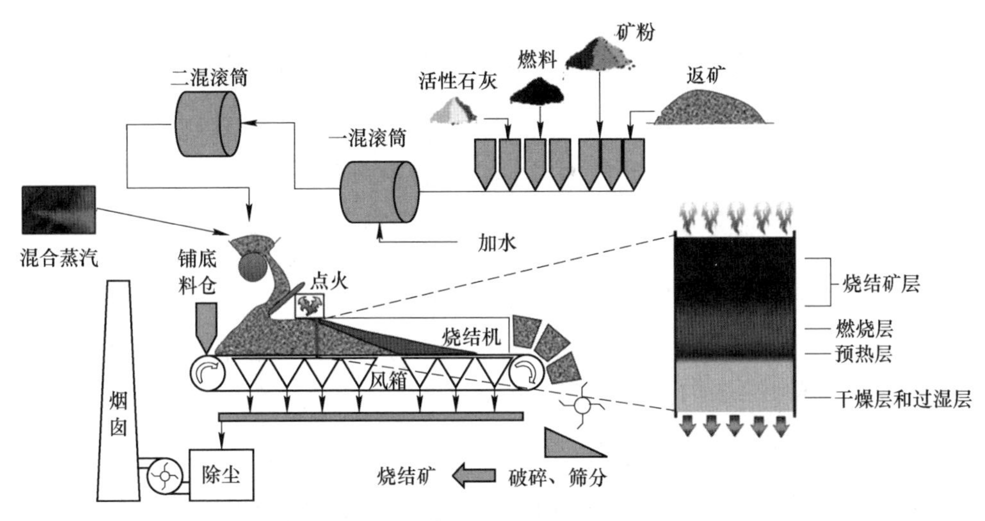


图 1-6 抽风烧结过程中沿料层高度的分布情况

(3) 预热层。预热层的厚度很窄，这一带的温度在 150~700 ℃，也就是说燃烧产物通过这一带时，将混合料加热到燃料的着火温度，由于温度不断升高，化合水和部分碳酸盐、硫化物、高价锰氧化物逐步分解，在废气中的氧的作用下，部分磁铁矿可发生氧化。在预热带只有气相与固相或固相与固相之间的反应，没有液相的生成。

(4) 干燥层。从预热层下来的废气将烧结料加热，料层中的游离水迅速蒸发。由于湿料的导热性好，料温很快升高到 100 ℃以上，由于升温速度快，干燥层和预热层很难截然分开，故有时又统称干燥预热层，其厚度只有 20~40 mm。

(5) 过湿层。从干燥带下来的废气含有大量的水蒸气，遇到低层的冷料时温度突然下降，当这些含水蒸气的废气温度降至冷凝成水滴的温度（露点温度 52~65 ℃）以下时，水蒸气从气态变为液态，使下层混合料水分不断增加，而形成过湿带，过湿带的形成将使料层的透气性变差，为克服过湿作用对生产的影响，可采取提高混合料温度至露点以上的办法来解决。

#### 1.2.2.2 烧结生产的主要技术经济指标

烧结生产的主要技术经济指标包括生产能力指标、能耗指标及生产成本等。

(1) 利用系数：烧结机利用系数是衡量烧结机生产效率的指标，用单位时间内每平方米有效抽风面积的生产量来表示。

$$利用系数 = \frac{台时产量}{有效抽风面积} \tag{1-1}$$

式中，利用系数单位为 $t/(m^2 \cdot h)$；台时产量为每台烧结机每小时的生产量，用一台烧结机的总产量与该烧结机总时间之比来表示，t/h，该指标体现烧结机生产能力的大小，与烧结机有效面积有关。

（2）成品率：烧结矿成品率是指成品烧结矿量占成品烧结矿量与返矿量之和的百分数。

$$成品率 = \frac{成品烧结矿量}{成品烧结矿量 + 返矿量} \times 100\% \quad (1\text{-}2)$$

（3）烧成率：烧成率是指成品烧结矿量占混合料总消耗量的百分数。

$$烧成率 = \frac{成品烧结矿量}{混合料总消耗量} \times 100\% \quad (1\text{-}3)$$

（4）返矿率：返矿率是指烧结矿经破碎筛分所得到的筛下矿量（返矿量）占烧结混合料总消耗量的百分数。

$$返矿率 = \frac{返矿量}{混合料总消耗量} \times 100\% \quad (1\text{-}4)$$

（5）日历作业率：日历作业率是描述设备工作状况的指标，以运转时间（单位：h）占设备日历时间（单位：h）的百分数来表示。

$$日历作业率 = \frac{烧结机运转时间}{日历时间} \times 100\% \quad (1\text{-}5)$$

（6）劳动生产率：该指标综合反映烧结厂的管理水平和生产技术水平，又称全员劳动生产率，即每人每年生产烧结矿吨数。

（7）生产成本：生产成本是指生产每吨烧结矿所需的费用，由原料费和加工费两项组成。

（8）工序能耗：工序能耗是指在烧结生产过程中生产一吨烧结矿所消耗的各种能源之和，kg 标准煤。各种能源在烧结总能耗所占的比例：固体燃耗约70%，电耗约20%，点火煤气消耗约5%，其他约5%。

烧结工序能耗是衡量烧结生产能耗高低的重要技术指标。降低工序能耗的主要措施有：采用厚料层操作，降低固体燃料消耗；采用新型节能点火器，节约点火煤气；加强管理与维护，降低烧结机漏风率；积极推广烧结余热利用，回收二次能源；采用蒸汽预热混合料技术以及生石灰消化技术，提高料温，降低燃耗，强化烧结过程。

### 1.2.3　球团

由于对炼铁用铁矿石品位的要求日益提高，贫铁矿资源被大量开发利用后，选矿工艺提供了大量小于0.074 mm（-200 目）的细磨精矿粉。这样的细磨精矿粉用于烧结，不仅工艺技术困难，烧结生产指标恶化，而且能耗浪费。为了使这种精矿粉经济合理地造块，瑞典于20 世纪20 年代提出了球团的方法。美国、加拿大在处理密萨比铁燧岩精矿粉时，首先于20 世纪50 年代在工业规模上应用球团工艺，就是把细磨铁精矿粉或其他含铁粉料添加少量黏结剂混合后，在加水润湿的条件下，通过造球机滚动成球，再经过干燥焙烧，固结成为具有一定强度和冶金性能的球形含铁原料，工艺流程如图 1-7 所示。

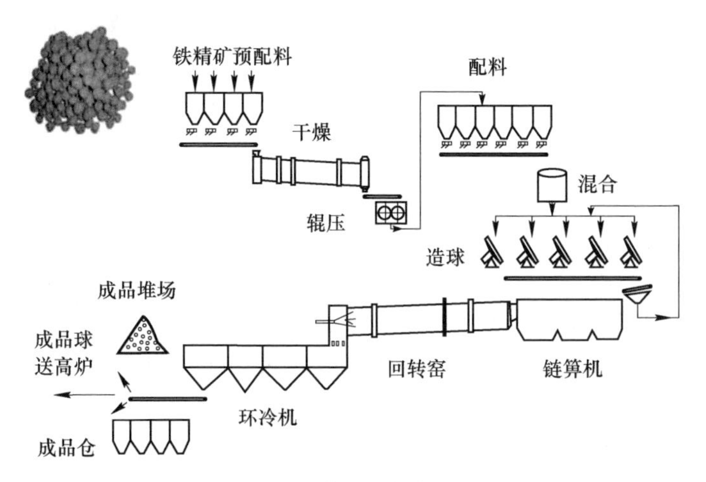


图 1-7 球团工艺流程图

球团矿靠滚动成型，直径为 8~12 mm 或 9~16 mm，粒度均匀；经过高温焙烧固结，具有很高的机械强度，不仅满足高炉冶炼过程的要求，而且可以经受长途运输和长期储存，具有商品性质。它的另一特点是对原料中的 $SiO_2$ 含量没有严格要求，可以使用品位很高的精矿粉，从而有可能使高炉的渣量降到更低的水平（如 200 kg/t 以下）。我国有大量的磁精粉，应发展这种造块方法，给高炉供以优质球团矿，与高碱度烧结矿搭配形成合理的炉料结构，为提高高炉生产的技术经济指标创造条件。

球团矿的种类很多，根据固结机理的不同，可分为高温固结型（包括氧化焙烧球团、金属化球团等）和常温固结型（一般称为冷固球团）两类。现在世界各国使用 3 种经济上合理的氧化球团焙烧方法，即带式焙烧机焙烧、链箅机-回转窑焙烧和竖炉焙烧。

#### 1.2.3.1 带式焙烧机焙烧

带式焙烧机的基本结构形式与带式烧结机相似，然而两者生产过程却完全不同。一般在球团带式焙烧机的整个长度上可依次分为干燥、预热、燃料点火、焙烧、均热和冷却 6 个区。

带式焙烧机焙烧工艺的特点是：

（1）根据原料不同（磁精粉、赤精粉、富赤粉等），可设计成不同温度、不同气体流量和流向的多个工艺段。因此，带式焙烧机可用来焙烧各种原料的生球。

（2）可采用不同燃料生产，燃料的选择余地大，而且采用热气循环，充分利用焙烧球团矿的显热，因此能耗较低。

(3) 铺有底料和边料。底料的作用是保护炉箅和台车免受高温烧坏，使气流分布均匀；在下抽干燥时可吸收一部分废热，其潜热再在鼓风冷却带回收；保证下层球团焙烧温度，从而保证球团质量。边料的作用是保护台车两侧边板，防止其被高温烧坏；防止两侧边板漏风。这两项可使料层得到充分焙烧，而且可延长台车寿命。

(4) 采用鼓风与抽风混合流程干燥生球，既强化了干燥，又提高了球团矿的质量和产量。

(5) 球团矿冷却采用鼓风方式，冷却后的热空气一部分直接循环，另一部分借助于风机循环，循环热气一般用于抽风区。

(6) 各抽风区风箱热废气根据需要做必要的温度调节后，循环到鼓风干燥区或抽风预热区。

(7) 干燥区的废气因温度低、水汽多而排空。

由于焙烧和冷却带的热废气用于干燥、预热和助燃，单位成品的热耗降低。在焙烧磁精粉球团时，先进厂家的热耗为 380~480 MJ/t，一般也只有 600 MJ/t，而在焙烧赤铁矿球团时耗热 800~1000 MJ/t。

#### 1.2.3.2　链算机-回转窑焙烧

链算机-回转窑是由链算机、回转窑和冷却机组合成的焙烧工艺。生球的干燥、脱水和预热过程在链算机上完成，高温焙烧在回转窑内进行，而冷却则在冷却机上完成。

链算机-回转窑焙烧工艺的特点是：

(1) 生球在链算机上利用回转窑出来的热气体进行鼓风干燥、抽风干燥和抽风预热，而且各段长度可根据矿石类型的特点进行调整。由于在链算机上只进行干燥和预热，铺底料是没有必要的。

(2) 球团矿在窑内不断滚动，各部分受热均匀，球团中颗粒接触更紧密，球团矿的强度好且质量均匀。

(3) 根据生产工艺的要求来控制窑内气氛，可生产氧化球团或还原（或金属化）球团，还可以通过氯化焙烧处理多金属矿物等。

(4) 生产操作不当时容易结圈，其原因主要是在高温带产生过多的液相。物料中低熔点物质的数量、物料化学成分的波动、气氛的变化及球团粉末数量和操作参数是否稳定等都对结圈有影响。为防止结圈，必须对上述各因素进行分析，采取对应的措施来防止，如生球筛除粉末、在链算机上提高预热球的强度、严格控制焙烧气氛和焙烧温度、稳定原料化学成分、选用高熔点灰分的煤粉等。

链算机-回转窑法焙烧球团矿时的热量消耗因矿种的不同而差别较大。焙烧磁铁矿时一般为 0.6 GJ/t，焙烧赤铁矿时为 1 GJ/t，而焙烧赤铁矿-褐铁矿混合矿时则需 1.35~1.5 GJ/t。

1.2.3.3 竖炉焙烧

焙烧球团矿的竖炉是一种按逆流原则工作的热交换设备。生球装入竖炉以均匀的速度连续下降，燃烧室生成的热气体从喷火口进入炉内，热气流自下而上与自上而下的生球进行热交换。生球经干燥、预热后进入焙烧区进行固相反应而固结，球团在炉子下部冷却，然后排出，整个过程在竖炉内一次完成。

我国竖炉在炉内设有导风墙，在炉顶设有烘干床。它们改善了竖炉焙烧条件，因而提高了竖炉的生产能力和成品球的质量。

竖炉焙烧工艺的特点是：

(1) 生球的干燥和预热可利用上升热废气在上部进行。我国独创的炉顶烘干床可使生球在床箅上被上升的混合废气（由导风墙导出的冷却带热风和穿过焙烧带上升的废气的混合物，温度为 550~750 ℃）烘干，这一创造不仅加速了烘干过程，而且有效地利用废气热量，提高了热效率。同时，由于气流分布较合理，减少了烘干和预热过程中的生球破裂，粉尘减少，料柱透气性提高，为强化焙烧提供了条件。

(2) 合理组织焙烧带的气流分布和供热是直接影响竖炉焙烧效果的关键。我国利用低热量高炉煤气在燃烧室内燃烧到 1100~1150 ℃的烟气进入竖炉，由于导风墙的设置，基本上解决了冷却风对此烟气流股的干扰和混合，保证磁铁矿球团焙烧所要求的温度，并使焙烧带的高度和焙烧温度保持稳定，从而较好地保证焙烧固结的进行。

(3) 导风墙的设置还能克服气流边缘效应所造成的炉子上部中心“死料柱”(即透气性差甚至完全不透气的湿料柱)，使气流分布更趋均匀，球团矿成品质量得以改善。

竖炉焙烧球团矿由于废气利用好，焙烧磁铁矿球团热耗为 350~600 MJ/t。

### 1.2.4 高炉

1.2.4.1 高炉的结构及炼铁工艺简述

高炉的输入和输出如图 1-8 所示。高炉由焦炭层和铁矿石炉料层交替填充。热风是压缩的空气，通过风口鼓入高炉。风口是带冷却的锥形铜喷嘴，小高炉的风口数量为 12 个，大高炉的风口数量则可达 42 个。预热的空气（1000~1300 ℃）通过风口吹入高炉。

热风使焦炭和其他通过风口喷吹的碳基物料得到气化。这些碳基物料主要是煤，还有天然气和（或）油。在这个过程中，热风中的氧转变成气态的一氧化碳。生成的煤气具有高达 900~2300 ℃的火焰温度。在风口前面的焦炭被消耗掉，由此产生了空间。

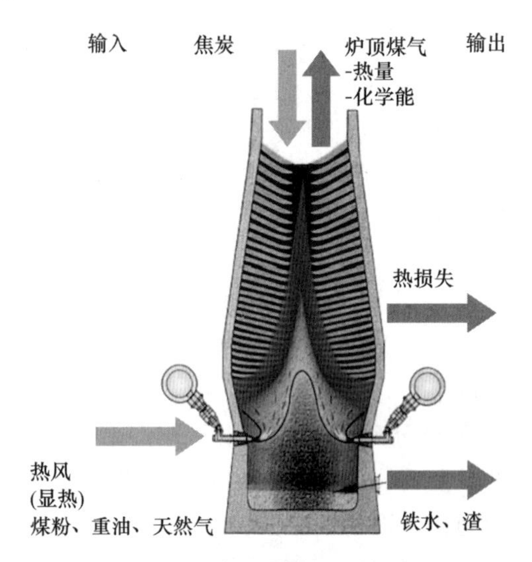


图 1-8　高炉的输入和输出

高炉的形状似由两个削顶圆锥（圆台）在最宽处相接而成。高炉从上到下的分段（见图 1-9）分别是：炉喉，炉料表面所处位置；炉身，铁矿被加热及还原反应开始的区域；炉腹平行段或炉腰；炉腹，还原完成，铁矿熔化；炉缸，熔化的物料在此收集并通过铁口排出。

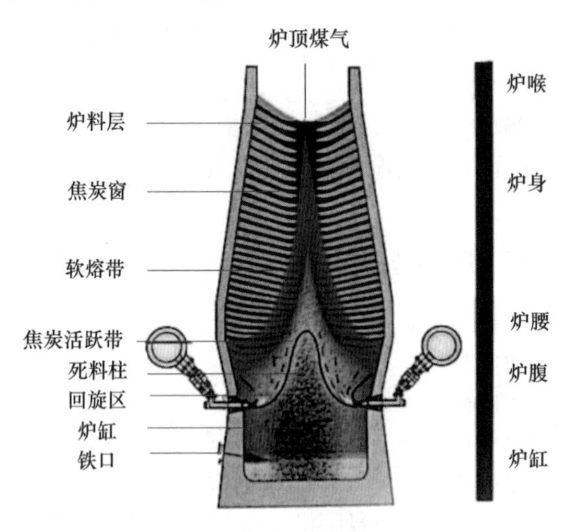


图 1-9　高炉内区域划分
（扫描书前二维码看彩图）

如表 1-2 所示，在任何时刻，运行的高炉从上到下进行的主要反应及特征包括：铁矿层和焦炭层；铁矿开始软化和熔化的区域，称为软熔带；只有焦炭和液态渣铁的区域，称为活跃焦炭带或滴落带；死料堆或不活跃焦炭带，即在炉缸的稳定焦炭堆，向上扩展到炉腹。

**表 1-2 高炉各区内进行的主要反应及特征**

| 区号 | 名称 | 主要反应 | 主要特征 |
|---|---|---|---|
| 1 | 固体炉料区（块状带） | 间接还原，炉料中水分蒸发及受热分解，少量直接还原，炉料与煤气间热交换 | 焦与矿呈层状交替分布，皆呈固体状态，以气-固反应为主 |
| 2 | 软熔区（软熔区） | 炉料在软熔区上部边界开始软化，而在下部边界熔融滴落，主要进行直接还原反应及造渣 | 为固-液-气间的多相反应，软熔的矿石层对煤气阻力很大，决定煤气流动及分布的是焦窗总面积及其分布 |
| 3 | 疏松焦炭区（滴落带） | 向下滴落的液态渣铁与煤气及固体炭之间进行复杂的质量传递及传热过程 | 松动的焦炭流不断地滴向焦炭循环区，而其间又夹杂着向下流动的渣铁液滴 |
| 4 | 压实焦炭区（滴落带） | 在堆积层表面，焦炭与渣铁间反应 | 此层相对呆滞，又称“死料柱” |
| 5 | 渣铁储存区（液态产品反应带） | 在铁滴穿过渣层瞬间及渣铁层间的交界面上发生液-液反应；由风口得到辐射热，并在渣铁层中发生热传递 | 渣铁层相对静止，只有在周期性渣铁放出时才有较大扰动 |
| 6 | 风口焦炭循环区（燃烧带） | 焦炭及喷入的辅助燃料与热风发生燃烧反应，产生高热煤气，并向上快速逸出 | 焦块急速循环运动，既是煤气产生的中心，又是上部焦块得以连续下降的“漏斗”，是炉内高温的焦点 |

常热的煤气在炉内上升。在上升的过程中完成下述一系列重要功能：加热炉腹/炉腰带的焦炭；熔化炉料中的铁矿，产生空间；加热炉身带的炉料；通过化学反应除去铁矿炉料中的氧；铁矿熔化产生铁水和熔渣。

1.2.4.2 高炉的主要设备

高炉的主要设备如图 1-10 所示，包括：

（1）热风炉。在热风炉中将空气预热到 1000～1300 ℃。热风通过热风主管、热风围管、热风支管和最终的风口进入高炉。热风与焦炭和喷吹物反应。高速煤气流在风口前端形成回旋区。

（2）料仓。炉料和焦炭运抵料仓。在最终加入高炉前，原料在此存储、筛分、称重。料仓的作业为自动操作。焦炭水分的补偿通常也是自动进行的。炉料和焦炭由料车或传输皮带送至高炉炉顶，然后分别加入高炉形成铁矿层和焦炭层。

（3）煤气净化系统。炉顶煤气通过上升管和下降管排出高炉。热的炉顶煤气含有大量粉尘颗粒，因此需要在煤气净化系统中除去这些颗粒物并使煤气降温。

（4）出铁场。铁水和熔渣在炉缸里汇集，通过铁口排出到出铁场，然后进入运输罐。根据高炉容积的不同，铁口数量从 1 个到 5 个，出铁场有 1 个或 2 个。

(5) 渣粒化装置。熔渣被水淬形成粒化渣，用于水泥生产。

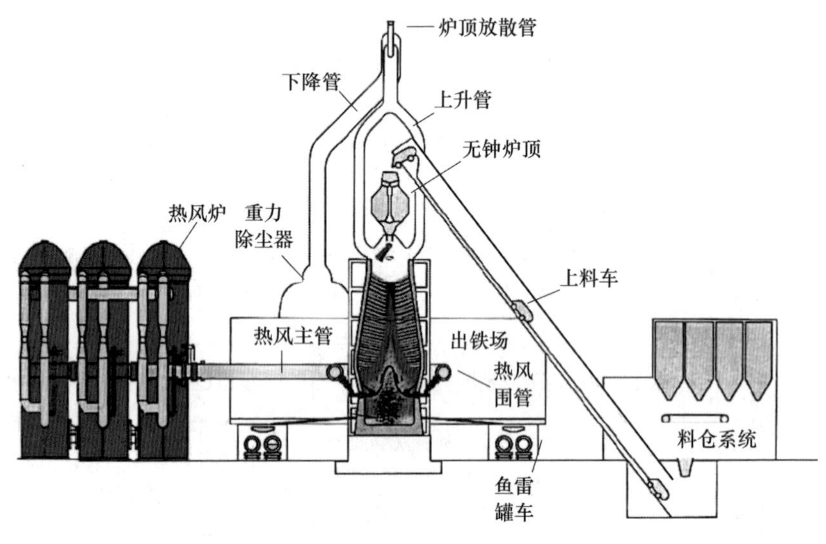


图 1-10　高炉总布置图

1.2.4.3　高炉冶炼的主要技术经济指标

A　评价生产能力的指标

a　高炉有效容积利用系数 $\eta_v$

高炉有效容积（$V_u$）是指炉喉上限平面至出铁口中心线之间的炉内容积。高炉有效容积利用系数 $\eta_v$（$t/(m^3 \cdot d)$）是指在规定的工作时间内，每立方米有效容积平均每昼夜生产的合格铁水的吨数。它综合地说明了技术操作及管理水平，其定义式为：

$$\text{高炉有效容积利用系数} = \frac{\text{合格生铁折合产量}}{\text{高炉有效容积} \times \text{规定工作日}} = \frac{\text{日合格产量}}{\text{高炉有效容积}} \tag{1-6}$$

b　高炉炉缸面积利用系数 $\eta_A$

高炉炉缸面积利用系数 $\eta_A$（$t/(m^2 \cdot d)$）是指在规定工作时间内，每平方米炉缸面积每昼夜生产的合格铁水数量，其定义式为：

$$\text{高炉炉缸面积利用系数} = \frac{\text{日合格生铁产量}}{\text{炉缸截面积}} \tag{1-7}$$

c　生铁合格率

生铁合格率是指生铁化学成分符合国家标准的总量占生铁总产量的百分数。

它是衡量产品质量的指标，其定义式为：

$$生铁合格率 = \frac{合格生铁产量}{生铁总产量(包括不合格产品)} \times 100\% \tag{1-8}$$

d 休风率

休风率反映高炉操作及设备维护的水平，也有记作作业率的。作业率与休风率之和为100%。休风率是指高炉休风时间（包括季修和年修休风时间，但不包括计划中的大修）占规定工作时间的百分数，其定义式为：

$$休风率 = \frac{休风时间}{规定工作时间} \times 100\% \tag{1-9}$$

e 作业率

作业率指高炉实际作业时间占日历时间的百分数。

B 评价燃料消耗的指标

焦比既是消耗指标，又是重要的技术经济指标，是指冶炼每吨生铁消耗的干焦的千克数。

a 入炉焦比

入炉焦比（kg/t）也称净焦比，指实际消耗的焦炭数量，不包括喷吹的各种辅助燃料量，其定义式为：

$$入炉焦比 = \frac{干焦耗用量}{合格生铁产量} \tag{1-10}$$

b 折算入炉焦比

折算入炉焦比（kg/t）的定义式为：

$$折算入炉焦比 = \frac{干焦耗用量}{合格生铁折算产量} \tag{1-11}$$

c 煤比

煤比（kg/t）是指每吨合格生铁消耗的煤粉量，其定义式为：

$$煤比 = \frac{煤粉耗用量}{合格生铁产量} \tag{1-12}$$

d 小块焦比（焦丁比）

小块焦比（kg/t）指冶炼每吨合格生铁消耗的小块焦炭（焦丁）量，其定义式为：

$$小块焦比 = \frac{小块焦炭消耗量}{合格生铁产量} \tag{1-13}$$

e 燃料比

燃料比（kg/t）指冶炼单位生铁所消耗的燃料量的总和，其定义式为：

$$燃料比 = 焦比 + 煤比 + 小块焦比 \tag{1-14}$$

过去我国曾采用综合焦比作为冶炼指标，即将喷吹的辅助燃料量按一定的折算系数折算为干焦量，然后与实际消耗的干焦量相加即为综合干焦消耗量，再除以合格生铁产量得出综合焦比。这种折算不科学，国际上也没有这样算的。因此，目前钢铁企业大多不再使用综合焦比，而与国际上一致，采用燃料比作为燃料消耗的指标。

C 评价高炉冶炼强化程度的指标

a 冶炼强度

冶炼强度（$t/(m^3 \cdot d)$）是冶炼过程强化的程度，以每昼夜每立方米有效容积燃烧的干焦量，其定义式为：

$$冶炼强度 = \frac{干焦耗用量}{有效容积 \times 实际工作日} \tag{1-15}$$

b 综合冶炼强度

综合冶炼强度（$t/(m^3 \cdot d)$）除干焦外，还考虑到是否有喷吹的其他类型的辅助燃料，其定义式为：

$$综合冶炼强度 = \frac{干焦耗用量 + 喷吹燃料量 + 焦丁量}{有效容积 \times 实际工作日} \tag{1-16}$$

有效容积利用系数、焦比及冶炼强度之间存在以下的关系：

不喷吹辅助燃料时：

$$利用系数 = \frac{冶炼强度}{焦比} \tag{1-17}$$

喷吹燃料时：

$$利用系数 = \frac{综合冶炼强度}{燃料比} \tag{1-18}$$

c 燃烧强度

由于炉型的特点不同，小型高炉可允许有较高的冶炼强度，因而容易获得较高的利用系数。为了对比不同容积高炉的实际炉缸工作强化的程度，可对比其燃烧强度。燃烧强度（$t/(m^2 \cdot d)$）的定义为每平方米炉缸截面积上每昼夜燃烧的干焦吨数，其定义式为：

$$燃烧强度 = \frac{一昼夜干焦耗用量}{炉缸截面积} \tag{1-19}$$

D 评价生产成本的指标

a 生铁成本

生铁成本指生产每吨合格生铁所有原料、燃料、材料、动力、人工等一切费用的总和，单位为元/t。

b 吨铁工序能耗

炼铁工序能耗是指冶炼每吨生铁所消耗的、以标准煤计算的（每千克标准煤规定的发热量为 29310 kJ）各种能量消耗的总和。所消耗的能量包括各种形式的燃料，主要是焦炭，还有少量的煤、油及其他形式的燃料，甚至也要计入炮泥及铺垫铁水沟消耗的焦粉；此外，还应计入各种形式的动力消耗，如电力、蒸汽、压缩空气、氧气及鼓风等。但应注意扣除回收的二次能源，如外供的高炉煤气、炉顶余压发电的电能及各种形式的余热回收等。

E 炼铁常用经验公式

（1）富氧率：

$$\text{富氧率} = (0.99 - 0.21) \times \text{富氧量}/60 \times \text{风量} = 0.013 \times \text{富氧量}/\text{风量} \tag{1-20}$$

（2）综合品位：

$$\text{综合品位} = (m_{\text{烧结}} \times \text{烧结品位} + m_{\text{球团}} \times \text{球团品位} + m_{\text{块矿}} \times \text{块矿品位})/\text{每昼夜加入的矿的总量} \tag{1-21}$$

（3）安全容铁量：

$$\text{安全容铁量} = 0.6 \times \rho_{\text{铁}} \times 1/4\pi d^2 h \tag{1-22}$$

式中，$h$ 取风口中心线到铁口中线间高度的一半。

（4）风口前燃烧 1 kg 碳素所需风量（不富氧时）：

$$V_{\text{风}} = 22.4/24 \times 1/(0.21 + 0.29f) \tag{1-23}$$

式中，$f$ 为鼓风湿度。

（5）吨焦耗风量：

$$V_{\text{风}} = 0.933/(0.21 + 0.29f) \times 1000 \times 85\% \tag{1-24}$$

式中，$f$ 为鼓风湿度；85%为焦炭含碳量。

（6）风口前燃烧 1 kg 碳素的炉缸煤气量：

$$V_{\text{煤气}} = (1.21 + 0.79f)/(0.21 + 0.29f) \times 0.933 \times C_{\text{风}} \tag{1-25}$$

式中，$f$ 为鼓风湿度；$C_{\text{风}}$ 为风口前燃烧的碳素量，kg。

（7）高炉某部位需要由冷却水带走的热量称为热负荷（单位表面积炉衬或炉壳的热负荷称为冷却强度）：

$$Q = CM(t - t_0) \times 10^3 \tag{1-26}$$

式中，$Q$ 为热负荷 kJ/h；$M$ 为冷却水消耗量，t/h；$C$ 为水的质量热容，kJ/(kg·℃)；$t$ 为冷却水出水温度，℃；$t_0$ 为冷水进水温度，℃。

## 1.3 炼铁行业面临的挑战

尽管各种绿色炼铁新工艺不断发展，但是在可预计的将来，炼铁工业工序仍将以焦化—烧结/球团—高炉为主。以焦化—烧结—高炉为主的炼铁流程的污染物排放大约占到钢铁流程总排放量的 90%，能耗占钢铁生产总能耗的 60%以上，生产成本占到钢铁生产总成本的 70%左右。另外，炼铁系统还面临着消耗大量资源的压力，铁矿石等配套资源相当贫乏，对海外铁矿石资源依赖上升。虽然我国铁矿资源储量很大，但经过半个世纪的开采，我国铁矿石可采资源不足的矛盾逐步显现。目前，我国铁矿石消费量年均增长为 8%，而国内铁矿石产量年增长仅为 2%，因此我国钢铁业的增长最终还将依赖境外铁矿石的供给。

同时，企业布局分散，产业集中度低。我国现有钢铁生产布局是在计划经济条件下形成的，基本上属于资源依托型布局。随着资源和市场条件的变化，这种布局逐渐暴露出效率不高、污染环境、区域产业结构单一等问题，已经不能适应我国钢铁工业进一步发展的需要。此外，生产总体工艺落后，研发投入不足。近年来，我国钢铁骨干企业的生产技术水平取得了长足的进步，产品质量和产品结构有很大改善，但为数众多的中小钢铁企业基本属于 20 世纪 80 年代末的生产水平，与国外先进国家仍有较大差距。为了降低生产成本，少数钢铁企业追求低成本采购原燃料，忽视精料方针，对炼铁工序带来了负面影响。

党的十九大报告指出，必须树立和践行“绿水青山就是金山银山”的理念，国家围绕“美丽中国”建设出台了一系列政策，环保已经成为钢铁行业绕不开的问题。另外，钢铁工业对国民经济增长贡献逐年降低（当前钢铁工业 GDP 增加值占全国工业总产值增加值的3%左右），而污染物排放在工业总污染物中占比较高（$SO_2$ 占 12.8%，$NO_x$ 占 6.5%，烟粉尘占 17.7%），中央和地方政府近年来采取了加强环保治理力度，倒逼钢铁工业必须“减量发展”和“高质量发展”。

2018 年 6 月，国务院发布实施《打赢蓝天保卫战三年行动计划》，提出经过 3 年努力，大幅减少主要大气污染物排放总量，协同减少温室气体排放。生态环境部会同有关部委于 2019 年 4 月发布了《关于推进实施钢铁行业超低排放的意见》，明确要求烧结机机头、球团焙烧的烟气颗粒物、二氧化硫、氮氧化物排放浓度小时均值分别不高于 10 $mg/m^3$、35 $mg/m^3$、50 $mg/m^3$，达到超低排放的钢铁企业每月至少 95%时段小时均值排放浓度满足上述要求。2020 年 9 月 22 日第七十五届联合国大会，中国承诺将提高国家自主贡献力度，采取更加有力的政策和措施，力争 2030 年前二氧化碳排放达到峰值，努力争取 2060 年前实现碳中和。2021 年全国两会首次式将“碳达峰碳中和”写入政府工作报告，这说明绿色环保势在必行。2021 年 9 月出台的《中共中央　国务院关于完整准确全面贯彻新发展理念做好碳达峰碳中和工作的意见》，是整个政策体系中的“1”，该意见覆盖碳达峰、碳中和两个阶段，是管总、管长远的顶层设计；随后 10 月出台的《2030 年前碳达峰行动方案》，是政策体系“*N*”中的首个政策文件，该行动方案聚焦了 2030 年前碳达峰目标，相关指标和任务更加细化、实化、具体化。2022 年 2 月 7 日，工业和信息化部、国家发展改革委、生态环境部联合印发《关于促进钢铁工业高质量发展的指导意见》，该指导意见中明确了钢铁行业要深入推进绿色低碳转型，构建产业间耦合发展的资源循环利用体系，80%以上钢铁产能完成超低排放改造，吨钢综合能耗降低 2%以上，水资源消耗强度降低 10%以上，确保 2030 年前碳达峰，该指导意见首次明确将钢铁行业的碳达峰时间确定为 2030 年前。2023 年 6 月，钢铁行业纳入全国碳市场专项研究第一次和第二次工作会议召开，提出尽快确定钢铁企业碳配额分配的主要工序、分配基准线及碳排放量核算方法，完成钢铁行业纳入全国碳市场初步方案。

中国是全球碳排放大国，钢铁是主要的碳排放行业之一。据 GCP 全球碳项目（Global Carbon Project）统计，2023 年，全球化石燃料的碳排放量达到 368 亿吨，比 2022 年增长 1.1%。据生态环境部数据，2022 年，426 家钢铁冶炼企业的废气颗粒物、二氧化硫、氮氧化物排放量分别为 42.38 万吨、15.20 万吨、35.29 万吨；碳排放量仅低于电力行业，居第二位。因此，要实现“双碳”目标，中国钢铁行业任重道远。

## 参 考 文 献

[1] 丁玉龙. 高炉冶炼炼铁技术工艺及应用研究 [J]. 绿色环保建材，2018 (6)：169.
[2] 孙敏敏，宁晓钧，张建良，等. 炼铁系统节能减排技术的现状和发展 [J]. 中国冶金，2018，28 (3)：1-8.
[3] 刘燕军. 简述高炉炼铁工艺细颗粒物 PM2.5 排放特性 [J]. 山东工业技术，2018 (4)：23.
[4] 周翔. 关于低成本炼铁的探讨 [J]. 冶金设备，2018 (1)：53-56.
[5] 吴浩. 高炉炉料要求及烧结技术现状浅谈 [J]. 中国设备工程，2018 (1)：118-119.
[6] 赵沛. 钢铁行业技术创新和发展方向 [J]. 中国国情国力，2018 (1)：55-57.
[7] 胡兵，甘敏，王兆才. 预还原烧结技术的研究现状与新技术的开发 [J]. 烧结球团，2017，42 (6)：22-26，38.
[8] 沙永志. 无返矿炼铁工艺构想 [C] //中国金属学会. 第十一届中国钢铁年会论文集—S01. 炼铁与原料. 北京：冶金工业出版社，2017：7.
[9] 汤清华. 高炉炼铁工艺上几个节能减排新技术的实践 [C] //中国金属学会. 第十一届中国钢铁年会论文集—S01. 炼铁与原料. 北京：冶金工业出版社，2017：5.
[10] 杨道坤. 面向未来的低碳绿色高炉炼铁技术的发展方向 [J]. 中小企业管理与科技（中旬刊），2017 (8)：189-190.
[11] 李志强，张洋. 新西兰钒钛海砂磁铁矿冶炼工艺分析 [J]. 现代冶金，2017，45 (4)：31-33.
[12] 周学凤. 钢铁生产工艺技术创新模式探究 [J]. 科技资讯，2017，15 (22)：106-107.
[13] 邓蕊. COREX 非高炉炼铁工艺 [J]. 中国科技信息，2017 (14)：63-64.
[14] 林高平，王建跃，戴坚. 绿色低碳炼铁技术展望 [J]. 冶金能源，2017，36 (S1)：10-13.
[15] 刘迎立. 基于氧气高炉工艺条件的熔融滴落带炉料冶金行为研究 [D]. 北京：北京科技大学，2017.
[16] 宏济. 低碳高炉的发展和演变过程 [N]. 世界金属导报，2017-05-16 (B02).

［17］贡献锋．比较分析高炉炼铁与非高炉炼铁技术［J］．山西冶金，2017，40（2）：86-88.
［18］张进生，吴建会，马咸，等．钢铁工业排放颗粒物中碳组分的特征［J］．环境科学，2017，38（8）：3102-3109.
［19］吴汉元，俞海明，李玉新，等．钢铁渣在农业领域面临的机遇与挑战［J］．工业加热，2017，46（1）：51-54.
［20］李慧，顾飞．钢铁冶金概论［M］．北京：冶金工业出版社，1993.
［21］姚昭章，郑明东．炼焦学［M］．3版．北京：冶金工业出版社，2005.
［22］傅永宁，高炉焦炭［M］．北京：冶金工业出版社，1995.
［23］周师庸，赵俊国．炼焦煤性质与高炉焦炭质量［M］．北京：冶金工业出版社，2005.

# 2 一线操作者谈高炉炼铁

2022 年 2 月 7 日，工业和信息化部、国家发展改革委、生态环境部联合印发《关于促进钢铁工业高质量发展的指导意见》，该指导意见首次明确将钢铁行业的碳达峰时间确定为 2030 年前，中国钢铁工业协会呼吁钢铁行业努力在“十四五”期间提前实现碳达峰的工作目标。在绿色低碳发展方面，随着国家对环保要求日趋严格，绿色发展已经融入钢铁企业发展战略中，目前超低排放改造已经和限产、限电等多种直接影响企业生产经营的因素挂钩，通过高焦比提高冶炼强度的时代已经过去。同时，2021 年国家出台的能源消耗总量和强度“双控”政策是站在国家高度、在统揽全局和科学研判的基础上制定的，是落实习近平生态文明思想的重要举措，是加强生态文明建设、加快推动绿色低碳发展、强化能源资源高效利用的重要制度安排，对实现碳达峰以及碳中和具有重要意义。对此，钢铁企业应当有正确的认识，保证钢铁行业供需维持相对平衡，总体实现绿色、减产、增效。

综合考虑以上因素，高炉炼铁应该遵循客观性、先进性、经济性、综合性、安全性及环保性原则，并且考虑为工人创造一个安全、舒适的工作环境，在本章，笔者从一线高炉操作者的角度，结合多年的研究和实践，就当前背景下的高炉设计及技术问题进行探讨和分享。

## 2.1 炼铁原料

### 2.1.1 铁矿石概述

#### 2.1.1.1 *铁矿石种类*

凡在当前技术条件下可以从中经济地提取出金属铁的岩石称为铁矿石。铁矿石中除含有 Fe 等有用矿物外，还含有其他化合物，这些化合物统称为脉石，常见的脉石有 $SiO_2$、$Al_2O_3$、CaO 及 MgO 等。常见的铁矿石可分为赤铁矿、磁铁矿、褐铁矿和菱铁矿，如图 2-1 所示。

A *赤铁矿*

赤铁矿化学式为 $Fe_2O_3$，理论含铁量为 70%，含氧量 30%。常温下无磁性。色泽为赤褐色到暗红色，由于其 S、P 含量低，还原性较磁铁矿好，是优良炼铁原料。与磁铁矿相比，其结构较软，较易破碎和还原。脉石多为石英和硅酸盐。

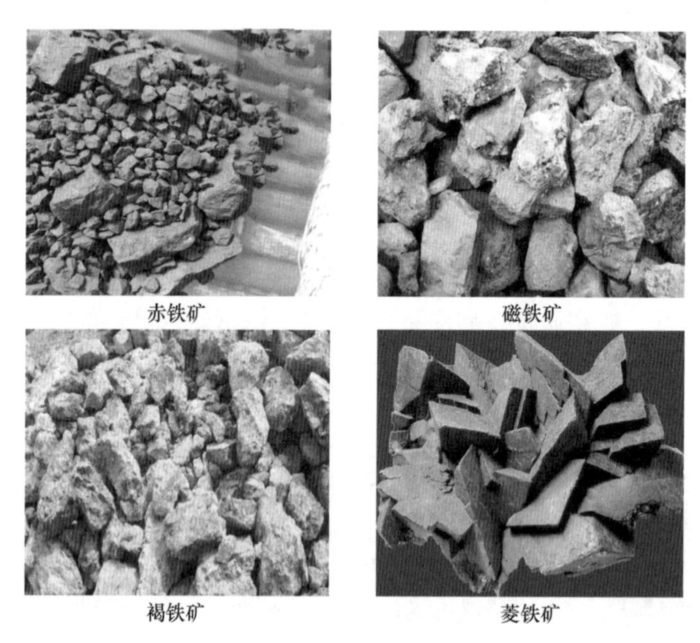


图 2-1 铁矿石种类

赤铁矿的熔融温度为 1580~1640 ℃。

B 磁铁矿

磁铁矿化学式为 $Fe_3O_4$，理论含铁量为 72.4%，含氧量 27.6%。磁铁矿石具有强磁性，颜色及条痕均为铁黑色，坚硬、致密，难于破碎和还原，一般含 S、P 较高，脉石主要为石英，硅酸盐和碳酸盐。磁铁矿的熔融温度为 1500~1580 ℃。在自然界中，纯磁铁矿矿石很少见。常常由于地表氧化作用使部分磁铁矿氧化转变为半假象赤铁矿和假象赤铁矿。所谓假象就是 $Fe_3O_4$ 虽然氧化成 $Fe_2O_3$，但它仍保留原来磁铁矿的外形。它们一般可用 TFe/FeO 的比值来区分：

| | |
|---|---|
| TFe/FeO = 2.33 | 纯磁铁矿石 |
| TFe/FeO < 3.5 | 磁铁矿石 |
| TFe/FeO = 3.5~7.0 | 半假象赤铁矿石 |
| TFe/FeO > 7.0 | 假象赤铁矿石 |

C 褐铁矿

褐铁矿为含结晶水的氧化铁，其化学成分 $m\mathrm{Fe_2O_3} \cdot n\mathrm{H_2O}$，理论含铁量为 55.2%~66.1%，自然界中的褐铁矿绝大多数以 $2Fe_2O_3 \cdot 3H_2O$ 形态存在，为黑色到褐色，土状者为黄褐色。无磁性。质地较松，密度小，含水量大，易还原，熔融温度较低。

D 菱铁矿

菱铁矿主要含铁成分是 $FeCO_3$，理论含铁量 48.2%，FeO 为 62.1%，$CO_2$ 为

37.9%。其颜色为灰色和黄褐色，风化后变为深褐色，条痕为灰色或带黄色。无磁性。一般含铁较低，但若受热分解放出$CO_2$后品位显著升高，而且组织变得更为疏松，很易还原。所以使用这种矿石一般要先经焙烧处理。

#### 2.1.1.2 铁矿石按粒度的分类

矿石的粒度和气孔度的大小，对高炉冶炼的进程影响很大。粒度太小时影响高炉内料柱的透气性，使煤气上升阻力增大；粒度过大又将影响炉料的加热和矿石的还原，从而使焦比升高。因此铁矿石按粒度不同又分为原矿、块矿、粗粉、精粉。

##### A 原矿

原矿从矿山开采出来未经选矿或者其他技术加工的矿石，少数原矿可直接应用，大多是原矿需经选矿或者其他技术加工后才能利用。

##### B 块矿

块矿有两种，一种是标准块，粒度6~40 mm，可以直接用于高炉生产；另外一种是混合块，混合块一般需要筛选破碎后才可以使用。

##### C 粗粉

粗粉粒度基本在0~10 mm，且10 mm以上占比一般不超过10%，0.15 mm以下占比最大不超过35%，可直接用于烧结生产。

##### D 精粉

精粉一般是指经过磨选出来的粒度在200目（即0.074 mm）以下的铁矿粉，且占比不低于70%，主要用于球团生产。国内矿以精粉为主。

#### 2.1.1.3 铁矿石按成分等级分类

铁矿石按照成分不同，分为一类矿、二类矿、三类矿、四类矿，成分如表2-1所示。

**表2-1 铁矿石按成分等级分类** (%)

| 一类矿 | | | | | | | | | | |
|---|---|---|---|---|---|---|---|---|---|---|
| TFe | $SiO_2$ | $Al_2O_3$ | $TiO_2$ | As | Zn | Cu | Sn | Pt | $K_2O$ | $Na_2O$ |
| ≥62 | ≤5 | ≤3 | ≤0.08 | ≤0.005 | ≤0.005 | ≤0.01 | ≤0.005 | ≤0.005 | ≤0.01 | ≤0.01 |
| 二类矿 | | | | | | | | | | |
| TFe | $SiO_2$ | $Al_2O_3$ | $TiO_2$ | As | Zn | Cu | Sn | Pt | $K_2O$ | $Na_2O$ |
| ≥58 | ≤6 | ≤4 | ≤0.12 | ≤0.008 | ≤0.008 | ≤0.015 | ≤0.008 | ≤0.008 | ≤0.01 | ≤0.01 |
| 三类矿 | | | | | | | | | | |
| TFe | $SiO_2$ | $Al_2O_3$ | $TiO_2$ | As | Zn | Cu | Sn | Pt | $K_2O$ | $Na_2O$ |
| ≥54 | ≤7 | ≤5 | ≤0.16 | ≤0.012 | ≤0.011 | ≤0.02 | ≤0.012 | ≤0.012 | ≤0.015 | ≤0.015 |

续表 2-1

| 四类矿 | | | | | | | | | | |
|---|---|---|---|---|---|---|---|---|---|---|
| TFe | $SiO_2$ | $Al_2O_3$ | $TiO_2$ | As | Zn | Cu | Sn | Pt | $K_2O$ | $Na_2O$ |
| <54 | >7 | >5 | >0. 16 | >0. 012 | >0. 011 | >0. 02 | >0. 012 | >0. 012 | >0. 015 | >0. 015 |

### 2.1.2 铁矿石质量评价

铁矿石质量的好坏和高炉冶炼进程及技术经济指标有着密切关系。决定铁矿石质量的主要因素是化学成分、物理性质及其冶金性能。

优质的铁矿石应该含铁量高，脉石与有害杂质少，化学成分稳定，粒度均匀，具有良好的还原性、熔滴性及较高的机械强度。

2.1.2.1 含铁品位高

品位即铁矿石的含铁量，它决定着矿石的开采价值和入炉前的处理工艺。入炉品位越高，越有利于降低焦比和提高产量，从而提高经济效益。经验表明，若矿石含铁量提高 1%，则焦比降低 1.5%，产量增加 2%~3%。

2.1.2.2 脉石含量少

脉石分碱性脉石和酸性脉石，一般铁矿石含酸性脉石者居多，即其中 $SiO_2$ 高，需加入相当数量的石灰石造成碱度（$CaO/SiO_2$）为 1.15 左右的炉渣，以满足冶炼工艺的需求。因此希望酸性脉石含量越少越好。而含 CaO 高的碱性脉石则具有较高的冶炼价值。

2.1.2.3 有害杂质少

有害杂质通常指 S、P、Pb、Zn、As 等，它们的含量越低越好。Cu 有时有害，有时有益，视具体情况而定。入炉原料和燃料有害杂质量控制值见表 2-2。

**表 2-2 入炉原料和燃料有害杂质量控制值** (kg/t)

| | |
|---|---|
| $K_2O+Na_2O$ | ≤3. 0 |
| Zn | ≤0. 15 |
| Pb | ≤0. 15 |
| As | ≤0. 1 |
| S | ≤4. 0 |
| $Cl^-$ | ≤0. 6 |

A 硫（S）

S 对钢铁产品的危害主要表现在：

（1）钢中 S 超过一定含量时，钢会产生“热脆”现象；

（2）S 能显著地降低钢的焊接性、抗腐蚀性和耐磨性；

(3) 对铸造生铁，S 能降低铁水的流动性并阻止 $Fe_3C$ 分解，使铸件产生气孔，难于车削加工，并降低其韧性。

B 磷（P）

P 在选矿和烧结过程中都不易去除，而在高炉中几乎全部还原进入生铁，因此控制生铁含 P 的唯一途径就是控制原料的 P 含量。P 对钢铁的影响有：

(1) 降低钢在低温下的冲击性能，使钢材产生“冷脆”；

(2) P 高时使钢的焊接性能、冷弯性能和塑性降低；

(3) 含 P 铁水的流动性好，充填性好，对制造畸形复杂铸件有利。但 P 的存在会影响铸件的强度，一般生铁 P 含量越低越好。

C 铅（Pb）、锌（Zn）、砷（As）、铜（Cu）

Pb、Zn、As 和 Cu 在高炉内都易被还原进入铁水。

(1) Pb 不溶于 Fe 而密度又比 Fe 大，还原后沉积于炉底，破坏性很大。Pb 在 1750 ℃时沸腾，挥发的铅蒸气在炉内循环能形成炉瘤。

(2) Zn 还原后在高温区以 Zn 蒸气大量挥发上升，部分以 ZnO 沉积于炉墙，使炉墙胀裂并形成炉瘤。

(3) As 可全部还原进入生铁，它可降低钢材的焊接性并使之产生“冷脆”。

(4) Cu 会使钢材“热脆”，钢材不易于轧制、焊接，但少量铜能改善钢的耐蚀性。

D 钾（K）、钠（Na）

K 和 Na 在高炉下部高温区大部分被还原后挥发，到上部又氧化而进入炉料中，造成循环累积，使炉墙结瘤。因此要求矿石中含碱金属量必须严格控制。

我国普通高炉碱金属（$K_2O+Na_2O$）入炉量限制为 3~5 kg/t，国外和国内大型高炉碱金属入炉限制量为低于 2~3 kg/t。

E 氟（F）

F 在冶炼过程中以 $CaF_2$ 形态进入渣中。

$CaF_2$ 能降低炉渣的熔点，增加炉渣流动性，当铁矿石中 F 含量高时，炉渣在高炉内过早形成，不利于矿石还原。

矿石中 F 含量不超过 1%时对冶炼无影响，当含量达到 4%~5%时需要注意控制炉渣的流动性。

此外，高温下 F 挥发对耐火材料和金属构件有一定的腐蚀作用。

#### 2.1.2.4 合适的有益元素

矿石中的有益元素指对金属质量有改善作用的元素，常见的有钛（Ti）、锰（Mn）、镍（Ni）、铬（Cr）等。

(1) Ti：能改善钢的耐磨性和耐腐蚀性。但在高炉冶炼时，会使炉渣性质变坏，约有 90%的 Ti 进入炉渣。Ti 含量低时对炉渣、冶炼过程影响不大，含量高时，会使炉渣变稠，容易结炉瘤。Ti 有护炉作用，不少企业专门买钛矿加入高炉护炉。

（2）Mn：Mn 是一种强还原剂，能够在铁水或钢水中吸收残余的氧和硫，增加生铁和钢的硬度和强度。

（3）Ni：在冶炼时 Ni 全部还原进入生铁，继而使钢性能提高。

（4）Cr：在冶炼时 Cr 大部分还原进入生铁，增加钢的抗腐蚀能力。

#### 2.1.2.5 矿石的力学强度

矿石的力学强度是指矿石耐冲击、摩擦、挤压的强弱程度。矿石在炉内下降过程中，要受到料柱之间、炉料与炉墙之间的摩擦力、挤压力的作用，若矿石的强度差，就会破碎产生大量粉末，恶化料柱透气性，并增加炉尘损失，影响设备寿命和环境条件，因此高炉要求矿石具有一定的力学强度。

#### 2.1.2.6 矿石粒度和气孔率

（1）矿石的粒度影响料柱的透气性和传热、传质条件，因而影响高炉顺行和还原过程。粒度大一般来说料柱透气性好，但与煤气接触面积小，扩散半径大，矿块中心部分不易加热和还原，煤气利用变坏，焦比升高；反之，若粒度太小，特别是粉末较多时会使煤气上升的阻力增大，有碍顺行，使产量降低。

确定矿石粒度，必须兼顾高炉气体力学和传热传质两方面因素，应在保证有良好透气性的前提下，尽量改善还原条件。为此应降低粒度上限，提高粒度下限，缩小粒度范围，力求粒度均匀。

（2）矿石的气孔率指矿石中空隙所占体积与它的总体积的百分比。气孔率越高，透气性越好，与煤气接触的表面积越大，越有利于还原。

#### 2.1.2.7 矿石的还原性

铁矿石中铁氧化物与气体还原剂之间反应的难易程度称为铁矿石的还原性。铁矿石还原性的好坏在很大程度上影响矿石还原的速率，随即影响高炉冶炼的技术经济指标。还原性好的矿石，在中温区被气体还原剂还原出的铁就多，可减少高温区的热量消耗，有利于降低焦比，促进高炉稳定顺行，使高炉冶炼高产、顺行。影响铁矿石还原性的因素主要有矿物组成、矿石结构的致密程度、粒度和气孔率等。

#### 2.1.2.8 矿石的软熔性

矿石的软熔性是指它的软化性及熔滴性。

（1）软化性包括矿石的软化温度和软化温度区间两个方面。软化温度指矿石在一定的荷重下加热开始变软的温度；软化温度区间指矿石从开始软化到软化终了的温度区间。

（2）熔滴性是指矿石开始熔化到开始滴落的温度及温度区间。矿石的软熔性主要受脉石成分与数量、矿石还原性等的影响。

### 2.1.3 含铁原料质量要求

2.1.3.1 高炉对烧结矿的质量要求

高炉对烧结矿的质量要求是非常严格的，烧结矿是高炉的主要原料之一，直接影响高炉的冶炼效果和生产成本。一般而言，高炉对烧结矿的质量要求包括以下几个方面：

（1）化学成分：烧结矿的化学成分要符合高炉炼铁的生产工艺要求，主要指 Fe、$SiO_2$、$Al_2O_3$、CaO、MgO 等元素和物质的含量，尤其是 Fe 含量的要求较高。

（2）粒度分布：烧结矿的粒度应当适中，以便于高炉内矿料的均匀分布和气固反应的进行，一般要求粒度均匀且较为细小。

（3）烧结性能：烧结矿的烧结性能要良好，即在高温下能够形成坚固的烧结块，以确保烧结矿在高炉内能够顺利流动和分解。

（4）S 含量：烧结矿的 S 含量一般要求较低，过高的 S 含量会对高炉冶炼过程造成不利影响，导致冶炼渣中过多的 S 元素。

总的来说，高炉对烧结矿的质量要求是综合考虑多种因素的，生产厂家在生产过程中需要严格控制烧结矿的质量，以保证高炉冶炼的顺利进行和铁水的质量稳定，表 2-3 是不同容积高炉对烧结矿的质量要求。

**表 2-3 不同高炉对烧结矿的质量要求**

| 炉容级别/$m^3$ | 1000 | 2000 | 3000 | 4000 | 5000 |
|---|---|---|---|---|---|
| 铁分波动/% | ≤±0.5 | ≤±0.5 | ≤±0.5 | ≤±0.5 | ≤±0.5 |
| 碱度波动/% | ≤±0.08 | ≤±0.08 | ≤±0.08 | ≤±0.08 | ≤±0.08 |
| 铁分和碱度波动的达标率/% | ≥80 | ≥85 | ≥90 | ≥95 | ≥98 |
| 含 FeO/% | ≤9.0 | ≤8.8 | ≤8.5 | ≤8.0 | ≤8.0 |
| FeO 波动/% | ≤±1.0 | ≤±1.0 | ≤±1.0 | ≤±1.0 | ≤±1.0 |
| 转鼓指数+6.3 mm/% | ≥71 | ≥74 | ≥77 | ≥78 | ≥78 |

2.1.3.2 高炉对球团的质量要求

高炉对球团矿的质量要求也非常严格，球团矿是高炉的另一种重要原料，质量的好坏直接影响高炉的冶炼效果和生产成本。一般而言，高炉对球团矿的质量要求包括以下几个方面：

（1）化学成分：球团矿的化学成分同样要符合高炉炼铁的生产工艺要求，尤其是 Fe 含量的要求较高。此外，球团矿中有时还会添加焦炭、石灰或者其他添加剂，因此这些成分中元素的含量也需要控制。

（2）粒度分布：球团矿的粒度要求一般要均匀适中，以确保在高炉内的均匀分布和气固反应的进行，有利于冶炼过程顺利进行。

（3）强度：球团矿需要有一定的抗压强度，要求能够经受高炉内高温高压环境的影响，不易破碎和解体，保持球团的完整性。

（4）灰分含量：球团矿的灰分含量一般要求较低，过高的灰分含量会导致冶炼渣质量增加，影响高炉内的正常冶炼过程。

综合来看，高炉对球团矿的质量也是综合考虑多方面因素的，表 2-4 是不同容积高炉对球团矿的质量要求。

**表 2-4 不同高炉对球团的质量要求**

| 炉容级别/$m^3$ | 1000 | 2000 | 3000 | 4000 | 5000 |
|---|---|---|---|---|---|
| 含铁量/% | ≥63 | ≥63 | ≥64 | ≥64 | ≥64 |
| 转鼓指数+6.3 mm/% | ≥89 | ≥89 | ≥92 | ≥92 | ≥92 |
| 耐磨指数-0.5 mm/% | ≤5 | ≤5 | ≤4 | ≤4 | ≤4 |
| 常温耐压强度/N · 球$^{-1}$ | ≥2000 | ≥2000 | ≥2000 | ≥2500 | ≥2500 |
| 低温还原粉化率+3.15 mm/% | ≥85 | ≥85 | ≥89 | ≥89 | ≥89 |
| 膨胀率/% | ≤15 | ≤15 | ≤15 | ≤15 | ≤15 |
| 铁分波动/% | ≤±0.5 | ≤±0.5 | ≤±0.5 | ≤±0.5 | ≤±0.5 |

#### 2.1.3.3 高炉对块矿的质量要求

块矿的质量对高炉来说是至关重要的，块矿是高炉冶炼的主要原料之一，同样直接影响高炉的冶炼效果和生产成本。高炉对块矿的质量要求包括以下几个方面：

（1）化学成分：块矿的化学成分要符合高炉冶炼工艺的要求，主要是要求含有足够的 Fe 含量，同时其他元素的含量要在一定范围之内，以确保高炉冶炼过程中的稳定性。

（2）粒度分布：矿石粒度均匀可以保证料柱有足够的孔隙度，提高料柱的透气性，从而有利于高炉冶炼的进行。

（3）力学强度高，粉末少：矿石有足够的强度可以防止在运输和装卸过程中产生过多的粉末，从而改善料柱的透气性和提高高炉的生产率。

（4）杂质含量：块矿中的杂质含量要尽量低，特别是 S、P 等有害元素的含量要控制在规定范围内，以避免对高炉操作和冶炼过程造成不利影响。

总的来说，高炉对块矿的质量要求是多方面的，包括含铁品位、化学成分、粒度、力学强度及有害杂质等方面。这些要求的满足程度将直接影响高炉冶炼的效果、生产成本及产品质量，表 2-5 是不同容积高炉对块矿的质量要求。

表 2-5 不同高炉对块矿的质量要求

| 炉容级别/$m^3$ | 1000 | 2000 | 3000 | 4000 | 5000 |
|---|---|---|---|---|---|
| 含铁量/% | ≥62 | ≥62 | ≥64 | ≥64 | ≥64 |
| 热爆裂性能/% | — | — | ≤1 | <1 | <1 |
| 铁分波动/% | ≤±0.5 | ≤±0.5 | ≤±0.5 | ≤±0.5 | ≤±0.5 |

## 2.1.4 焦炭质量要求

目前钢铁行业进入微利和亏损阶段，钢铁企业开始充分利用国内矿石资源，通过合理配矿降低炼铁成本，高炉炉料结构由“精料”向“经济料”转变，随之带来的是渣比升高 10~20 kg/t，碱金属等有害元素的升高。炼铁工序为了进一步降低焦比，一般采用富氧大喷煤技术，高炉负荷由过去的 3.0 上升至 5.0 甚至更高，高炉料柱在熔化前，透气性已经开始变差。随着钢铁产能的新旧置换，国内高炉已趋于大型化，炉缸直径 8~15 m，料柱高达 25~35 m。而焦炭作为高炉内唯一的固体，对料柱透气性的骨架作用要求进一步提高。炼铁工作者和焦化工作者需要相互交流，深入合作，共同研究焦炭质量，采取有效方案提高焦炭质量，才能满足高炉生产的要求。

### 2.1.4.1 炼焦技术发展现状

近年来，我国的炼焦技术在煤种选择、洗选技术、高温炼焦、在线监测和环保要求等方面取得了显著的进展。我国炼焦技术通过不断优化工艺和技术手段，不仅提高了焦炭质量，也提高了生产效率和能源利用效率，为炼铁行业的可持续发展做出了重要贡献。

(1) 煤种和原料多样性：我国炼焦技术发展的一个重要特点是充分利用了国内丰富的煤炭资源。我国煤种多样，包括贫瘦煤、贫煤、气煤、褐煤等，利用不同煤种进行炼焦，可以灵活调整炼焦配比，降低生产成本。

(2) 炼焦煤洗选技术提升：我国在炼焦煤洗选技术方面取得了重要突破。通过洗选技术，可以有效降低炼焦煤的灰分和硫含量，提高焦炭的质量和利用率。

(3) 炼焦技术的优化和创新：我国炼焦技术不断优化和创新，注重提高炉内温度和气流分布的均匀性，优化炼焦工艺参数和操作条件，以提高焦炭的质量和产量。

(4) 高温炼焦技术的应用：我国在高温炼焦技术方面取得了重要进展。高温炼焦可以提高焦炭的力学强度和还原性能，降低炼焦时间和能耗。

(5) 焦炭质量在线监测和控制：我国在焦炭质量在线监测和控制方面加大了研发投入。应用现代化的传感器、监测装置和自动化控制系统，实现对焦炭生产过程中关键参数的在线监测和控制，以优化生产工艺，提高焦炭的质量稳定性和一致性。

(6) 环保要求的提高：我国炼焦技术发展也受到环保要求的指导和推动。炼焦行业对焦炭中含S、P等元素的有害物质排放的标准要求逐渐提高，不断推动企业采取措施减少有害物质的排放，提高焦化过程的环保性能。

2.1.4.2 焦炭质量面临的挑战与对策

尽管各种绿色炼铁新工艺不断发展，但是在可预计的将来，炼铁工业仍将以焦化—烧结/球团—高炉为主。因此我国炼铁技术对焦炭质量的要求面临一些挑战，主要包括以下几点：

(1) 高炉规模扩大：随着我国炼铁行业的不断发展，高炉规模逐渐增加，对焦炭质量有更高的要求。大型高炉的工艺参数和工况较为复杂，对焦炭的还原性能、挥发分含量、均匀性等指标要求更高，以满足高炉的冶炼需求。

(2) 原料多样性和品质变化：我国原料资源的多样性和品质的变化，对焦炭质量提出了更高的要求。不同种类的炼焦煤和其他焦炭原料在炉内的热解行为和反应性能有所不同，需要针对不同的原料特性调整焦炭质量要求和生产工艺。

(3) 环境保护要求提高：随着环境保护要求的提高，焦化过程中逐渐关注焦炭的环境友好性。如图2-2所示，要求焦炭的S含量、N含量和挥发性有机物排放等参数控制在更严格的限值范围内，需要焦炭生产企业进行技术革新和工艺改进。

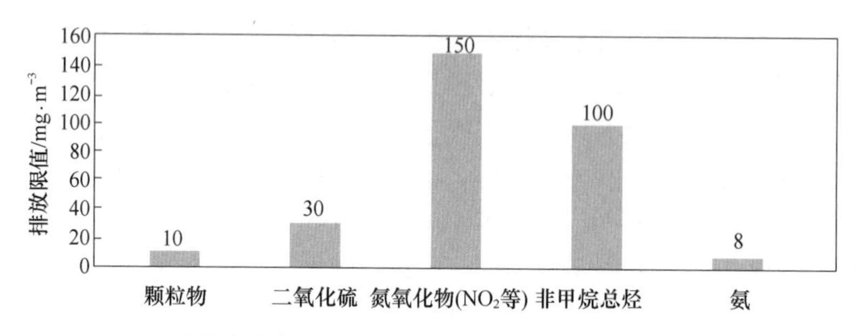


图2-2 焦炉烟囱超低排放限值（在基准含氧量8%的条件下）

2.1.4.3 影响焦炭质量的因素

影响焦炭质量的因素非常多，以下是其中的一些关键因素：

(1) 原料质量：焦炭是通过高温热解煤炭制备而来的，所以原煤的质量对焦炭质量有着直接的影响。原煤的挥发分、固定碳、灰分、硫分等含量及煤的变质程度都会对焦炭的质量产生影响。

(2) 炼焦煤的混合比例：不同品种和性质的炼焦煤混合使用可以提高炼焦煤的综合性能，进而提高焦炭的质量。混合比例的选择需要综合考虑煤炭的挥发分、固定碳、灰分、硫分及粒度等因素。

(3) 焦炉操作条件：炼焦过程中的炉温、炉煤层高度、焦炉气流等操作条件对焦炭质量有着重要影响。例如适当的气流控制有助于提高炉内温度均匀性及焦炭的力学强度和化学性能。过高或过低的气流速度都会对焦炭质量产生不良影响。

(4) 焦炭炼制工艺：炼焦过程中的工艺操作也对焦炭质量有着重要影响。不同的炼焦工艺具有不同的适用领域和特点，选择合适的工艺应综合考虑煤炭质量、成本、产量要求等因素，并进行工艺参数的调整和优化，以使焦炭符合具体的使用要求。

值得注意的是，以上只是一些主要的因素，实际上焦炭质量受到多种因素的综合影响，因此生产者在炼焦过程中需要综合考虑和控制这些因素，以获得优质的焦炭。

#### 2.1.4.4 焦炭在高炉不同部位的劣化机理

根据国内外对高炉的解剖研究及对入炉焦和风口焦性质的对比试验，加之在实验室从不同角度进行高炉局部条件下的模拟试验，使人们对焦炭在高炉不同部位的劣化机理有了深刻的认识。现将焦炭在高炉不同部位的劣化过程简述如下。

##### A 块状带

块状带是指炉身中上部，温度低于 900 ℃的部位。此区域温度低于矿石的软熔温度，焦炭和矿石按装料顺序保持层状下降。焦炭在块状带内，主要受布料和下降过程中炉料之间的碰撞、挤压、磨损破坏。而焦炭的抗压强度一般在 12~30 MPa，远高于散料层的静压力，焦炭粒度基本无多少变化。

在块状带的下部，铁矿石中的铁氧化物与上升煤气中的 CO 发生间接还原反应生成 $CO_2$，在温度 800 ℃以上时与焦炭发生碳溶反应（$C+CO_2=CO$）生成 CO。块状带内碳溶反应低，对焦炭质量影响不大，碳的损失不超过 10%，粒度平均减少 1~2 mm。

总之，在块状带内，焦炭平均粒度略有减小，强度略微下降，高炉透气性稍变差。

##### B 软熔带

软熔带处于炉身下部、炉腰、炉腹上部，温度在 900~1300 ℃。进入软熔带后，当焦炭在高炉中高于炼焦温度 1050 ℃时，焦炭中的灰分开始蒸发，由于焦质和灰分的热膨胀性不同，会在灰分颗粒周围产生裂纹，使焦炭加速碎裂和粉化。由于此区域是碱金属富集区，对碳溶反应起催化作用，加速了碳溶反应的进行，焦炭中碳的损失可达 30%~40%，使焦炭气孔壁变薄，气孔率增大。焦炭的粒度和强度急剧下降，耐磨性显著降低。同时产生较多碎焦和焦粉，阻碍了煤气流的顺利通过。

在软熔带内，焦炭粒度减小，强度变差，粉化增大，使高炉透气性变差。因此，要求焦炭粒度均匀，改善 $CO_2$ 反应后的强度，对煤气流顺利通过软熔带至关重要。

C 滴落带

滴落带位于炉腹中下部，温度在 1300~1800 ℃。此时碳溶反应已开始减弱，对焦炭的破坏主要来自滴落渣铁的冲刷，以及高温气流的冲击，焦炭灰分的挥发使焦炭气孔率进一步增大，强度继续降低。滴落带也是液态铁水渗碳的主要区域，从软熔带最初的1%不到，经过滴落带到达炉缸时的4%左右。渗碳对焦炭的粒度有一定的影响。

在滴落带内，焦炭粒度减小，强度变差，粉化增大。因此，要求焦炭保持一定的强度和粒度，可以保证煤气流通过下降的液态渣铁，确保高炉有一定的透气性。

D 风口回旋区

此部位区域温度在 1800~2400 ℃，焦炭对高炉操作的影响较大。进入风口回旋区边界层的焦炭在强烈高速气流的冲击和剪切作用下很快磨损，进入回旋区后剧烈燃烧，产生 2000 ℃以上的高温为高炉提供热量和还原性气体 CO，使焦炭粒度急剧减小，强度急剧降低。一方面产生的粉焦进入炉渣，导致炉渣黏度增加，高炉的透气、透液性恶化；另一方面导致回旋区阻力增加，深度减小，热压升高，边缘气流发展。由于中心死料柱焦炭移动和风口与风口间焦炭堆向下移动所形成的焦炭悬浮在渣铁液面上，对渣铁起到向下渗透作用。炉缸中心死料柱中的焦炭始终处于稳定状态，直到碳素完全耗尽，灰分进入渣中为止。

焦炭从进入高炉至风口前，经历了各种热力和化学反应过程，要求焦炭保持一定的粒度是维持高炉正常冶炼的重要条件。分析整个焦炭劣化过程，软熔带碳溶反应对焦炭的降解影响极为严重，采取各种措施降低软熔带焦炭的碳溶损失，保持焦炭较好的热态强度，满足滴落带焦炭的骨架作用，是炼铁工作者和焦化工作者共同的责任。

#### 2.1.4.5 焦炭质量指标对高炉操作的影响

焦炭质量评价指标体系主要包括：工业分析、元素分析、粒度组成分析、冷态强度、热态强度、气孔率、真假密度、光学组织分析、力学强度分析等。下面主要介绍高炉常规检测指标对高炉操作的影响。

A 水分

高炉使用的焦炭一般分为水熄焦和干熄焦之分。高炉原料标准一般要求水熄焦水分控制在 4%~8%，干熄焦水分一般控制在 0.5%~2%。高炉焦炭水分应保持稳定，一方面焦炭水分波动会引起焦炭称量不准，造成炉温波动，影响炉况的稳定；另一方面焦炭水分过高，会使大量焦粉黏附在焦炭表面，造成炉身上部压差升高，透气性变差，高炉减风控氧，造成产量损失。

B 灰分

灰分主要是焦炭中的惰性物，主要成分是高熔点的 $SiO_2$ 和 $Al_2O_3$，渣中 $Al_2O_3$ 升高会增加炉渣的黏度，影响渣铁分离。在高温下焦炭基质中灰分的挥发对焦炭强度起到一定的破坏作用。灰分中的碱金属对焦炭与 $CO_2$ 反应起催化作用，也会加速焦炭的破坏。当焦炭灰分超过13%时，焦炭灰分将成为影响炉况稳定的关键性因素。一般，焦炭灰分每增1%，高炉焦比约升高2%，高炉产量约下降2.2%。在现行高炉冶炼条件下建议控制焦炭灰分不超过12.3%，其次要控制焦炭中碱金属及碱土金属含量。

C 硫分

硫分是焦炭中的有害物质，原料中的S含量升高，高炉操作上要提高炉渣碱度和热量进行脱S，保证生铁合格率。焦炭S含量每增加0.1%，焦比将增加1%~3%，铁水产量将减少2%~5%。建议在高炉操作条件下，控制焦炭中硫分不超过0.8%。

D 挥发分

焦炭挥发分同原料煤的煤化度和炼焦最终温度有关，可作为焦炭成熟的标志。一般要求高炉焦炭的挥发分在1.0%~1.8%。

E 焦炭冷态强度

焦炭是一种多孔并伴有不同粗细裂纹的脆性炭质材料，它由裂纹、气孔和气孔壁组成。焦炭的冷态强度主要包括焦炭抗碎性能和耐磨性能。从焦炭结构而言，焦炭裂纹多少直接影响焦炭的粒度和抗碎强度。而焦炭的孔孢结构和气孔壁的光学组织则与焦炭的耐磨强度和高温反应性密切相关。

焦炭冷强度是焦炭热强度的基础，同时也是表征焦炭在炉内下降过程中粒度均匀性和透气性变化的重要指标。如果冷态强度过低，说明焦炭裂纹较多或气孔壁强度较差。冷态强度差对高炉操作不利。主要体现在两个方面：一是焦炭在高炉内受物理破坏，将产生大量碎焦和粉末，导致高炉透气性变差；另一个是焦炭在高炉内破碎后，粒度降低，焦炭比表面积增加，会造成焦炭反应性增加。所以，要求高炉焦炭抗碎强度 $M_{25} \geqslant 92\%$，耐磨强度 $M_{10} \leqslant 7\%$。

F 粒度

高炉操作顺行与否的重要指标是炉内料层的透气性大小，而它与高炉炉料的均匀性有关。因此，一般要求焦炭平均粒度是矿石的2倍，对高炉操作有利。焦炭粒度均匀，可改善高炉的透气性，有利于加风提高产量。一般高炉焦炭平均粒度以50 mm为宜，可控制在25~70 mm，特别要提高40~60 mm粒级的含量。大块焦在块状带中透气性好，下降到软熔带后自然透气性好，到达炉缸时不致过小。焦炭粒度选择应以强度和高炉炉容为基础，炉容大必须选择粒度和强度高的焦炭，炉容小应选择粒度和强度略低的焦炭。对于1000级的高炉，可选择焦炭平均粒度为 40 mm 的为宜，在粒度组成方面大于 60 mm 的焦炭占比在 20%左右，40~60 mm 的焦炭粒度占比在 50%，小于 25 mm 的焦炭粒度占比小于 5%。对于 2000 级的高炉，可选择焦炭平均粒度为 45 mm 的为宜，在粒度组成方面大于 60 mm的焦炭占比在 25%左右，40~60 mm 的焦炭粒度占比在 55%，小于 25 mm 的焦炭粒度占比小于 5%。对于 3000 级的高炉，可选择焦炭平均粒度为 50 mm 的为宜，在粒度组成方面大于 60 mm 的焦炭占比在 30%左右，40~60 mm 的焦炭粒度占比在 60%，小于 25 mm 的焦炭粒度占比小于 5%。

G 焦炭热态强度

提高焦炭反应后强度 CSR 对改善透气性和增加喷煤量具有非常重要的作用，比冷强度的作用显著。高炉下部焦炭的劣化程度对高炉透气性和顺行稳定有直接影响。因此在较高煤比操作条件下，要求焦炭有更高的抗溶损反应能力，即较低的 CRI 和较高的 CSR。在高炉煤比达到 170~180 kg/t 时，建议 CRI 达到 22%~24%，CSR 达到 68%~70%。

H 外购焦对高炉操作的影响

（1）以某特钢炼铁厂为例，该炼铁厂区没有自己的焦化厂，高炉使用的焦炭全部由外省焦化厂提供。外省焦化厂生产的焦炭经过皮带运送至货船，为了环保要求喷洒雾化水，干熄焦水分由出厂时 0.5%上升到 2%左右。焦炭货船从外省运至本地炼铁厂，由于江面水域潮湿，焦炭会吸收空气中的水汽而使焦炭水分增加。焦炭到达码头，为了防止焦炭扬尘，需要二次打水，焦炭从料场经过皮带运至高炉槽下，干熄焦水分会升至 3.5%~4.5%。

（2）该钢厂使用的焦炭从外省焦化厂到本地高炉中间要经过焦炭缓冲仓、装船、卸船、焦炭筒仓、转运站等十多次的倒运和摔打，增加了焦炭破碎和粉末含量。

（3）该炼铁厂高炉使用的外省干熄焦到达高炉时基本在常温 25 ℃左右，而有焦化厂的炼铁企业使用的焦炭从熄焦炉出来温度在 180~200 ℃，直供到高炉时基本在 100 ℃左右。该炼铁厂使用的焦炭与有焦化厂炼铁高炉使用的焦炭进入高炉的显热相差 75 ℃。

基于以上 3 点原因，无焦化厂的高炉使用外购焦在同等炉料结构条件下，比有焦化厂的高炉燃料比升高 10~15 kg/t。

I 泡焦、炉头焦对高炉操作指标的影响

泡焦是指焦饼中心的焦炭。焦饼中心在结焦初期，水分较多，升温速度慢，造成中心部位的煤黏结性差，结构疏松。中心部位温度在 600 ℃以后加热速度较快，造成裂纹较多，所以炭化室中心的焦炭质量最差。炉头焦是指机焦侧炉头部分的焦炭。由于炉头温度散失厉害，所以相对标准温度来讲要低很多，所以焦炭成熟度相对较差。泡焦和炉头焦在焦炭中所占的比例为 5%~15%。在某公司检测所对采购的焦炭检验中，化验人员制备焦炭试样时根据国标通常将泡焦、炉头焦挑出去。这样会使检测的焦炭 CRI%偏低，CSR%虚高，导致检测结果失真。以该公司高炉生产实绩为例，当使用的焦炭中泡焦和炉头焦比例超过 10%时，高炉炉况就会出现波动。高炉槽下自取焦炭（含泡焦、炉头焦在内）送工艺监督站做焦炭 CSR%试验，通常比公司化验室做的焦炭 CSR%低 1%~1.5%，与炉况变差有较好的相关性。

2.1.4.6 现行不同级别的高炉操作条件下对焦炭质量的要求

《高炉炼铁工程设计规范》（GB 50427—2015）给出了不同级别高炉对焦炭质量的要求，如表 2-6 所示。

**表 2-6 不同级别高炉对焦炭质量的要求**

| 炉容级别/$m^3$ | 1000 | 2000 | 3000 | 4000 | 5000 |
|---|---|---|---|---|---|
| $M_{40}$/% | ≥78 | ≥82 | ≥84 | ≥85 | ≥86 |
| $M_{10}$/% | ≤7.5 | ≤7.0 | ≤6.5 | ≤6.0 | ≤6.0 |
| 反应后强度 CSR/% | ≥58 | ≥60 | ≥62 | ≥64 | ≥65 |
| 反应性指数 CRI/% | ≤28 | ≤26 | ≤25 | ≤25 | ≤25 |
| 焦炭灰分/% | ≤13 | ≤13 | ≤12.5 | ≤12 | ≤12 |
| 焦炭硫分/% | ≤0.85 | ≤0.85 | ≤0.7 | ≤0.6 | ≤0.6 |
| 焦炭粒度范围/mm | 75~25 | 75~25 | 75~25 | 75~25 | 75~30 |
| 粒度大于上限/% | ≤10 | ≤10 | ≤10 | ≤10 | ≤10 |
| 粒度小于下限/% | ≤8 | ≤8 | ≤8 | ≤8 | ≤8 |

《高炉炼铁工程设计规范》给出的焦炭指标仅是参考，实际生产中各个钢铁企业结合自己的资源配置和高炉顺行情况，做出相应的调整，以满足高炉生产的需要。下面选取国内不同级别高炉焦炭质量的指标和笔者根据生产实践推荐的指标。

（1）唐钢 1000 $m^3$ 焦炭质量指标及推荐 1000 级高炉焦炭指标见表 2-7。

**表 2-7 唐钢 1000 $m^3$ 焦炭质量指标及推荐 1000 级高炉焦炭指标** （%）

| 指标 | 灰分 | 硫分 | $M_{40}$ | $M_{10}$ | CRI | CSR |
|---|---|---|---|---|---|---|
| 唐钢 1000 $m^3$ 高炉 | 12.27 | 0.57 | 81.71 | 6.93 | 26.7 | 65.7 |
| 推荐 1000 级高炉 | 12.5 | 0.8 | 85 | 6 | 25~28 | 65~67 |

（2）迁钢 2560 $m^3$ 高炉技术经济指标和焦炭质量指标及推荐 2000 级高炉焦炭指标见表 2-8。

**表 2-8 迁钢 2560 m³ 高炉技术经济指标和焦炭质量指标及推荐 2000 级高炉焦炭指标**

| 指标 | 焦比 /kg·t⁻¹ | 煤比 /kg·t⁻¹ | 燃料比 /kg·t⁻¹ | 焦炭负荷 | 水分 /% | 灰分 /% | 硫分 /% | $M_{40}$ /% | $M_{10}$ /% | CRI /% | CSR /% |
|---|---|---|---|---|---|---|---|---|---|---|---|
| 迁钢 2560 m³ 高炉 | 312 | 158 | 502 | 5.27 | 0.3 | 12.5 | 0.78 | 88.52 | 6.1 | 22.69 | 67 |
| 推荐 2000 级高炉 | 310 | 170 | 520 | 5.0 | 2 | 12.3 | 0.8 | 88 | 5 | 22~24 | 67~70 |

（3）莱钢 3200 m³ 高炉技术经济指标和焦炭质量指标及推荐 3000 级高炉焦炭指标见表 2-9。

**表 2-9 莱钢 3200 m³ 高炉技术经济指标和焦炭质量指标及推荐 3000 级高炉焦炭指标**

| 指标 | 焦比 /kg·t⁻¹ | 煤比 /kg·t⁻¹ | 燃料比 /kg·t⁻¹ | 焦炭负荷 | 水分 /% | 灰分 /% | 硫分 /% | $M_{40}$ /% | $M_{10}$ /% | CRI /% | CSR /% |
|---|---|---|---|---|---|---|---|---|---|---|---|
| 莱钢 3200 m³ 高炉 | 310 | 159 | 521 | 5.2 | 0.3 | 12.84 | 0.8 | 88.16 | 6.21 | 24.72 | 66.29 |
| 推荐 3000 级高炉 | 310 | 170 | 520 | 5.0 | 2 | 12.3 | 0.8 | 88 | 5 | 22~24 | 68~70 |

此外，目前市场，高硫焦煤成本优势明显，很多焦化企业都放开了对灰分和硫分的限制，有的企业的硫分甚至高达 1%以上，灰分在 13%以上，各企业应根据脱硫装备，焦煤价格及环保要求等情况合理选择焦炭硫分和灰分，实现降本增效。

结合在当前钢铁行业形势低迷、利润空间狭窄的情况，高炉冶炼对焦炭质量提出了新的要求：

（1）降低生产成本：钢铁行业面临着严峻的市场竞争压力，为了降低生产成本，提高盈利能力，高炉炼铁对焦炭的质量要求更加注重经济性。在不影响冶炼效果的前提下，要求焦炭具有更高的还原性能和燃烧性能，以减少对其他辅助燃料的使用，降低能源成本。

（2）提高能源利用效率：能源成本是钢铁生产中的重要组成部分，高炉炼铁对焦炭的质量要求更加强调能源利用效率的提高。焦炭要求具有更高的固定碳含量和燃烧热值，以确保在炼铁过程中充分利用焦炭的还原能力和热值，减少能源浪费。

（3）提高冶炼效率：高炉炼铁要求提高冶炼效率，减少出铁周期，增加产量，从而降低单位产品的生产成本。焦炭要求具备较好的力学强度和粒度分布，以保证在高炉内的物料流动和气体透气性。

（4）环保要求的加强：随着环境保护意识的提高和政府对环境污染的监管加强，高炉炼铁对焦炭的环保要求也更为严格。要求焦炭具有较低的含硫、含氮化合物和有机物排放，以降低对环境的负面影响。

为了满足这些新要求，焦炭的生产需要通过优化原料配比，改进生产工艺，加强质量检测和控制，提高焦炭的质量稳定性和一致性。同时，加强高炉操作和炉渣控制，提高炼铁工艺的智能化水平和自动化控制水平，也是实现高炉炼铁对焦炭质量新要求的关键。

#### 2.1.4.7 提高焦炭质量需要改进的方向

焦炭质量的控制是以满足高炉生产稳定顺行为前提，随着高炉利用系数的提高和高炉大喷煤的实施，高炉负荷进一步加重，对焦炭的质量要求也要整体提高。提高焦炭质量需要炼铁人和炼焦人深入交流，加强技术合作，结合高炉生产实际，不断优化工艺操作参数，才能满足现行高炉生产。笔者从一线高炉操作者的角度，提出以下几个改进焦炭质量的方向，仅供参考。

（1）在炼焦配煤生产中，对焦炭质量影响因素有三方面：一是炼焦煤资源情况，二是配煤技术水平，三是炼焦过程。通常认为，炼焦煤资源情况所占权重为50%，配煤技术水平所占权重20%，炼焦过程所占权重为30%。

1）对焦炭质量起决定作用的焦煤、肥煤、1/3焦煤、气煤及瘦煤严把质量关，最好采用固定的煤源，进厂前取样化验时将质量不合格的煤拒之门外。采用厂家直供，加强过程管控，从选煤场出来到进入配煤仓，中间堆放时间控制在30~60天，防止煤粉氧化变质影响焦炭质量。

2）进入场地的煤粉水分大概在8%，建议采用烟气循环预热煤粉，将入焦炉前的煤粉水分降低到6%以下。这样有利于焦炉操作，提高焦炭产量，改善焦炭质量和降低炼焦耗热量等效果。

3）控制好磨煤粒度，顶装焦煤粉细度控制在75%~82%比较有利。

4）控制好配合煤的挥发分，适当提高标准温度降低泡焦和炉头焦的比例。

5）加强焦炉合理升温速度管理，适当延长结焦时间。根据国内外生产实践证明，大型焦炉结焦时间在22~24 h炼焦耗热量最低，根据高炉使用焦炭的炉况运行实际调整结焦时间。

（2）现行焦炭管理中的11项常用指标里$M_{40}$、$M_{25}$、$M_{10}$、CRI、CSR等5项是直接考核焦炭粒度的指标。$M_{40}$、$M_{25}$、$M_{10}$是焦炭在常温状态下受到机械磨损后的粒度变化。CSR、CRI则是在高温和还原气体存在的情况下焦炭受到机械磨损后的粒度变化，实际是规定了粒度的上下限值。灰分、硫分、挥发分、水分、碱金属等5项可以理解为对影响焦炭粒度变化的因素的考核。固定碳和水分可理解为对焦炭发热量的考量。尽管国内这个体系基本体现了以粒度考核为核心，对照国外标准，我们只是注重考核了焦炭粒度的上下限值和影响因素，缺少对焦炭粒度构成的具体要求。在高炉设计规范推荐的标准（GB 50427—2015）中，只对顶装焦炭的质量做出了要求，未对捣固焦质量做出明确要求；同时针对1000~5000 m$^3$高炉的焦炭质量要求（包括入炉粒、$M_{40}$、$M_{25}$、$M_{10}$、CSR、CRI、硫分、灰分）做出了一个下限值的规定，但是对粒度构成则做出了一个宽泛的25~75 mm或30~75 mm的要求。相比之下，德国钢铁工业协会的焦炭标准除了对焦炭粒度的上下限值和我们一样有规定之外，还对焦炭的粒级分布做出了很具体的规定。在美国的焦炭标准中不仅对焦炭的各种统计方法得出的焦炭粒径有具体的规定，对粒度构成也提出了具体的规定。建议企业在采购焦炭时，对焦炭的粒级构成纳入考核指标。炼铁厂要深入研究焦炭粒级组成对高炉操作的影响，进而反馈焦化企业生产粒级符合高炉生产的焦炭。

（3）化验室在做焦炭的反应性CRI和反应后强度CSR检验时，是在1100 ℃下与$CO_2$反应2 h后焦炭失重及反应后的焦炭再经转鼓实验测得的数据。然而焦炭在高炉中是在高温高压的条件下不断劣化变小的，尤其软熔带温度在1100~1300 ℃，滴落带温度在1400~1800 ℃。建议在做焦炭热态强度检验时，建议在压力400 kPa、温度1400 ℃条件下检测，这样得出的数据更符合焦炭在高炉中的运行环境。

（4）高炉的软熔带是碱金属的富集区，对焦炭的碳溶反应影响较大。建议在做焦炭热态强度检验时，在焦炭中添加2%~3%的$Na_2CO_3+K_2CO_3$，这样测出的焦炭热态强度比较符合高炉内焦炭的实际情况。

（5）建议焦化行业对冶金焦炭检测标准进行修订。在对焦炭做热态强度检验制备焦炭试样时，统一取样保留泡焦和炉头焦。这样检测的焦炭CSR数值更能体现高炉使用焦炭的真实数据，可以避免检测结果失真，这样对高炉生产更有指导意义。

（6）高炉使用外购焦时，因环保因素，要控制对焦炭表面的打水量，降低入炉焦水分。

（7）高炉使用的焦炭尽量减少转运次数，在焦炭筛分过程中振动筛与焦炭尽量采用软接触，半仓打料，降低焦炭的破碎程度。

（8）高炉在操作管理上要采取措施减少炉内碳溶反应的发生。尤其要控制入炉碱负荷，建议每月留3天对高炉进行定期排碱，减少炉内碱金属对焦炭劣化的影响。

2.1.4.8　小结

（1）我国炼铁技术在过去几十年取得了长足的发展，中国现已成为全球最大的炼铁生产国。我国炼铁技术从小型高炉向大型高炉发展，技术装备不断升级，炼铁规模和效率不断提高。同时，环保要求也不断加强，推动炼铁技术向清洁、高效、低排放方向发展。

(2) 高炉是炼铁的核心设备，对焦炭质量有较高的要求。高炉冶炼要求焦炭具备良好的还原性能、燃烧性能和力学强度，以保证高炉的正常运行和高效冶炼。焦炭质量要求包括固定碳含量、挥发分含量、灰分含量、粒度和均匀性等指标。

(3) 为满足高炉冶炼的要求，提高焦炭质量的技术和措施包括优化原料、改进生产工艺、强化质量检测和控制、使用先进设备和技术等。此外，合理的高炉操作、环保要求的实施及持续的技术创新和人员培训也是提高焦炭质量的关键。

随着我国炼铁技术的不断发展和环保要求的提高，对焦炭质量的要求将更加严格和细化，炼铁企业需要不断加强焦炭质量管理，与焦炭供应商紧密合作，共同推动焦炭质量的提升，满足炼铁行业的发展需求和环保要求。

## 2.2 通过高炉大修谈高炉设计

某钢铁厂 3 号高炉有效炉容为 3200 $m^3$，于 2009 年 9 月 25 日开炉投产，2020 年 5 月 9 日开始停炉，采用不放残铁方式进行大修，一代炉役为 10 年零 7 个月，长寿水平处于国内中等偏上水平，平均利用系数为 2.37 t/($m^3$·d)，单位炉容产铁量达到 9055.1 t。

该钢铁厂 3 号高炉主要设计参数见表 2-10，高炉采用薄壁高炉设计，炉腹角设计为 77.093°，炉身角设计为 81.567°。高炉整体按照矮胖型高炉设计（见图 2-3），高径比为 2.105，设计炉腰直径为 14300 mm，略高于国内同立级高炉水平。高炉炉缸死铁层深度占炉缸直径比为 21.74%。

**表 2-10 某钢铁厂 3200 $m^3$ 高炉内型参数**

| 名 称 | 参 数 |
|---|---|
| 有效容积/$m^3$ | 3200 |
| 炉缸高度/mm | 4900 |
| 炉身角 $\beta$/(°) | 81.567 |
| 炉腹角 $\alpha$/(°) | 77.093 |
| 有效高度 $H_u$/炉腰直径 $D$ | 2.105 |
| 炉腰直径 $D$/mm | 14300 |
| 死铁层深度/mm | 2750 |

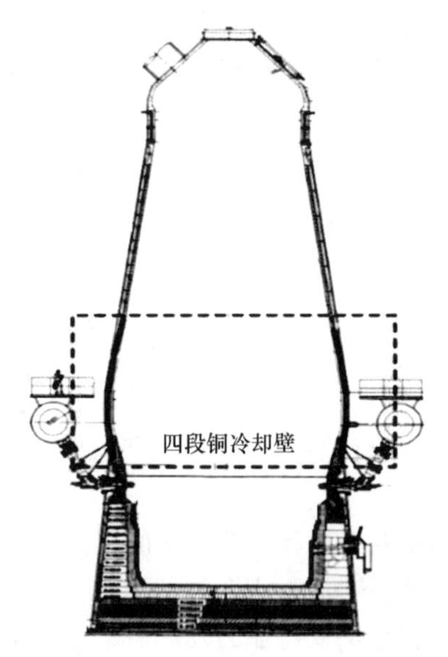


图 2-3 某钢铁厂 3200 m$^3$ 高炉炉体设计图

该钢铁厂 3200 m$^3$ 高炉设计采用 4 个铁口，32 个风口（见图 2-4），炉缸炉底采用四段冷却壁，其中第二段冷却壁为铜冷却壁，炉腹炉腰及炉身下部采用四段铜冷却壁（6~9 段），炉身中上部 10~16 段采用铸铁冷却壁。开炉初期，冷却壁热面镶砖采用铝炭砖。炉缸炉底采用大块炭砖+陶瓷杯/垫结构，炉底铺设五层炭砖，第一层为石墨炭砖，第二层为半石墨炭砖，第三、第四层为微孔炭砖，第五层为超微孔炭砖，五层炭砖上部有两层陶瓷垫。6~19 层炭砖为炉缸部位，采用均为超微孔炭砖。

### 2.2.1 优化炉型设计

#### 2.2.1.1 炉腹角/炉身角设计

当前高炉炼铁，炉缸已不是限制强化的环节，高炉设计中，炉腰直径与炉缸直径的比值 $D/d$ 趋于增大。在满足产量的基础上，适当缩小炉缸直径，扩大炉腰直径，适当操作有较小炉腹角的炉型，有利于提高炉缸死焦堆的活跃度，减轻炉腰的热冲击，使煤气顺畅地通过炉腹、炉腰位置，降低下部压差，更好地适应原燃料条件的变化，让高炉变得好操作，并获得较好的技术经济指标。

在高炉各部位寿命中，炉腹内衬是短命的，一般靠渣皮工作，而高炉操作者追求的目标就是使渣皮稳定地固结在炉腹冷却壁上。高炉操作者常在风口前看到炉腹渣皮脱落的现象，原因可能是多种多样的，但炉腹角大小对渣皮的固结有一定影响。炉腹角过大，炉腹与圆筒相似，边缘煤气流难以控制，边缘热负荷高，从上部流下的炉渣难以落到炉腹上，即使落到炉腹上，也难以停留，更不用说稳

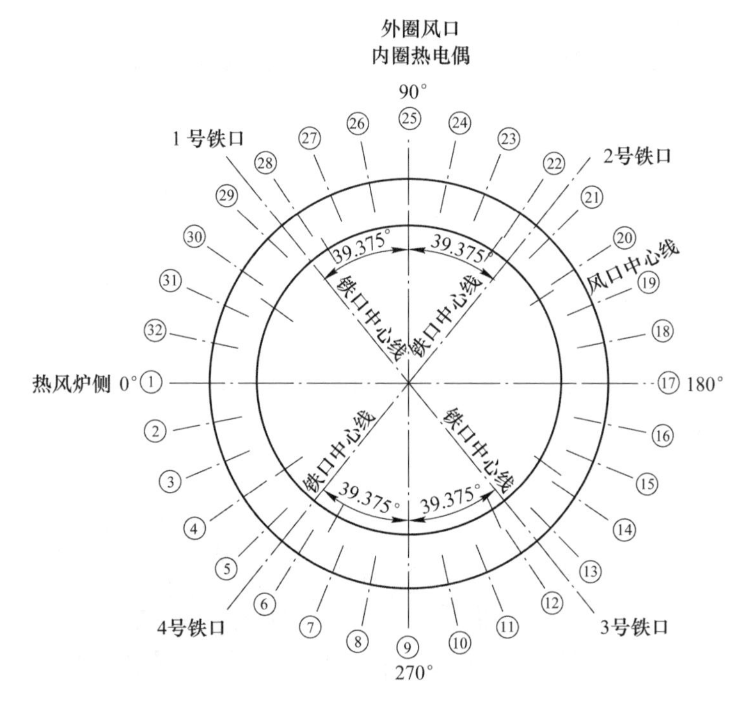


图 2-4 某钢铁厂 3200 m³ 高炉铁口、风口分布图

定地固结；炉腹角过小，增加炉料下降阻力，且易黏结，出现“腰痛病”，一旦黏结物脱落，对高炉炉况及消耗造成较大的影响。

综合高炉操作及长寿考虑，再结合当前“双控”形势下频繁开停炉的现象，笔者认为炉腹角应该控制在 74°~76°较为合适（见图 2-5），原燃料条件较好的取下限，反之取上限。在此范围内，可通过装料制度和送风制度将操作炉型调整到较好的状态，以求获得较好的技术经济和长寿指标。具体炉腹角大小是否合适要结合高炉生产实际来确定，但对于已设计好的高炉来说，只能通过后期调整来控制。若在实际生产中高炉边缘煤气流不受控制，可能为炉腹角偏大，应适当加长风口，减小操作中真实的炉腹角。

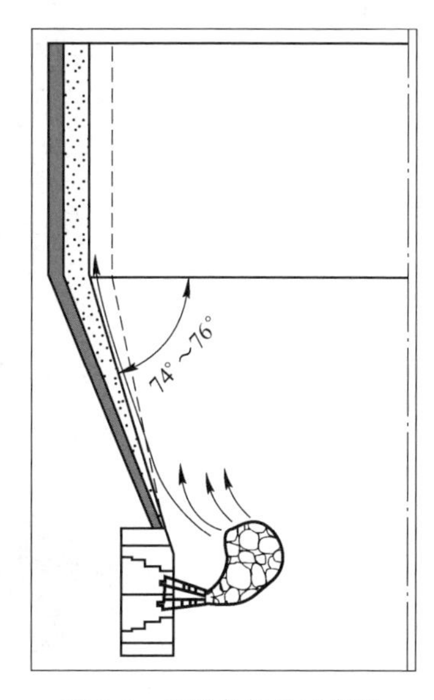


图 2-5 炉腹角优化示意图

炉喉直径、炉身高度和炉身角三者必须协调。炉喉直径的设计需满足布料的要求，使布料操作上有较大的调剂空间，以求获得较高的煤气利用率；炉喉直径和炉腰直径基本确定后，较低的炉身高度和较小的炉身角容易形成“管道”，不利于煤气流

的合理分布，较高的炉身高度和较大的炉身角，不利于炉料受热膨胀后的下降，且会提高料柱阻力。笔者结合高炉操作经验，认为炉身角控制在 82°～84°较为合理，不应追求极端。

#### 2.2.1.2　死铁层深度

加深死铁层已被公认为可以延长炉缸、炉底的寿命。较深的死铁层深度可以实现炉缸死焦堆的浮起，减轻铁水环流，有利于提高炉缸寿命，活跃炉缸。特别是追求高煤比的高炉，由于料柱重量增加，需要更深的死铁层深度来实现炉缸死焦堆的浮起。但死铁层深度多少合适？多深的死铁层可以实现炉缸死焦堆浮起？统计数据显示，国内设计高炉死铁层深度/炉缸直径在 20%～23%（见图 2-6），某钢铁厂 3200 $m^3$ 高炉设计死铁层深度/炉缸直径为 21.74%，大修停炉后发现死焦堆存在浮起现象（见图 2-7）。

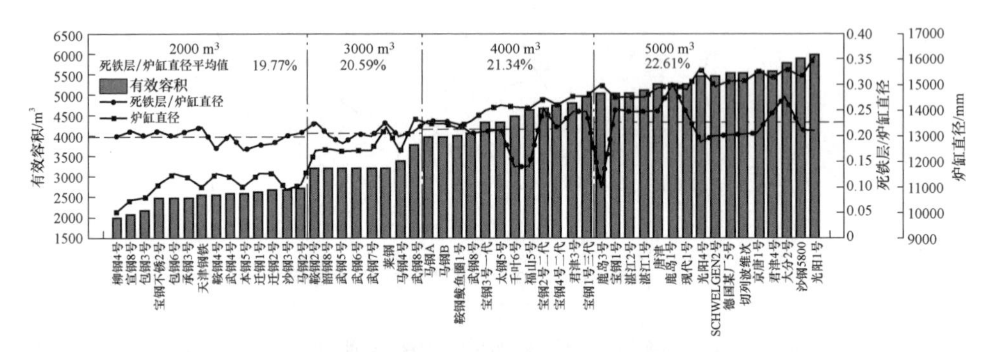


图 2-6　国内部分高炉死铁层设计深度

图 2-7　某钢铁厂 3200 $m^3$ 高炉炉缸中心死料柱宏观形貌

### 2.2.2 高炉铸铁冷却壁破损情况及破损机理分析

该钢铁厂 3200 m$^3$ 高炉炉腰、炉腹及炉身下部采用四段铜冷却壁，炉身中上部采用铸铁冷却壁（第 10~第 15 段为镶砖铸铁冷却壁，第 16 段为光面冷却壁）。如图 2-8 所示，破损调查表明该高炉冷却壁破损、漏水集中在炉身中下部区域，其中第 9 段铜冷却壁、第 10 及第 11 段铸铁冷却壁破损较为严重。

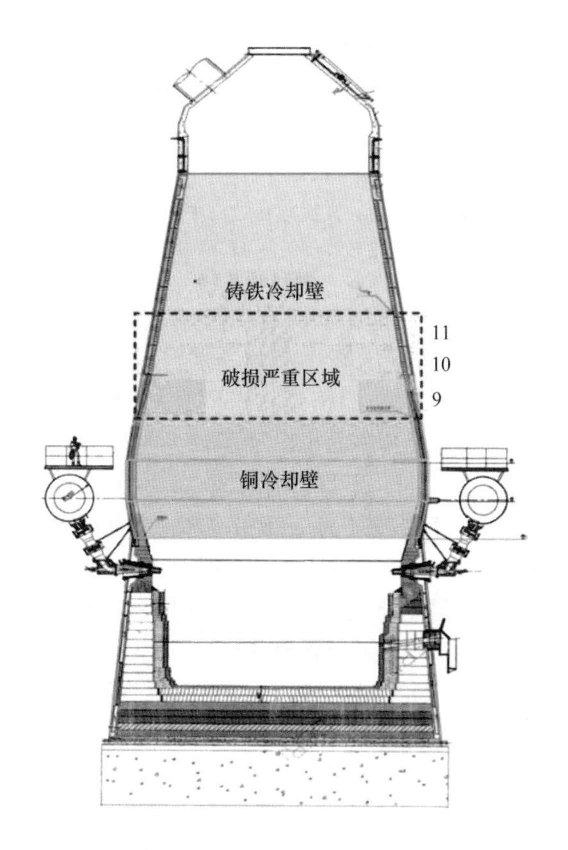


图 2-8 高炉冷却壁配置及破损最严重区域

在破损调查期间，对拆除的冷却壁形貌及磨损量进行拍照测量。发现炉身部位铸铁冷却壁壁体出现明显的龟裂，部分冷却壁出现水管裸露现象，以下主要对第 10~第 15 段铸铁冷却壁的破损的宏观情况及破损特征进行分析总结。

2.2.2.1 铸铁冷却壁破损宏观形貌

图 2-9 为第 10~第 15 段铸铁冷却壁磨损的宏观形貌，铸铁冷却壁总厚度 260 mm，燕尾槽 75 mm。

从图 2-9（a）中可以看出，第 10 段铸铁冷却壁热面出现严重龟裂现象，整

图 2-9 高炉第 10~第 15 段冷却壁的宏观形貌

（a）第 10 段冷却壁（右边为上部）；（b）新换第 10 段冷却壁（左边为上部）；（c）第 11 段冷却壁；（d）第 12 段冷却壁；（e）第 13 段冷却壁；（f）第 14 段冷却壁；（g）第 15 段冷却壁

体磨损严重且由下到上逐步加重，上部有明显斜坡。下部剩余厚度 150 mm，磨损量约 110 mm，磨损量占壁厚比值约为 42. 3%。上部逐步减薄至 120 mm 处出现斜坡，最上端厚度仅为 60 mm，磨损量占壁厚比值为 76. 9%。图 2-9（b）中为 2018 年更换的 10 段冷却壁，其热面也出现了较为明显的磨损。上端燕尾槽清晰，磨损量约 40 mm，剩余 35 mm，下部燕尾槽全部磨掉。总体来看，第 10 段冷却壁整体磨损量较为严重，主要特征为上部和冷却壁边缘磨损严重。

图 2-9（c）为第 11 段铸铁冷却壁磨损的宏观形貌，可以看出第 11 段铸铁冷却壁总体磨损严重，中间较上下两端磨损轻，燕尾槽全部磨损，部分水管露出较多。第 11 段铸铁冷却壁上部磨损量达到 125 mm，中部磨损为 110 mm，下部磨损量达到 160 mm，冷却壁磨损量占壁厚比值在 42. 3%~61. 5%。图 2-9（d）为第 12 段铸铁冷却壁，可看出冷却壁热面出现较为严重的磨损，上部仍有少量镶砖，燕尾槽尚有 15 mm 左右，磨损量为 60 mm，磨损量占比为 23. 1%。下端燕尾槽全部磨损，剩余厚度仅为 160 mm，磨损量占比为 38. 5%。

图 2-9（e）为第 13 段铸铁冷却壁的宏观形貌，可以看出第 13 段冷却壁热面存在一定厚度的镶砖，并且镶砖表面黏附少量物料，筋肋整体保存较好，但沿着高度方向，筋肋出现纵向裂纹，这可能是造成铸铁冷却壁进一步龟裂及热面脱落的原因。图 2-9（f）和（g）为第 14、第 15 段铸铁冷却壁的宏观形貌，可以看出炉身上部铸铁冷却壁整体磨损量较少，筋肋基本保持完整，且燕尾槽内残留不同程度的喷涂料。

综上所述，铸铁冷却壁磨损量占比由下部至上部逐渐减小（见表 2-11），逐步由 48. 1%减小至 0. 4%。铸铁冷却壁第 11 段整体、第 10 段上部及第 12 段下部磨损严重，其中在铸铁冷却壁水管位置磨损相对严重，出现水管裸露现象，部分铸铁冷却壁边缘出现磨透现象。此外，炉身上部铸铁冷却壁燕尾槽清晰可见，上部残留有不均匀的喷涂料。

**表 2-11 铸铁冷却壁剩余厚度及磨损量统计**

| 项　目 | 第 10 段 | 第 11 段 | 第 12 段 | 第 13 段 | 第 14 段 | 第 15 段 |
|---|---|---|---|---|---|---|
| 平均剩余厚度（上部）/mm | 153 | 135 | 185 | 230 | 252 | 259 |
| 原始厚度/mm | 260 | 260 | 260 | 260 | 260 | 260 |
| 磨损量/mm | 107 | 125 | 75 | 30 | 8 | 1 |
| 磨损量占比/% | 41.2 | 48.1 | 28.8 | 11.5 | 3.1 | 0.4 |

2.2.2.2 铸铁冷却壁破损特征

针对该高炉铸铁冷却壁破损形貌，对其破损特征进行总结分析，其主要破损形式如图 2-10 所示。

(a) (b) (c) (d) (e) (f)

图 2-10 铸铁冷却壁破损类型

A 龟裂

龟裂是高炉铸铁冷却壁破损的主要形式，如图 2-10（a）和（b）所示，其冷却壁壁体热面呈龟甲状，横平竖直，纹理清晰，部分壁体出现脱落现象。

B 水管磨损、开裂

铸铁冷却壁壁体热面铸铁龟裂后容易剥落，如图 2-10（c）和（d）所示，热面铸铁剥离后冷却壁水管裸露在外直接与高温煤气及炉料、渣铁接触最终导致水管开裂，且水管开裂现象多发生在冷却能力较弱的冷却壁边缘位置的水管处。

C 渗碳

从图 2-10（e）中可以看出，铸铁冷却壁热面龟裂缝隙中出现大量的炭粉，铸铁冷却壁渗碳会导致铸铁内部组织结构出现变化，其力学性能降低，从而加剧铸铁冷却壁破损。

D 冷却壁断裂

图 2-10（f）中铸铁冷却壁从壁体中间断裂。铸铁冷却壁断裂主要是水管渗碳、热面龟裂及炉料热膨胀等综合因素导致的。当壁体出现裂缝时，上升的煤气流夹带着未燃煤粉及焦粉进入裂缝中，煤气流分布不均匀导致冷却壁壁体温度降低收缩时，由于内部已经填充含炭粉尘，收缩空间受限，继而缝隙继续扩大。

2.2.2.3 铸铁冷却壁破损机理分析

A 铸铁冷却壁中球状石墨被破坏

为明确铸铁冷却壁破损的微观形貌，进一步分析铸铁冷却壁的破损原因，本节对破损样品进行了分析。首先对冷却壁破损部位进行力学性能鉴定，由表 2-12 可知，破损部位铸铁冷却壁力学性能差异较大，其平均拉力强度不足 380 MPa，无法满足炉温大幅波动时的使用需求。

**表 2-12 使用后球墨铸铁冷却壁力学性能**

| 项 目 | 冷却壁样品 | | | |
|---|---|---|---|---|
| | 1 | 2 | 3 | 平均值 |
| 拉力强度/MPa | 342 | 228 | 385 | 318 |
| 伸长率/% | 8.1 | 2.4 | 19.3 | 9.93 |

其次，铸铁金相组织对其性能影响很大，因此对冷却壁金相进行分析。图 2-11（a）~（c）所示为热面破损部位金相，图 2-11（a）显示铸铁冷却壁中出现部分蠕状石墨聚集，球化级别为 5 级。蠕状石墨分布多集中于热面破损部位，蠕状铸铁性能低于球墨铸铁的性能，因此，蠕状铸铁的存在可能是导致铸铁冷却壁破损的原因之一。图 2-11（b）所示为球墨铸铁中含有絮状石墨，球化率为 80%~90%，球化级别属于 3 级。图 2-11（c）为球状石墨伴随少量蠕状及絮状石墨，球化级别属于 4 级。图 2-11（d）为冷面球状石墨，石墨稳定并含有少量絮状石墨，球化级别属于 2 级。

图 2-11（e）和（f）为靠近热面严重破损部位的纵剖金相，可以发现金相中出现裂纹，裂纹呈沿晶裂纹，沿与热面平行方向扩展，最终导致外层基体沿裂纹从基体剥离，造成铸铁冷却壁的破损。另外，热面附近的晶粒晶界粗大，并向冷却壁内部延伸，在强热流冲击作用下很容易开裂从而导致裂纹的产生。对比热面破损严重部位、热面破损部位、冷面部位金相可知，铸铁冷却壁中球状石墨等级逐渐下降，冷面球状石墨等级较高而热面出现絮状石墨及蠕状石墨证明高温已破坏冷却壁结构。

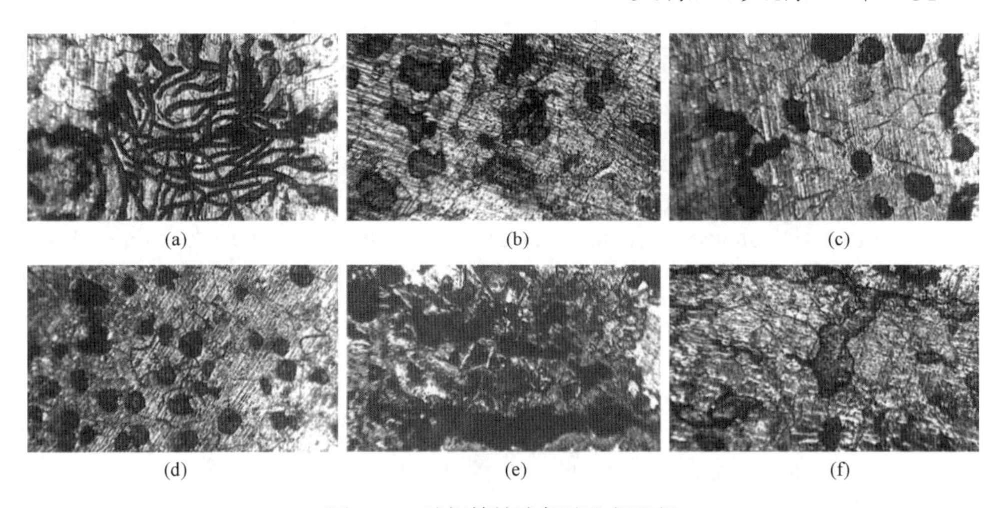


图 2-11 破损铸铁冷却壁金相组织

（a）破损部位蠕状石墨；（b）破损部位絮状石墨；（c）破损部位蠕状石墨及絮状石墨；
（d）冷面无损部位球状石墨；（e）破损严重部位裂纹；（f）破损严重部位裂纹

B 铸铁冷却壁壁体温度变化冲击

工作温度对球墨铸铁冷却壁抗拉强度、伸长率和面收缩率等力学性能的影响很大，铸铁冷却壁壁体温度在 400 ℃以下时，各项力学性能保持不变，当温度升高到 400 ℃以上时，抗拉强度迅速下降，伸长率也开始变化，即 400 ℃为球墨转变温度，且铸铁冷却壁的极限工作温度 760 ℃。

第 10 段冷却壁温度波动如图 2-12（a）所示，图中标记了铸铁冷却壁的极限工作温度 760 ℃，可以看出在高炉冶炼初期冷却壁温度呈现波动性升高趋势，并于 2014 年 4 月首次出现了高于极限工作温度的情况，且在随后几年内多次出现温度高于 760 ℃的情况。第 11 段冷却壁温度波动趋势见图 2-12（b），可知在高

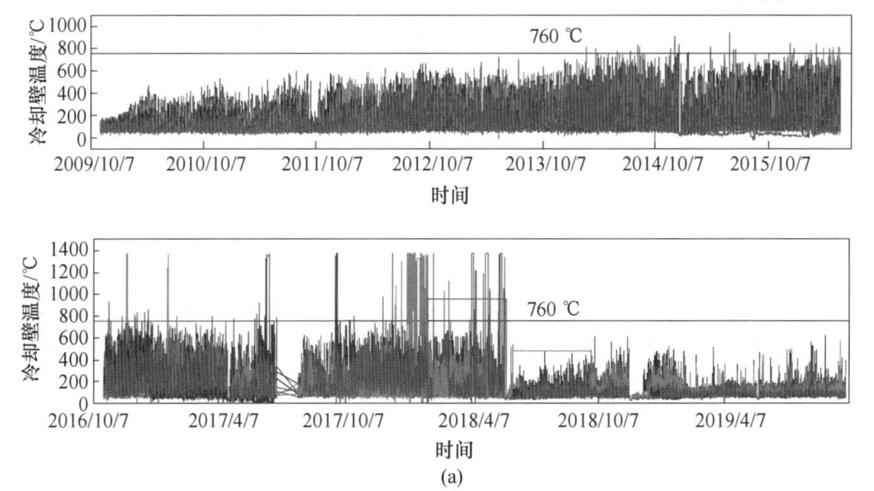

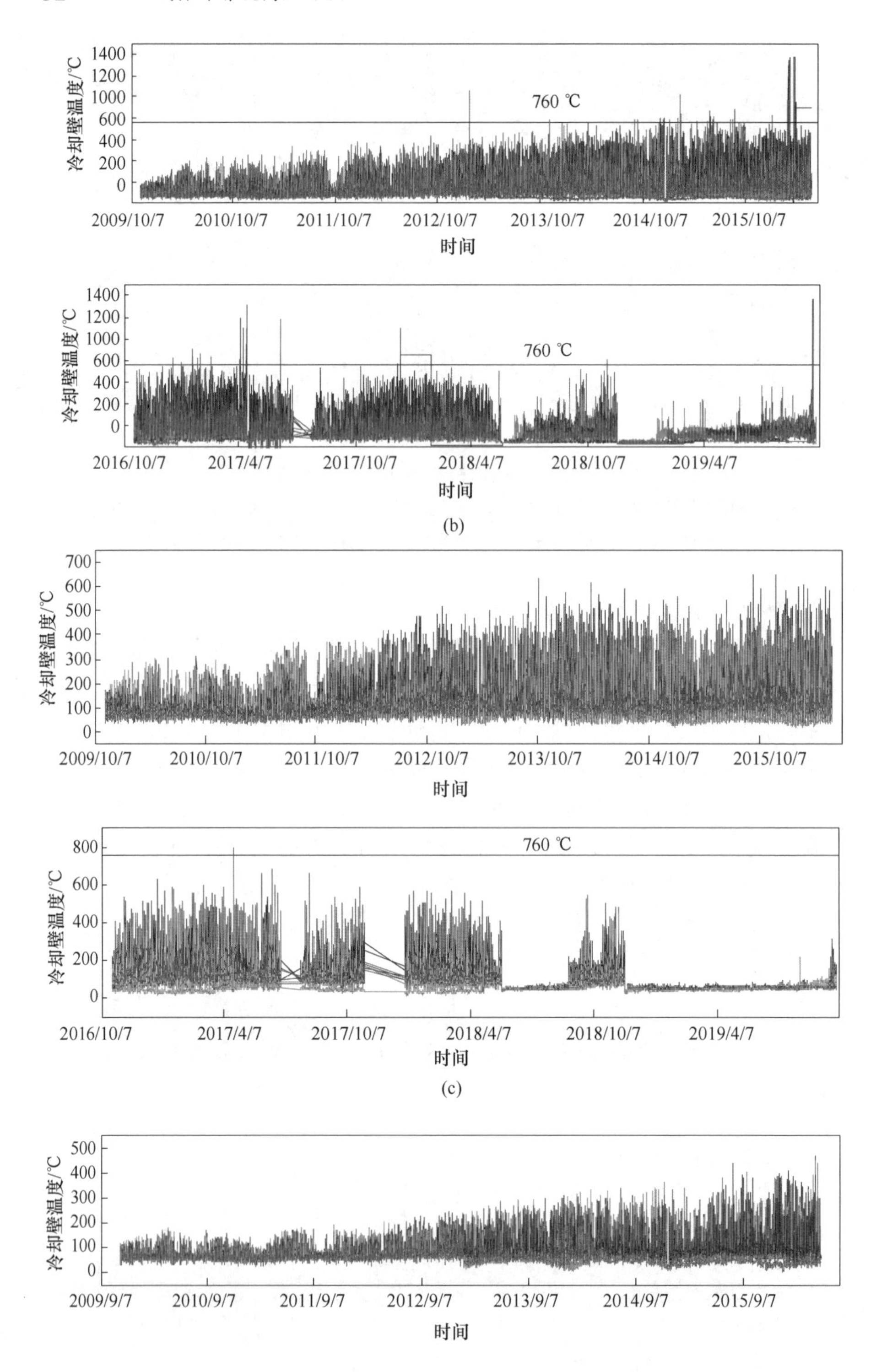
冷却壁温度/℃
760 ℃
2009/10/7
2010/10/7
2011/10/7
2012/10/7
2013/10/7
2014/10/7
2015/10/7
时间
2016/10/7
2017/4/7
2017/10/7
2018/4/7
2018/10/7
2019/4/7
2009/9/7
2010/9/7
2011/9/7
2012/9/7
2013/9/7
2014/9/7
2015/9/7

(b)

(c)

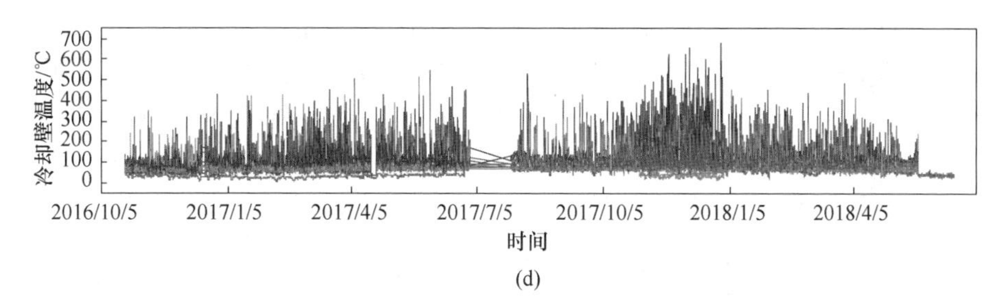


(d)

图 2-12 高炉第 10~第 13 段冷却壁温度波动趋势

(a) 第 10 段冷却壁温度波动趋势；(b) 第 11 段冷却壁温度波动趋势；

(c) 第 12 段冷却壁温度波动趋势；(d) 第 13 段冷却壁温度波动趋势

—— P1；—— P6；—— P12；—— P17；—— P23；—— P28；—— P34；—— P39；—— P44

(扫描书前二维码看彩图)

炉冶炼初期冷却壁温度维持在 400 ℃左右，极少出现温度过高点，但不可忽视的是，冷却壁仍然存在较为频繁的温度波动。在 2013 年 10 月以后冷却壁温度维持在较高的水平，并开始呈现频繁波动，甚至多次超过 800 ℃，严重影响铸铁冷却壁的使用寿命。由图 2-12 (c) 和 (d) 可看出，第 12、第 13 段冷却壁温度波动明显较轻，冷却壁温度整体处于较低水平，这意味着冷却壁结构较为稳定，因此损坏程度较小。

综合对比第 10~第 13 段冷却壁的温度波动可以发现，冷却壁温度波动频繁的第 10~第 11 段冷却壁破损严重，而温度较稳定的第 12~第 13 段冷却壁破损较轻。因此，冷却壁温度波动频繁是冷却壁破损的主要原因之一。

C 其他原因

a 冷却壁边缘冷却壁不足

铸铁冷却壁边缘冷却壁不足是导致铸铁冷却壁边缘磨损严重的主要原因。铸铁冷却壁设计过程中忽略了两块铸铁冷却壁交界处冷却强度降低的客观事实，同时两块冷却壁搭配时边缘冷却水管之间间距较大，造成温度较高的炉料对边缘产生严重磨损。

b 高温煤气流冲刷、炉料磨损、高温熔蚀作用

球墨铸铁冷却壁的高温烧蚀和磨损表现为冷却壁的镶砖和铸铁体逐渐减薄，且其熔蚀、磨损速度随工作时间延长而增长。炉身上部铸铁冷却壁附近温度不足以产生较厚的渣皮，对比第 10~第 13 段铸铁冷却壁可发现，热面存在喷涂料的冷却壁破损较轻，反之破损严重。因此合理使用喷涂料可大大延长冷却壁的使用寿命。

### 2.2.3 高炉铜冷却壁破损情况及破损机理分析

#### 2.2.3.1 铜冷却壁破损的宏观形貌

该钢铁厂 3200 m$^3$ 高炉第 9 段铜冷却壁破损相对较为严重，且铜冷却壁热面

筋肋存在明显的磨损，破损调查期间发现其热面存在一定厚度的渣皮，有效地减缓对铜冷却壁的进一步侵蚀。图 2-13 为高炉第 6～第 9 段铜冷却壁的典型形貌。从图中可以看出，高炉炉腰、炉腹及炉身下部四段铜冷却壁壁体出现弯曲现象，筋肋出现明显磨损，部分铜冷却壁出现熔损现象。从图 2-13（c）和（d）可以看出，第 8 段燕尾槽磨损较少，棱角清晰，第 9 段磨损稍多，棱角圆润。

图 2-13 第 6～第 9 段铜冷却壁宏观形貌
（a）第 6 段铜冷却壁典型形貌；（b）第 7 段铜冷却壁典型形貌；
（c）第 8 段铜冷却壁典型形貌；（d）第 9 段铜冷却壁典型形貌

#### 2.2.3.2 铜冷却壁破损特征

##### A 铜冷却壁热面磨损

磨损是铜冷却壁破损的最常见特征之一，铜冷却壁强度较低，因此无论在低温或是高温下都会被炉料挤压磨损。从图 2-14 中可以看出，铜冷却壁抗拉强度与屈服强度均随温度的升高而降低，可见铜冷却壁在高温下容易软化。特别是在高温下铜冷却壁导热性能变差，本体变软，将会导致更大范围的磨损破损。从图 2-15 中可以看到，在 0～321 ℃，纯铜的热导率先随温度的增加缓慢减小，再随温度的增加迅速减小，达到 321 ℃后随温度的增加热导率不再变化，为一常数 130 W/(m · K)。因此，铜冷却壁温度升高后，更容易受到炉料的磨损。

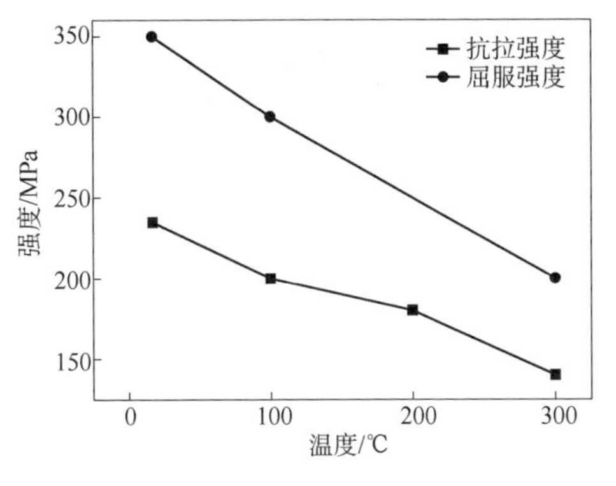


图 2-14 铜冷却壁的抗拉强度和屈服强度

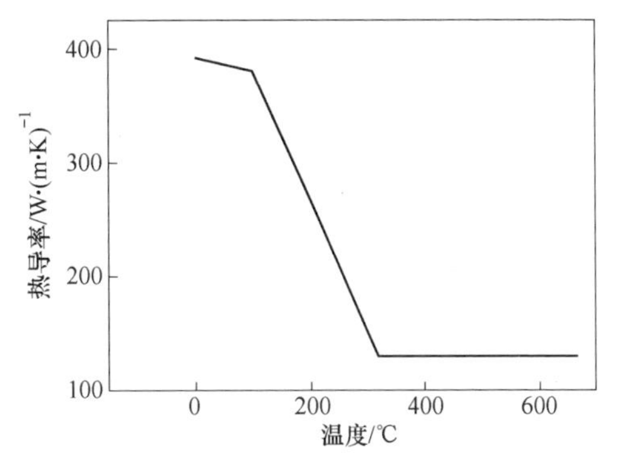


图 2-15 纯铜热导率随温度的变化关系

B 铜冷却壁漏水

铜冷却壁出现漏水后，对冷却壁进行开孔安装冷却柱进行冷却，破损调研期间发现打冷却柱的铜冷却壁热面筋肋存在明显磨损，且壁体存在的弯曲现象，如图 2-16 所示。冷却壁打微型冷却器的一侧厚度明显减薄，且冷却壁一端由于温度较高而弯曲。一般认为冷却壁边缘位置冷却不足的原因可能有两个：一是由于冷却壁自身原因导致边缘冷却能力不足；二可能是由于冷却壁水速不足，导致冷却壁温度升高。

图 2-16 破损铜冷却壁宏观形貌

边缘位置是铜冷却壁冷却的薄弱部位。由于冷却壁内部冷却水管排布较为均匀，冷却能力强；相反，冷却壁边缘部位只有 1 根冷却管，冷却能力较弱，导致边缘位置的结渣能力较弱，渣皮脱落后需较长时间凝结，冷却壁裸露时间增加，冷却壁局部温度升高，最终由于弯曲应力导致铜冷却壁水管出现应力集中，冷却壁发生变形，从而导致水管破裂，冷却壁漏水。

此外，对破损铜冷却壁及其冷却水管进行详细观察，其宏观形貌如图 2-17 所示。从图中发现破损铜冷却壁水管与壁体衔接处出现裂纹，且水管与壁体接触位置出现明显的填缝浆料，该部位捣料密实填充在保护管中，导致水管活动空间变小。铜与灌浆料膨胀系数不同，在使用过程中导致冷却壁与水管衔接处出现应力集中现象，最终导致水管连接处破损，出现漏水现象。水管根部断裂的另外一种原因是，温度波动导致冷却壁产生位移，炉壳上涨导致炉壳对水管产生应力，在交变热负荷下水管被炉壳、浇注料卡住等综合因素下最终导致水管焊缝处开裂，甚至螺栓拉裂。

图 2-17 破损铜冷却壁冷却水管位置

### 2.2.3.3 高炉铜冷却壁破损机理

A 铜冷却壁热面磨损破损机理

如图 2-18 所示，以下 6 个步骤可详细地解释铜冷却壁热面破损的机理。

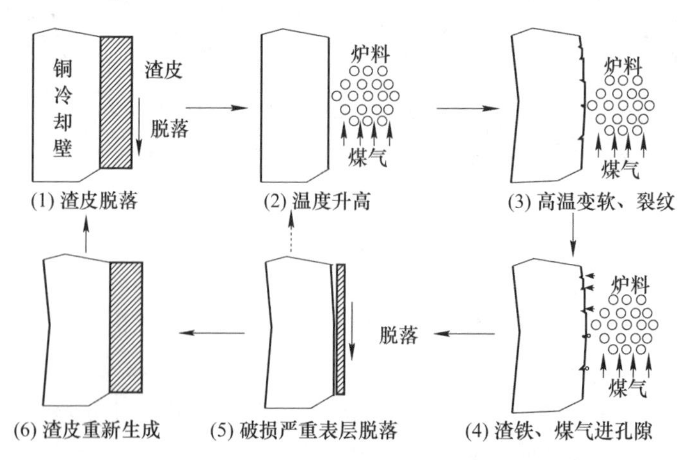


图 2-18 铜冷却壁破损机理示意图

(1) 由于原燃料结构变化、炉况波动、冷却制度不足等因素，铜冷却壁热面渣皮脱落；

(2) 高温煤气流和炉料与铜冷却壁热面直接接触，使壁体温度升高，超过铜冷却壁的最高承受温度，高温下铜的抗拉强度、屈服强度、硬度等力学性能下降；

(3) 壁体温度升高后会产生较大热应力和热变形，应力应变长期积累使铜冷却壁热面形成微小裂纹，使铜的力学性能进一步下降，变得更软，若铜冷却壁固定方式的不合理或者定位销螺栓损坏，铜冷却壁水管周围产生裂纹、使铜冷却壁弯曲变形；

(4) 在铜冷却壁热面薄弱部位（如裂纹处）就会有渣铁、煤气进入，使铜致密度下降，形成细微孔道和凹坑；

(5) 炉料和煤气不断加热壁体热面，使裂纹和孔隙不断增加，破损程度越来越严重，到达一定程度后，由于炉料和煤气的冲刷下使表面破损严重的一层脱落；

(6) 若渣皮频繁生长脱落，会循环图 2-18 中（1）~（5）过程，使铜冷却壁不断减薄，渣皮局部脱落会导致不均匀减薄，如冷却水通道破损或一侧严重烧损。

需要说明的是，在实际生产过程中，以上步骤可能相互促进，也可能反复出现，没有明显的先后顺序。

B 铜冷却壁水管根部开裂机理

如图 2-19 所示，铜冷却壁水管根部断裂是铜冷却壁破损的一大原因，除炉壳上涨导致冷却水管受力而破损外，冷却壁维护过程中浇注料进入冷却管保护管也会对冷却壁的破损起到助推作用，并主要有以下 3 个破损过程：

(1) 灌浆料进入铜冷却壁水管保护套内，并固结在水管根部，限制了水管的位移；

(2) 铜冷却壁受到温度波动的影响而产生一定的纵向方向或横向方向的位移；

(3) 位移的产生使得水管根部产生应力集中，反复作用下水管根部产生应力疲劳，最终破损。

如何避免高炉在正常生产中铜冷却壁破损，并保证高炉炼铁高效稳定顺行是目前亟须解决的关键问题，笔者认为应该从冷却制度、生产操作制度管控及高炉炉体维护等多个方面采取措施，提高铜冷却壁的运行寿命。

(1) 冷却制度：水质指标恶化会降低铜冷却壁的寿命，冷却水速不足、水温过高或不稳定会导致热面温度升高，降低铜冷却壁的寿命；需要形成一套冷却水流量调节和冷却系统管理的制度，精确完善水量，水温控制体系。

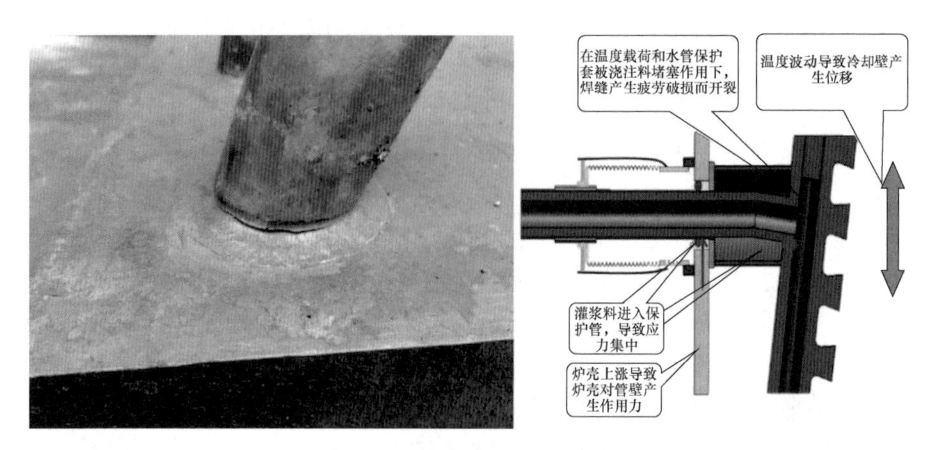


图 2-19 冷却水管根部断裂破损机理

(2) 操作制度：控制高炉内有害元素含量和入炉原燃料，从而形成稳定的渣皮及合理的渣皮厚度；制定定期排碱制度，严格控制烧结矿筛分和低温粉化率。

(3) 炉体维护：定期对高炉炉体进行检修，对铜冷却壁热面进行观察，针对不同侵蚀炉况，进行调节喷涂操作等手段来维护合理的操作炉型。

### 2.2.4 冷却壁热面渣皮物相及形成机理分析

合理的渣皮厚度有助于稳定合理地操作炉型，减少炉内对冷却壁的热流冲击、磨损和化学侵蚀。该钢铁厂 3200 $m^3$ 高炉部分铜冷却壁热面保存良好，为探究铜冷却壁长寿机理，通过分析渣皮物相组成和形成机理，以明确渣皮的保护机制和合理的渣皮厚度。

2.2.4.1 *冷却壁渣皮的宏观形貌*

破损调查期间，对该高炉铜冷却壁热面进行取样，发现第 8～第 9 段铜冷却壁热面有较薄的一层渣皮，厚度 10～20 mm，平均厚度在 15 mm；第 6～第 7 段铜冷却壁热面有较厚的渣皮，厚度 10～100 mm，平均厚度为 30 mm。工作面比较平整，渣皮直接镶嵌进入铜冷却壁燕尾槽内，但渣皮与铜之间润湿性较差，冷却壁拆除期间大部分渣皮已经脱落。

渣皮在冷却壁热面形成，有效地减少了炉内渣铁、煤气流和固体炉料对铜/铸铁冷却壁的磨损、化学侵蚀及热冲击，从而对冷却壁热面形貌形成保护作用。图 2-20 为第 7 段冷却壁渣皮的宏观形貌，第 7 段铜冷却壁渣皮厚度约 30 mm，结构相对紧密，且存在明显的分层结构。

2.2.4.2 *冷却壁渣皮形成机理*

渣皮的形成伴随着复杂的物理化学反应，结合渣皮的物相组成和结构分析，

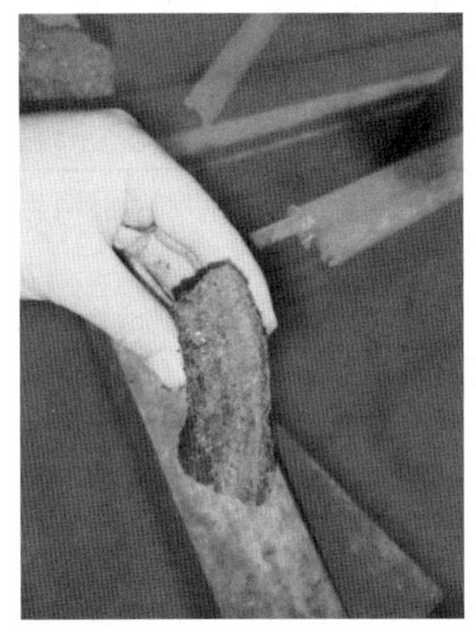

图 2-20 第 7 段铜冷却壁渣皮的宏观形貌

其形成机理如图 2-21 所示。从图中可以看出，按照渣皮在冷却壁热面的存在状态，可以将渣皮分为固相层和黏滞层。渣铁随炉料运动过程中，在冷却壁热面迅速冷却形成固体渣皮 S1，而随着渣皮厚度的增加，冷却速率下降，固态渣皮热面会形成一层黏滞层 S2。

如图 2-21 中 S1 所示，固体炉渣层中晶体的尺寸和数量的增加归因于由炉渣皮的生长形成的热阻，在快速冷却条件下，渣相并不能完全结晶，且晶体无法长大，而渣皮厚度增加，冷却速率降低，晶体可以充分形核并长大。如图 2-21 中 S2 所示，一部分固相在炉渣相中的沉淀导致炉渣相的流动性降低，并促进了固液混合相在固渣层表面的附着。除了炉渣相的固化之外，炉渣结皮的形成还伴随着与气流和炉渣铁的物理化学反应，煤气流中碱金属会促进低熔点的钾钠霞石形成，有利于渣皮的形成。而煤气温度的波动影响渣皮的温度梯度，从而导致渣皮的频繁脱落。简而言之，冷却强度和气流分布对渣皮的结构和稳定性有重要影响。

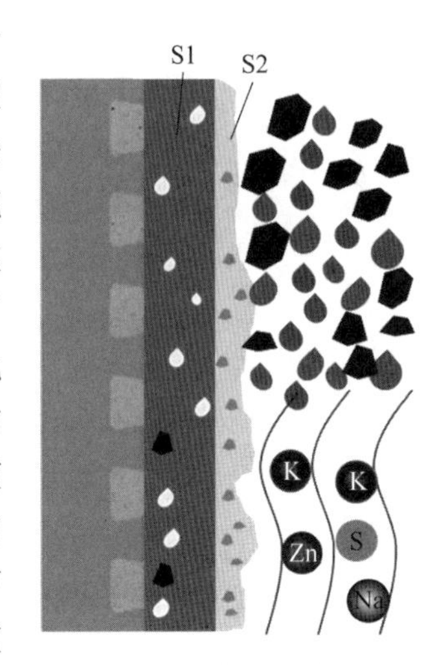


图 2-21 渣皮的形成机理

2.2.4.3 合理挂渣厚度

高炉渣皮导热系数低，能够有效降低炉体热流强度，使冷却壁在安全温度下服役。目前一般认为渣皮的导热系数为 1~5 W/(m·K)，但不同高炉原料条件不同，渣皮导热系数也存在一定差异，为了精确计算高炉铜冷却壁的渣皮厚度，针对高炉铜冷却壁不同区域的渣皮进行了导热系数测定，如表 2-13 所示，4 组渣皮试样的导热系数在 1.451~1.541 W/(m·K)，平均值为 1.50 W/(m·K)。

表 2-13 高炉渣皮导热系数

| 试样编号 | 导热系数/W·(m·K)$^{-1}$ |
|---|---|
| 第 6 段 | 1.451 |
| 第 7 段 | 1.526 |
| 第 8 段 | 1.541 |
| 第 9 段 | 1.495 |

基于检测渣皮的导热系数，计算边缘煤气温度对渣皮厚度及热负荷的影响。如图 2-22 所示，控制热负荷是保证铜冷却壁稳定挂渣的关键，避开挂渣剧烈波动且易于结瘤的剧变区和易使铜冷却壁裸露的微变区，应控制渣皮厚度在 21~30 mm，其热负荷范围应控制在 34~58 kW/m$^2$。

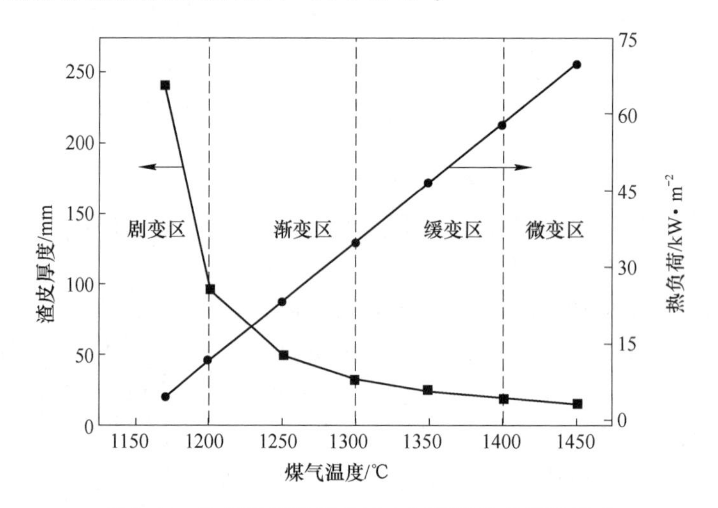


图 2-22 边缘煤气温度对渣皮厚度及热负荷的影响

## 2.2.5 炉缸/炉底耐火材料侵蚀特征及破损机理分析

### 2.2.5.1 高炉炉缸/炉底耐火材料宏观破损现状分析

A 炉缸侧壁炭砖破损现状分析

高炉运行期间，炉缸炭砖热面不断受到高温渣铁、有害元素的热冲刷和化学侵蚀，随着高炉运行寿命的增加，炭砖热面在热冲击和有害元素侵蚀的作用下发生变质脱落，从而造成炉缸炭砖破损。图 2-23 为高炉 2 号铁口位置炭砖热面及其保护层的宏观形貌。从图 2-23 中可以看出，沿着炭砖厚度方向，炭砖具有明显的分层现象，其中可分为炭砖原砖层、热面脆化层及保护层。其中脆化层厚度平均厚度为 90 mm。

图 2-23　2 号铁口位置炭砖及其热面保护层的宏观形貌

B　炉底陶瓷垫破损现状分析

图 2-24 和图 2-25 为高炉炉底陶瓷垫的宏观形貌。从图 2-24 中的陶瓷垫可以看出，第二层陶瓷垫被侵蚀了上半部分，而剩余陶瓷垫出现生锈，即陶瓷垫出现明显的渗铁现象。此外，在陶瓷垫外侧发现白色物质，可能是有害元素在炉底富集。图 2-25 为炉缸中心漂浮陶瓷垫，从图 2-25 中可以看出，陶瓷垫上部出现明显的白色物相，可能是渣相对陶瓷垫侵蚀形成，且陶瓷垫出现脆化现象。

图 2-24　8 号风口炉底陶瓷垫

图 2-25 炉缸靠近中心位置浮起陶瓷垫

2.2.5.2 高炉炉缸/炉底耐火材料破损机理分析

A 有害元素侵蚀

研究高炉有害元素的分布情况对于明确有害元素在高炉内的循环富集行为，有害元素对高炉原燃料冶金性能的影响规律及机理，有害元素对高炉炉衬的侵蚀机理及高炉结瘤的原因等具有重要意义，而高炉破损调查是研究有害元素在高炉内分布最直接、最有效的手段。

在高炉炉缸破损调查期间，在炉缸内部发现大量有害元素富集。图 2-26 为高炉风口以下及炉缸炉底有害元素的分布现象。从图 2-26 中可以看出，风口部位富集大量有害元素，风口组合砖内部侵入大量黄色有害元素。针对炉缸不同标高位置，炭砖前端形成有害元素富集，部分有害元素侵入炭砖内部，并造成炭砖环裂，其中炉底七层炭砖位置，残铁表面富集部分白色和黄色有害元素，可能是

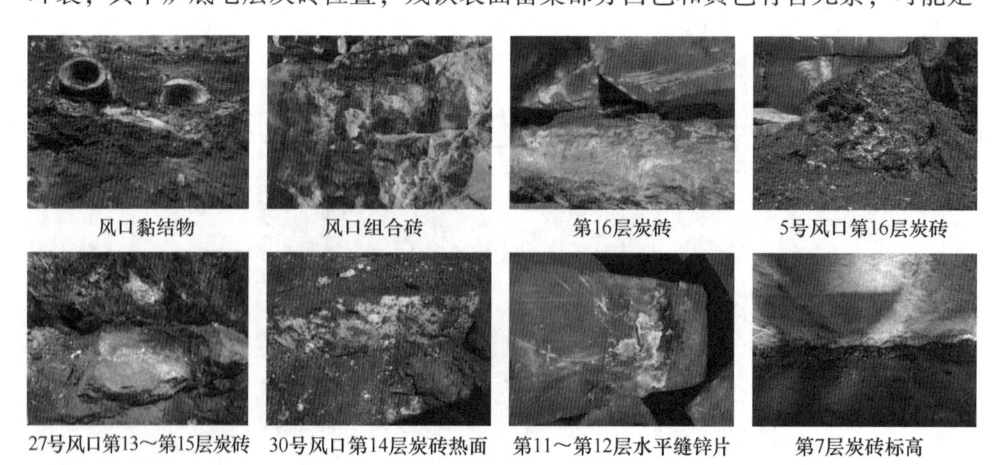


图 2-26 不同标高、周向位置有害元素富集现象

停炉后铁水中有害元素向炭砖热面扩散并在炭砖与残铁之间富集形成的。除炭砖内部及热面的有害元素外，在炭砖缝隙发现大量沉积金属锌，主要为铁水中液态锌向炭砖砌筑缝之间流动冷凝形成的。

B 炭砖环裂

该钢铁厂 3200 $m^3$ 高炉采用的是大块炭砖+陶瓷杯/垫结构，炭砖环裂是大块炭砖砌筑炉缸的普遍现象。图 2-27 为该高炉炉缸侧壁炭砖环裂的宏观形貌。从图 2-27 中可以看出，炭砖环裂位置距离炭砖前端 110 mm。其中部分炭砖前端断裂位置富集一些有害元素，有害元素进入炭砖内部导致炭砖前端破损，从而形成炭砖环裂。

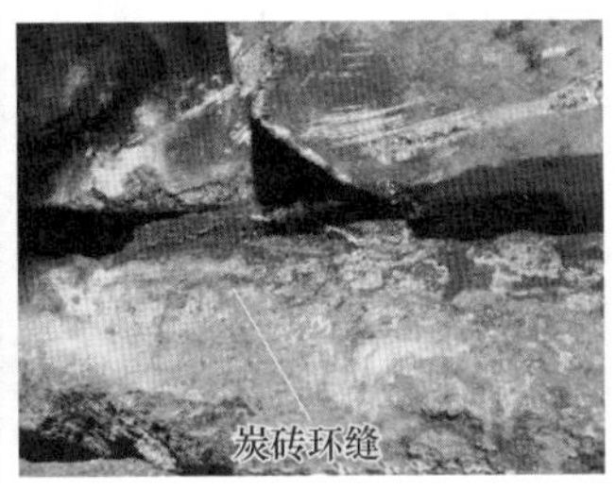


图 2-27 炉缸炭砖环裂现象

C 炭砖脆化

由于铁水冲刷、热冲击及渣铁有害元素侵蚀等物理化学反应对炭砖热面进行侵蚀，在炭砖前端形成脆化层，图 2-28 为炉缸炭砖热面脆化层宏观形貌。由于有害元素、渣铁等侵蚀，破坏炭砖自身质量，炭砖热面形成疏松脆化层。而炉缸波动会造成炭砖脆化层脱落加剧炭砖侵蚀。

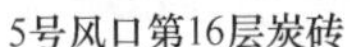

5号风口第16层炭砖　　27号风口第13～第15层炭砖

图 2-28 不同标高、周向位置炭砖热面脆化层

D 砌筑缝

炉缸砌筑得好坏是高炉炉缸是否长寿的基础。在高炉炉缸破损调查期间发现，在炉缸部位发现炭砖之间存在少量的砌筑缝，如图 2-29 所示。从图 2-29 中可以看出，相邻块炭砖存在明显的缝隙，部分炭砖之间缝宽度达到 8 mm，但并未见缝隙内部有金属铁或锌，可能是拆除过程中产生的缝隙。图 2-30 为第 11、第 12 层炭砖之间渗入锌片，测量发现渗入锌片厚度为 7 mm，表明上下层炭砖存在一定缝隙。

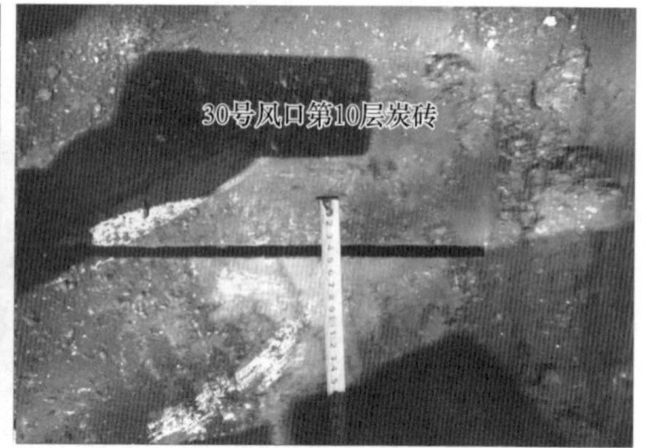


图 2-29 不同标高、周向位置炭砖之间缝隙

图 2-30 第 11、第 12 层炭砖之间缝隙及渗入锌片

E 铁水溶蚀

碳不饱和铁水渗碳是炭砖侵蚀的一个主要原因，当炭砖热面保护层脱落后，铁水与炭砖热面直接接触，会发生铁水渗碳反应，铁水沿着碳基质内部不断渗

透，进入炭砖内部从而导致炭砖侵蚀。结合破损调查经验，炭砖破损的本质为铁水的溶蚀，即由于铁水中的碳元素不饱和性，炭砖表面含碳物质会向铁水中不断溶解，其过程可用式（2-1）表示：

$$C_{(s)} \rightarrow [C] \Delta G = 5100 - 10.0T$$
$$\Delta G = - RT\ln K \tag{2-1}$$

式中，$C_{(s)}$为固体碳，即炭砖表面的含碳物质；[C] 为溶解进铁水中的碳；$\Delta G$ 为反应的变化焓，J/mol；$R$ 为气体常数，取 8.314；$T$ 为温度；$K$ 为平衡常数。

可得：

$$\lg K = \frac{-1115}{T} + 2.1853 \tag{2-2}$$

由式（2-2）可知，铁水溶解过程与温度存在一定关系，随着炉内温度升高，$\lg K$ 值增大，铁水 [C] 对应升高，游离 C 粒子在铁液中扩散阻力减小，铁水饱和碳含量升高，实际铁水碳含量与饱和碳含量之间差值增大，碳势增高，促进含碳组分向铁水溶解。同时铁水温度增高还会导致铁水流速增大，加剧冲刷侵蚀。

随着炭砖不断溶解于铁水中，炭砖表面保护层逐渐消失，炭砖完全与高温铁水接触，使得炭砖热面和冷面温度差异较大，热面温度高、膨胀量大，冷面温度低、膨胀量小，热面受到冷面的约束产生压应力，冷面受到热面膨胀产生拉应力，尤其对于使用大块炭砖的情况，容易形成较大的热应力，热应力的影响更为明显。在某一点的应力大于炭砖的抗折强度后，炭砖会出现平行于炉壳的微裂纹。

炭砖微裂纹的产生，为金属锌、钾、钠蒸气侵入炭砖提供有利条件，金属锌和钾、钠蒸气通过炭砖的气孔渗入炭砖内衬中，在靠近 800 ℃等温线处，金属锌和钾、钠蒸气在凝固作用下被再氧化，并沉积于炭砖内衬中，此时 Zn、K、Na 元素会与炭砖中的 $Al_2O_3$ 和 $SiO_2$ 等物质反应，形成硅酸盐物相，产生较大的体积膨胀，导致裂纹的长大和脆化层的形成，脆化层的形成使炭砖产生更多裂纹，甚至缝隙，在炭砖内部产生一个很大的热阻，有利于有害元素的富集。

同时铁水会沿着炭砖气孔进入炭砖，在 1150 ℃等温线处铁水凝固，体积收缩，裂纹开始扩散，铁水填充炭砖空隙数量逐步增多，造成炭砖破损，此时铁水中 S 元素与炭砖发生反应生成硫酸盐，再经过各种化学反应造成炭砖结构疏松。

高炉渣相与炭砖接触后，沿着气孔及有害元素通道进入炭砖，CaO 和 MgO 的渗透促进莫来石相的分解，分解产物 $SiO_2$、$Al_2O_3$ 与 CaO、MgO 反应生成 $Ca_2Al_2SiO_7$、$Ca_2MgSi_2O_7$等新相，随着炉渣不断冲刷，产物脱离炭砖，加剧炭砖侵蚀。

最终在热应力，Zn、K、Na 等元素沉积（主），铁水渗透及溶损（主），S

元素及渣侵等多重作用下，炭砖热面环砌炭砖塌落，使炉缸炭砖厚度大范围减少。因此炭砖破损本质为不饱和铁水对炭砖的溶蚀作用，热应力、Zn 元素及碱金属侵蚀是炭砖破损的直接原因，渣侵蚀及 S 元素作用是加剧炭砖破损的原因之一。

### 2.2.6 高炉冷却用水和冷却强度浅议

2.2.6.1 高炉冷却用水的质量要求

实践证明高炉冷却用水必须注意其质量，既要注意水的硬度，还要注意水的稳定性温度范围（水的暂时硬度的分解温度）。高炉冷却水质量大体可分为三类（见表 2-14）。

**表 2-14 高炉冷却水水质分类及使用处理建议**

| 水质等级 | 一类 | 二类 | 三类 |
|---|---|---|---|
| 总硬度（CaO）/$mg \cdot L^{-1}$ | <80 | 80~160 | >160 |
| 稳定性温度/℃ | >80 | 65~80 | 50~65 |
| 处理建议 | 自然水沉淀处理 | 软水或提高稳定性处理 | 软水或除盐水 |

我国北方地区绝大多数自然水均属三类水质，稳定性温度低，而且水资源紧张，如鞍山地区水稳性温度只有 50 ℃左右，过去用工业水开路循环冷却，长期出现“百天修炉百天坏，修得没有坏得快”的顺口溜，就是水结垢造成的，改成软水和工业纯水后冷却壁寿命得以数倍提升。现今长江流域的水质总硬度不断地攀升，很难将水质硬度控制在 160 mg/L 以下，因此也都采用软水或除盐纯水。软水是把水中的 $Ca^{2+}$、$Mg^{2+}$ 排除，阴离子仍留在水中，但是应当注意系统内的防腐。工业除盐纯水或海水淡化除盐水是把阴离子、阳离子都除掉了，这种水质系统内应注意除氧，防氧化。使用这两种水质的管网系统都应在投产之前进行清洗、钝化预膜处理。

2.2.6.2 冷却水的循环冷却工艺

高炉冷却水的循环冷却工艺有：（1）工业水开路循环冷却，这种冷却只有在一类水质区域或高水速冷却器中使用（如风口高压水，3000 $m^3$ 炉子风口水速要求 9.99~15.83 m/s），或低温净循环冷却设施上使用；（2）汽化冷却系统，该方式最省水，是较好的冷却方式，但因高炉热负荷波动大，冷却器容易过热，影响高炉寿命进而多改用软水闭路循环冷却；（3）软水（工业纯水）闭路循环冷却，它有可靠性强、冷却效率高、水耗低、电耗低及水处理费用低等优点，被高炉广泛采用，得到了长足的发展，软水闭路循环冷却工艺是省水的，换热器如果采用水—水换热，其二次水也可以循环使用，只是二次水耗较大（1.2 倍），以及电耗要高一些。

2.2.6.3 冷却水压

高炉冶炼进一步强化，炉内热流强度增加且波动频繁，热震现象也更为严重，为了加强冷却，对水压要求也越高，风口冷却水压要求1.0~1.5 MPa，其他部位的水压应比炉内压力至少高出0.05 MPa，这是为了避免水管破损以后高炉煤窜入水管里发生重大事故。随着高炉顶压的提高，就要考虑水压与之匹配。很多高炉实践表明，炉体冷却水压要比炉内压力高0.1 MPa为宜。

2.2.6.4 高炉冷却水温差

过去高炉工业水开路循环冷却的水温差和热流强度的测定是靠手工测定，数据少，只有高铝质的综合炉底炉缸结构（第1~第5段）的冷却水温差规定小于3 ℃。现在高导热的全炭炉缸炉底、中上部薄壁炉衬进行软水（纯水）闭路循环冷却，大水量高水速，其传热体系大有进步，整个炉体一串到顶冷却水温在5 ℃左右，炉缸第1~第5段水温差一般小于1 ℃，多以热流强度和水温差来综合监管。

2.2.6.5 冷却水速

高效长寿高炉提出的15年寿命和15000 t/($m^3$ · d) 的目标是很高的，高炉按98%的年作业率，其年均高炉利用系数为2.8 t/($m^3$ · d)，应当叫超高冶强，其冷却强度应提升才能满足要求。

21世纪初周传典等专家编写的《高炉炼铁生产技术手册》，建议高炉风口水速要求9.14~19.12 m/s（2500~4000 $m^3$高炉），大于2000 $m^3$高炉开路水冷却70 mm管径的水速应在3.5 m/s。随着冶炼强度进一步提高，把冷却水管的水速控制在1.5~2.0 m/s，笔者认为偏低，某高炉全铸铁冷却壁结构，其冷却壁冷比表面积为1.2的情况下，水速在2.7 m/s，效果甚好，这是值得我们分析研究的。

### 2.2.7 长寿操作维护建议

保障高炉炉况的稳定顺行是实现高炉长效经济的前提。在高炉稳定顺行的条件下，展开高炉冷却壁及炉缸长寿维护操作技术。

2.2.7.1 构建以稳定渣皮为核心的铜冷却壁长寿操作技术

（1）冷却制度。合理的冷却制度是铜冷却壁热面形成稳定渣皮的基础。对冷却壁进水温度及铜冷却壁温度进行管控，严格控制进水温度在30~35 ℃，降低冷却水进水温度有助于提高冷却强度，从而为渣皮凝固提供驱动力。铜冷却壁长期正常工作的热面温度均低于150 ℃，否则其物理性能和力学性能会发生改变。

（2）合理的煤气流管控，使中心煤气流和边缘煤气流协调发展。

（3）合理的渣皮厚度及热流强度。合理的渣皮厚度应控制在21~30 mm，合理的热负荷应维持在34~58 kW/$m^2$。

（4）加强渣皮监控。通过加强冷却壁壁体温度监控，控制铜冷却壁渣皮脱落次数及渣皮厚度。

2.2.7.2　构建以析出石墨碳核心的炉缸长寿操作技术

（1）冷却制度。保障炉缸冷却壁冷却水流速在 2.0 m/s 以上，维持合理的冷却强度，为稳定石墨碳析出提供动力学条件。

（2）铁水成分管控。提高铁水［C］含量，同时适当提高铁水温度，控制［S］含量在 0.025%～0.030%。

（3）维持炉缸充分活跃改善铁水渗碳条件，同时维持合适的中心气流保障炉缸中心活跃。

（4）为促进高炉铁水渗碳和提高死料柱透气性和透液性，保证炉缸铁水碳含量和炉缸活性，建议焦炭平均粒径应大于并稳定在 51 mm。

2.2.7.3　其他技术

（1）控制高炉入炉有害元素负荷，是解决高炉有害元素危害的主要手段。K、Na 及 Zn 等有害元素是炉缸耐火材料进一步破损的主要原因之一。严格控制入炉有害元素含量和及时排碱有利于高炉长寿。对入炉原燃料，坚持用匀矿技术对有害元素碱金属、锌负荷控制。强化原燃料匀矿管理和筛分管理，强调原料的“匀和稳”，可确保炉况的稳定，减少热负荷的波动。根据《高炉炼铁工艺设计规范》（GB 50427—2015），原燃料中有害元素含量应控制在：锌负荷不超过 150g/t，碱金属负荷不超过 3.0 kg/t。

（2）侵蚀炉型管理。适当降低炉底冷却强度（含钛保护层析出在炉底），促进高炉炉缸造成锅底形侵蚀，铁水从死料柱底部无焦区穿过，减少铁水环流造成的炉缸侧壁侵蚀。同时加强炉缸侧壁的冷却强度，促进富石墨保护层在炉缸侧壁析出。

（3）水量均匀性。对炉缸冷却水量分配均匀性进行分析，保障炉缸冷却均匀性，减少冷却薄弱环节。针对炉缸侧壁温度升高区域，需进行炉缸打水操作，增加冷却强度。

（4）炉缸排水。为减少炉缸积水会导致的炉缸侧壁传热体系出现热阻，应安排人员定期通过灌浆孔或热电偶孔对炉缸进行排水。

## 2.3　铁前配套设施

### 2.3.1　高炉热风炉大修改造生产实践

某钢铁厂 3 号高炉炉容 3200 $m^3$，配备有 3 座顶燃式热风炉，呈一列式布置，于 2009 年 9 月 25 日投产使用。全烧高炉煤气，应用双预热系统，设计风温不低于 1200 ℃，采用“两烧一送”的工作制度，热风炉具体指标参数件见表 2-15。

2020年5月9日3号高炉停炉大修，热风炉同期开始大修改造，主要解决困扰已久的波纹管温度高、热风出口耐火材料脱落、炉皮开裂发红等问题。

**表 2-15 热风炉指标参数**

| 指标名称 | 指标值 | 备注 |
| --- | --- | --- |
| 热风炉直径/mm | 11466/11000 | 上/下 |
| 热风炉全高/mm | 51678 | |
| 蓄热室格子砖段数/段 | 3 | |
| 蓄热室格子砖形式 | 19孔砖 | 蜂窝 |
| 蓄热室格子砖格孔尺寸/mm | $\phi$28 | |
| 设计风量/$m^3 \cdot min^{-1}$ | 6400 | 最大7400 |
| 每个燃烧器的燃烧能力（烧高炉煤气）/$m^3 \cdot h^{-1}$ | 180000 | |
| 空气预热温度/℃ | ≥180 | |
| 煤气预热温度/℃ | ≥180 | |
| 换热器形式 | 板式 | |
| 废气温度/℃ | 300 | 最高400 |
| 拱顶温度/℃ | 1400 | 最高1450 |
| 送风温度/℃ | ≥1200 | |

2.3.1.1 热风炉大修前存在的主要问题

A 管系问题

热风管道在使用过程中受到温度和压力等因素的影响，会发生膨胀或收缩，而波纹管（波纹补偿器）的作用就是通过位移补偿来吸收热风管道的膨胀或收缩。该钢铁厂3号高炉热风炉大修前，波纹管温度升高，严重限制高风温的使用，风温仅1150℃。热风桥管上的4个波纹管已有3个打了包箍，热风主管上5个波纹管有1个打了包箍，如图2-31所示，热风支管波纹管长期进行外部喷淋降温。此外，热风管道冷却后，发现内部砖衬发生较大面积的脱落，如图2-32（a）所示，砖衬脱落从而引起波纹管温度过高发红。

B 热风出口上部砖衬脱落

热风出口的好坏直接关系到热风炉使用寿命的长短。通过企业交流和查阅文献发现，热风出口是热风炉最容易损坏的部位，而且损坏的主要原因包括以下几个方面：(1) 结构设计方面：设计不合理，或没有采用组合砖；(2) 耐火材料配置方面：方案设计不恰当，耐火材料的搭配不合理；(3) 耐火材料质量方面：质量把控不严谨，未达到设计要求；(4) 施工质量方面：未严格按照现行规范

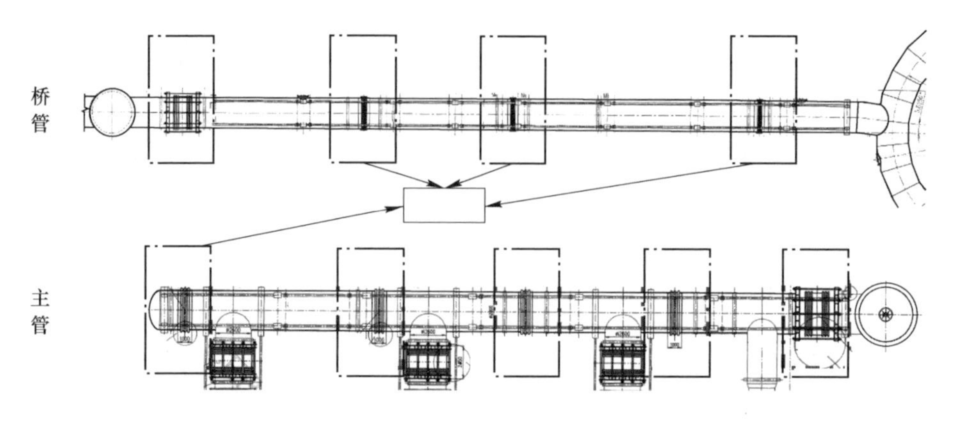


图 2-31　包箍位置示意图

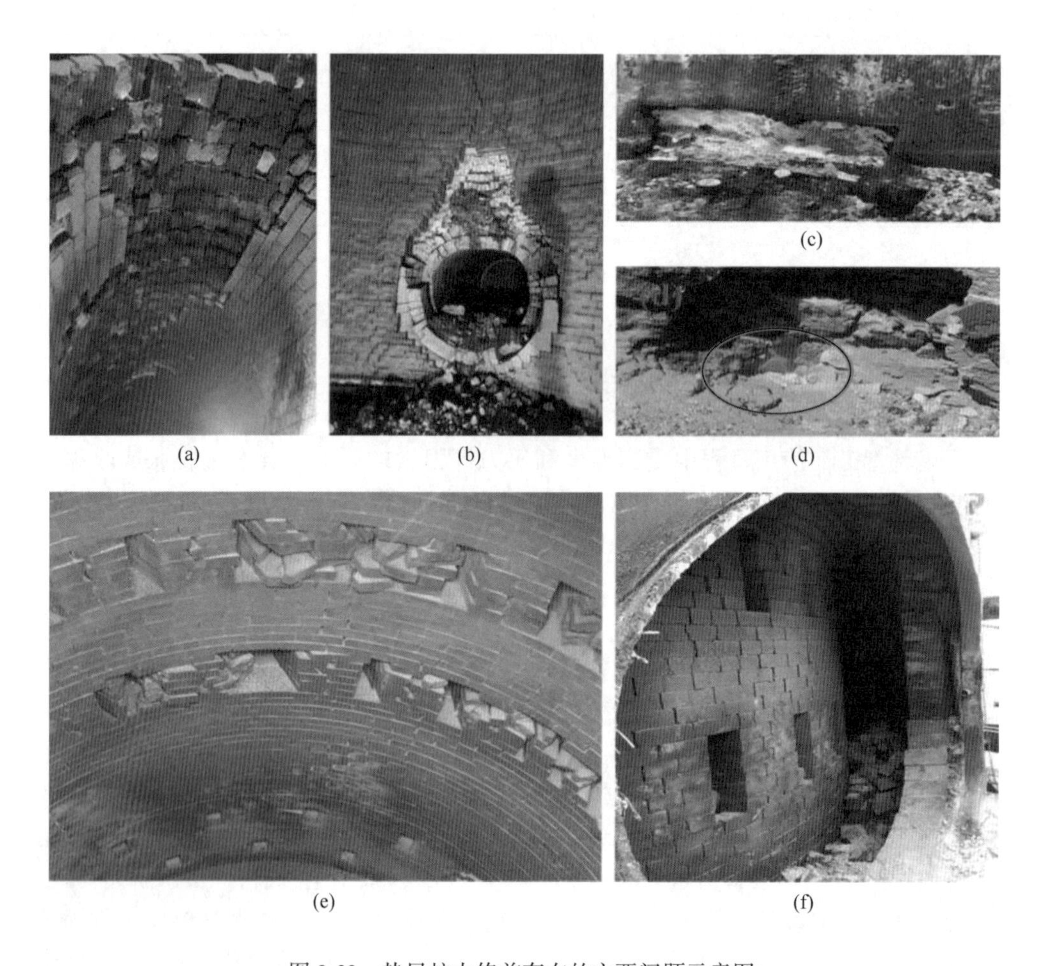


图 2-32　热风炉大修前存在的主要问题示意图

要求进行施工，质量验收欠考虑。

图 2-32（b）所示为 3 号高炉热风炉的热风出口情况，热风出口受到砌体压力、高温、应力等作用，造成出口变形，呈“苹果”状，且上部砖衬脱落较为严重，造成裂纹而跑风，从而发生经常性炉壳发红、开裂。

针对炉壳发红开裂的问题，如图 2-32（c）和（d）所示，采取裂纹补焊、加压缩空气冷却降温的处理方式，维持时间最长也就 1 周左右；或者停炉后采取局部挖补处理措施，作业难度大，维持时间可达到 1 月以上；但是这两种方法均未能有效解决此类问题。

C 喷嘴砖脱落、移位

如图 2-32（e）和（f）所示，3 号高炉热风炉燃烧器拱顶过桥砖发生塌落，同时喷嘴砖也发生脱落和移位，导致空气、煤气混合不均匀，燃烧时不仅效率低，而且容易发生“爆震”，又会进一步导致喷嘴砖脱落和移位，形成恶性循环。

2.3.1.2 热风炉大修改造措施

3 号高炉热风炉存在热风管系、热风出口及喷嘴砖等方面的问题，这次大修对热风炉标高 29.9 m 以上燃烧室、燃烧器全部耐火材料及热风出口（含组合砖）至热风围管三岔口（含三岔口组合砖、混风室耐火材料、倒流休风阀前及混风闸阀前所有耐火材料）的耐火材料进行更换，同时采取了有针对性的改造措施，希望能彻底解决问题。

A 管道系统改造

针对波纹管温度高、热风管道耐火材料脱落等管系问题，该钢铁厂在这次大修过程中对热风管道（包括全部热风支管、热风主管、热风总管）的砌砖都进行了重新设计，热风管道大修前后设计对比如图 2-33 所示。热风管道保温层由 150 mm 增加到 228 mm；保温层由 LG0.8 更换为 DLG0.8；砌筑采取咬砌方式；工作层一圈全部设计子母扣。

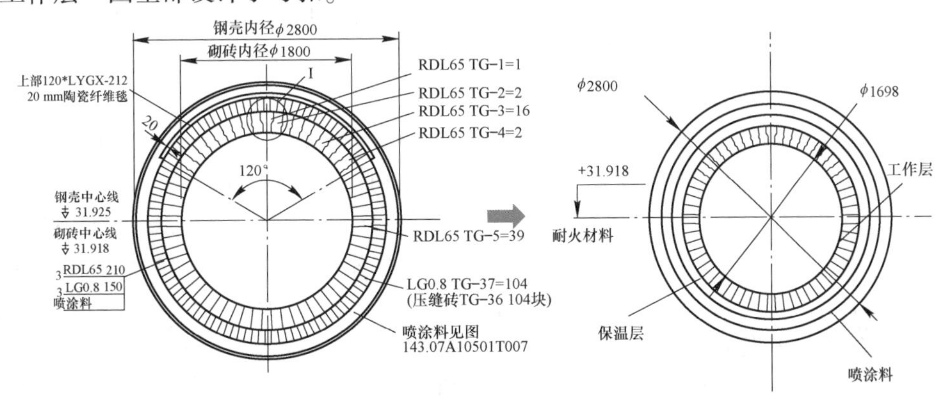


图 2-33 热风管道大修前后设计图对比

B 热风出口改造

a 炉壳改造

热风出口组合砖出现温度过高甚至掉砖的现象的最重要原因是在盲板力作用下钢壳局部变形而挤压砖衬。该钢铁厂利用这次大修，对热风出口位置的炉壳进行了更换（见图 2-34）：标高+30.188～+33.445 m，更换热风出口侧 120°范围内直段炉壳；标高+33.445～+36.658 m，更换热风出口侧 120°范围内过渡段炉壳；新设计炉壳厚度 70 mm，增厚 30 mm（原炉壳厚度 40 mm）。

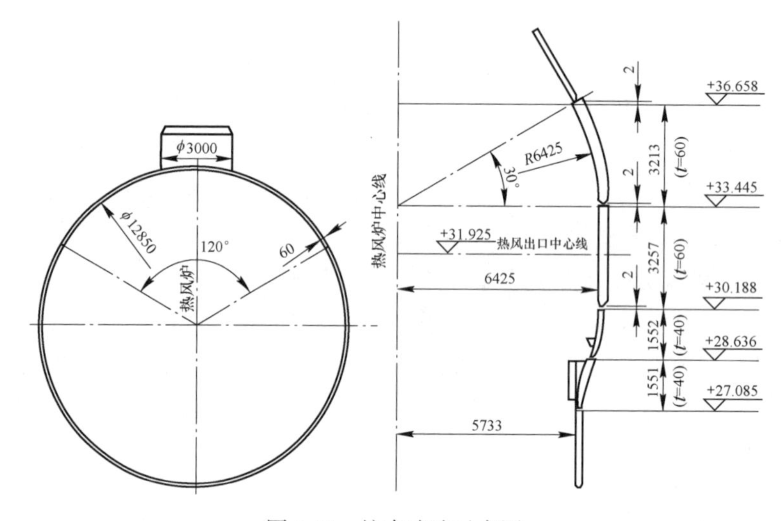


图 2-34 炉壳改造示意图

b 组合砖设计

热风出口组合砖结构选择了花瓣砖设计，如图 2-35 所示，上半环设计两层内环，第一层为通风环，基本不受力，不易发生坍塌掉砖；第二环为泄力环，承重在下半环的花瓣砖上，下半环的承重在大墙上，利于力的释放；最外层的上半环也为花瓣砖，承受来自上面大墙的重力。

c 燃烧器喷嘴改造

针对喷嘴砖发生脱落和移位的问题，在这次大修过程中，将燃烧器喷嘴由原来的水平吹入方式改为煤气下斜、空气上仰的互切式交叉旋转混合喷入，如图 2-36 所示，相较于改造前，空气、煤气能够混合得更均匀，燃烧也更加充分，不易发生“爆震”现象。同时全部组合砖、烧嘴砖均采用高抗热震耐火砖 HRK（抗热震能力不低于 100 次，压力机压制成型），提高燃烧器砌体稳定性，能有效避免喷嘴砖的脱落和移位。

此外，大修前空煤气环道过桥砖采用的是平砖结构，在燃烧器的反复开烧震动下，过桥砖容易发生松动，从而出现垮塌掉砖；在这次大修过程中，将过桥砖

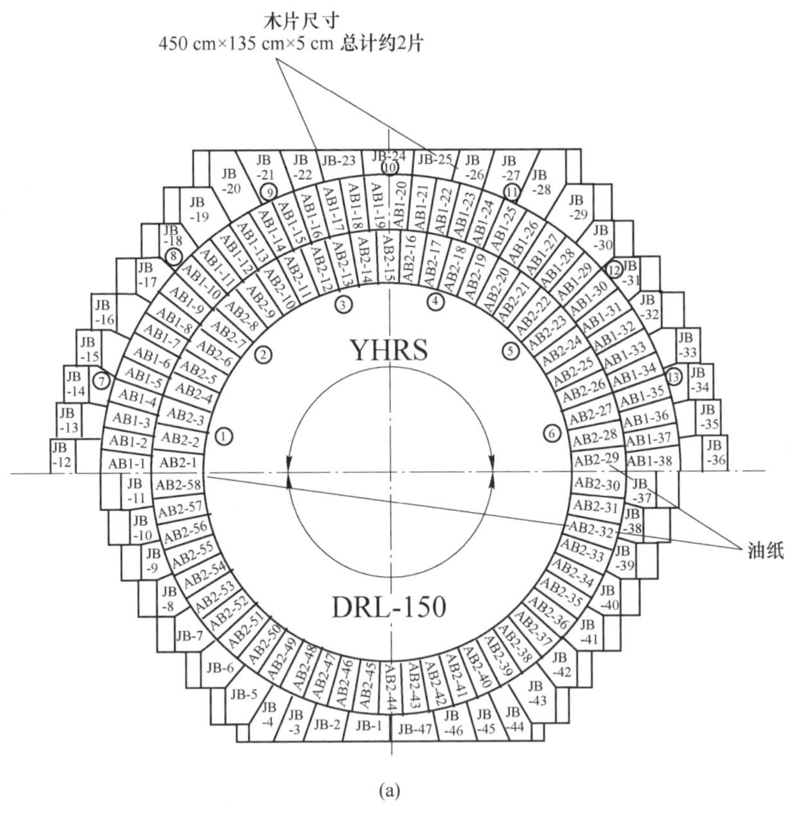


(a)

(b)

图 2-35 花瓣砖设计图（a）和现场图（b）

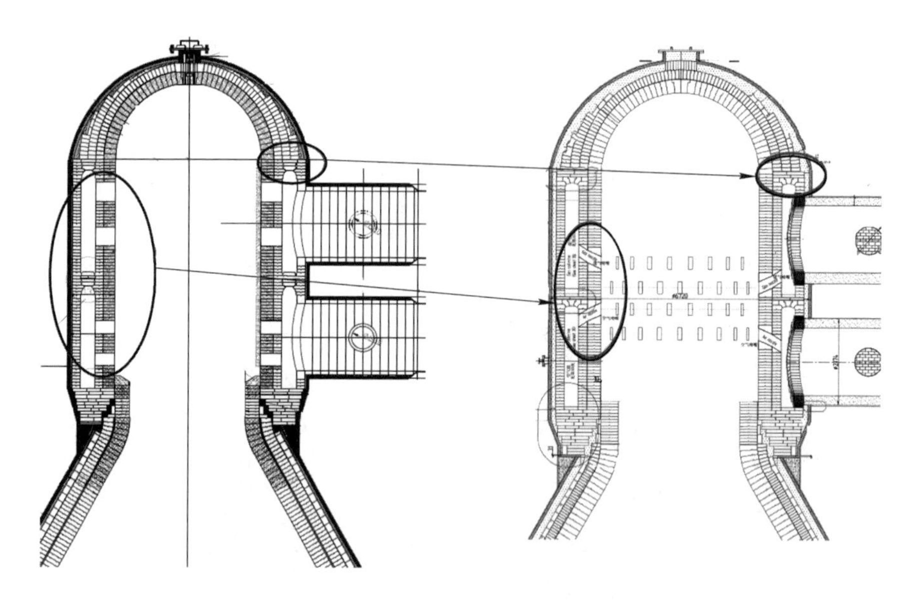

图 2-36 喷嘴及过桥砖改造示意图

结构改造为拱形结构，较之前的平砖结构更稳定。

2.3.1.3 大修后生产效果

A 温度趋势

热风炉管道砖由原来的两环砖（轻质砖+重质砖）环砌变更为三环砖（轻质砖+轻质砖+重质砖）咬砌，避免通缝，起到了更好的隔热作用，正常生产管道各部位测温基本在 100 ℃左右，最高温度不超过 120 ℃（见图 2-37）；高炉投产后，3 号高炉风温从大修前的 1150 ℃提高到 1195 ℃，取得了良好的效果。

B 高炉煤气消耗

大修前高炉累计吨铁煤气消耗 583.2 $m^3$，高炉投产后，持续优化热风炉操作参数，根据高炉风温需求制定合适的空燃比和煤气用量，截至 2021 年 4 月，高炉累计吨铁煤气消耗完成 512.2 $m^3$，较之前吨铁煤气消耗下降约 70 $m^3$，如图 2-38 所示；降低吨铁燃料消耗 6.3 kg。

这次热风炉大修，主要更换了稳定可靠的耐火材料，优化了组合砖的结构，同时有效改善了热风炉燃烧状况，使得风温能力有了较大的提升。值得注意的是，这次该钢铁厂 3 号高炉热风炉大修过程中发现的炉壳发红开裂、热风管系温度升高及热风出口砖衬坍塌脱落等生产安全问题是目前行业的共性问题，特别是热风出口组合砖的寿命成了热风炉长寿的限制性环节，也是炼铁和耐火材料工作者必须重点关注的问题。

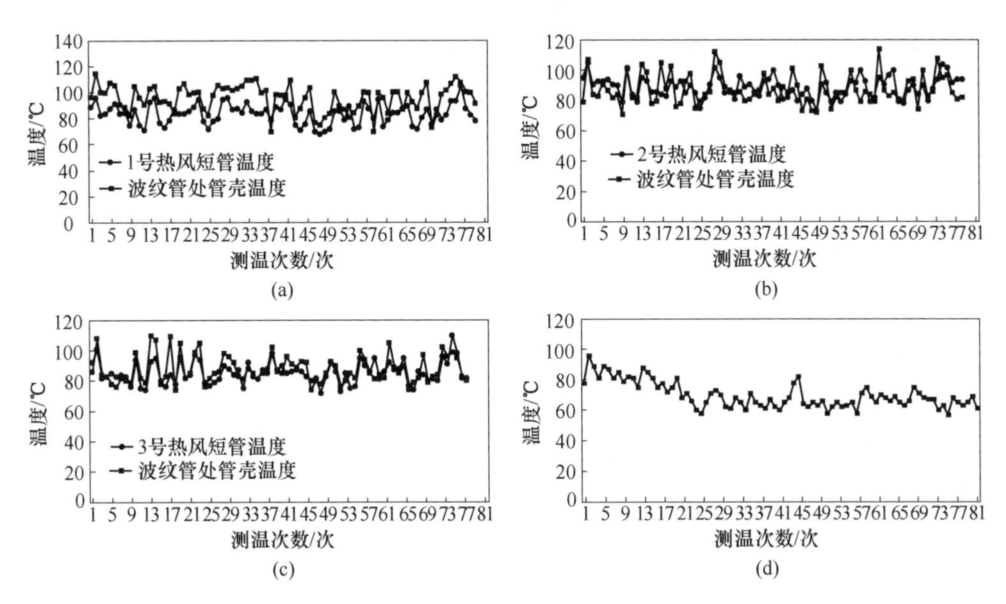


图 2-37　热风管道及波纹管处管壳最高温度趋势

（a）1 号热风炉短管及波纹管处管壳最高温度趋势；（b）2 号热风炉短管及波纹管处管壳最高温度趋势；（c）3 号热风炉短管及波纹管处管壳最高温度趋势；（d）热风主管波纹管处管壳最高温度趋势

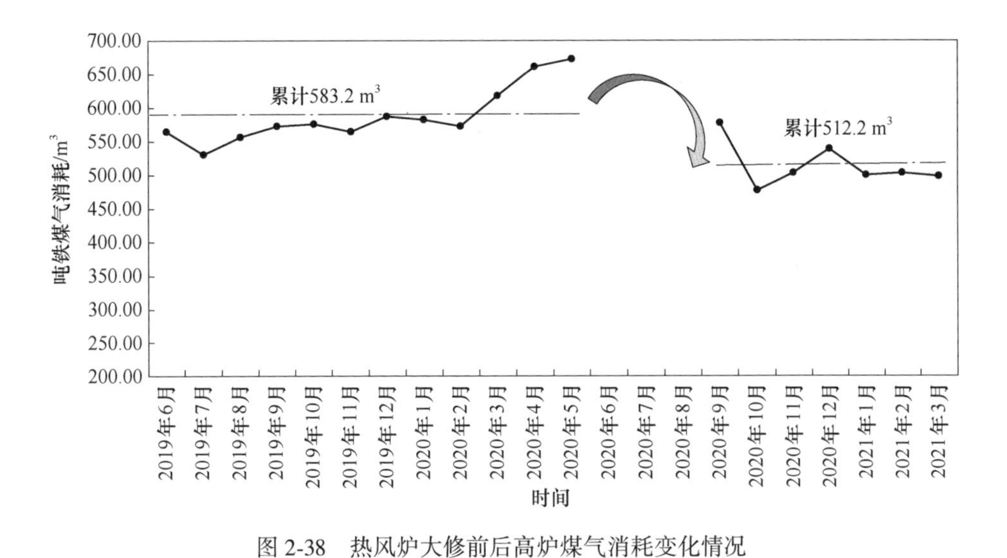


图 2-38　热风炉大修前后高炉煤气消耗变化情况

## 2.3.2　烧结烟气脱硫脱硝一体化设施及其应用

我国工业规模在城市化背景下得以迅速扩大，烧结矿产量在此过程中也不断攀升，已经成为推动钢铁工业发展的强大支撑。烧结在钢铁工业发展中占据极为关键的地位，其不仅是高炉生产的原料来源，也是多种返回料的主要消纳工序，同时也是造成烟气污染的主要原因之一。在钢铁生产流程中，烧结工序所产生的二氧化硫（$SO_2$）及氮氧化物（$NO_x$）占据整体的一半以上，而在长流程生产中 $SO_2$ 排放量甚至能占近 90%，其间还会产生碱金属和重金属等对人体有极大危害的污染物。在环境友好型经济建设目标下，钢铁烧结工序节能减排工作越发重要，加强对烧结烟气污染物的控制和治理是推进环境保护工作的关键步骤。

2.3.2.1  烧结烟气含义及特性

A  烧结烟气含义

烧结烟气指的就是将烧结台车上多种含铁原料及溶剂点火熔化并将其高温烧结成型时产生的污染性气体，其特性显著，与电厂烟气有明显区别。据统计，每生产 1 t 烧结矿可以产生 4000~6000 $m^3$ 的烟气。

B  烧结烟气特性

a  烟气量大且变化幅度大

在烧结料煅烧过程中，固体料循环率和漏风率较高，因此会阻碍空气，使其无法通过烧结料层，进而极大增加烧结烟气量。铺料不均或烧结料透气性不同均可能对系统阻力产生不同影响，烟气量变化幅度甚至可达到 40%。

b  成分复杂

烧结烟气成分复杂的原因主要是原料使用可铁矿石，因此烟气中不仅有烟尘和 $SO_2$，所产生的烟尘更是包含多种重金属，还有 HF、$NO_x$ 及多环芳烃等，均会对环境造成极大污染，另外，烧结同样会产生二噁英，且排放量极高，目前钢铁行业的二噁英排放居世界第 2 位，仅次于垃圾焚烧行业。

c  含氧量高且湿度大

进行烧结工序之前，所用混合料需添加适量水分，目的是增强其透气性，故而烧结烟气湿度大、含氧量高，湿度最高接近 15%，而含氧量则保持在 15%~18%。

d  $SO_2$ 浓度波动大

受原燃料供需和生产成本影响，钢铁企业选择的原料品种不一，因此烧结过程中产生的物质成分、质量均有较大差异，而且烟气中 $SO_2$ 浓度波动较大，少则（标态）每立方米数百毫克，多则可达（标态）5000 $mg/m^3$。

e  烟气温度波动大

一般情况下，烧结烟气温度通常保持在 120~180 ℃，但为降低能耗，减少运行成本，部分钢厂开始实施低温烧结，烟气温度在此技术支撑下下降幅度极大，一般保持在 80 ℃上下。

#### 2.3.2.2 烧结烟气中主要污染物及危害

A 二氧化硫（$SO_2$）

烧结所产生的 $SO_2$ 在整个钢铁企业排放量中占据一半以上，减少 $SO_2$ 排放量是实现环境保护必须采取的措施，因此减少钢铁企业烧结过程中 $SO_2$ 排放量成为重点工作内容之一。$SO_2$ 对环境破坏极大，$SO_2$ 浓度过高，则会导致酸雨的出现，进而对生态环境造成严重破坏，阻碍植物生长，致使植物死亡，还会增加水域酸度，对水中生物生长环境造成破坏。不仅如此，酸雨还会破坏建筑物及雕塑，带来较大经济损失。$SO_2$ 同时还会对人体健康带来危害，若浓度过高，则可能刺激鼻腔，造成鼻腔出血，严重情况下还会对呼吸造成阻碍，引发呼吸困难等症状。

B 粉尘

粉尘主要来自两个方面，一是烧结原料，二是烧结矿。烧结原料在运输、破碎及后期筛分过程中均可能造成粉尘的出现，烧结矿同样如此，在烧结各项工序中都可能造成粉尘的出现。粉尘会极大影响人体健康，影响程度受粉尘量、进入方法、粉尘性质及沉淀部位等影响。就粉尘大小而言，2~10 μm 是对人体造成最大危害的粉尘粒径。除此之外，荷电粉尘或者粉尘硬度大、形状不规则、溶解度小等也都会在较大程度上影响人体健康。

C 氮氧化物（$NO_x$）

烧结烟气中含有 NO、$NO_2$ 等氮氧化物，NO 与机体血红蛋白有较强亲和力，可经呼吸道到达血液，降低血液输氧能力，与 CO 相比，其危害性更大、亲和力更强。NO 经氧化后还会生成 $NO_2$，具有剧毒，在进入人体后会造成肺水肿的出现，还会对眼黏膜形成刺激，造成嗅觉麻痹等，危害极大。

综上所述，钢铁企业烧结烟气中含有硫氧化物、氮氧化物，甚至包括二噁英及其他重金属污染物，为满足达标排放的要求，必须采取脱硫脱硝措施。为了避免分级治理运行费用高和占地面积大等缺点，开发经济高效、简单可靠的脱硫脱硝一体化技术对我国烧结烟气治理有着极为重要的意义。

#### 2.3.2.3 烧结烟气脱硫脱硝一体化技术

目前已实现工业化落地、可供钢铁行业选择的烧结烟气脱硫脱硝的技术主要有：低温烟气循环流化床同时脱硫脱硝除尘技术、活性炭技术、烟气氧化脱硝+湿法脱硫+湿电组合技术、循环流化床脱硫+SCR 脱硝组合技术。

A 低温烟气循环流化床同时脱硫脱硝除尘技术

低温烟气循环流化床同时脱硫脱硝除尘技术是一种基于循环流化床的脱硫脱硝一体化技术，图 2-39 为低温烟气同时脱硫脱硝除尘系统示意图。通过使用低温催化剂，将部分的 NO 氧化成 $NO_2$，配合使用全新脱硫脱硝反应塔及脉冲袋式除尘器，能够实现温度 150 ℃及以下将烟气中的 $SO_2$、$NO_x$ 及粉尘一体化超净脱除，解决了低温烟气脱硝的难题。

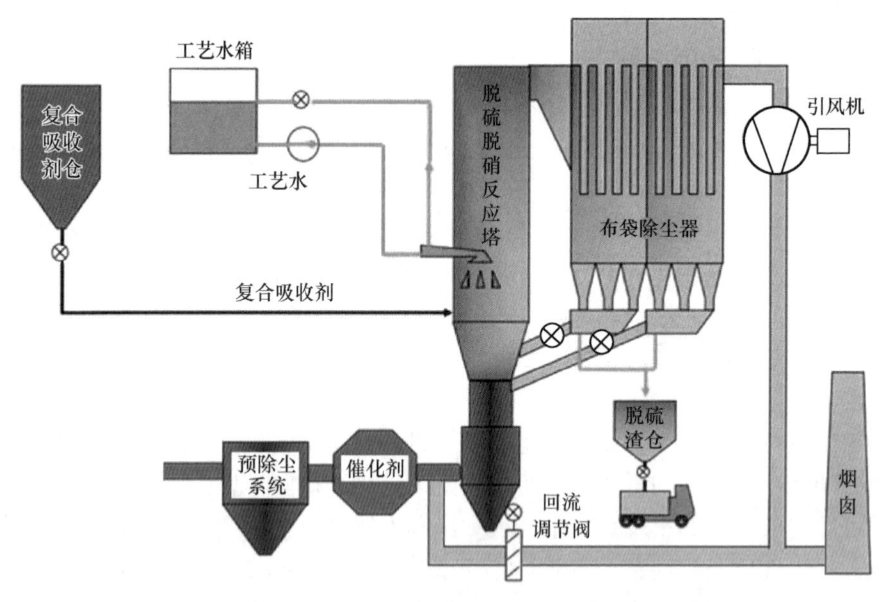


图 2-39 低温烟气同时脱硫脱硝除尘系统示意图

从预除尘器出来的烟气（一般为 120~180 ℃）被引入催化剂中，在催化剂作用下，大多数 NO 被氧化成 $NO_2$，再进入脱硫脱硝反应塔底部，脱硫脱硝反应塔底部设置布风装置，烟气流经时被均匀分布。在布风装置上部通过一套喷射装置喷入脱硫脱硝复合吸收剂。在布风装置的上部同样设有喷水装置，喷入的雾化水使烟气降至一定温度。增湿后的烟气与吸收剂相混合，复合吸收剂与烟气中的 $SO_2$、$NO_x$ 反应，生成亚硫酸钙、硫酸钙、亚硝酸钙和硝酸钙等。由于脱硫脱硝过程中，烟气中的大量酸性物质尤其是 $SO_3$ 被脱除，烟气的酸露点温度很低，排烟温度高于露点温度，因此烟气也不需要再加热。

B 活性炭工艺

活性炭工艺流程如图 2-40 所示，工艺原理主要是利用活性炭比表面积大、具有大量微细孔的特点，首先对粉尘、$SO_2$、$NO_x$、二噁英和重金属等有害物质进行物理吸附；再利用微细孔内活性炭表面存在的一定量活性键位催化 NO 和 $NH_3$ 反应生成 $N_2$ 和 $H_2O$；吸附于活性炭的 $SO_2$ 和重金属等通过再加热脱附，二噁英苯环间的氧基在活性炭表面催化下被破坏裂解为无害物质，活性炭实现再生。

烧结机产生的烟气首先经过电除尘器脱除大部分烟（粉）尘和重金属物质，再由增压风机将烟气引入若干个相对独立的吸附塔中。在吸附塔内，烟气与稀释的氨气混合通过由活性炭颗粒填充的网格层，大部分粉尘、$SO_2$、二噁英和重金属被活性炭吸附，$NO_x$ 与 $NH_3$ 反应转化成 $N_2$ 和 $H_2O$ 后的烟气经烟囱达标排入大气中，活性炭由输送机送至解析塔。解析塔上部通过隔层加热将活性炭加热至约

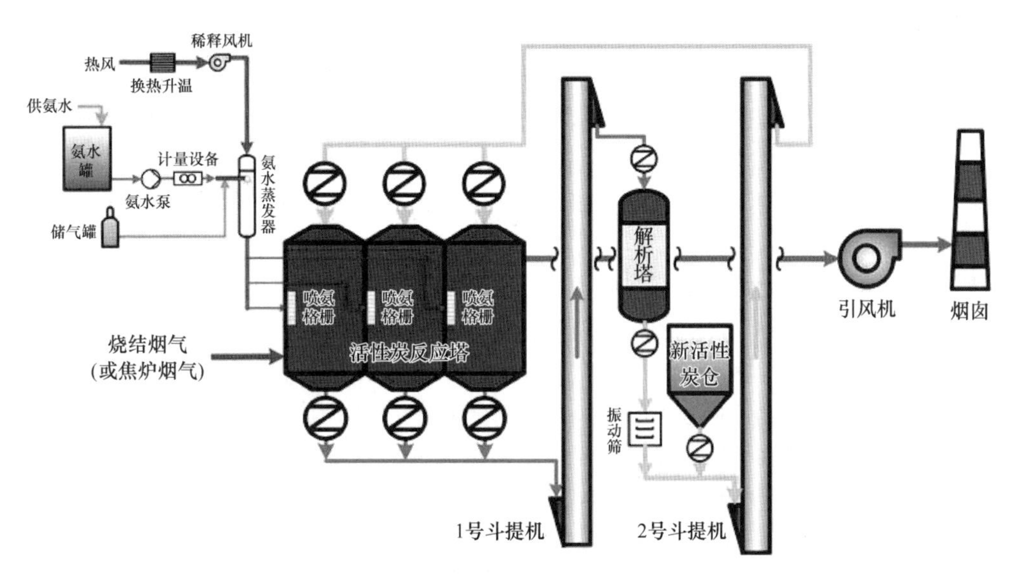


图 2-40 活性炭烟气净化流程示意图

400 ℃，$SO_2$ 脱附后富集送至制酸系统，二噁英降解；下部冷却筛分后的再生活性炭可返回吸附塔内继续循环使用。系统可通过调节吸附塔内活性炭填充量和下料速度灵活地应对烟气的变化，有效地回收利用 $SO_2$，保证脱硫脱硝的效率。

C 烟气氧化脱硝+湿法脱硫+湿电技术

烟气氧化脱硝+湿法脱硫+湿电技术是利用强氧化剂（如 $O_3$），将 NO 氧化成高价态氮氧化物，在湿法脱硫装置中利用气-液反应，利用石灰石浆液脱硫，同时高价态的氮氧化物溶解在液相中，实现脱硝，最后利用湿式电除尘除去烟气夹带的微颗粒物的一种技术。

烟气氧化脱硝+湿法脱硫+湿电组合工艺的特点是脱硫效率较高，脱硫负荷适应性较好，但也存在：$O_3$ 氧化 NO 的反应对运行条件较为敏感；湿法脱硫系统吸收 $NO_2$ 的效率不高；氮氧化物吸收会带来腐蚀；硝酸盐分离困难；低温腐蚀和废水排放等问题。

D 循环流化床脱硫+SCR 脱硝工艺

循环流化床工艺主要由吸收剂制备与供应、吸收塔、物料再循环、工艺水、布袋除尘器及副产物外排等构成。一般采用干态的消石灰粉作为吸收剂，也可采用其他对 $SO_2$ 有吸收反应能力的干粉或浆液作为吸收剂。

烟气从吸收塔（即流化床）底部进入，吸收塔底部为一个文丘里装置，烟气流经文丘里管后速度加快，与细的吸收剂粉末互相混合，使颗粒之间、气体与颗粒之间产生剧烈摩擦，形成流化床。在喷入均匀水雾、降低烟温的条件下，吸收剂与烟气中的 $SO_2$ 反应生成 $CaSO_3$。脱硫后携带大量固体颗粒的烟气从吸收塔顶部排出，进入再循环除尘器处理后被排放。

脱硫后烟气温度为75~80 ℃，经过换热器、加热炉将温度加热至160~300 ℃，以高炉煤气为热源进行加热，热烟气进入SCR反应器，与加入的脱硝剂在催化剂作用下进行高效脱硝反应，最后洁净烟气经系统引风机排往烟囱。SCR脱硝装置主要由换热器、烟气加热炉、SCR反应器、氨站等组成。在催化剂的作用下，当烟气温度为280~300 ℃时，利用$NH_3$作为还原剂，与烟气中的$NO_x$反应，产生无害的$N_2$和$H_2O$。同时，二噁英经过催化剂会裂解成$CO_2$、水及HCl。

“循环流化床+SCR”工艺的特点为：一是分别进行脱硫脱硝，各分步技术相对成熟、污染物脱除效率高、适用范围广，可满足最严格的污染物排放标准要求，工程总投资和运行费用适中；二是对于目前已建设脱硫装置的烧结球团企业，为满足新标准对$NO_x$的排放要求，可继续建设脱硝部分，不存在重复建设问题。缺点是烟气脱硫后烟温仅80 ℃以下，要经过换热，到300 ℃左右才能满足脱硝条件，烟气升温运行费用很高，换热器及烟气加热炉维护烦琐，对烟气稳定性要求很高，而且脱硫、脱硝副产物产生量大，尚无公认的最佳应用途径或资源回收价值，需作为废物进行处理。

2.3.2.4 应用实践

烧结烟气脱硫脱硝是实现清洁生产的核心内容，目前已经取得较大技术突破，脱硫脱硝一体化技术应用前景广阔，但是仍存在诸多不足，需要相关工作者针对问题进行进一步研究，最大化降低使用成本、提升使用效率、减少二次污染，最终实现资源节约型、环境友好型生产的目的。

国内某钢铁厂拥有2台烧结机（1台360 $m^2$烧结机、1台400 $m^2$烧结机），每台烧结机均配备脱硫脱硝系统和在线粉尘监测系统，400 $m^2$烧结机配套脱硫脱硝系统应用“活性炭脱硫脱硝”技术，360 $m^2$烧结机配套循环流化床脱硫+SCR脱硝烟气过滤系统，二者应用效果如图2-41所示，可以看出，在满负荷生产条件下，排放情况均低于《钢铁烧结、球团工业大气污染物排放标准》（GB 28662—2012），全年环保排放零超标，实现100%达标排放。

### 2.3.3 烟气内循环技术在烧结的应用实践

烧结烟气中含有大量显热和氧气，是优质的二次资源，可以通过烧结热风烟气循环技术进行回收利用。研究表明，在应用烧结热风烟气循环技术后，绝大部分粉尘颗粒被料层吸收，减排效果明显，其中粉尘排放降低13.57%，$SO_2$减排7.18%，$NO_x$减排10.81%。

2020年10月16日，国内某钢铁厂400 $m^2$烧结机配套的烧结烟气循环系统热试成功，正式开启烧结烟气循环生产模式。为了方便实际生产过程中对循环烟气的调节，设计将烧结机头部4个风箱和尾部两个风箱接入烟气循环系统中，通

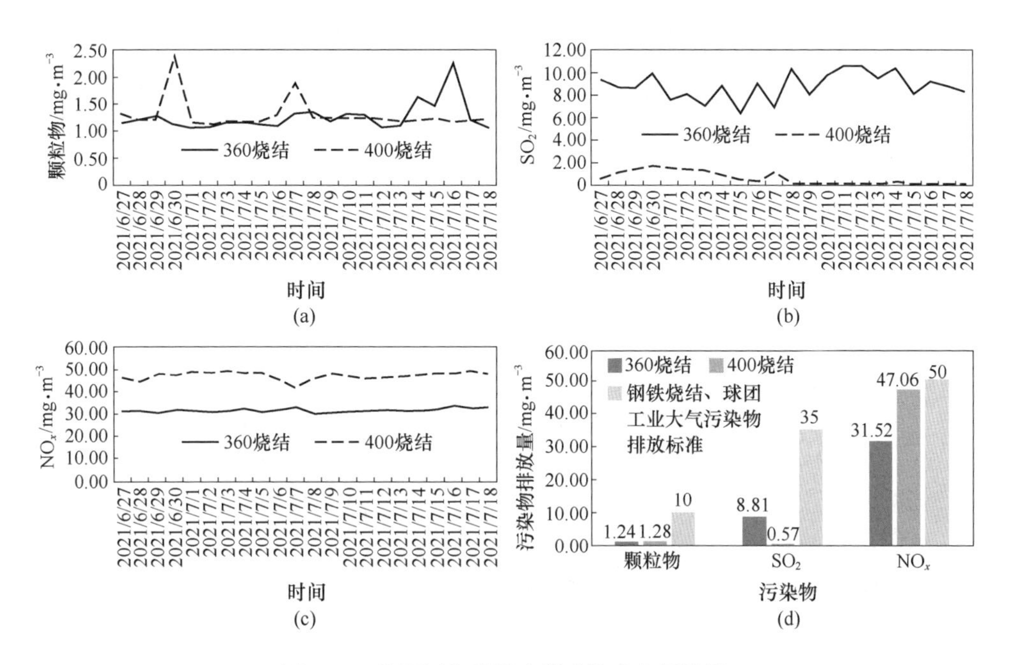


图 2-41 某钢厂烧结脱硫脱硝技术应用效果

（a）颗粒物排放情况；（b）$SO_2$ 排放情况；（c）$NO_x$ 排放情况；（d）污染物排放情况与标准的对比

过实际投产后的不断摸索，确定了目前将头部 3 号、4 号和尾部 20 号、21 号风箱烟气循环利用的方式。相比传统烧结机烟气循环的生产模式对生产操作工人的要求很高，在试生产和调试过程中，岗位工逐步接受了新操作方式，操作水平明显提高。经过生产、工艺、设备人员的共同努力，不断完善配套设施，优化生产操作参数，使烧结主抽风系统与烟气循环系统能平衡运行，实现了烧结系统的稳定顺产，并在机头烟气减排、降低固体燃耗、提高产品质量方面取得了一定效果。

2.3.3.1 烧结烟气循环的工艺流程及系统配置

A 工艺流程

工艺流程如图 2-42 所示，在 400 $m^2$ 烧结机系统中，应用了第二代烧结烟气循环技术，利用一部分烧结烟气和冷却废气代替环境空气，在烧结过程中回收利用这部分气体的热量。400 $m^2$ 烧结机烟气循环系统采用烟气内循环工艺模式。

B 相关设施

400 $m^2$ 烧结机系统的核心部分是烧结风系统，在烟气循环模式下，风系统分为两部分：主抽风系统和烟气循环系统。其中，主抽风系统的主要设备为：主电除尘器、主抽风机、活性焦装置等；烟气循环系统的主要设备包括：1 号循环风机、1 号多管除尘器、2 号循环风机、2 号多管除尘器、循环烟气罩（热风罩）、各种阀门等。

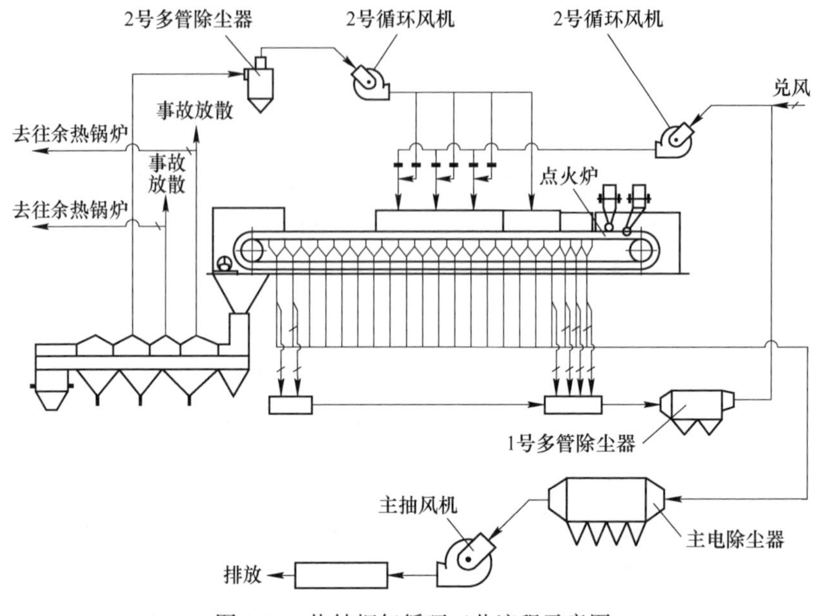


图 2-42 烧结烟气循环工艺流程示意图

400 m$^2$ 烧结机共 21 个风箱，其中 1 号、2 号、3 号、4 号、20 号、21 号风箱的支管上设置了气流切换装置，这 6 个风箱中，任意 1 个风箱的烧结烟气均可在主抽风系统和烟气循环系统间进行切换。

循环利用的烟气汇集后进入烟气循环主管道，经过 1 号多管除尘器除尘后，由 1 号循环风机送入烧结机厂房侧面的烧结烟气循环总管；环冷机中段废气经过 2 号多管除尘器除尘后，由 2 号循环风机送入烧结机厂房侧面的环冷废气循环总管。热风罩设置在烧结机中前部，两股气体（烧结烟气和冷却废气）在热风罩支管内按适当的比例混合，然后进入热风罩内参与烧结过程；其余未进入循环系统的风箱烟气经由主电除尘器、主抽风机进入活性焦装置，经过脱硫脱硝后外排。

400 m$^2$ 烧结机风系统的风机配置如下：

(1) 主抽风机（两台），单台风机流量（入口，工况）为 18000 m$^3$/min，风机压力为入口 18000 Pa，出口 0 Pa，进口烟气温度为 150 ℃左右；

(2) 1 号循环风机（一台），风机流量（入口，工况）为 9000 m$^3$/min，风机全压升为 20000 Pa，进口烟气温度为 200 ℃左右（最高 350 ℃）；

(3) 2 号循环风机（一台），风机流量（入口，工况）为 7500 m$^3$/min，风机全压升为 3478 Pa，进口烟气温度为 80~200 ℃。

C 技术路线

第二代烧结烟气循环技术是充分考虑了循环气体热量、水分、含氧量等对烧结过程的影响，采用新技术进行优化升级的成果。应用该技术，可根据烧结过程中不同阶段的需求，优化废气在烧结不同阶段的分配方式，助力烧结厂减排、节能、提质、增效，打造绿色烧结的理念。

(1) 减排。多管齐下降低烟（废）气排放总量，既降低经过主电除尘器、脱硫脱硝装置（活性焦法）的烧结烟气有组织排放量，又降低烧结环冷机的冷却废气无组织排放量，具体措施包括：通过头尾烟气分流减少通过主抽风机的风量；通过调低大烟道主管烟气温度减少活性焦装置的冷风兑入量；通过回收利用冷却废气降低烧结环冷机的无组织排放量。

(2) 节能。衡量烟气循环烧结的节能效果，要对整个烧结系统进行评价，主要体现在：通过烟气循环利用降低外排系统的电耗；通过充分利用废气余热降低烧结固体燃料消耗。

(3) 提质。根据烧结过程中不同阶段的需求，通过优化热风罩内的废气分配方式，更充分地对冷却废气余热进行有效利用，强化热风烧结效果，改善成品烧结矿的质量指标（转鼓指数、粒度组成等）。

(4) 增效。在主抽风系统规格偏小的情况下，烟气循环风机也承担烧结抽风任务，可增加烧结系统的总抽风能力，提高烧结系统生产效率，为增加烧结矿产量创造条件；一系列烟气减排手段的运用，使进入脱硫脱硝装置的烟气量减少，可降低反应塔内的烟气流速，延长塔内烟气停留时间，提高烟气净化效率。

#### 2.3.3.2 应用情况

目前，该钢铁厂 400 $m^2$ 烧结机烟气循环系统的 1 号循环风机和 2 号循环风机均投用，将 3 号、4 号、20 号、21 号风箱的烟气分流与环冷机中段的废气混合后通过热风罩进入烧结料层。根据 2021 年 1 月和 2 月的各项生产数据，对烟气循环系统投用前后的烟气排放、能源消耗、产品质量、利用系数等指标进行了对比分析。

##### A 烟气排放

烟气循环系统投用后，对机头烟气排放的影响如下：

(1) 减量：烟气循环量最高达到 $30\times10^4$ $m^3/h$ 以上，同步减少经主抽风机送入活性焦装置的烟气总量；

(2) 降温：减少主烟道内高温热烟气进入主抽风系统的比例，主抽风机排出烟气温度降低，活性焦装置前的兑冷风量减少。

上述变化均有利于减少活性焦装置的处理量，降低脱硫脱硝系统的负荷。

##### B 能源消耗

烟气循环系统投用前后，烧结主要能源消耗指标变化比较明显，见表 2-16。其中固体燃耗减少 1.02~1.50 kg/t，主要是因为热风余热进入料层上部，起到了补充热量的作用，减少了燃料的消耗；电耗增加 3.97 度/t，主要是因为烟气循环系统的两台风机增加了电力消耗；煤气消耗增加 5.2 $m^3/t$，主要是因为料层降低，透气性过好，煤气流量大，煤气消耗增加。

表 2-16 吨铁主要能源消耗指标对比

| 时 间 | 固体燃耗/kg | 电耗/度 | 煤气消耗/$m^3$ |
|---|---|---|---|
| 投用前 | 47.59 | 30.30 | 35.22 |
| 投用后 | 46.57 | 34.27 | 40.42 |
| 差值 | -1.02 | 3.97 | 5.20 |

根据表 2-16 可知，电耗和煤气消耗的变化反映了烟气循环系统投运初期的生产实际情况，还没有达到应用第二代烧结烟气循环技术的预期效果，在相关配套设施完善后，对生产操作方式进行适当调整，系统电耗和煤气消耗均可降低。

C 烧结矿质量

烧结矿的主要化学成分取决于各种原料的比例和成分，与烟气循环系统投用与否关系不大。目前，只对烟气循环系统投用前后的烧结矿物理性能进行了比较和分析，烧结矿冶金性能是否变化尚不明确，需进一步开展相关探索工作。

由表 2-17 可知，烟气循环系统投用后烧结矿转鼓指数增加 0.07%，表明机械强度增幅较小。烧结矿中 25~40 mm 粒级比例增加 2.17%，表明烧结矿粒度组成有一定的优化。

表 2-17 烟气循环系统投用后烧结矿转鼓指数与粒度组成对比 (%)

| 时 间 | 转鼓指数 | 烧结矿粒度组成 | | | | | |
|---|---|---|---|---|---|---|---|
| | +6.3mm | <5 mm | 5~10 mm | 10~16 mm | 16~25 mm | 25~40 mm | >40 mm |
| 投用前 | 77.29 | 2.32 | 15.73 | 18.70 | 27.52 | 30.39 | 5.34 |
| 投用后 | 77.36 | 2.43 | 15.69 | 18.21 | 26.10 | 32.56 | 5.01 |
| 差值 | 0.07 | 0.12 | -0.05 | -0.49 | -1.42 | 2.17 | -0.33 |

D 利用系数

由表 2-18 可知，与烟气循环系统投用前相比，烟气循环系统投用后的烧结机利用系数提高 0.08 t/($m^2$·h)，增产幅度为 6%，烧结生产效率明显提高。

表 2-18 烟气循环系统投用后烧结机利用系数对比 t/($m^2$·h)

| 投用前 | 投用后 | 差值 |
|---|---|---|
| 1.30 | 1.38 | 0.08 |

2.3.3.3 问题及应对措施

A 烧结生产波动

造成烧结生产过程波动的原因很多，影响该钢厂 400 $m^2$ 烧结机生产的主要因素有：混匀矿中杂物影响烧结机布料、烧结混合料布料设备稳定性、风机风量波动等。具体应对措施如下：

（1）安排专人定期到原料场检查堆料情况，督促原料场人员清理混匀矿中的大块，尽可能减少混匀矿的成分波动及夹杂的大块，并在3个混匀矿给料机上增设格栅，过滤掉混匀矿中的大部分石块等杂物，这样做可以提高烧结料面的平整度，降低料面不平对烧结生产的影响；

（2）对布料器闸门重新改型，将原有的气动闸门更换成电动闸门，提高设备的稳定性；

（3）通过提高1号循环风机的频率，减小其入口风门开度，使1号循环风机入口负压趋于稳定，能够解决1号循环风机和主抽风机抢风的问题，使循环风量保持平稳，有利于消除风量波动对烧结生产的影响。

B 主抽风机出口管道振动

烟气循环系统投用前，存在主抽风机与脱硫脱硝增压风机间的管道振动问题，经过调节风机后能消除振动。烟气循环系统投用后，该部分管道振动出现的频率升高，振动问题变得更为突出，通过调节风机消除振动的难度变大。除了避免原料、布料设备对生产的影响外，还可以对主抽风机的工作方式进行调整：通过减小2号主抽风机进口风门开度，使主抽风量紊乱现象变为随频率变化而变化的线性现象，以保证主抽风量的稳定，此举可解决因2台主抽风机之间的风量波动而引起的管道异常震动情况。

C 烧结系统复产时间长

在现有装备条件下，烟气循环系统与主抽风系统间不能完全隔离，尤其在检修复产时，环境空气会经由烟气循环系统进入主抽风系统，导致主抽风系统烟道内的烟气温度长时间达不到脱硫脱硝需要的温度，提产过程缓慢。通过采取以下措施，分步解决这个问题。

（1）当前该钢厂采取的措施是：复产时，先启动1号烟气循环风机，减少被吸入烧结主抽风系统中的环境空气量，缩短复产时间；

（2）待烧结机停机检修时，增设烟气循环系统与主抽风系统间的隔离设施。

2.3.3.4 小结

（1）烟气循环装置是烧结主系统的重要组成部分，该装置投入使用后，烧结机料面供风方式将发生改变，生产操作人员要有一个适应过程，在传统烧结生产操作内容的基础上，还要增加循环烟气压力、含氧量、温度变化的关注。

（2）在生产过程中对相关配套设施不断进行完善，提高操作工人的作业水平，发挥烟气循环装置应用效果最大化的效果，提高系统生产的稳定性，使该装置在减排、节能、提质、增效方面发挥的作用进一步地得到提升。

### 2.3.4 TRT——高炉煤气余压透平发电装置

高炉煤气余压透平发电装置（blast furnace top gas recovery turbine unit，TRT）

是利用高炉炉顶排出的具有一定压力和温度的高炉煤气，推动透平膨胀机旋转做功、驱动发电机发电的一种能量回收装置。

2.3.4.1 TRT余压发电系统的组成和基本运行原理

TRT余压发电装置主要由8大系统组成，包括：透平主机、大型阀门系统、润滑系统、电液伺服控制系统、给排水系统、氮气密封系统、高低压发配电系统、自动控制系统。

A 透平主机

透平主机是煤气工质压力差转换为机械功的地面运行设备。高炉煤气余压透平机组由以下各组件组成：外壳体组件、静叶内壳体组件、转子组件、入口侧轴承机组件、出口侧轴承机组件、止推轴承、支撑轴承、静叶调角器和盘车装置。透平由带有二级叶片的转子通过止推轴承和支撑轴承支持在机匣上，机匣经承受力点与底座相连。

B 大型阀门系统

TRT的大型阀门主要包括：入口蝶阀、调速阀、出口蝶阀、入口插板阀、出口插板阀、入口连通阀、出口连通阀、快切阀、旁通快开阀。入口蝶阀可以作为插板阀开关时的辅助阀门；调速阀用于启车冲转速，TRT机组并网成功后打开入口蝶阀；插板阀能够完全切断煤气，当TRT系统装置需要检修时，必须关闭进出口插板阀，以切断煤气来源，必须进行氮气置换，经过煤气防爆实验合格后方可检修；出口蝶阀一般在出口插板阀为敞开式时才配置，主要防止关闭出口插板阀时低压管网煤气大量泄漏；快切阀能够在机组出现重故障时快速关闭，可切断TRT的煤气来源，保证机组安全停机；进出口连通阀主要用于共用型TRT，当一座高炉休风而另一座高炉正常运行时，打开连通阀保持进出气平衡，防止震动与位移增高；旁通快开阀的作用是当TRT机组联锁停机快切阀快速关闭时，能快速打开到一定角度，使高炉煤气通过旁通快开阀进入低压管网，保证高炉炉顶压力不产生大的波动。

共用型TRT有进口连通阀和出口连通阀，当一座高炉休风，另一座高炉正常运行时，TRT不必停机，只需将出口连通和进口连通打开，保证TRT进气平稳，避免因透平机轴位移和轴震动过高而导致停车。

C 润滑系统

润滑油给各轴承润滑点提供稀油循环润滑，以满足机组在运行时或事故状态下的润滑油供给，同时也起到给轴承降温的作用。该系统主要由润滑油泵、油箱、冷却器、高位油箱等组成，润滑油站的油泵能够提供稳定压力和流量的清洁润滑油；冷却器用于调节供给润滑油的温度；高位油箱是在紧急停电状态下，依靠自然位差维持机组停机时的润滑油供给。

D 电液伺服控制系统

动力油泵主要给伺服油缸、快切阀、旁通快开阀供油。PLC柜通过分析高炉传输的顶压与设定压力变化给液控单元下达指令，通过静叶开度的调节保证高炉顶压稳定。电液伺服控制系统控制着静叶和旁通快开阀、快切阀，直接影响机组的转速稳定、机组正常运行和停机时的顶压稳定。

E 给排水系统

TRT 给排水系统中主要为冷却水，其来自高炉净环水，主要为发电机冷却器及润滑油冷却器、动力油冷油器供水。

F 氮气密封系统

TRT 的密封系统采用惰性、无毒的氮气，氮气密封系统用氮气与机械密封相配合。通过电动调节阀，保证密封轴端氮气压力始终高于煤气压力 0.02~0.03 MPa，从而保证煤气不外泄。轴颈与机匣间的煤气密封采用气液双重密封系统，卸压式氮气梳齿迷宫式密封，工作寿命长、密封可靠、氮气耗量小。当 TRT 内部设备或管道需要检修时，TRT 必须进行氮气置换煤气工作，这是因为煤气容易使人中毒，且易燃易爆，但氮气是惰性气体，可避免着火爆炸。

G 高低压发配电系统

高低压发配电系统主要包括同步发电机、高压配电系统、低压电控系统。高压配电系统设置有自动准同期并网装置以及差动、复合电压过流、失磁等保护；低压电控系统包括阀门连锁控制、备用油泵的自启动等设施。

H 自动控制系统

自动控制系统由检测仪表、操作站等组成，自动调节仪表系统对整个系统各运行参数进行监视和记录。TRT 运转发电时，可自动调节控制高炉顶压保持平稳。自动控制系统由反馈控制、转速调节、高炉顶压复合调节、逻辑顺控等组成。

TRT 余压发电系统运行的基本原理是利用了高炉高压运行状态下，炉顶内气体所具有的压力和热量，使气体在透平机内膨胀做功，推动透平主机转动，继而带动与透平机相联结的发电机转动发电。所产生的电能并入电网，从透平机出来的净化后气体则会进入企业气体管网内继续使用。

从工作原理上来看，TRT 装置透平主机替代了原有的高炉内气体系统高压阀组，TRT 装置却可对气压力进行回收利用，使炉内气体压力做功发电而不至白白浪费。在高炉采用干法除尘和高压运行等理想条件下，TRT 装置的吨铁发电量最高可达到 50 kW · h 以上，可为企业带来可观的经济效益。

2.3.4.2 TRT 技术的发展

A 国外 TRT 技术的发展

TRT 技术起源于欧洲，发展成熟于日本，并在日本最先得到普及和应用。自 1974 年第一套 TRT 装置发电至今已有 50 年的历史。在此期间，TRT 技术得到了不断的发展和完善，从早期的径流式 TRT 发展成为今天的轴流式 TRT；从湿式 TRT 发展到干湿两用型和干式 TRT。

TRT 技术在国外的发展可以概括为 3 个阶段：

（1）发展初期。苏联在 20 世纪 50 年代中期就开始了 TRT 试验研究，它是 TRT 研发最早的国家，并于 1962 年成功研制了世界上第一台 TRT 装置。该套 TRT 为半干式轴流冲动式，第一级静叶可调，$N_2$ 密封，效率小于 80%。1969 年法国索菲莱尔公司试制成功了第一台湿式径流反动式 TRT，该 TRT 对内部积灰及磨损反应迟钝，但是效率较低。

（2）发展中期。1970 年日本川崎重工引进了法国索菲莱尔公司的径流式 TRT 专利技术，并于 1974 年生产了第一台 8 MW 的 TRT 装置。1976 年日本开始研制湿式轴流反动式 TRT，并于 1979 年成功投运，效率可达 85%。

（3）发展后期。二十世纪八九十年代，这是 TRT 技术在日本发展最快、水平最高、数量最多的时期。三井造船、日立造船和川崎重工 3 家公司在研究了积灰堵塞和叶片磨损之后，又制造了干式轴流反动式透平，并利用静叶可调控制高炉炉顶压力，透平效率可达 86%。在此阶段，随着高炉煤气干法除尘技术的突破，TRT 出现了湿式、干式和干湿两用 3 大系列。20 世纪 90 年代中期，TRT 在日本钢铁企业得到了迅速普及，其普及率达到 100%。

B 国内 TRT 技术的发展

中国 TRT 技术的研究始于 20 世纪 70 年代末，应用于 80 年代。1981 年首钢新 2 号高炉引进了日立造船制造的 TRT，并于 1983 年投产，迄今已有 41 年的历史。

根据 TRT 的研发和应用情况，TRT 技术在国内的发展大致可以分为 3 个阶段：

（1）TRT 设备引进期。1985 年以前，由于 TRT 技术和装置主要依靠引进，加上国家低息贷款需 5 年还本的政策等的影响，该阶段 TRT 技术在中国，尤其是电价较低的地区推广应用速度缓慢。截至 1985 年底，国内只有首钢新 2 号、梅钢 2 号和宝钢 1 号 3 座高炉配备了 TRT。

（2）TRT 设备国产化。1985 年，西安陕鼓动力股份有限公司（以下简称陕鼓）成功开发了第一套国产湿式 TRT，并于 1988 年在酒钢 1 号高炉投产运行。接着陕鼓又开发出干式和干湿两用型 TRT，并结合国内中小高炉多、条件较差的现状，成功开发出适用于中小高炉的干式 TRT，填补了国内空白。除陕鼓外，成发集团制造的 TRT 设备也于 1993 年在唐钢北区 450 $m^3$ 高炉上投入运行。另外，上海汽轮机厂和沈阳鼓风机集团有限公司等企业均成功制造了 TRT 装置，打破了陕鼓一家称雄的局面，这对提高国产 TRT 的质量大有好处。

（3）TRT 设备大力推广期。经过设备的引进和国产化以后，尤其是进入 21 世纪以后，TRT 在中国钢铁工业得到了前所未有的快速推广和应用，并且开始注重 TRT 的运行效果，大型高炉也开始使用干式 TRT。安装 TRT 装置的高炉炼铁流程如图 2-43 所示。经过近 30 年的发展，国产 TRT 装置经历了从无到有，填补了国内制造TRT的空白。但是由于不同企业高炉的操作水平不同，不同企业TRT的应用效果差距较大。因此，现阶段在推广应用TRT技术的同时，还应在生产实践过程中总结企业的先进经验，并在行业内推广，以提高全行业TRT的应用效果。

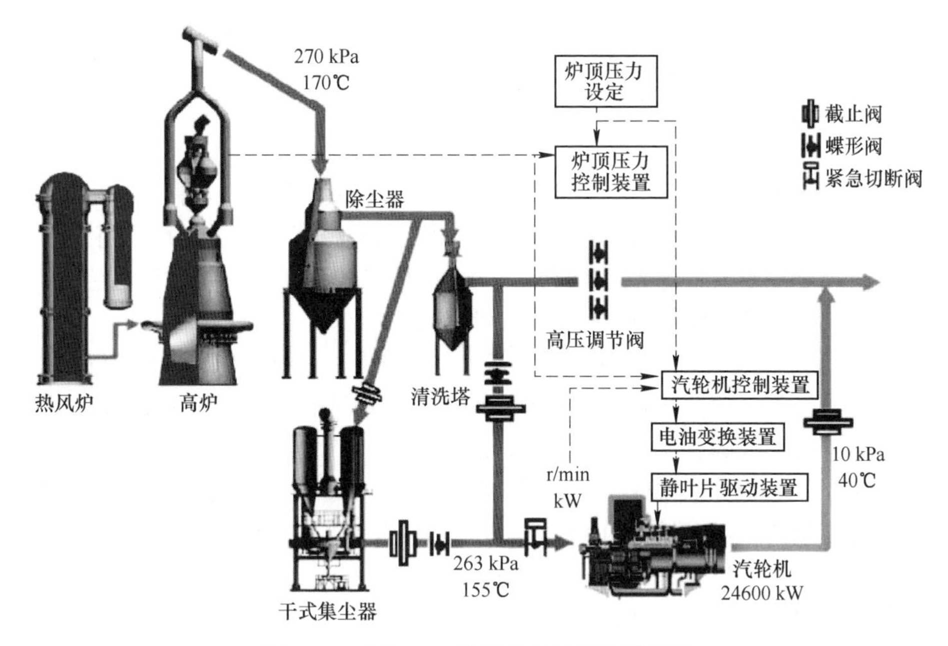


图2-43 安装TRT装置的高炉炼铁流程图

2.3.4.3 TRT的优点

TRT装置具有以下优点：

(1) 能量回收。原本的高炉煤气通过洗涤和除尘，再经过减压阀组，将220 kPa左右的压力减弱到合适水平送至用户，这个过程使高炉煤气余压白白消耗掉了。通过TRT机组，可以将煤气余压转换成电能，然后再送至最终用户，把原本没有用的余压转换成了电能，可以获得一定的经济效益。

(2) 更好地控制顶压。一般来说，通过TRT机组的静叶来调整高炉顶压，比减压阀组控制得更好，这样可以带来更稳定的高炉顶压，而稳定的顶压可以使高炉更加易于控制，对产量有着积极的作用。

(3) 降低噪声。由于减压阀组全部关闭，煤气由透平通过，噪声和振动以做功的形式转化为电能，因此可以有效地降低减压阀组的噪声。

此外，与其他余热回收发电和常规火力发电相比，TRT除必要的运行成本外不需消耗新的能源，在运行过程中不产生污染，发电成本极低。调研某企业的生产数据可知，TRT的发电成本大约为火力发电成本的20%。由此可见，TRT技术可为钢铁企业带来可观的经济效益和社会效益。因此，TRT是目前国际上公认的有价值的二次能源回收装置。

2.3.4.4 提高 TRT 系统发电量的技术措施

TRT 装置是利用高炉内压力推动透平机和电动机转动发电的，因此其发电量主要与高炉内气体的压力和流量有直接关系。由于生产工艺和设备运行参数的不同，各企业 TRT 系统在运行时的发电量也有较大差异，为了提高 TRT 装置对气体压力的利用率，提高发电量，使其发挥应有的功效，可从以下工艺技术环节采取措施：

（1）尽量采用干法除尘。干法除尘工艺不仅除尘效果好，节省水耗，而且经除尘处理后的气体含水量低，温度较高，可提高炉内气体发热值，更利于气体在透平机内膨胀做功。据测算，高炉干法除尘相比于湿法除尘，发电量可提高 36%以上；温度每提高 10 ℃，透平机效率提高 10%。

（2）保持炉顶较高的气体压力。提高气体压力，保持高炉高压运行状态有利于透平机做更多功。此外提高炉内气体压力也有利于高炉产量的提高和炉况的稳定，对于冶炼低硅铁也有一定的好处。

（3）适当提高 TRT 装置气体入口温度。在气体压力不变的情况下，高炉内的气体温度越高，在透平机内的膨胀越大，越有利于透平机做功和提高发电量。但气体温度并非越高越好，当气体温度高于 250 ℃时会使除尘布袋变脆甚至烧损，这就需要设置旁路冷热交换器来应对温度的变化；当温度超过 350 ℃时，就需要采取打水降温措施。因此，在提高气体温度和 TRT 发电能力的同时，还要考虑除尘布袋对于气体温度的承受能力，以保证系统以最为环保、可靠和经济的状态运行。

（4）调整好 TRT 入口的静叶角度。为保证炉顶气体压力的稳定，需在气体管网中设置必要的压力调节设备，通常在 TRT 入口设置静叶角度调节装置来实现此功能。通过调整静叶片的角度可控制气体的压力、流量，以减少炉顶内的压力波动，并对 TRT 输出功率进行控制。采用自动控制可使静叶片角度随炉内气体压力及时自动调节，从而避免了炉顶压力的较大波动，保持 TRT 功率输出的稳定状态。

（5）优化 TRT 系统运行参数。调节和优化 TRT 系统运行参数，通过自动化控制保证系统运行参数与高炉生产状况的良好匹配。包括对仪表 PID 参数、高压阀组控制参数等参数的调节，使 TRT 系统保持在稳定高效的运行状态，使高炉所产生的气体全部透平主机，最大化利用气体压力进行发电。根据生产经验，通常 TRT 透平机出力与高炉有效容积比为 4.0~4.3。

（6）加强设备的检修维护。

2.3.4.5 高炉内气体 TRT 余压发电技术的未来发展

TRT 余压发电技术是促进冶金能源高效利用的节能减排技术，据估算，系统理想运行状态下，通过 TRT 系统回收的电能可占到吨铁耗电量的 60%以上，同时还可改善噪声、粉尘污染等问题。由此可见，TRT 余压发电在高炉生产二次能源回收利用中的经济效益是非常显著的。正因如此，国家也在大力推广 TRT 技术，以促进钢铁生产的节能高效。

### 2.3.5 炉顶均压煤气回收设施及其应用

高炉生产中，炉顶装料设备向炉内装料时，料罐中的均压煤气通常都是直接对空排放的，这部分放散煤气的主要成分是 CO、$CO_2$、$N_2$ 和灰尘。料罐排压放散次数一天 288~336 次，含尘量（标态）10 g/m$^3$ 以上，放散量与料罐容积和炉顶压力有关。料罐排压放散时产生的噪声和粉尘污染不但对大气环境直接造成污染，而且也浪费了煤气能源。因此，对均压煤气进行除尘并回收，可取得较好的环保效益和经济效益。

生产中表明，炉顶装料过程中有煤气均压放散，排入大气的吨铁工况煤气量为 10~20 m$^3$，虽只占吨铁煤气发生量的 1%左右，但基数大了其排放量十分惊人。另外煤气中含有 CO，排入大气中虽得到稀释但仍危害人类健康，同时煤气中还有 $CO_2$，温室气体排放同样不容小觑，而且此举与当前的碳达峰碳中和目标相违背。

国内某钢铁厂高炉增设均压煤气回收装置，如图 2-44 所示，并实现装料过程的均压煤气回收，投产后从未间断过。实践结果是每装一罐料，均压回收称量罐中的煤气只需 8~14 s，不影响装料速度，而且对煤气管网压力无冲击，在顶压 160~190 kPa 条件下吨铁回收煤气 7~8 m$^3$。根据企业煤气价格，年回收煤气 120 万元，当年回收投资，环保效益更可观，回收过程的粉尘与高炉布袋除尘一并回收。

### 2.3.6 大数据智能互联平台建设及应用

目前，钢铁企业普遍存在各类 L1-L5 信息系统，钢铁生产过程的各类数据分散在各个系统中，由于协议差别、标准差别导致系统间兼容性较差，企业人员无法便捷地开展针对整个钢铁制造过程的数据分析，难以将蕴含大量知识的生产数据挖掘利用，做到统一调配与产线协同。2019 年，《中国政府工作报告》指出，打造工业互联网平台，拓展“智能+”，为制造业转型升级赋能。工业互联网平台在炼铁行业的落地已进入开拓探索阶段，并成为各大钢铁企业关注的焦点。

钢铁行业 70%的冶炼成本和 90%的能耗排放集中在炼铁工序，炼铁产品单一，生产的竞争就在于冶炼成本；炼铁从矿粉采购、优化配矿、烧结球团造块、高炉冶炼，工序繁多，往往“各自为战、被动适应、相互推诿”，缺少全局性、智能化的优化控制手段。再者，对于大型、连续、高温、高压、密闭的反应黑箱高炉而言，“盲人摸象”式操作和“师傅带徒弟”式仍是主流，不同炼铁厂（人）水平“参差不齐”，其智能化、数字化、科学化水平可提升空间很大。

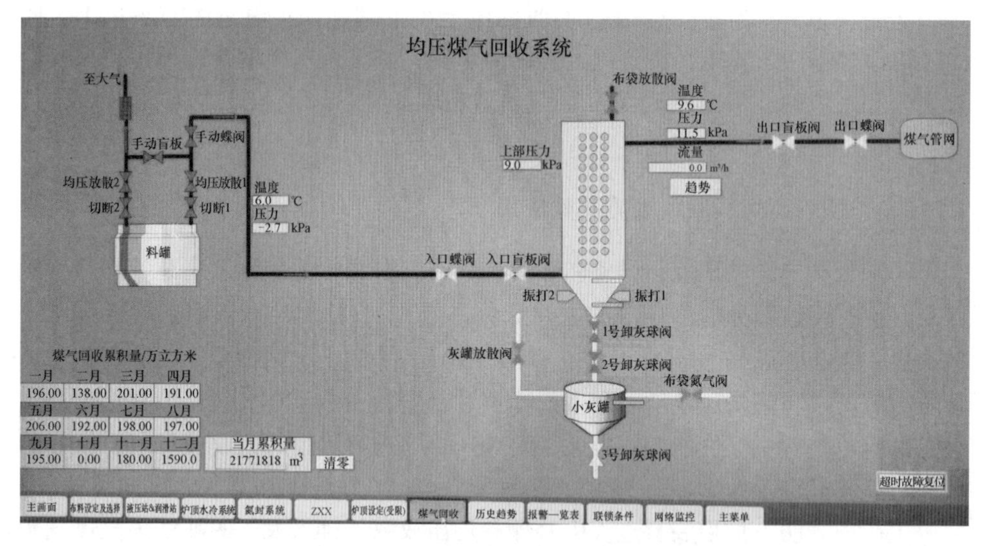


图 2-44　某高炉增设的均压煤气回收系统

国内某钢铁厂建立了以高炉为核心、覆盖其他工序的数据源和大数据的处理中心，打破“信息孤岛”。围绕传统炼铁的高炉反应器“黑箱”工作状态诊断难、高炉—烧结—配矿—采矿各单元实时数据交互和协同弱等传统炼铁生产中存在的痛点，深度应用物联网、大数据、智能模型、移动互联等技术，研发建立了炼铁产线大数据智能互联平台，提升了炼铁产线的数字化、网络化、智能化水平，为降本增效赋能，更为工业互联网平台在钢铁行业的纵深应用奠定了基础。

2.3.6.1　炼铁大数据智能互联平台

在 2018 年初，某钢铁厂与北科亿力团队共同联合开发了炼铁一体化大数据系统及炼铁云移动 APP。参考中国工业互联网产业联盟发布的《工业互联网平台白皮书》，依托先进的国家级工业互联网平台 Cloudi-ip，综合运用“物、大、智、云、移”技术，打造“云-边-端”协同制造系统。由于工业数据关联性强、持续采集、分布广泛的特点，设计上采用重边缘轻云端的架构，许多模型及计算在边缘端准备好，然后再传入云端。底端采用柔性热电偶、传感器精准监测高炉炉体水温差热负荷、采用 kepserver 及 IHD 实时数据库来处理 PLC 数据，将整个产线的设备监测、过程监测、能源监控全部上传到边缘侧，将边缘侧数据上传至 kafka 消息队列，将数据清洗、对齐、补全、聚合等处理后存入 InfluxDB 数据库后 Hadoop 云平台。结合炼铁的特点对数据进行分析、挖掘，将结果作为下面边缘侧模型的输入，不停迭代与完善，使模型推理越来越接近“智能工长”。炼铁大数据平台整体功能架构及工业互联网 IT 架构如图 2-45 所示。

整个架构采用通用型大数据架构“基础数据层（infrastructure-as-a-service，IaaS）”“服务计算层（platform-as-a-service，PaaS）”“应用和展现层（software-

图 2-45 某钢铁厂炼铁大数据智能互联平台架构

as-a-service，SaaS)”三层，应用层采用 javascript 开发。数据加工使用 idea 语言进行数据清洗、数据补齐、聚合等计算。采取“先具备再扩展”的思路，通过 Hadoop+mpp 混搭模式的大数据平台，实现 5 种能力的提升，即实时数据处理能力（高频工业数据）、海量大数据存储能力、大数据高效处理能力、非结构化数据处理能力（炉顶热成像与机尾热成像及图纸资料）、大数据管理能力。采用先进的行云数据库，画面查询效率明显提升。

2.3.6.2 边缘智能系统应用

A 烧结智能管控系统应用

某钢铁厂 400 $m^2$ 烧结机在 2019 年 5 月投产，要求同步配套烧结智能管控系统。按模型计算要求配备设备监测点、智能仪表，只有动态感知准确后才能精准分析、智能诊断从而优化决策。高炉生产“三分靠操作、七分靠原料”，所以入炉原料占比约 72%的烧结矿质量稳定显得尤为重要，因此在实施“400 $m^2$ 烧结智能管控系统”时，重点围绕烧结终点预测模型（见图 2-46）、均匀一致性调整模型、烧返配比调整模型、制粒优化分析模型、原料灌仓追踪模型展开，利用模型算法进行控制，再利用分析工具对生产参数进行分析，对正相关参数严格控制，把好质量关。通过烧结均匀一致性调整模型，预测烧结矿在台车上的温度预判是否正常、过烧、欠烧等，并配以烧结机尾热成像查看断面情况。给出实时建议，调整风箱闸门开度，及时调整料厚，实现从数据采集到模型计算优化再到反馈控制的闭环智能控制，从而稳定烧结矿质量，给高炉生产提供强有力的保证。通过烧结终点预测准确判断烧结上升点位置、烧结上升点温度、烧结终点位置、烧结终点温度，根据实际终点位置与目标烧结终点偏差情况，提出改善烧结终点靠前或滞后的合理化建议，实现烧结终点判断的智能化，稳定生产。系统通过自学习实现生产状况自诊断、异常报警、操作指导，如图 2-47 所示。

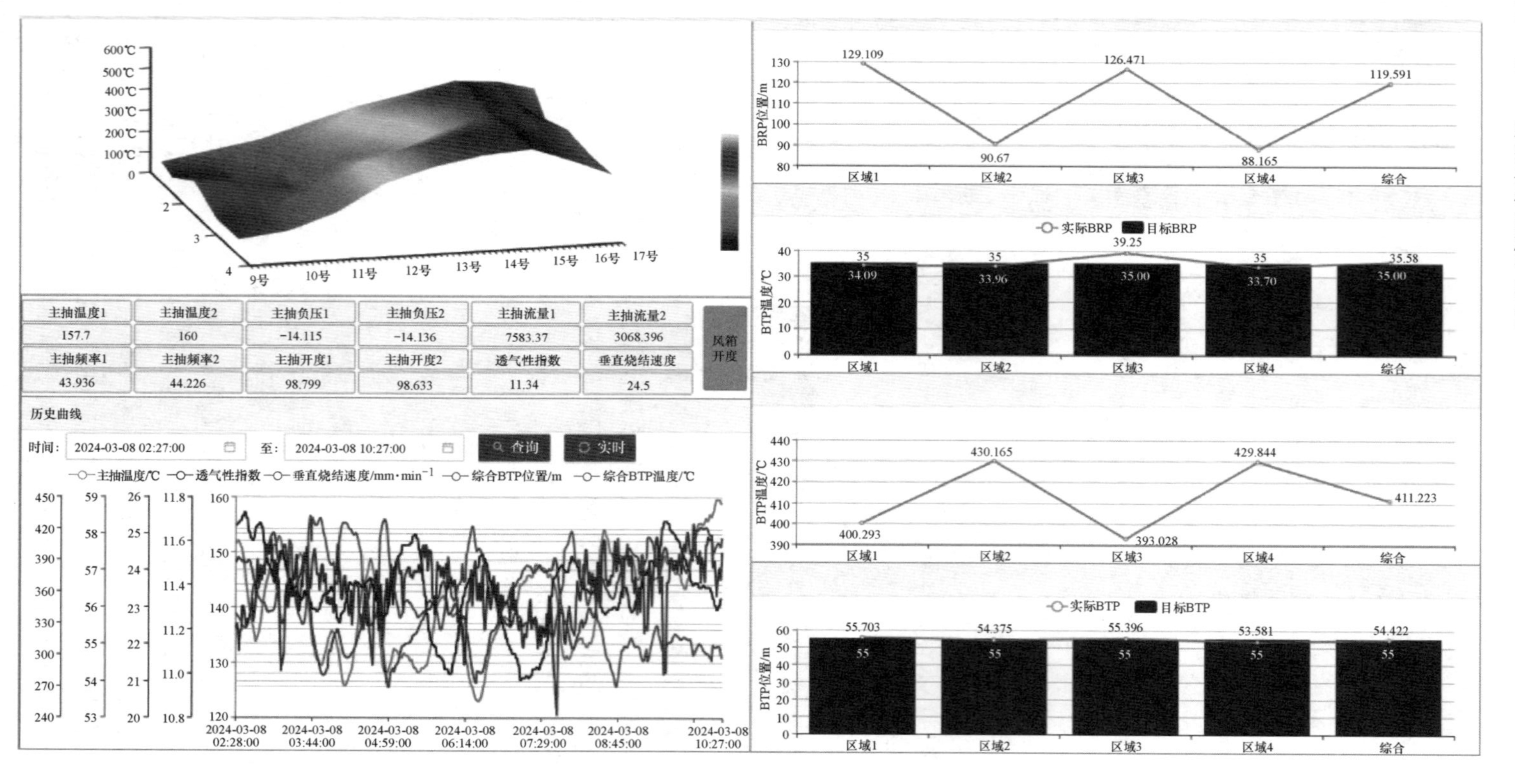


图2-46 烧结终点预测模型
(扫描书前二维码看彩图)

| 方案名称 | 预警信息 | 正在预警 | 预警级别 |
|---|---|---|---|
| 机尾除尘风机电机 | 机尾除尘电机2振动高报警 | ● | ❸ |
| 机尾除尘风机电机 | 机尾除尘电机1振动高报警 | ● | ❸ |
| 机尾除尘风机电机 | 机尾除尘电机定子W相温度高报警 | ● | ❸ |
| 机尾除尘风机电机 | 机尾除尘电机定子V相温度高报警 | ● | ❸ |
| 机尾除尘风机电机 | 机尾除尘电机定子U相温度高报警 | ● | ❸ |
| 机尾除尘风机 | 机尾除尘风机前轴承温度高报警 | ● | ❸ |
| 机尾除尘风机 | 机尾除尘风机后轴承温度高报警 | ● | ❸ |
| 机尾除尘风机 | 机尾除尘风机前轴Y相振动高报警 | ● | ❸ |
| 机尾除尘风机 | 机尾除尘风机前轴X相振动高报警 | ● | ❸ |
| 机尾除尘风机 | 机尾除尘风机后轴Y相振动高报警 | ● | ❸ |
| 机尾除尘风机 | 机尾除尘风机后轴X相振动高报警 | ● | ❸ |
| TS102上料主皮带 | TS102尾部重跑偏 | ● | ❸ |
| TS102上料主皮带 | TS102中部重跑偏 | ● | ❸ |
| TS102上料主皮带 | TS102头部重胞偏 | ● | ❸ |

图 2-47 烧结生产过程自诊断应用

B 高炉智能管理系统应用

高炉智能管理系统包括安全预警、生产操作、智能分析、生产管理、质量管理五大模块 32 个模型、近百个机理模型，旨在实现炼铁数字化、标准化、智能化，提升炼铁劳动生产率，实现高炉的安全、长寿、高效、顺稳、低耗生产，优化操作制度，实现异常工况预警，建立数字化冶炼技术体系。投用两年后，该钢铁厂燃料比下降 6 kg/t，铁水优质品率提升了 8.8%，年效益约 1258 万元。

a 高炉黑箱可视化

高炉设备庞大、高度“高”，且 20 多米的高炉内又是高温、高压、高反应性容器，高炉设备大型化难控制，更无法用检测设备直接反映出高炉内部情况，如炉内气流、软熔带、融熔层、挂渣厚度、凝铁层、料层分布、散料层等。需要借助柔性热电偶、图像、雷达等高精度工业传感器，利用冶金学机理、数学模型计算、高炉炉况推理、数字孪生技术，实现从高炉底部到上部、从外部到内部 360°全方位的“可视化”，如图 2-48 所示。

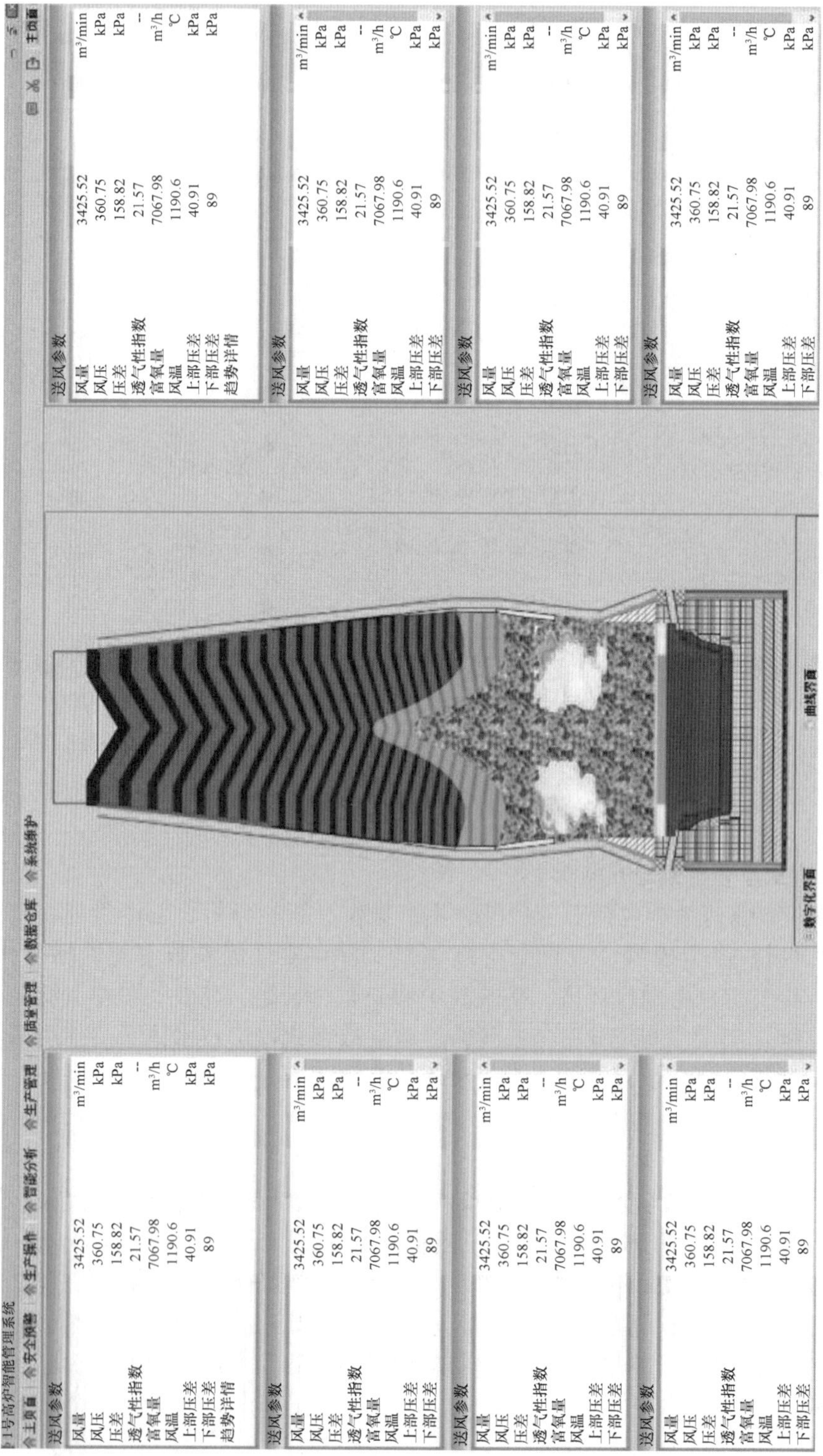

1号高炉智能管理系统

主页面 | 安全预警 | 生产操作 | 智能分析 | 生产管理 | 质量管理 | 数据仓库 | 系统维护 | 主页面

送风参数

| 风量 | 3425.52 | m³/min |
|---|---|---|
| 风压 | 360.75 | kPa |
| 压差 | 158.82 | kPa |
| 透气性指数 | 21.57 | -- |
| 富氧量 | 7067.98 | m³/h |
| 风温 | 1190.6 | ℃ |
| 上部压差 | 40.91 | kPa |
| 下部压差 | 89 | kPa |
| 趋势详情 | | |

送风参数

| 风量 | 3425.52 | m³/min |
|---|---|---|
| 风压 | 360.75 | kPa |
| 压差 | 158.82 | kPa |
| 透气性指数 | 21.57 | -- |
| 富氧量 | 7067.98 | m³/h |
| 风温 | 1190.6 | ℃ |
| 上部压差 | 40.91 | kPa |
| 下部压差 | 89 | kPa |

送风参数

| 风量 | 3425.52 | m³/min |
|---|---|---|
| 风压 | 360.75 | kPa |
| 压差 | 158.82 | kPa |
| 透气性指数 | 21.57 | -- |
| 富氧量 | 7067.98 | m³/h |
| 风温 | 1190.6 | ℃ |
| 上部压差 | 40.91 | kPa |
| 下部压差 | 89 | kPa |

送风参数

| 风量 | 3425.52 | m³/min |
|---|---|---|
| 风压 | 360.75 | kPa |
| 压差 | 158.82 | kPa |
| 透气性指数 | 21.57 | -- |
| 富氧量 | 7067.98 | m³/h |
| 风温 | 1190.6 | ℃ |
| 上部压差 | 40.91 | kPa |
| 下部压差 | 89 | kPa |

数字化界面 曲线界面

送风参数

| 风量 | 3425.52 | m³/min |
|---|---|---|
| 风压 | 360.75 | kPa |
| 压差 | 158.82 | kPa |
| 透气性指数 | 21.57 | -- |
| 富氧量 | 7067.98 | m³/h |
| 风温 | 1190.6 | ℃ |
| 上部压差 | 40.91 | kPa |
| 下部压差 | 89 | kPa |
| 趋势详情 | | |

送风参数

| 风量 | 3425.52 | m³/min |
|---|---|---|
| 风压 | 360.75 | kPa |
| 压差 | 158.82 | kPa |
| 透气性指数 | 21.57 | -- |
| 富氧量 | 7067.98 | m³/h |
| 风温 | 1190.6 | ℃ |
| 上部压差 | 40.91 | kPa |
| 下部压差 | 89 | kPa |

送风参数

| 风量 | 3425.52 | m³/min |
|---|---|---|
| 风压 | 360.75 | kPa |
| 压差 | 158.82 | kPa |
| 透气性指数 | 21.57 | -- |
| 富氧量 | 7067.98 | m³/h |
| 风温 | 1190.6 | ℃ |
| 上部压差 | 40.91 | kPa |
| 下部压差 | 89 | kPa |

送风参数

| 风量 | 3425.52 | m³/min |
|---|---|---|
| 风压 | 360.75 | kPa |
| 压差 | 158.82 | kPa |
| 透气性指数 | 21.57 | -- |
| 富氧量 | 7067.98 | m³/h |
| 风温 | 1190.6 | ℃ |
| 上部压差 | 40.91 | kPa |
| 下部压差 | 89 | kPa |

图2-48 高炉智能管理系统
(扫描书前二维码看彩图)

高炉智能管理系统可以实时监测炉料下降过程，动态展示软熔带形状变化、风口回旋区大小、渣铁液面的升降及死料柱沉坐浮起的状态。支持标记料批，跟踪料批冶炼进程及出铁口时间等。

b 炉缸安全长寿管理

炉缸是高炉的一个重要结构区域，由于炉缸内长期存放着高温铁水，因此炉缸的冷却壁长时间处于高温环境并持续高强度工作，这可能导致冷却壁破损，导致炉缸侵蚀严重，从而缩短炉缸使用寿命。而高炉炉缸内部的可视化对于高炉的安全长寿管理具有重要意义，通过实时观察炉缸内部变化，可以及时发现并处理潜在的安全隐患，从而延长高炉的使用寿命。

要想实现高炉炉缸内部可视化，显示纵剖面和横剖面耐火材料厚度、渣铁壳厚度等，需要建立针对新 1 号高炉炉底炉缸的合理工作标准、平衡标准和预警标准。可从传热学、传质学等科学理论出发，结合实时热电偶温度、炉缸炉底设计图纸、耐火材料类型，建立炉缸炉底三维传热微分方程，解析炉缸炉底温度场分布，得到实时炉缸侵蚀状态。高炉炉缸侵蚀模型如图 2-49 所示。

此模型能够做到自动巡检、鼠标拾点。高效快捷地找出每一块壁体的高度、径向位置、温度等参数。实时读取热电偶温度和冷却水温差作为计算依据，每变化 1 次，程序就自动重新计算，能够及时地反映高炉炉缸炉体的侵蚀及结厚。

c 布料制度优化

利用数字驱动实时在线读取布料矩阵、矿批、料线，实时模拟料面形状，计算料面矿角比分布，开发的在线布料模型如图 2-50 所示。该模型充分考虑矿石和焦炭的粒度、堆密度、自然堆角、溜槽长度、炉喉直径、摩擦因数等设备参数，以及布料过程中的科氏力，炉料在料面上的滚落、推挤效应。

d 数字化体检

数字化体检即建立高炉数字化控制指标，智能诊断高炉炉况顺行状态。通过对历史数据分析挖掘，确定高炉各项参数数字化标准范围；按相关性程度赋予不同参数权重值；量化新 1 号高炉的炉况顺行情况及影响高炉顺行的主要因素，自动得到高炉顺行诊断体检报告、高炉调整操作总结建议。该体检项目如果超过最佳范围的上限值，体检报告中要显示提示信息，如图 2-51 所示。高炉体检系统给出每天各项指标体检得分，并通过图形对某一时间段的指标状况进行比较，鼠标点击柱状图时会显示详细信息（见图 2-52），且针对体检报告给出原因及具体操作建议，如图 2-53 所示。

e 炉况智能诊断

2019 年 5 月 25 日 23 点 30 分，该钢厂推理机推出“高炉状态不稳定”异常信息，建议减风 76 $m^3$/min，工长及时减风，避免炉况进一步恶化，如图 2-54 所

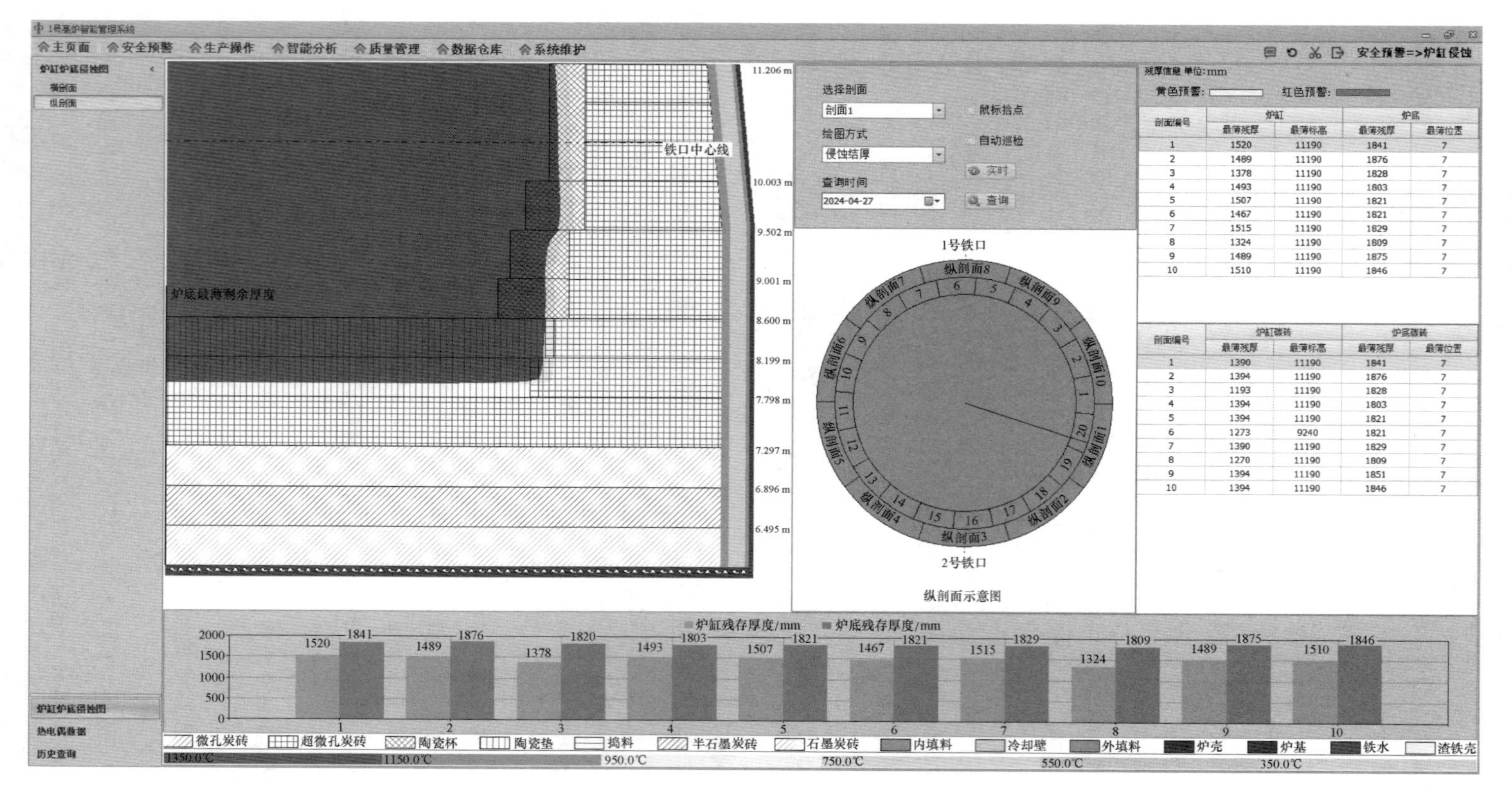


图 2-49 高炉炉缸侵蚀模型示意图
(扫描书前二维码看彩图)

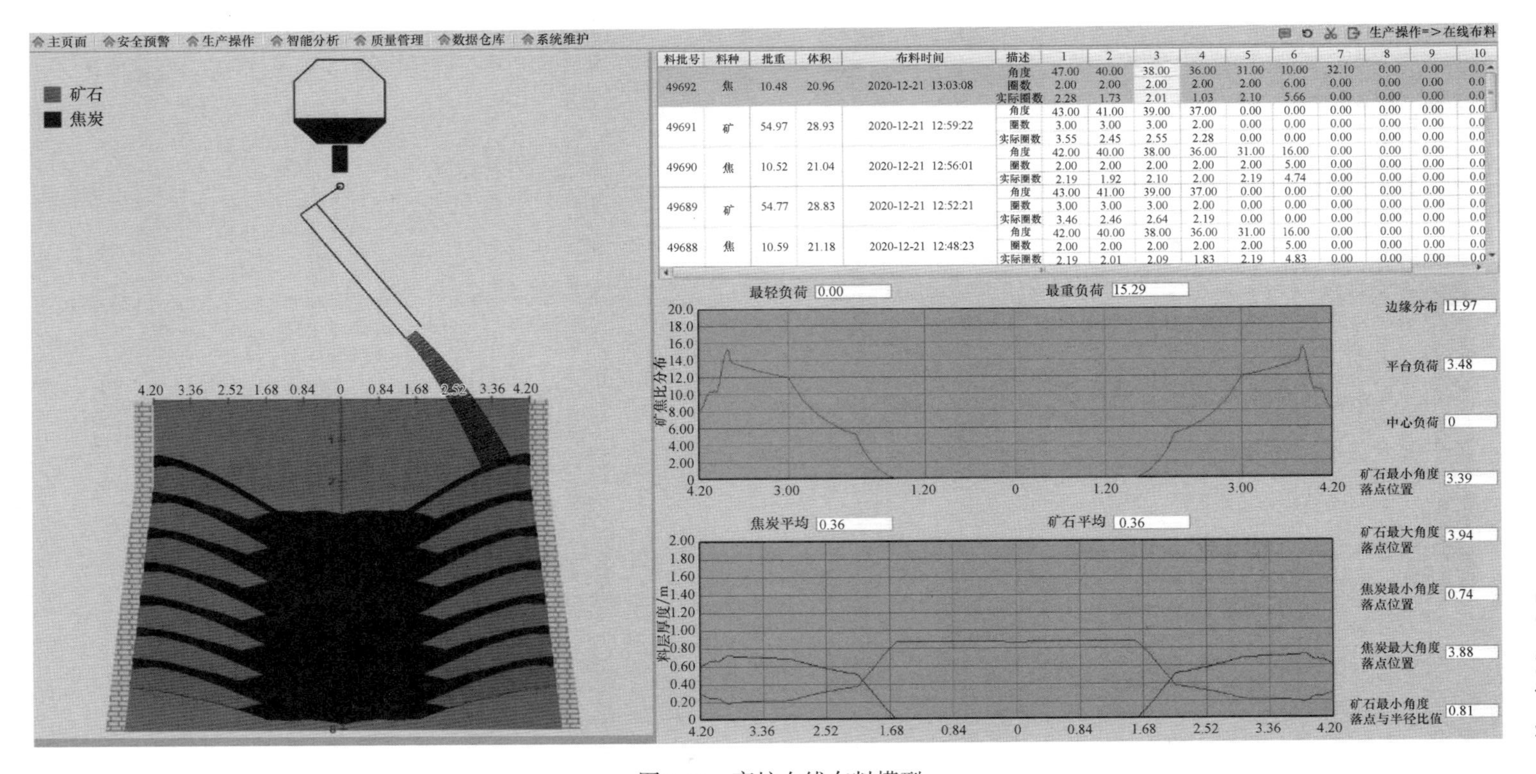


图2-50 高炉在线布料模型
(扫描书前二维码看彩图)

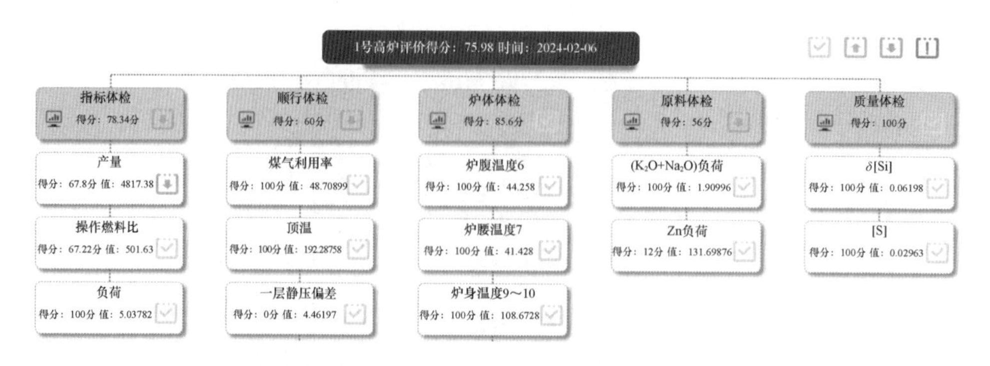


图 2-51 高炉体检系统

1号高炉评价得分：75.98

共有：3项

| 体检项目 | 检查结果 | 理想范围 | 得分结果 | 提示 |
|---|---|---|---|---|
| 产量 | 4817.38 | 5300～9999 | 67.8 | ↓ |
| 操作燃料比 | 501.63 | 0～510 | 67.22 | √ |
| 负荷 | 5.03782 | 4.7～9999 | 100 | √ |

共有：5项

| 体检项目 | 检查结果 | 理想范围 | 得分结果 | 提示 |
|---|---|---|---|---|
| 煤气利用率 | 48.70899 | 48～100 | 100 | √ |
| 顶温 | 192.28758 | 100～200 | 100 | √ |
| 一层静压偏差 | 4.46197 | 0～7 | 0 | √ |
| 二层静压偏差 | 2.63445 | 0～3 | 100 | √ |
| 中部压差 | 25.41122 | 18～25 | 0 | ↑ |

共有：4项

| 体检项目 | 检查结果 | 理想范围 | 得分结果 | 提示 |
|---|---|---|---|---|
| 炉腹温度6 | 44.258 | 30～70 | 100 | √ |
| 炉腰温度7 | 41.428 | 30～70 | 100 | √ |
| 炉身温度9～10 | 108.6728 | 60～200 | 100 | √ |
| 炉体热负荷 | 89796.3757 | 30000～50000 | 42.43 | ↑ |

ⓘ 共有：2项

| 体检项目 | 检查结果 | 理想范围 | 得分结果 | 提示 |
| --- | --- | --- | --- | --- |
| $(K_2O+Na_2O)$负荷 | 1.90996 | 0～2.5 | 100 | √ |
| Zn负荷 | 131.69876 | 0～150 | 12 | √ |

ⓘ 共有：2项

| 体检项目 | 检查结果 | 理想范围 | 得分结果 | 提示 |
| --- | --- | --- | --- | --- |
| δ[Si] | 0.06198 | 0～0.12 | 100 | √ |
| [S] | 0.02963 | 0～0.04 | 100 | √ |

图 2-52 高炉体检报告书

总检建议：

1. 【产量偏低】昨日产量低于下限，尽快找出主要原因；炉前加强管理，做好出铁工作，同时保证高炉顺稳的前提下，适当提高冶强，恢复产量。

2. 【中部压差偏高】中部压差过高表明软融带透气性较差：(1) 查看原燃料变化，做好质量管控，防止原燃料粒径及质量变化导致料柱透气性变差而影响炉况产生较大波动；(2) 优化布料制度，疏松平台负荷分布，防止平台局部负荷过重，严重影响软融带透气性；(3) 密切关注气流变化，及时操作，避免较大异常炉况的发生。

3. 【炉体热负荷偏高】整体热负荷偏低：(1) 筛查循环水系统，排除设备问题；(2) 通过系统或平台找出热负荷低于正常值的段位；(3) 借助边缘侧壁体巡检、操作炉型等模型进行分析，防止炉墙结厚的发生；(4) 气流分布可能发生变化，注意负荷分布，防止中心过吹。

图 2-53 高炉总检建议书

示。2020 年 6 月 14 日 8 点 15 分“高炉智能管理系统”中异常炉况诊断结果出现“冷却壁漏水可能性大”的异常信息，如图 2-55 所示，经过现场巡检发现风口小套周围存在水迹，在休风排查时发现高炉存在多处漏水。查看“高炉智能管理系统”中操作炉型模型计算结果历史数据，冷却壁 TE112 频繁超出铸铁冷却壁的温度上限（见图 2-56），冷却壁受热震频繁，冷却壁漏水与此有关。

#### 2.3.6.3 大数据智能互联云端平台应用

大数据智能互联云端平台提供了大量的数据分析、图形化、自助报表工具，并在此基础上，围绕炼铁产线的工况诊断、工艺优化等典型场景开展数据挖掘分析业务，具体业务功能包括实时监测、操作分析、数据分析、业务报表、数据管

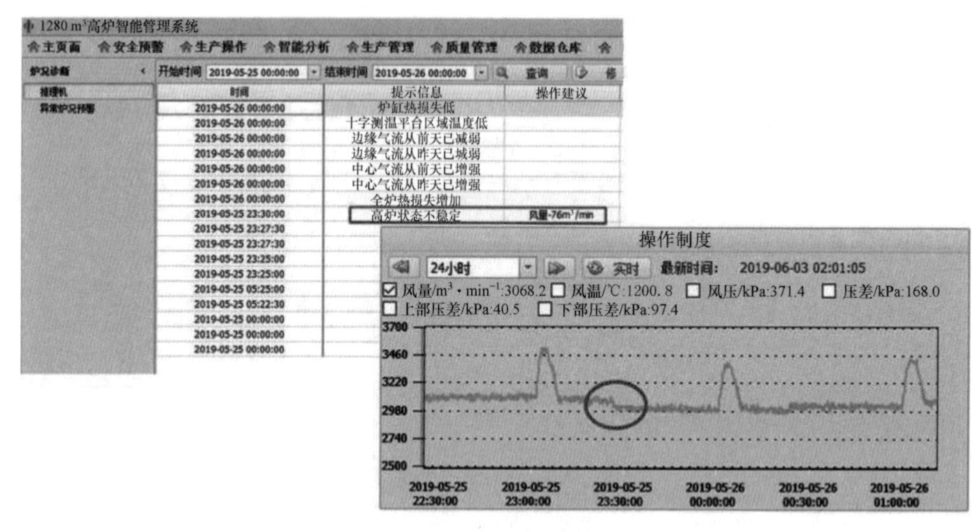


图 2-54 高炉炉况诊断

炉况诊断 开始时间 2020-06-08 10:30:00 结束时间 2020-06-15 10:30:00 查询 修改 删除 显示全

推理机

异常炉况预警

| 时间 | 提示信息 | 操作建议 | 正确性判断 |
|---|---|---|---|
| 2020-06-15 10:30:00 | 炉温轻微向凉 | | 正确 |
| 2020-06-15 10:15:00 | 炉温轻微向凉 | | 正确 |
| 2020-06-15 10:04:00 | 塌料 | | 正确 |
| 2020-06-15 08:15:00 | 局部小气流，请关注气流变化 | | 正确 |
| 2020-06-15 07:23:00 | 塌料 | | 正确 |
| 2020-06-15 07:20:00 | 滑料 | | 正确 |
| 2020-06-15 00:00:00 | 十字测温平台区域温度低 | | 正确 |
| 2020-06-14 08:15:00 | 发生漏水的可能性大 | | 正确 |
| 2020-06-14 06:15:00 | 长期压损增加较大 | | 正确 |
| 2020-06-14 06:00:00 | 长期压损增加较大 | | 正确 |
| 2020-06-14 05:45:00 | 长期压损增加较大 | | 正确 |
| 2020-06-14 03:53:00 | 塌料 | | 正确 |
| 2020-06-14 00:00:00 | 十字测温平台区域温度低 | | 正确 |
| 2020-06-13 21:45:00 | 小空穴形成，有可能滑料 | | 正确 |
| 2020-06-13 21:00:00 | 高炉状态非常不稳定 | | 正确 |
| 2020-06-13 20:45:00 | 发生漏水的可能性大 | | 正确 |
| 2020-06-13 05:15:00 | 长期压损增加较大 | | 正确 |
| 2020-06-13 05:00:00 | 长期压损增加较大 | | 正确 |
| 2020-06-13 04:45:00 | 长期压损增加较大 | | 正确 |
| 2020-06-13 04:30:00 | 长期压损增加较大 | | 正确 |
| 2020-06-13 04:15:00 | 长期压损增加较大 | | 正确 |
| 2020-06-13 04:00:00 | 长期压损增加较大 | | 正确 |
| 2020-06-13 03:45:00 | 长期压损增加较大 | | 正确 |

图 2-55 推理机诊断结果

理、知识馆、性价比测算、移动 APP 管理等模块。大屏监测如图 2-57 所示。

A 利用大数据平台进行数据选择及分析

建立了以炼铁工艺规则和大数据为核心的全流程质量追溯，从配矿→烧结→炼铁全流程工艺跟踪。根据需要分析解决的问题，自主选择参数进行全流程分析，如图 2-58 所示。从矿砂配比情况、烧结生产工艺过程参数、烧结矿质量、高炉布料矩阵、技术经济指标、炉内气流状况进行统一分析，找出高炉料制匹配参数、烧结配比单与质量匹配参数，找出影响成本、质量的相关性参数，并将这

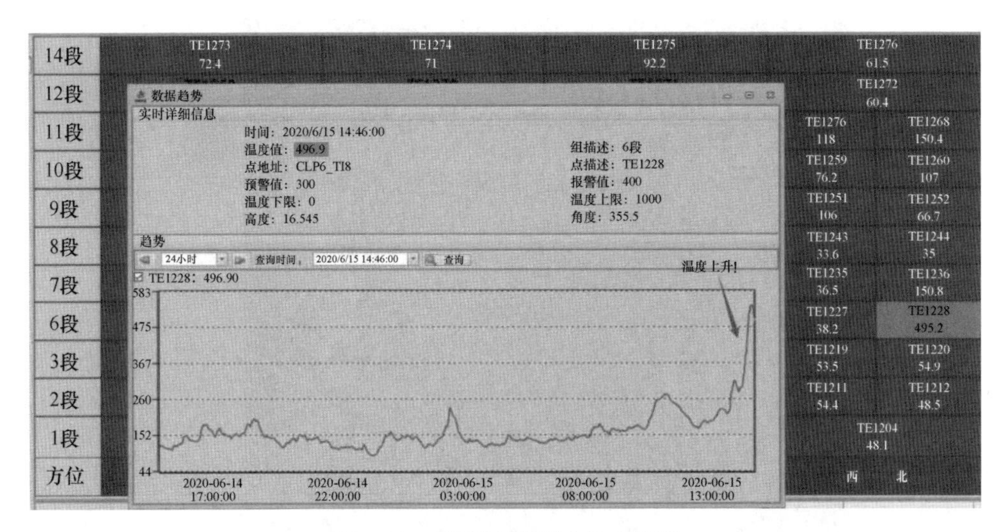


图 2-56 6 段冷却壁西向热面温度

些结果作为边缘模型的输入端，继续优化模型，更好地指导生产。

B 利用大数据平台工具进行在线分析

平台基于微服务架构，汇聚了数据统计分析、回归分析、拟合分析、相关性分析等数据分析工具及曲线图、散点分布图、饼图等数据可视化工具，形成了从数据分析到应用开发的自助式、一站式炼铁数据分析与应用开发环境，实现了在线以拖拉拽式、图形化的方式进行数据分析，满足了炼铁技术人员的数据分析需求，如图 2-59 所示。

C 在移动端实现高炉生产的远程诊断及预警

在移动端构建生产监控、智能预警、消息推送等业务功能，实现对高炉生产状态的移动远程监控，结合平台预警分析算法，构建多级别预警管理机制，实时将生产运行的异常状态分类别推送至对应技术负责人员，实现对生产异常预警的及时反馈与处理，如图 2-60 所示。

2.3.6.4 小结

炼铁大数据平台的建立，为炼铁智能制造的推广提供了完整的样板模型和技术支撑，为实现单元—产线—工厂—集团工业大数据平台奠定了基础。通过炼铁大数据平台及炼铁模型的使用，对炼铁安全、顺稳、高效、低耗起到明显作用。2019 年上线后，该钢铁厂高炉燃料比下降 6 kg/t，按年产 118 万吨铁计算，年度效益约 1258 万元，优质品率提升 8.8%。

以数据为中心的新型工业互联网平台相比于传统以应用为中心的信息化系统，更有利于实现整个产线工业大数据的互联互通和协同分析优化；基于微服务架构的工业 PaaS 平台所提供的数据建模、分析和可视化组件，为炼铁智能分析

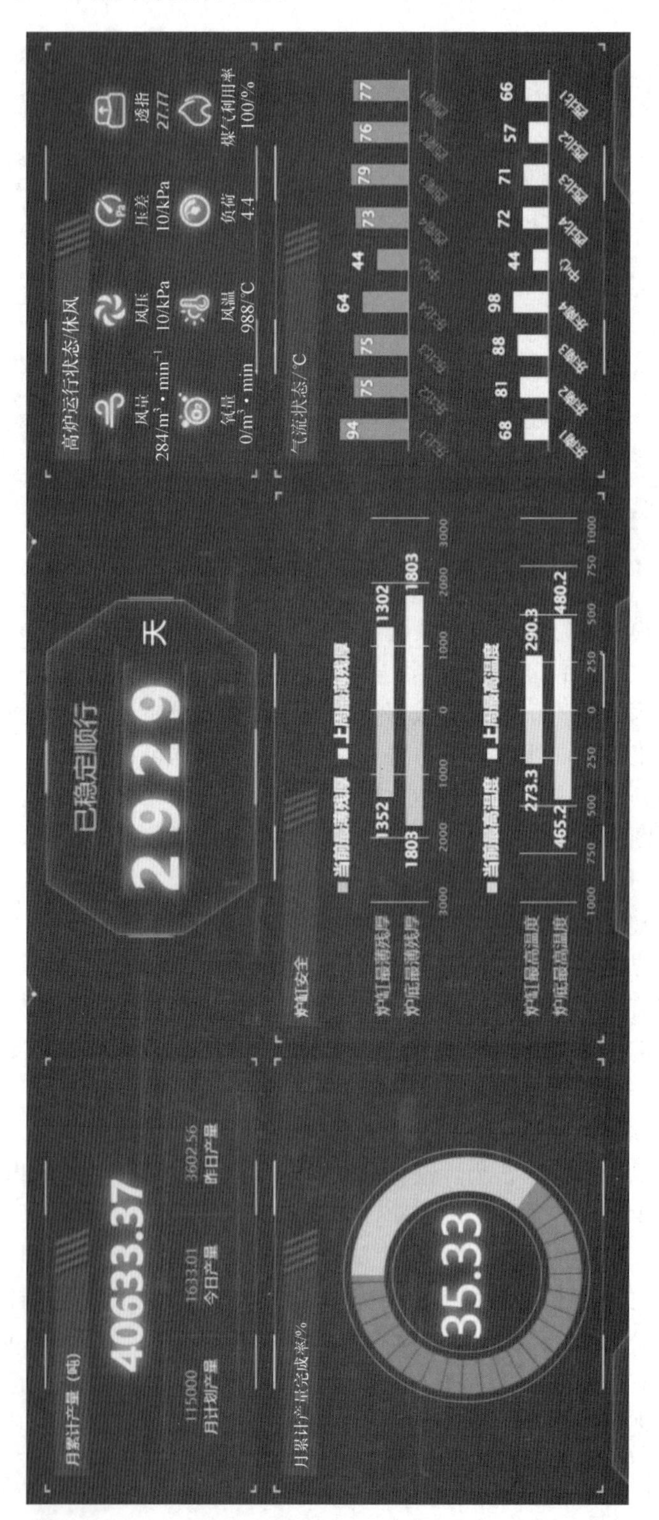


图 2-57 大屏监测
(扫描书前二维码看彩图)

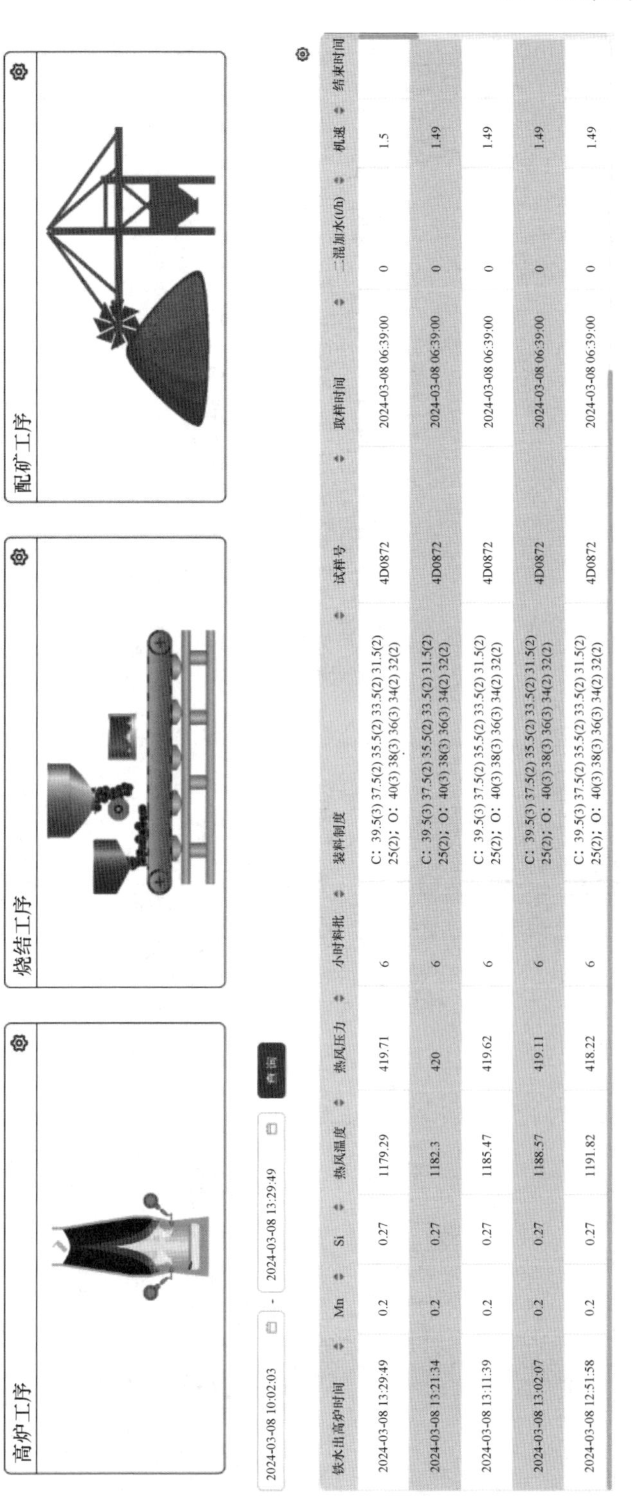


| 铁水出高炉时间 | Mn | Si | 热风温度 | 热风压力 | 小时料批 | 装料制度 | 试样号 | 取样时间 | 二混加水(t/h) | 机速 | 结束时间 |
|---|---|---|---|---|---|---|---|---|---|---|---|
| 2024-03-08 13:29:49 | 0.2 | 0.27 | 1179.29 | 419.71 | 6 | C：39.5(3) 37.5(2) 35.5(2) 33.5(2) 31.5(2) 25(2)；O：40(3) 38(3) 36(3) 34(2) 32(2) | 4D0872 | 2024-03-08 06:39:00 | 0 | 1.5 | |
| 2024-03-08 13:21:34 | 0.2 | 0.27 | 1182.3 | 420 | 6 | C：39.5(3) 37.5(2) 35.5(2) 33.5(2) 31.5(2) 25(2)；O：40(3) 38(3) 36(3) 34(2) 32(2) | 4D0872 | 2024-03-08 06:39:00 | 0 | 1.49 | |
| 2024-03-08 13:11:39 | 0.2 | 0.27 | 1185.47 | 419.62 | 6 | C：39.5(3) 37.5(2) 35.5(2) 33.5(2) 31.5(2) 25(2)；O：40(3) 38(3) 36(3) 34(2) 32(2) | 4D0872 | 2024-03-08 06:39:00 | 0 | 1.49 | |
| 2024-03-08 13:02:07 | 0.2 | 0.27 | 1188.57 | 419.11 | 6 | C：39.5(3) 37.5(2) 35.5(2) 33.5(2) 31.5(2) 25(2)；O：40(3) 38(3) 36(3) 34(2) 32(2) | 4D0872 | 2024-03-08 06:39:00 | 0 | 1.49 | |
| 2024-03-08 12:51:58 | 0.2 | 0.27 | 1191.82 | 418.22 | 6 | C：39.5(3) 37.5(2) 35.5(2) 33.5(2) 31.5(2) 25(2)；O：40(3) 38(3) 36(3) 34(2) 32(2) | 4D0872 | 2024-03-08 06:39:00 | 0 | 1.49 | |

图 2-58 产线联动分析

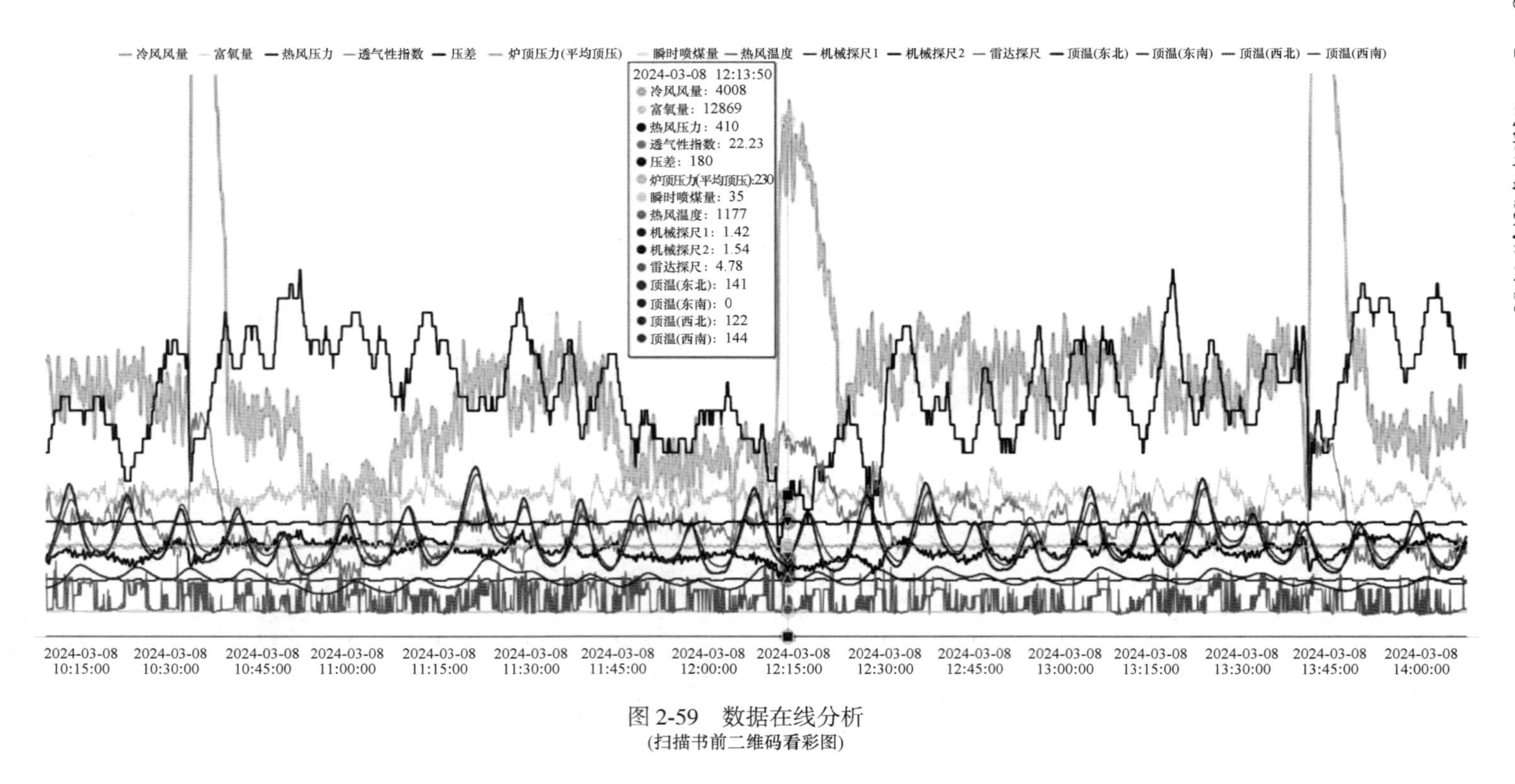


图 2-59　数据在线分析
(扫描书前二维码看彩图)

图 2-60 实时消息推送

监控的“自助式”开发扩展和数字化技术体系建立提供了有力支撑；融合工业机理模型和大数据人工智能技术，基于平台侧历史数据挖掘分析和边缘侧实时智能监控相结合的“云边协同”，是未来炼铁产线数字化、网络化、智能化水平提升的重要路径。

## 2.4 高炉操作

### 2.4.1 全捣固焦在 2000 $m^3$ 高炉上的成功应用

高炉冶炼需要大量质量优良的冶金焦，而优质焦炭的生产依赖于结焦性能良好的煤，就目前世界上已经探明的煤炭资源来看，这种煤所占的比例仅为 24%左右。尤其在近几年来，炼焦肥煤资源日益匮乏，而捣固焦生产原料选择范围宽，可以多配入 20%~25%高挥发分弱黏结性煤或中等黏结性煤，扩大了炼焦煤资源范围，从而节约了紧缺的焦煤。同时，一方面原燃料价格大幅上升，严重挤压了钢铁行业的盈利空间；另一方面随着钢铁工业产能严重过剩，同质化竞争不断加剧，在经济新常态下，钢铁企业实现资源优化配置，降低生产成本，提高核心竞争力尤为紧迫。面对成本压力，提高捣固焦在高炉中的配加比例，不仅可以降低炼焦生产的配煤成本，还有利于降低生铁成本。

此外，在绿色低碳发展方面，随着国家对环保要求日趋严格，绿色发展已经融入钢铁企业发展战略中。提高捣固焦在高炉中的配加比例可以降低焦比，而减少焦炭的用量不仅可以节约宝贵的主焦煤资源，还可以减少炼焦过程中的环境污染。笔者在本节中介绍了全捣固焦冶炼在 2000 $m^3$ 级高炉成功应用的案例，希望能为广大炼铁同仁提供一些经验和借鉴意义。

#### 2.4.1.1 捣固焦的主要特点

##### A 捣固焦的特点

捣固炼焦是将配合煤在捣固机内制成体积略小于炭化室的煤饼，再推入炭化室内炼焦。煤料经过捣固后，入炉煤的堆积密度大幅提高，可达 0.95~1.15 $t/m^3$，能提高焦炭的机械强度；与顶装焦相比，同样配煤结构情况下，捣固焦的冷态和热态性质确有较大程度的改善；$M_{40}$ 提高 3%~5%，$M_{10}$ 改善 2%~3%，反应后强度（CSR）提高 1%~6%；在高炉中配加捣固焦后，由于捣固焦的冷态强度好，可以提高焦炭在块状带的透气性，高炉容易接受大风量，但也会导致边缘气流的过分发展。

##### B 捣固焦的质量参数

表 2-19 为某 2000 级高炉使用的捣固焦质量参数平均值，表 2-20 为不同容积高炉对焦炭质量的要求。

**表 2-19 2000 级高炉用捣固焦质量参数**

| 指标 | 灰分 | 硫分 | 挥发分 | CRI | CSR | 水分 | $M_{10}$ | $M_{40}$ |
|---|---|---|---|---|---|---|---|---|
| 含量/% | 12.46 | 0.80 | 1.12 | 25.22 | 65.97 | 2.60 | 5.26 | 84.21 |

**表 2-20 不同容积高炉对焦炭质量的要求** （%）

| 项 目 | 炉容级别/$m^3$ | | | | |
|---|---|---|---|---|---|
| | 1000 | 2000 | 3000 | 4000 | 5000 |
| 灰分 | ≤13 | ≤13 | ≤12.5 | ≤12 | ≤12 |
| 硫分 | ≤0.7 | ≤0.7 | ≤0.7 | ≤0.6 | ≤0.6 |
| CRI | ≤28 | ≤26 | ≤26 | ≤25 | ≤25 |
| CSR | ≥58 | ≥60 | ≥62 | ≥64 | ≥65 |
| $M_{10}$ | ≤8.0 | ≤7.5 | ≤7.0 | ≤6.5 | ≤6.0 |
| $M_{40}$ | ≥78 | ≥82 | ≥84 | ≥85 | ≥86 |

从表2-15可以看出，该捣固焦的平均灰分为12.46%，$M_{40}$为84.21%，$M_{10}$为5.26%；焦炭热强度指标CRI为25.22%，CSR为65.97%。结合表2-16可知，所用捣固焦的冷态强度和热强度均满足2000 $m^3$级高炉的生产要求。但是该捣固焦硫分相对较高（0.80%），后续高炉通过调整造渣制度和精心操作，提高炉渣的脱硫能力，确保高炉顺行的同时，保证炼钢工序对铁水质量的要求。

#### 2.4.1.2 全捣固焦在高炉上的应用

某2000 $m^3$高炉于2020年8月下旬由顶装焦转换使用100%捣固焦，高炉操作制度调整如下。

##### A 布料制度的调整

调整装料制度是为了使气流分布更合理，从而能够充分利用煤气能量，达到高炉稳定顺行、高效生产的目的。相较于顶装焦，捣固焦的冷态强度比较好，可以有效降低焦炭在块状带的压差，使得焦炭在块状带的透气性增加，高炉容易接受大风量，但也进一步导致边缘气流的过分发展。所以在全捣固焦冶炼过程中，要调整高炉的布料制度，做到开放中心气流，抑制边缘气流，使得煤气分布趋于合理；同时增加批重和综合负荷（如图2-61所示，由3.41 t/t逐步增加到3.54 t/t)，进一步稳定高炉内煤气流的合理分布；适当提高炉顶压，从185 kPa提高到200 kPa左右（见图2-62)，延长煤气在炉内停留的时间，起到改善煤气利用的效果，促进间接还原，有利于高炉的稳定顺行。

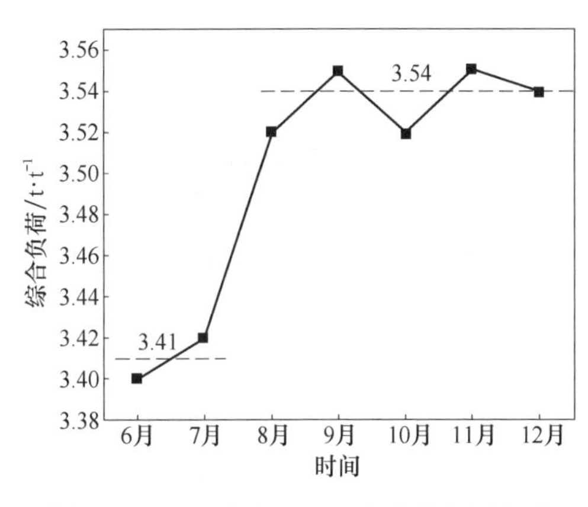


图2-61 2020年某2000 $m^3$高炉使用全捣固焦冶炼前后综合负荷的变化情况

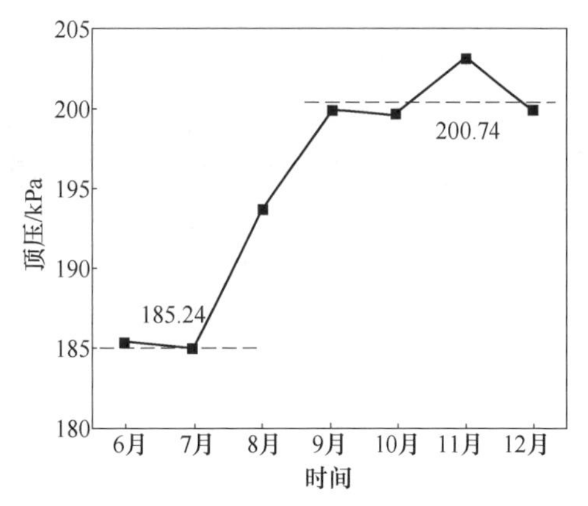


图2-62 2020年某2000 $m^3$高炉使用全捣固焦冶炼前后炉顶压的变化情况

##### B 送风制度的调整

送风制度的主要作用是保持适宜的风速和鼓风动能及理论燃烧温度，使煤气流分布合理，同时通过对风口面积、风量、风温、喷吹量和富氧率等参数进行调节，以达到稳定炉况和改善煤气利用率的目的。采用全捣固焦冶炼，随着焦炭热态强度的改善，高炉接受风氧的能力加强，风量从 4144 $m^3/min$ 提高到 4299 $m^3/min$ 左右（见图 2-63），风量增大，则煤气流增加，可以起到防止炉墙黏结的作用。其次，逐步将高炉富氧率提高到 5%左右（见图 2-64），富氧率平均提高 0.56%。随着富氧率的提高，风口的理论燃烧温度也随之升高，同时还提高了煤粉在炉内的燃烧率，有利于提高喷煤比例。

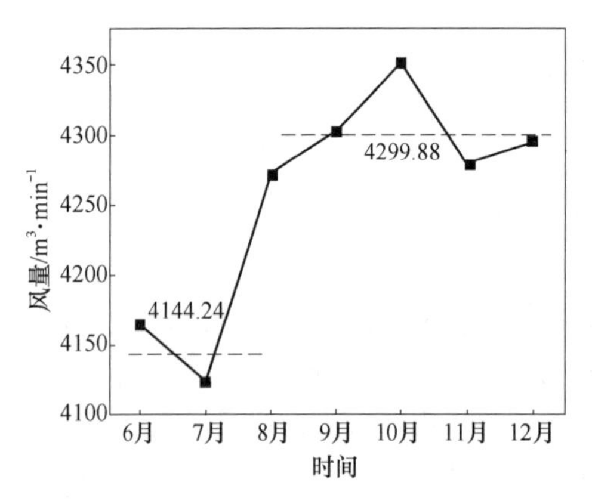


图 2-63 2020 年某 2000 $m^3$ 高炉使用全捣固焦冶炼前后风量的变化情况

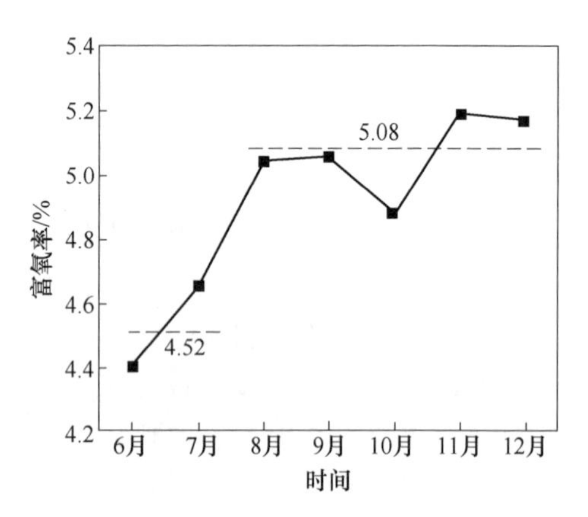


图 2-64 2020 年某 2000 $m^3$ 高炉使用全捣固焦冶炼前后富氧率的变化情况

C 造渣制度的调整

选择造渣制度的关键是确定适宜的炉渣碱度，过高或过低的炉渣碱度对炉渣脱硫都是不利的。在原料含硫较高的条件下，为保证炉渣有足够的流动性、稳定性和脱硫性能，炉渣二元碱度一般控制在 1.1～1.2，炉渣中 MgO 的含量控制在 8%～12%，无论从热力学或动力学分析，适当增加炉渣中的 MgO（不超过 12%）含量对炉渣的脱硫能力都有提高。本案例中所用的捣固焦含硫量较高，平均在 0.80%的水平，因此高炉通过合理调整造渣制度和精心操作，来提高炉渣的脱硫能力，表 2-21 是采用全捣固焦冶炼产生的高炉渣成分。通过表 2-21 可以看到，炉渣的碱度控制在 1.15 左右，含硫量平均在 0.85%，此时炉渣的流动性较好而且满足炉渣脱硫的条件，有利于冶炼优质生铁。

**表 2-21 全捣固焦冶炼产生的高炉渣成分**

| 炉渣成分 | FeO | $SiO_2$ | CaO | MgO | $Al_2O_3$ | $R_2$ | S |
|---|---|---|---|---|---|---|---|
| 含量/% | 0.32 | 33.55 | 38.48 | 9.11 | 15.91 | 1.15 | 0.85 |

2.4.1.3 应用效果

A 高炉生产指标变化

图 2-65 为采用全捣固焦冶炼后高炉的生产指标变化情况，从图中可以看出，

采用全捣固焦冶炼后，2000 $m^3$ 级高炉产铁量增加 219.73 t/d，由原来的 5571.63 t/d 增加至 5791.36 t/d；同时，采用全捣固焦冶炼后，可以有效降低焦炭在块状带的压差，增加透气性，干焦比下降 9.76 kg/t，平均在 312.39 kg/t；而且，由于捣固焦的反应性低，热强度和机械强度都优于顶装焦，有利于高炉接受更高的煤比，煤比上升 3.63 kg/t，维持在 160 kg/t 左右，最终燃料比下降 15.81 kg/t，平均在 502.45 kg/t，高炉炉况能保持稳定顺行。

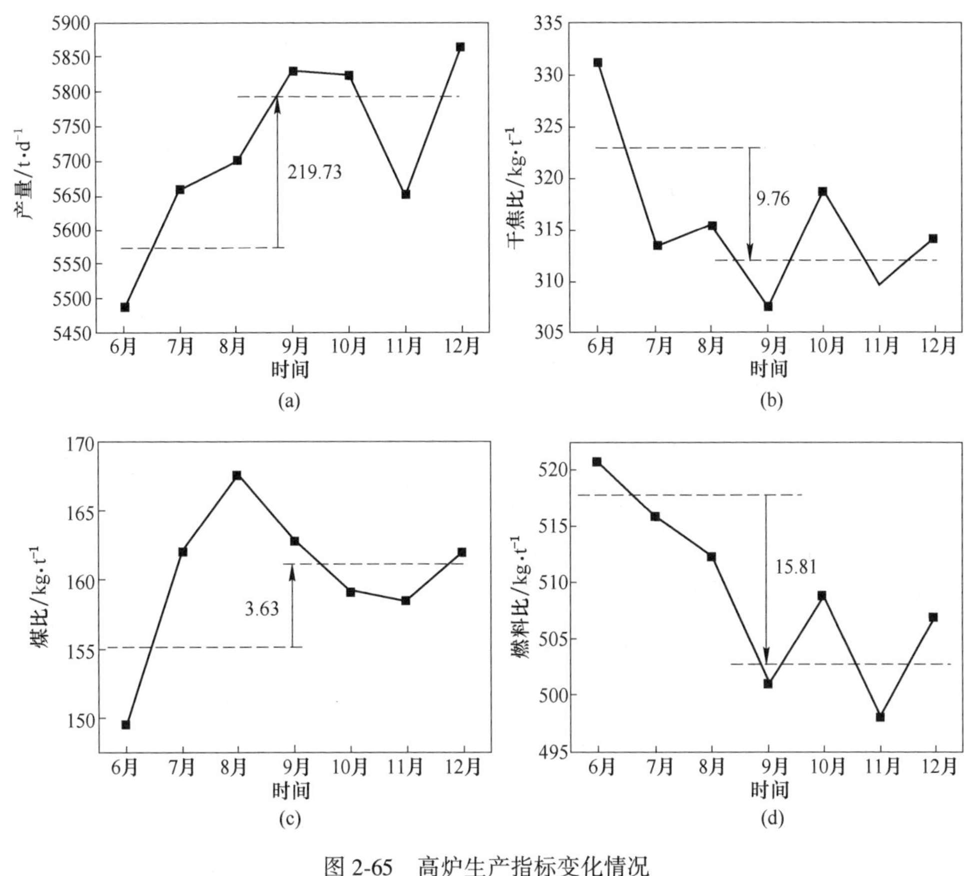


图 2-65 高炉生产指标变化情况

(a) 产量；(b) 干焦比；(c) 煤比；(d) 燃料比

B 其他技经指标变化

采用全捣固焦冶炼对高炉铁水的一级品率及高炉的利用系数有适当的提高，由表 2-22 可以看出，一级品率提高 0.79%，高炉利用系数提高 0.1 t/($m^3$ · d)；此外，在全捣固焦冶炼过程中，通过调整高炉的布料制度和送风制度，做到开放中心气流，抑制边缘气流，使得煤气分布趋于合理，煤气利用率提高到 50.12%。而且，在本案例中，2000 $m^3$ 级高炉将顶装焦 100%替换成捣固焦，可以降低焦炭配煤成本每吨焦约 43.4 元。

**表 2-22 高炉其他技经指标变化情况**

| 技经指标 | 一级品率/% | 高炉利用系数/$t \cdot (m^3 \cdot d)^{-1}$ | 煤气利用率/% |
|---|---|---|---|
| 全捣固焦冶炼前 | 98.54 | 2.42 | 49.62 |
| 全捣固焦冶炼后 | 99.34 | 2.52 | 50.12 |
| 比较 | 0.79 | 0.10 | 0.50 |

2.4.1.4 小结

(1) 相对于顶装焦，捣固焦原料选择范围宽，可以降低炼焦的成本；采用同样的配煤比，捣固焦的机械强度、反应性及反应后强度要优于顶装焦炭，焦炭质量可以满足大、中型高炉的冶炼需求。

(2) 钢铁企业在当前低碳、节能、环保的政策要求下，高炉采用全捣固焦冶炼是一种有广阔应用前景的应对措施，不仅可以降低焦比，节约宝贵的主焦煤资源，同时还可以减少炼焦过程中的环境污染。

(3) 通过操作制度的调整，包括提高风量、风温、提高富氧率、增加喷吹煤比等手段的协同配合，全捣固焦冶炼在 2000 $m^3$ 级高炉得以成功应用，生产指标持续向好，燃料比下降，煤气利用率升高，高炉炉况能保持稳定顺行，而且带来的经济效益十分可观。

### 2.4.2 高块矿比冶炼在高炉中的生产实践

近年来，钢铁行业竞争愈演愈烈，而铁前成本又直接影响企业的经济效益，其中高炉炉料结构又是影响铁前降本的一个重要因素。随着铁矿石的价格不断攀升及炼铁技术的不断进步，提高高炉炉料中价格较低的块矿比例成为提高企业竞争力的主要手段。

与烧结矿相比，球团矿的冶金性能差且价格昂贵，球团矿比例上升，意味着铁水成本增加。为此用块矿部分或全部代替球团矿，以降低铁水成本。笔者在本节中介绍了高块矿比冶炼在国内某钢铁厂高炉生产实践的案例，希望能为广大炼铁同仁提供一些经验和借鉴意义。

2.4.2.1 块矿特性及提高块矿比例对高炉的影响

A 块矿的特性

与球团相比，块矿价格低，主要成分差别不大，表 2-23 和表 2-24 是某钢铁厂炼铁高炉用块矿的成分和冶金性能，从表中可以看出，块矿结构致密，还原性差，还原速度较慢；$SiO_2$ 含量高，易与还原形成的 FeO 反应形成橄榄石等低熔点物质，并且 CaO 和 MgO 含量较低。

同时，块矿具有热爆性，含结晶水和碳酸盐等矿物质，容易在受热分解过程中不能及时释放气体而产生内应力，导致块矿爆裂粉化，影响高炉透气性。

**表 2-23　高炉用块矿成分**

| 成分/% | TFe | FeO | $H_2O$ | $SiO_2$ | $Al_2O_3$ | MgO | CaO | MnO | P | S | $K_2O$ | $Na_2O$ | ZnO |
|---|---|---|---|---|---|---|---|---|---|---|---|---|---|
| PB 块 | 62.27 | 0.48 | 4.23 | 3.27 | 1.40 | 0.14 | 0.13 | 0.14 | 0.084 | 0.017 | 0.014 | 0.038 | 0.007 |
| 澳大利亚块 | 63.76 | 0.89 | 3.72 | 3.83 | 2.08 | 0.09 | 0.11 | 0.07 | 0.040 | 0.019 | 0.015 | 0.038 | 0.005 |
| 纽曼块 | 63.05 | 0.48 | 4.38 | 3.50 | 1.44 | 0.10 | 0.10 | 0.11 | 0.086 | 0.020 | 0.012 | 0.028 | 0.005 |

**表 2-24　高炉用块矿冶金性能**

| 冶金性能 | 低温还原强度 RDI+6.3 /% | 还原度 RI/% | 软化开始温度/℃ | 软化终了温度/℃ | 熔融开始温度/℃ | 熔融终了温度/℃ | 压差 /kPa | 抗磨强度 /% | 爆裂性 (-6.3) /% |
|---|---|---|---|---|---|---|---|---|---|
| PB 块 | 63.81 | 80.64 | 1038.29 | 1177.14 | 1201.86 | 1364.14 | 39.90 | 7.40 | 8.31 |
| 澳大利亚块矿 | 67.35 | 64.60 | 1089.00 | 1209.00 | 1217.00 | 1289.00 | 35.90 | 5.50 | 7.60 |
| 纽曼块 | 62.44 | 78.09 | 1016.17 | 1140.83 | 1151.03 | 1328.447 | 39.72 | 7.92 | 8.60 |

此外，块矿软化温度低，为 1000～1080 ℃，相比于球团矿和烧结矿较低，软熔温度区间相对较宽，如图 2-66 所示，则块矿入炉后会造成高炉软熔带变宽、位置上移或黏附于炉墙上影响炉况，从而恶化高炉透气性。

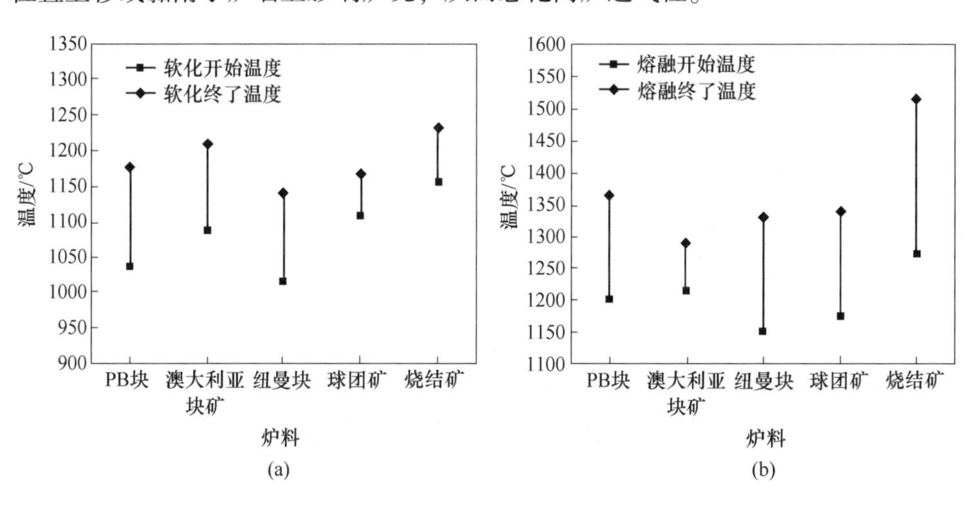


图 2-66　高炉用炉料的软熔性能对比
(a) 软化性能；(b) 熔融性能

B 提高块矿比例对高炉的影响

该钢铁厂将块矿比例提高到18%~20%，如图2-67所示，实现了向经济型炉料结构的转变，但是提高块矿比例会对高炉造成的不利影响，包括恶化高炉透气性、影响顺行，引起消耗升高等。

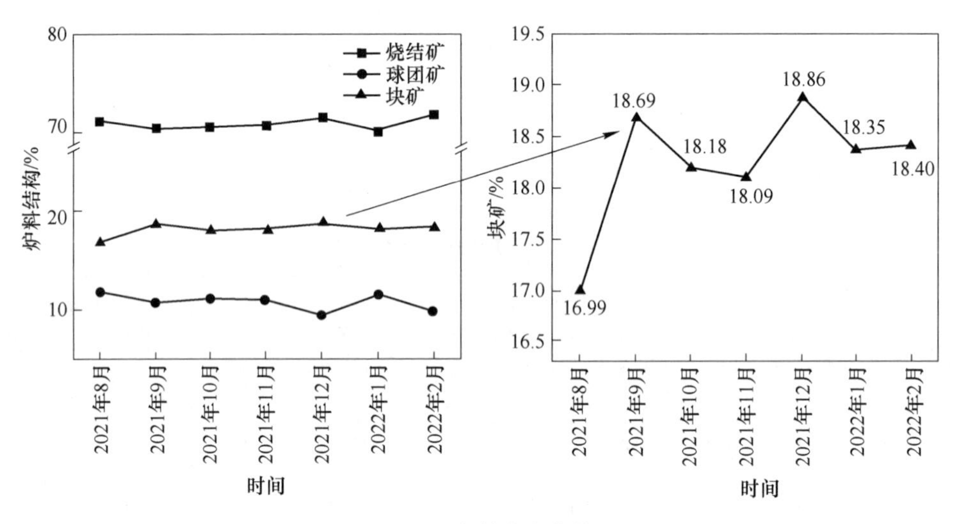


图2-67 炉料结构变化情况

提高块矿比例对高炉造成的不利影响主要表现在以下方面。

a 入炉粉末率较高

块矿转运堆放受雨雪天气影响，含粉率升高，不易筛除，高炉配吃后会恶化料柱透气性，导致高炉压差升高，焦比增加，并造成顶温偏低，影响除尘设备正常运转。

b 影响高炉透气性

由于块矿中结晶水和碳酸盐在高炉上部加热分解，气体逸出而使矿石产生爆裂，熟料比降低，块矿用量的增加会导致块矿爆裂增加，影响高炉上部的透气性。加之在低温区域的间接还原，矿石的粉化更为严重，导致上部压差减小，透气性变差。

c 影响煤气流分布

块矿属于天然富矿，没有对其进行加工处理，很多块矿有害杂质含量高，特别是含碱金属杂质高的块矿，高炉使用后，如果日常调剂不到位，极易导致高炉炉墙结厚，边沿煤气流分布不足，严重时会导致高炉结瘤。

2.4.2.2 提高块矿比后的应对措施

A 优化布料模式，改善炉料透气性

提高块矿比后，可能会引起高炉上部透气性变差，布料时边缘过重过轻都会造成炉况波动。在装料制度调整上，通过溜槽布料来实现对高炉上部煤气流进行调整，达到合理利用煤气流实现降低消耗的目的。强调开放中心，稳定边缘，依据十字测温、炉顶温度及透气指数等参数，以及依据设定的布料圈数计算每圈料重量来控制上部气流。在出现边缘或中心气流不稳定时，通过设定布料圈数或角度进行调整，以达到稳定边缘，提高高炉的抗干扰能力的目的。

为了更加准确地对上部煤气流进行修正，在布料圈数设定时增加一位小数，精度值调整至“0.1”，这样调整后高炉技术人员可以根据十字测温、炉顶温度等数据精准地对上部煤气流进行调整，从而稳定煤气利用率，改善炉料透气性。

B 调整送风制度

对于下部送风制度，因块矿用量增加后，软熔带变厚、位置上升，恶化高炉透气性，因此送风制度可提高富氧量，如图 2-68 所示，这样有利于降低软熔带位置，提高间接还原，也有利于煤粉的充分燃烧，使高炉透气性得到改善。

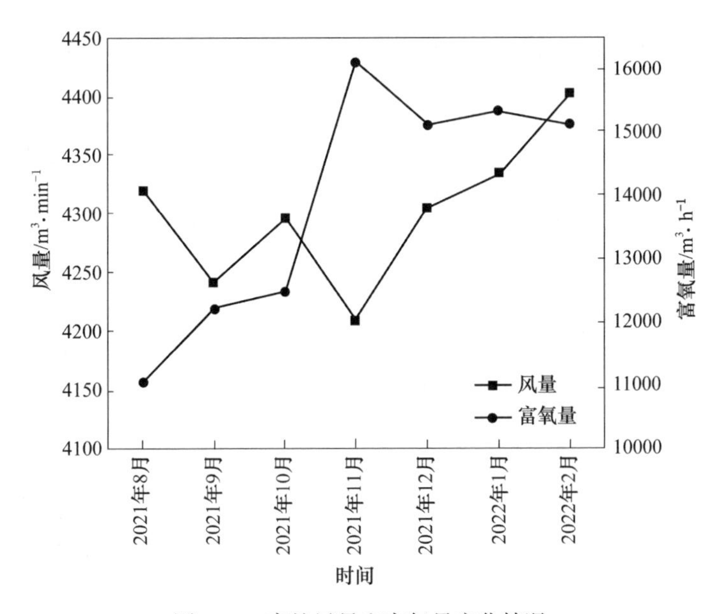


图 2-68 高炉风量和富氧量变化情况

同时，调整炉缸圆周方向风口分布，保证炉缸圆周工作均匀，例如 3 号高炉将 8 个 $\phi$120 风口调整到 4 个铁口上方，调整后炉缸圆周工作更加均匀，铁口上方回旋区加深保证吹透中心死料柱，活跃了炉缸，保证了炉缸透液性，从而确保铁水质量的提升。

控制好风压与顶压的关系，如图 2-69 所示，保证高炉压差在合理的范围之内，从而降低气流流速，改善气流的稳定性，有利于炉况的稳定。

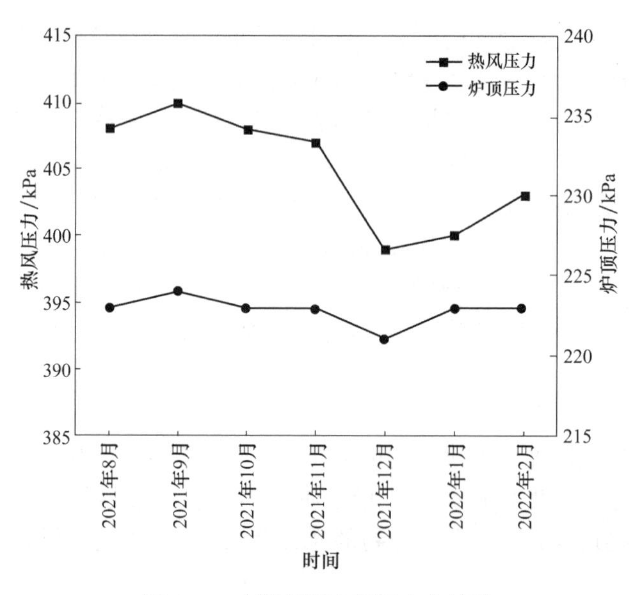


图 2-69 高炉风压和顶压变化情况

C 控制适宜的渣铁热量和炉渣碱度

因块矿软化温度低，易黏结炉墙影响炉况顺行。提高块矿比后高炉在日常操作中做到低 Si 不低热，稳定炉温水平，如图 2-70 所示，为确保铁水降［Si］后保持充足的物理热，将炉渣二元碱度 $R_2$ 从 1.16 倍提高到 1.18 倍，保证了充足的铁水物理热，高炉控制 Si 一般在 0.35%~0.45%，铁水物理热控制在 1495 ℃以上。

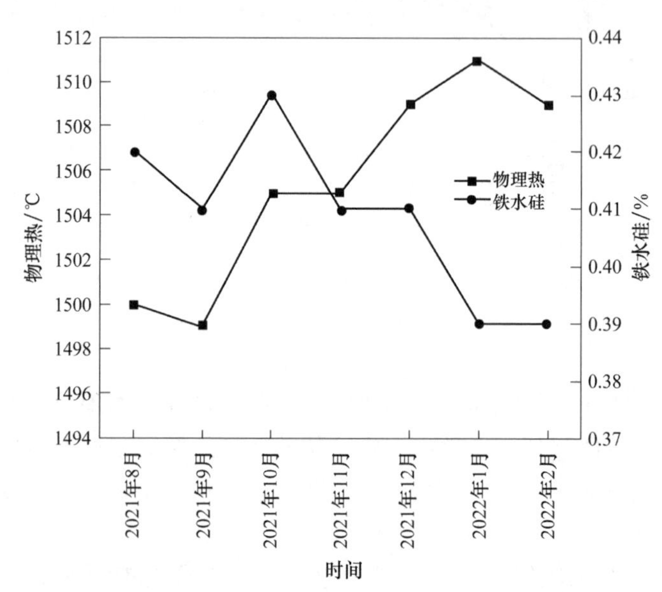


图 2-70 铁水温度及硅含量变化

同时，在原有自动化基础上，借用智能信息系统，对高炉生产运行进行有效管控。组织生产、计算机、电气等技术人员，自主开发铁水硅预测系统，提前预判高炉炉温趋势，及时作出调剂，为降低铁水硅偏差提供有利条件。

此外，提高块矿比后，高炉炉渣中 $Al_2O_3$ 含量上升，影响渣铁流动性。在烧结矿中适当提高白云石含量，进而提高炉渣中 MgO 含量，改善炉渣流动性。

D 强化原燃料管理

提前制定用矿计划，统筹安排矿砂拉运时间节点，时刻关注 10 天以上各港口天气预报，根据各类矿种实际用矿日耗量、矿砂堆场堆位可堆放量，同步匹配采购量、采购节点、装运船型、到货节点、卸货时间表，这样可大大提高堆场周转利用率，装运前专人再次赴港口查看跟踪货物装运实况，沟通协调港口拉运最佳货物（干料、大堆料、优选取上部货物、减少喷雾装货等措施），采用天气晴好时连续多批次集中拉货储备，天气不好时暂缓拉运，所有拉货船只装货完毕盖好舱盖，装货过程全程监控，减少港口跑冒滴漏，灵活机动严控货物水分。

与储运、采购协同，努力提高外轮直靠船次，在有效降低物流费用和进厂料水分的同时，也降低了块矿倒运次数（根据外轮块矿及现货块矿实际水分及粉率情况，选择干块直供高炉、干湿混合搭配筛分、大小筛分混合切换筛分、分料层多批次筛分供料等多种形式），同步降低块矿粉末率。

E 加强出铁管理

增加铁口深度，将铁口深度从 3700 mm 增加到 3850~3900 mm（3 号高炉），最大限度排尽炉缸内渣铁，降低炉缸内渣铁液面，增加炉缸空间，为延长铁次间隔，使炮泥有足够的烧结时间提供了有力保障。

分析评估现有炮泥的耐冲刷性能，选择合理的铁口直径稳定出铁速度，控制瞬时出铁速度与产铁速度比在 1.05~1.10 的合理范围内，使得出铁速度与高炉产铁速度尽量靠近，稳定日出铁次数。

减少泥炮的“压炮”时间确保炮泥快速烧结，将“压炮”时间控制在 15~20 min。缩短“压炮”时间对泥炮设备也提供了有效的保护；稳定开口机钻头的质量，重视开口机水汽混合比例，提高雾化冷却能力，使之具有良好“排屑”功能，又具有“锋利”的开口能力。

在生产过程中加强对铁口泥套的点检维护，利用高炉检修机会创新利用铁口泥套浇注一次定型技术，泥套定位精准强度高杜绝跑泥现象。

2.4.2.3 提高块矿比后高炉生产情况

A 高炉生产指标变化

图 2-71 为采用高块矿比冶炼后高炉的生产指标变化情况，从图中可以看出，采用高块矿比冶炼后，高炉产铁量增加；同时，焦比有所降低；而且，高炉接受煤比的水平基本保持不变，最终燃料比下降 10 kg/t 左右，高炉炉况能保持稳定顺行。

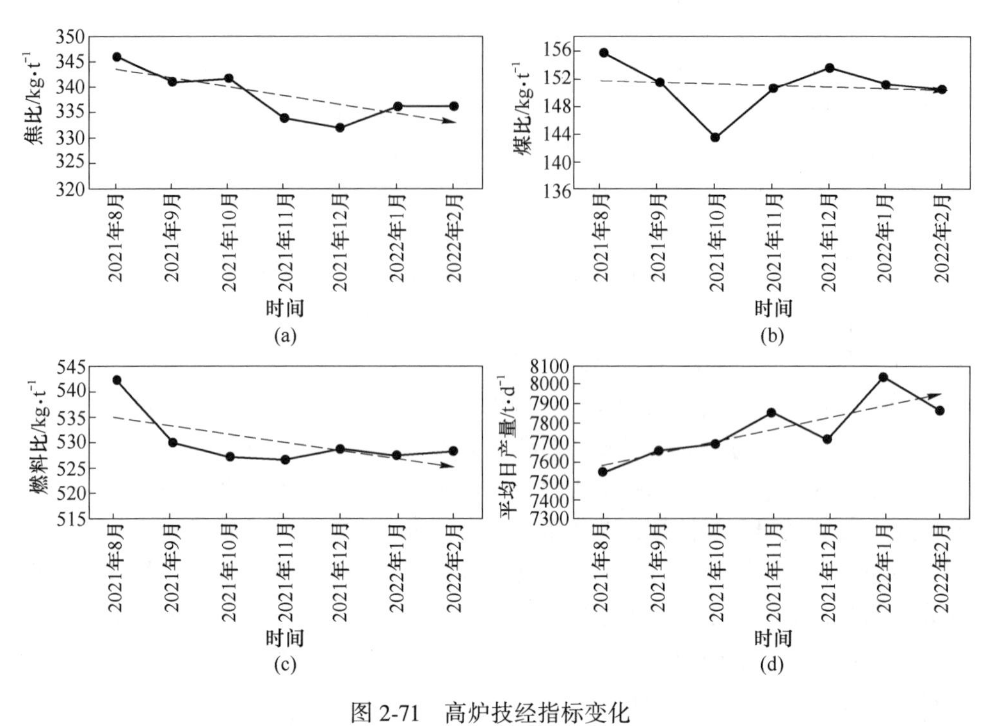


图 2-71  高炉技经指标变化

（a）焦比；（b）煤比；（c）燃料比；（d）平均日产量

B  其他技经指标变化

采用高块矿比冶炼，对高炉铁水的优质品率及高炉的利用系数有适当的提高，由图 2-72 可以看出，优质品率提高 5%，高炉利用系数提高 0.1 t/($m^3$ · d)；但是也发现在高块矿比冶炼过程中，煤气利用率略有降低，硅偏差通过操作制度的调整，基本能保持在较为稳定的水平。

2.4.2.4  小结

（1）高块矿比会导致高炉透气性恶化、煤气利用率差，增加操作难度。

（2）优化操作可以避免高块矿比引起的不利影响。通过采取有效措施，基本掌握了高块矿比条件下合适的操作制度，高炉顺行和技术经济指标得以保持，且取得了不错的经济效益。

（3）高炉顺行对提高块矿比起着决定性作用。高炉只有不断优化调剂手段，加强管理，使各项操制度相匹配，才能弥补提高块矿比后带来的弊端，更好地适应原料变化。

### 2.4.3  高煤比在高炉冶炼中的应用实践

高炉经风口喷吹煤粉是节焦和改进冶炼工艺最有效的措施之一，提煤比、降

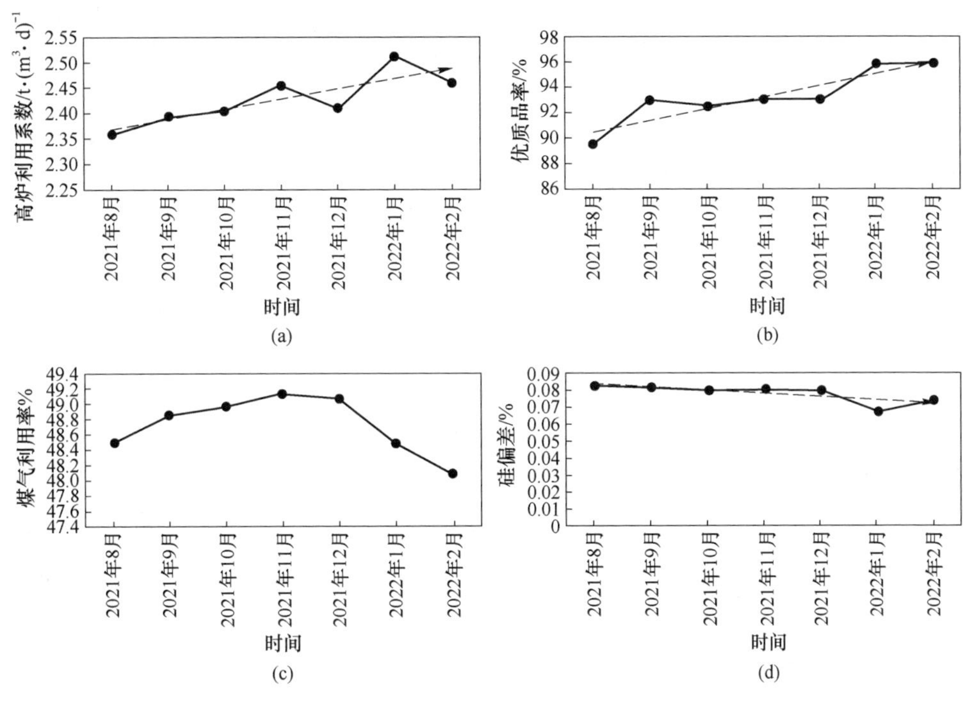


图 2-72 高炉其他生产指标变化

(a) 高炉利用系数；(b) 优质品率；(c) 煤气利用率；(d) 硅偏差

焦比可以降低铁水成本，是企业降本增效的重点，不仅可以代替日益紧张的焦炭，而且有利于改进冶炼工艺，具有良好的经济效益和社会效益。

以国内某钢铁厂为例，在当前钢铁经济形势下，高炉实现 170 kg/t 以上的煤比是炼铁工作者奋斗的目标。在“经济料”条件下，该钢铁厂炼铁事业部通过采取夯实原燃料基础管理、优化燃料结构、调整高炉操作制度等措施，控制煤气流合理分布，形成合理的操作炉型，使高炉高水平运行，在短时间内煤比大幅提高。

2.4.3.1 抓炼铁主要矛盾，夯实原燃料基础管理

原燃料稳定是高炉生产稳定的前提条件，受钢铁形势的影响，生产成本的高低直接影响企业竞争力，为降低生产成本，炼铁系统配加高铝低价矿以降低铁水成本，改“精料”为“经济料”，“经济料”方针给高炉操作带来了巨大的压力和考验。在当前原燃料质量下滑的生产形势下，加强筛分，减少入炉粉末，严把原燃料入炉质量关是行之有效的一种“精料”手段。

严抓原燃料质量管理，要求当班工长必须保证看料两次，做好对比，当原燃料有变化时要及时做好应对，防止对炉况产生大的影响；加强烧结矿筛分管理，在每个烧结筛的上给布料板上加装挡板控制料流速度，严格控制排料 $T/H$ 值，

以保证筛分效果，严格控制入炉粉末率；要求矿槽岗位工每班至少清理两遍筛网，尤其是杂矿筛，特别是在雨季时，矿筛极易堵塞，严格控制入炉料的水分，从而尽量保证筛分效果。

该钢铁厂高炉的炉料结构为烧结+球团+块矿，烧结矿配比不低于70%，熟料比保证不小于80%，因此烧结矿的质量好坏对高炉顺行起到了关键作用。另外，为了满足烧结故障停机时的烧结生产，高炉需要使用一部分落地烧结矿，落地烧结矿的粉化会造成入炉粉末的增加，同时使用“经济料”后，烧结矿转鼓等指标变差。为了保证高炉的稳定顺行，重点关注烧结矿的成分稳定性，这样可以稳定渣系，同时烧结矿采用“错仓”使用，以满足高炉料柱透气性的要求，该钢铁厂高炉炉料结构及烧结矿质量见表2-25。

**表2-25 炉料结构及烧结矿质量** (%)

| 时间 | 炉料结构 | | | 烧结矿质量 | | | | | | | |
|---|---|---|---|---|---|---|---|---|---|---|---|
| | 烧结矿 | 球团矿 | 块矿 | TFe | FeO | $SiO_2$ | CaO | MgO | $Al_2O_3$ | $R_2$ | 转鼓强度 |
| 7月 | 72.92 | 10.9 | 16.18 | 56.33 | 8.44 | 5.26 | 10.63 | 1.84 | 1.88 | 2.02 | 80.19 |
| 8月 | 71.69 | 9.52 | 18.79 | 56.48 | 8.50 | 5.27 | 10.74 | 1.75 | 1.89 | 2.04 | 79.74 |
| 9月 | 70.86 | 9.28 | 19.86 | 56.70 | 8.44 | 5.20 | 10.43 | 1.75 | 1.88 | 2.01 | 79.78 |
| 10月 | 71.52 | 8.94 | 19.54 | 56.46 | 8.56 | 5.25 | 10.46 | 1.77 | 1.97 | 1.99 | 79.83 |
| 11月 | 72.2 | 9.37 | 18.43 | 56.35 | 8.58 | 5.26 | 10.59 | 1.72 | 1.93 | 2.02 | 79.97 |
| 12月 | 71.75 | 11.04 | 17.21 | 56.19 | 8.62 | 5.33 | 10.67 | 1.73 | 1.93 | 2.00 | 79.88 |

#### 2.4.3.2 优化配煤结构，提高煤粉性价比

混合喷吹是高炉喷煤技术的发展方向，如何提高煤粉在高炉内的燃烧率和煤焦置换比是业内的一个热门话题。烟煤和无烟煤混喷已经是炼铁行业成熟的技术，烟煤的挥发分高，喷入高炉后有利于燃烧，减少未燃烧煤的数量；挥发分中氢元素遇高温挥发，增加煤气中 $H_2$ 的含量，有利于间接还原。

国内外大量研究和生产实践表明：烟煤和无烟煤混喷提高了煤粉置换比，增加了煤比，促进炉况顺行。日本神户制钢与荷兰国际火焰中心的研究结果表明，挥发分含量为40%的烟煤在风口回旋区的燃烧率可以达到90%，挥发分含量为33%烟煤的燃烧率为80%，而挥发分含量为22%的烟煤的燃烧率只有60%。德国和荷兰的高炉工作者总结出配煤原则，控制混煤的挥发分含量在25%左右来指导高炉喷吹配煤，同时要求混煤的灰分含量低，据此来确定各喷吹煤种的混合比例。但Carnerio等基于不同挥发分的煤对回旋区的影响，认为控制混煤的挥发分含量在23%~30%较为合理。但在实际生产过程中烟煤与无烟煤的混合煤粉的挥发分在10%~25%时具有爆炸性。

笔者认为，煤粉的燃烧率、煤焦置换比与煤粉的挥发分有很大关系，正常情

况下挥发分与燃烧率成正比，而与煤焦置换比成反比。兼顾这两个因素，使煤粉挥发分在合理的范围。适当降低煤粉挥发分，可降低炉腹煤气量，从而降低煤气流速，有利于降低压差。笔者统计回归中国钢铁工业协会的数据中煤比大于150 kg/t的高炉煤比与煤粉挥发分的关系如图2-73所示，高炉的煤粉挥发分大部分在17%~21%。

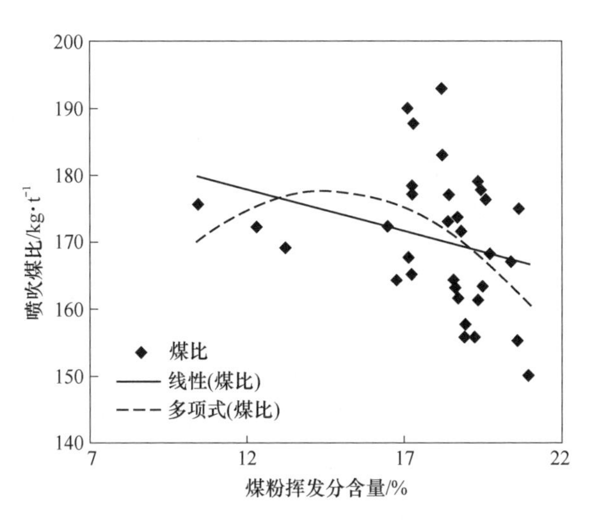


图2-73 高炉煤比与煤粉挥发分的散点图

2.4.3.3 优化高炉操作制度，提高高炉接受高煤比的能力

高炉提高煤比后，负荷加重，料柱阻损增加，压差升高，透气性变差。同时，“经济料”方针及炉缸欠活跃给高炉冶炼带来了一定的负面影响，操作上以“强化中心，吹活炉缸”的原则积极应对，逐步摸索合理的装料制度和送风制度，形成合理的初始煤气流分布及合理的操作炉型，保持活跃的炉缸状态。

A 探索合理的装料制度和送风制度

提高喷煤后，边缘气流发展，并且随着喷煤量的增大而增强。上部装料制度上根据炉体水温差及下部压差变化来调整布料角度和圈数及中心焦的布料角度和圈数，以稳定边缘气流，打开中心气流，保持合理的煤气流分布，促使炉缸工作均匀活跃。下部送风制度上缩小风口进风面积，提高鼓风动能，增加风口回旋区长度，吹透中心并改变初始煤气流的分布，为高煤比下的炉况顺行和炉缸活跃创造条件。

实践证明，上下部调剂合理匹配对炉况的稳顺和炉缸的活跃至关重要。以某3200 m³大高炉为例，根据炉体水温差、下部压差及中心气流情况，不断摸索装料制度，由 $C_{3\ \ 3\ \ 3\ \ 2\ \ 2\ \ 4}^{41^\circ\ 39^\circ\ 37^\circ\ 35^\circ\ 32.5^\circ\ 14.5^\circ} O_{2\ \ 3\ \ 3\ \ 2}^{39.9^\circ\ 38.3^\circ\ 36.6^\circ\ 34.6^\circ}$ 调整到 $C_{3\ \ 3}^{43.5^\circ\ 41.5^\circ}$

$\begin{smallmatrix}39.5° & 37.5° & 34.5° & 13°\sim25° \\ 3 & 2 & 2 & 5\sim6\end{smallmatrix} \text{O} \begin{smallmatrix}43.5° & 41.5° & 39.5° & 37.5° & 34.5° \\ 3 & 3 & 3 & 2 & 2\end{smallmatrix}$，再到 $\text{C} \begin{smallmatrix}40° & 38° & 36° & 34° & 31° & 28° & 13° \\ 3 & 3 & 3 & 2 & 2 & 2 & 5\sim6\end{smallmatrix} \text{O} \begin{smallmatrix}38° & 36° & 34° & 32° & 30° \\ 2 & 3 & 2 & 2 & 1\end{smallmatrix}$，煤气流分布区域合理。风口由 $\phi$130 mm×29+$\phi$120 mm×3 调整为$\phi$130 mm×26+$\phi$120 mm×6，风口进风面积缩小 0.006 $m^2$，同时适当提高风量控制目标，保证风速达到 250 m/s 以上，吹透中心。

通过上下部调剂之后，高炉的煤气流分布更趋合理，改善了料制的透气性，降低了压差，增强了高炉的抗干扰能力，为大幅提高煤比创造了条件，均达到 165 kg/t 以上，2023 年更是达到 170 kg/t 以上的先进水平。

B 提高富氧，稳定炉温

高炉喷煤后，由于煤气量增多，用于加热燃烧产物的热量相应增加。又由于煤粉加热、结晶水分解及碳氢化合裂化耗热，使理论燃烧温度降低。根据经验，每增加煤比 10 kg/t，约降低理论燃烧温度 20～25 ℃。而富氧不仅能提高理论燃烧温度，减少煤气量，而且能够提高氧的过剩系数，提高煤粉在风口前的燃烧速率，为煤粉燃烧创造条件，减少未燃煤粉的产生，因此提高富氧是提高煤粉燃烧率的一条措施，而提高煤粉燃烧率是提高煤比的重要措施。某钢铁厂高炉都不同程度地提高了富氧率（3%～4.5%），改善了煤粉在风口前的燃烧，维持了合理的理论燃烧温度。

日常操作上稳定炉温，Si 按 0.3%～0.55%控制，S 按 0.022%～0.04%控制。加强四班操作管理，统一四班操作，在炉温下行过快时，要进行过量调剂，在煤量调剂有限不足时，及时增加焦比进行调剂，维持一定的煤比范围。

C 提高顶压，稳定气流

高顶压有利于降低煤气流在炉内的流速，增加煤气流与矿石的接触时间，有利于间接还原的进行，在一定程度上降低焦炭消耗，促进高炉顺行，减少悬料、崩料。当高炉提高煤比后，料柱中 O/C 比上升，未燃烧的煤粉量增加，恶化了料柱透气性，导致压差升高，增加上部压力，提高顶压后，有利于炉料的下降。因此，高炉在提高煤比的同时适当提高顶压。

#### 2.4.3.4 强化炉外保障，加强组织出铁

（1）加强设备检查考核力度后，因设备故障引起的慢风、休风次数明显减少，但因设备故障引起的生产组织紊乱时有发生，如槽下设备故障，原燃料供应困难，造成较长时间的低仓位，炉料产生大量粉末，不利于炉况顺行，还有渣处理设备故障，常常引起开口晚点，甚至一个铁口连续出铁。此类现象大多数是检查不到位，设备损坏后才能发现，因此需制定详细的检查路线，检查台账，并加强员工培训，加大考核力度，设备出现故障前均能及时发现，避免引起更大的生产事故。

（2）优化炉外生产组织，尤其是炉前生产组织，避免渣铁未及时出尽，炉

缸内渣铁液面升高，造成死料堆浮起，往往会造成憋压，导致风量萎缩，进而影响高炉强化冶炼、制约煤比的提升，因此，及时出净炉内渣铁尤为重要。高炉对炉前工作提出了更高的要求：1）优化配罐模式，缩短配罐时间；2）炉前操作精心，减少冒泥次数，避免因冒泥导致铁口变浅、难开，从而引起炉内憋压；3）维护好铁口，确保铁口深度，排尽渣铁；4）加强炮泥质量管理，当有的炮泥质量次时，可与质量好的炮泥掺和使用或直接停用，避免炮泥质量不好致铁口难开。

2.4.3.5 小结

（1）提煤降焦一直是高炉炼铁降低燃料消耗和成本的重要手段之一，提高煤比最重要的就是提高高炉透气性和提高煤的燃料率。

（2）高炉稳定顺行是提高煤比的前提条件，要以精料为基础，严格控制入炉粉末率，加强上下部调剂相结合，保持煤气流的合理分布，开放中心，稳定边缘，保证高炉稳定顺行。

（3）操作工要细化操作，密切关注外围变化，严格执行高炉作业区的管理制度，为煤比的稳定和再提高创造条件。

### 2.4.4 高炉渣中适宜镁铝比的探讨与实践

随着优质铁矿资源逐渐枯竭，我国高炉炼铁生产不得不转向使用高 $Al_2O_3$ 铁矿石，使得有些高炉炉渣探索适宜镁铝比（$MgO/Al_2O_3$）变得越发重要。2000年以来我国对进口铁矿石数量依存度逐渐上升，进口铁矿石的依存度由2000年的不足50%快速增长至超过80%。进口铁矿石与国产铁矿石的主要差异在于矿石中 $Al_2O_3$ 含量不同。由表2-26可知，进口铁矿石的 $Al_2O_3$ 含量远高于国产矿石，尤其是占进口铁矿石总量约65%的澳大利亚铁矿石中的 $Al_2O_3$ 含量是国产矿石的4~5倍以上。

**表2-26 进口铁矿石与国产铁矿石的化学成分比较** （%）

| 种类 | 名称 | TFe | CaO | $SiO_2$ | MgO | $Al_2O_3$ |
|---|---|---|---|---|---|---|
| 澳矿 | 哈默斯利 | 62.30 | 0.17 | 1.55 | 0.07 | 1.98 |
| 澳矿 | 皮尔巴拉 | 62.55 | 0.05 | 3.44 | 0.12 | 2.17 |
| 巴西矿 | 卡拉加斯 | 65.60 | 0.15 | 2.82 | 0.08 | 1.03 |
| 巴西矿 | CVRD | 65.75 | 0.22 | 3.79 | 0.08 | 0.81 |
| 印度矿 | 奥丽莎 | 64.67 |  | 0.57 |  | 2.3 |
| 印度矿 | 卡巴粉矿 | 66.85 |  | 1.52 |  | 1.41 |
| 国产矿 | 弓长岭 | 68.00 | 0.69 | 4.50 | 0.65 | 0.47 |
| 国产矿 | 大孤山 | 65.99 | 0.81 | 5.91 | 0.38 | 0.43 |
| 国产矿 | 迁安 | 67.44 | 1.40 | 3.96 | 0.28 | 0.82 |
| 国产矿 | 大冶 | 65.73 | 1.59 | 4.64 | 0.79 | 0.59 |

2.4.4.1 高 $Al_2O_3$ 炉渣操作引发的问题

大量使用高 $Al_2O_3$ 进口铁矿石，必然使高炉炉渣 $Al_2O_3$ 含量上升，给高炉冶炼带来以下两个问题。

A 炉渣黏度上升

高炉冶炼适宜的炉渣黏度应控制在 0.4 Pa·s 以下。当炉渣碱度 $R_2$ 为 1.1 左右时，对应的炉渣 $Al_2O_3$ 应为 9%~13%。但是如果维持炉渣碱度相对不变，则随炉渣 $Al_2O_3$ 含量上升，炉渣黏度将超过 0.4 Pa·s 或更高，使得高炉冶炼操作变得困难。因此，在维持炉温和炉渣二元碱度不变的前提条件下，高 $Al_2O_3$ 炉渣使得炉渣黏度上升是导致高炉操作变得困难的根本原因之一。

B 炉渣脱硫能力的相对下降

如果维持炉渣碱度不变，随着炉渣 $Al_2O_3$ 含量的升高，炉渣 CaO 含量相对下降，导致炉渣脱硫能力下降；另外，炉渣黏度上升致使炉渣脱硫动力学条件变差，也是高 $Al_2O_3$ 炉渣脱硫能力下降的原因之一。无论是从热力学角度，还是从动力学角度，高 $Al_2O_3$ 对炉渣脱硫能力均产生负面影响。

实际上，上述两个问题归一，即高 $Al_2O_3$ 炉渣冶炼问题主要在于炉渣黏度的变化。由于高 $Al_2O_3$，炉渣冶炼问题源于炉渣黏度的升高，那么作为对策应设法在确保适宜的炉渣熔点前提下降低炉渣黏度。在一定范围内，通过提高炉渣碱度可以改善炉渣黏度，但却显著地提高了炉渣熔点；反之，通过适当降低炉渣碱度可以降低炉渣熔点，但又将使炉渣脱硫能力更加恶化。因此，当前较流行的调整炉渣冶金性能的做法是添加 MgO。鉴于 MgO 属于碱性物质，在二元碱度不变的前提下，每添加 1% MgO，CaO 相应减少约 0.4%。一般说来，MgO 的脱硫能力是 CaO 的 0.7 倍。因此，从热力学角度分析，添加 MgO 基本可以维持炉渣脱硫能力不变。若适当提高碱度，必然会提高炉渣的脱硫能力。同时，由于添加 MgO 可改善炉渣流动性，有助于改善炉渣脱硫动力学条件。因此，添加 MgO 是目前针对高 $Al_2O_3$ 炉渣冶炼的有效举措之一。

2.4.4.2 MgO 及温度对高炉渣性能影响的理论分析

A MgO 对炉渣熔点的影响

图 2-74 为 $Al_2O_3$ 为 15%时的 $Al_2O_3$-CaO-MgO-$SiO_2$ 四元渣系相图，图中黑色粗实线为炉渣碱度 $R_2$ 为 1.1 时，不同 MgO 含量的炉渣成分。*A* 点为镁铝比 0.67 时的炉渣成分，其熔点约为 1440 ℃。从图中可以看出，随着 MgO 的降低，炉渣成分（*A* 点）沿黑色粗实线左移，熔点逐渐降低。当 MgO 降低到 0 时，其熔点达到最低位 1400 ℃，可见 MgO 对高炉渣的熔点影响并不大。

B MgO 对炉渣黏度的影响

图 2-75 为 $Al_2O_3$-CaO-MgO-$SiO_2$ 四元渣系等黏度图，图中黑色粗虚线为炉渣碱度 $R_2$ 为 1.1 时，所对应不同 MgO 含量的炉渣成分。由图中可以看出，随着

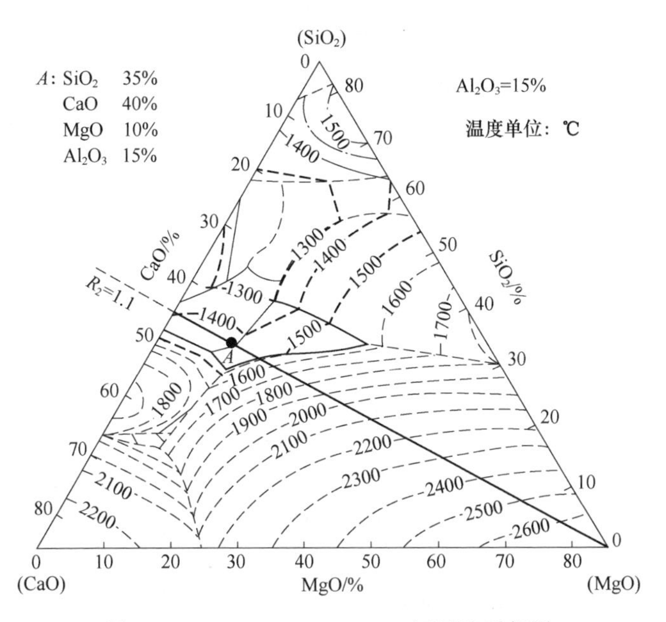


图 2-74 $Al_2O_3$-CaO-MgO-$SiO_2$ 四元渣系相图

MgO 的降低，炉渣黏度逐渐增加，且呈加速增加的趋势。图中 *B* 点为镁铝比为 0.67 时的炉渣成分，其黏度约为 0.29 Pa · s。当炉渣成分（*B* 点）沿粗虚线向下移动时，渣中 MgO 逐渐降低，当降低到 5%时，此时的镁铝比为 0.33，对应炉渣的黏度增加到了约 0.5 Pa · s。

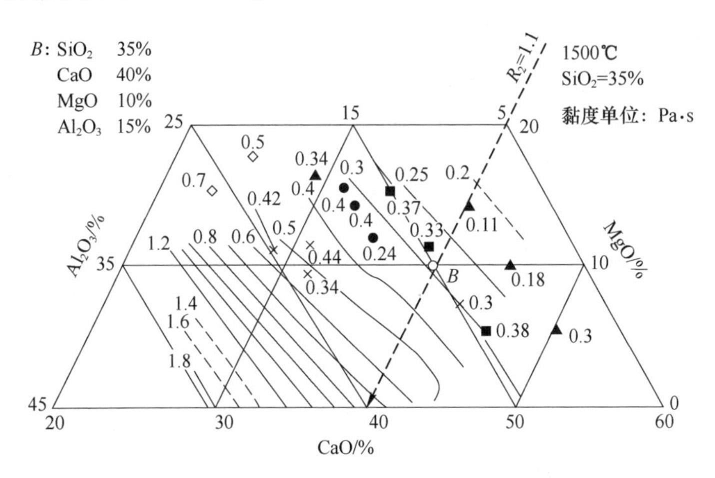


图 2-75 $Al_2O_3$-CaO-MgO-$SiO_2$ 四元渣系等黏度图

C 温度对炉渣黏度的影响

图 2-76 表示了温度对不同 $Al_2O_3$ 含量炉渣的黏度的影响。由图中可以看出，

不同 $Al_2O_3$ 含量下，其黏度值均随温度的增加而迅速降低，当温度高于 1480 ℃以上时，$Al_2O_3$ 含量对炉渣黏度的影响几乎可以忽略不计，且均处于 0.5 Pa · s 以下。

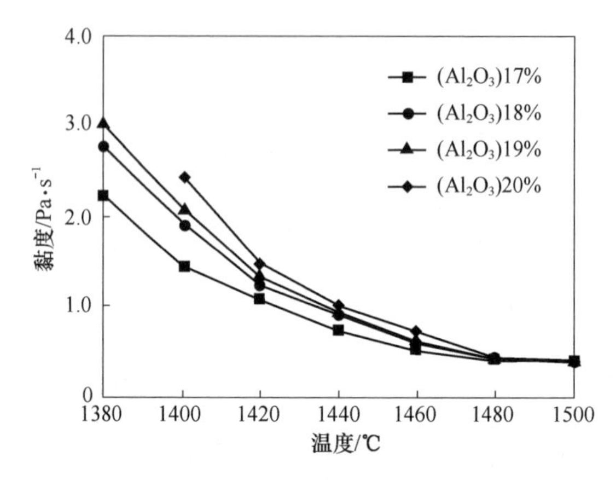


图 2-76 $Al_2O_3$ 对炉渣黏度的影响（MgO 为 10%，$R_2$ = 1.15）

2.4.4.3 高炉适宜镁铝比的探索

以国内某钢铁企业为例，该企业老区原有 6 座 500 $m^3$ 高炉，新区一期建设有 2 座 1800 $m^3$ 高炉。近年来，该企业高炉由于配吃较多的高铝原料，影响高炉炉渣的熔化温度和流动性能，对冶炼过程和排渣作业均产生不利影响。如能通过高炉操作调整和造渣制度优化，实现低镁铝比炉渣冶炼，对于炼铁高效生产和降低生产成本具有重要意义。

A 老区 500 $m^3$ 高炉降低镁铝比生产实践

受条件限制，老区 500 $m^3$ 高炉全部使用外购二级焦，块矿比约 20%，高炉镁铝比曾长期维持在 0.70 左右，试验逐步降低 MgO，镁铝比到 0.65 左右高炉依然能够保持顺行。但是，当镁铝比继续降低到 0.60 以下后，顺行情况明显变差。主要表现在：当 [Si] 较低时，高炉渣流动性开始阶段性变差，风压、风量呆板，实际出渣量经常性低于理论量，高炉操作难度增加，极易形成悬料。在炉况恢复过程中，经常性被迫集中加焦，直至高炉物理热大幅度提高，渣铁流动性改善，大量出渣后，炉况才得以恢复。这样高炉反复数次，镁铝比被迫恢复为 0.65。究其原因，主要是老区 500 $m^3$ 高炉一般渣铁物理热较低（低于 1480 ℃），在镁铝比较低（小于 0.60）的情况下，炉渣流动性较差，理论渣经常性出不尽，造成炉况难以驾驭，经常出现炉况失常。

鉴于老区 500 $m^3$ 高炉风温低、富氧率低，且块矿比高、煤比高，应该说尚不具备降低镁铝比到 0.60 以下的条件。老区 500 $m^3$ 高炉使用较低价格的原燃料，使得铁水成本处于行业较低水平。权衡得失，认为在此条件下，老区 500 $m^3$

高炉适宜镁铝比应该保持在 0.65 左右，这样使得高炉操作可控、成本较低。

B 新区 1800 m³ 高炉适宜镁铝比探索

该企业新区高炉投产以来的生产操作指标见表 2-27，其降低镁铝比的探索与实践经历了以下两个过程。

**表 2-27 1800 m³ 高炉的生产操作指标**

| 月份 | $M_{40}$ /% | 富氧率 /% | 风温 /℃ | ($Al_2O_3$) /% | 入炉品位 /% | 燃料比 /kg·t⁻¹ | 块矿比 /% | 镁铝比 |
|---|---|---|---|---|---|---|---|---|
| 1月 | 85.74 | 0.40 | 1113.89 | 12.62 | 56.82 | 515.87 | 7 | 0.65 |
| 2月 | 85.76 | 0.62 | 1119.45 | 13.24 | 56.42 | 503.60 | 10 | 0.67 |
| 3月 | 84.70 | 0.57 | 1138.23 | 13.06 | 58.24 | 505.36 | 10 | 0.69 |
| 4月 | 85.52 | 1.24 | 1139.48 | 15.49 | 57.64 | 503.18 | 11 | 0.55 |
| 5月 | 85.03 | 2.88 | 1138.05 | 16.15 | 57.00 | 501.27 | 13 | 0.52 |
| 6月 | 86.34 | 3.16 | 1139.66 | 15.52 | 57.27 | 502.13 | 15 | 0.54 |

（1）1—3 月。开炉初期，由于干熄焦未能投入使用，加之铁后工序产能较低，限制了高炉的强化，高炉富氧处于较低水平。同时，由于投产之初焦炭质量较差，铁水物理热波动较大，高炉几次降低镁铝比的试验都无功而返，被迫维持较高镁铝比来保持高炉渣的流动性，保证高炉的顺行。

（2）4—6 月。随着干熄焦的投入使用和铁后工序产能的释放，富氧率逐渐增加至 3%，高炉逐步尝试将镁铝比降至 0.50~0.55。同时，保持高炉渣铁物理热的充沛（1500 ℃），基本没有憋渣现象，顺行良好。由表 2-27 可以看出，镁铝比降低后，尽管高炉块矿比 6 月达到了 15%，但燃料比却仍维持在 500 kg/t 左右，高炉渣铁物理热充沛，高炉维持长周期的稳定顺行。随着高炉外部环境的改善，可以尝试进一步降低炉渣中的镁含量，以期获得更加经济的镁铝比。

2.4.4.4 小结

该钢铁企业新老厂区和国内外高炉的生产实践表明，适宜的镁铝比并不是每座高炉都一样。不同原燃料条件，不同的操作条件，其适宜的镁铝比也不同。

（1）一些冶炼镍铁的小高炉，其（$Al_2O_3$）含量高达 30%左右，由于其不控制［S］，可以高［Si］、高物理热操作，而炉缸不会形成石墨碳堆积，镁铝比即使较低，高炉同样可以维持稳定顺行。

（2）一般冶炼普通铁水的小高炉，外部条件较差，特别是富氧率低、块矿比高、风温水平低，降低镁铝比一定要权衡条件是否成熟，慎重行事。否则，控制不好，很容易导渣铁出不尽，形成悬料，难以维持高炉的长期稳定顺行。

（3）对于原燃料质量稳定且较好，焦炭能够达到一级或准一级冶金焦，特别是富氧率高、风温水平较高、块矿比较低，渣铁物理热可以稳定维持在 1480 ℃

以上的大型高炉，可以尝试尽量降低镁铝比，以获取更为经济的技术指标，降低生产成本。

### 2.4.5 创新布料模式在高炉冶炼中的应用实践

高炉布料是每一个炼铁工作者都会遇到的问题，高炉采用哪种布料方式是最科学的，中心加焦是否有存在价值，尚有一定争议。当然，对于原燃料质量较好的高炉，追求平台加漏斗的方式，高炉既能保持长期稳定顺行，指标又良好，那是再好不过的。

但是，总有一些高炉，受资源限制，连基本顺行都保证不了，炉身下部铜冷却壁不足四五年就损坏严重，一代炉龄往往不到八九年就要考虑大修。这些高炉为了维持基本顺行，被迫从正常装料制度退回小矿角、小焦角、小角差，这种布料方式，炉况受外界操作条件波动影响较大，不但高炉技术经济指标差，而且炉况抗干扰能力差，合理的操作炉型破坏也较快。究其原因，这种布料方式是发展边缘的装料制度，料面逐渐平坦，中心漏斗浅。角度更小时，可能形成中心料面高、边沿料面低的馒头形料面。

小矿角、小焦角、小角差的布料方式一般炉况较顺，作为短期恢复炉况的手段还可以，但是承受原燃料波动的能力差，因为较小的矿带堆尖间距与单环布料类似，炉料的滚动和滑动随机性大，炉料粒度不均匀时更严重，加剧了布料偏析，容易引发炉况不顺。况且，原燃料质量问题不解决，高炉指标难以改善，炉况也很难恢复。

笔者根据在高炉一线多年的生产实践经验，再结合大矿角、大焦角、大角差和中心加焦的优缺点，形成了大矿角、大焦角、大角差，结合适量中心加焦技术的新型布料方式，较好地解决了原燃料质量一般条件下高炉长期稳定顺行的问题。

#### 2.4.5.1 新型布料方式特点

A 大矿角、大焦角、大角差布料思路的优势

高炉要保持炉况稳定，首先必须稳定边沿，也就是需要大的矿角，有了大矿角又需要大焦角，以防止边沿过重；其次，高炉要保证合适的中心气流，追求好的技术经济指标，就要控制合理的中心无矿区，即保证较大的矿角角差。采用大矿角、大焦角、大角差布料方式后，减小了炉料偏析，使整个料面对煤气的阻力更均匀、稳定，煤气利用率可以达到较高水平，克服了小矿角、小焦角、小角差的缺点，增强了炉况的稳定性。

B 大矿角、大焦角、大角差的操作瓶颈

大矿角、大焦角、大角差的新型布料方式可以达到很好的布料效果，但如果控制不好，边沿容易压得过死；中心开放程度不足时，容易憋风、崩料，进而导

致炉况不顺。尤其是对于国内大多数原燃料质量一般的高炉，大多不敢采用这种布料方式，最担心的就是炉况不顺。

C 大矿角、大焦角、大角差与中心加焦技术的协同

将焦炭加入高炉中心区域，并且中心焦炭上下连通起来，形成稳定的中心焦柱，有利于炉芯死料柱的更新，改善中心透气透液性。采用中心加焦之后，中心可以充分打开，促进炉况的长期顺行。但在实践中，如果发现焦比居高不下，中心气流过盛，很有可能是因为中心加焦时，角度偏大或焦量太大导致中心气流过旺造成，此时应逐渐减小中心加焦角度或减少中心焦量，保证合理的中心气流，提高煤气利用率，降低燃料比。

传统布料认为中心煤气 550 ℃左右，边缘控制在 80~120 ℃，而高炉使用大矿角、大焦角、大角差，边缘相对较重，边缘温度在 80 ℃以下，甚至 50 ℃左右，如图 2-77 所示。同时由于中心加焦的作用，稳定的中心焦柱使得中心无矿区煤气流较旺盛，保持良好的高炉透气性，高炉顺行良好。

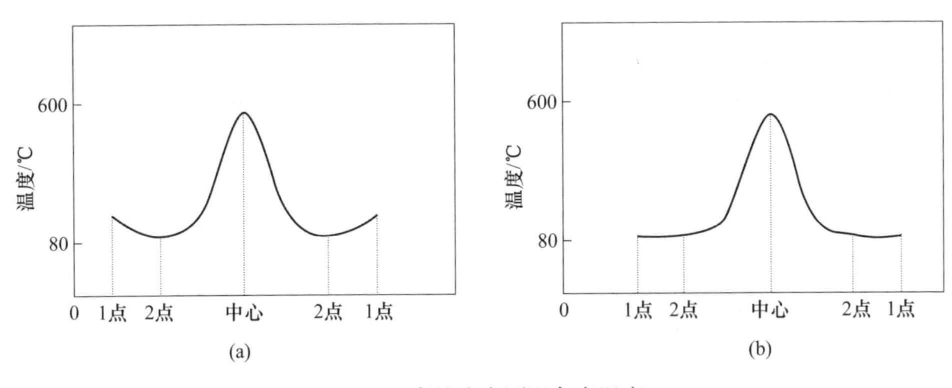


图 2-77 高炉十字测温各点温度

(a) 传统布料方式；(b) 新型布料方式

### 2.4.5.2 新型布料方式实施

笔者以国内某钢铁企业为例，对新型布料方式的实施进行说明。该企业 1800 $m^3$ 高炉采用的这种新型布料方式，由中心加焦、大角度、大角差三部分组成，以解决高炉中心气流不畅为出发点。由于溜槽在由大焦角向小焦角倾动的过程较长，真正到达中心的焦量较少，不足以支撑“中心堆包、中心无矿”的技术理念，所以应加大中心布焦的比例。

大角度、大角差的实施，以压制边沿效应为主，使中心无矿区更加稳定，由于矿焦角度都比较大，但是矿焦同角，故不会使边沿过重。除中心加焦外，这种布料方式中心不是单纯多布焦炭，而是少布矿，所以煤气利用不会恶化，燃料消耗维持在理想水平。该 1800 $m^3$ 高炉布料调整较为典型，主要调整在开炉后的一个月内（见表 2-28），在很短时间内实现利开炉、快速达产、指标优化和提升。

**表 2-28 高炉布料矩阵调整情况**

| 项目 | 布料矩阵 | 矿批/t | 风量/$m^3 \cdot min^{-1}$ | 风压/kPa | 风温/℃ | 焦比/$kg \cdot t^{-1}$ | 煤比/$kg \cdot t^{-1}$ | 燃料比/$kg \cdot t^{-1}$ | 煤气利用率/% |
|---|---|---|---|---|---|---|---|---|---|
| 开炉初期 | $C_{3\ \ 2\ \ 2\ \ 2\ \ 2\ \ 2\ \ 2}^{40^\circ\ 38^\circ\ 36^\circ\ 34^\circ\ 32^\circ\ 30^\circ\ 27^\circ}O_{2\ \ 2\ \ 2\ \ 2\ \ 2}^{40^\circ\ 38^\circ\ 36^\circ\ 34^\circ\ 32^\circ}$ | 42 | 3200 | 292 | 1140 | 385 | 141 | 526 | 46.2 |
| 第一阶段 | $C_{2\ \ 2\ \ 2\ \ 2\ \ 2\ \ 1\ \ 1}^{43^\circ\ 41.5^\circ\ 39.5^\circ\ 37^\circ\ 34.5^\circ\ 33^\circ\ 31^\circ}O_{4\ \ 3\ \ 3\ \ 2\ \ 2\ \ 2}^{43^\circ\ 41^\circ\ 39^\circ\ 37^\circ\ 35^\circ\ 33^\circ}$ | 43 | 3200 | 299 | 1140 | 365 | 155 | 520 | 46.5 |
| 第二阶段 | $C_{2\ \ 2\ \ 2\ \ 2\ \ 2\ \ 2\ \ 4}^{44^\circ\ 42.5^\circ\ 40.5^\circ\ 38^\circ\ 35^\circ\ 32^\circ\ 20^\circ}O_{4\ \ 3\ \ 3\ \ 2\ \ 2\ \ 1}^{45^\circ\ 43^\circ\ 41^\circ\ 39^\circ\ 37^\circ\ 35^\circ}$ | 46 | 3260 | 302 | 1170 | 360 | 155 | 515 | 46.5 |
| 第三阶段 | $C_{2\ \ 2\ \ 2\ \ 2\ \ 2\ \ 2\ \ 5}^{47^\circ\ 45.5^\circ\ 43.5^\circ\ 41^\circ\ 39^\circ\ 37^\circ\ 24^\circ}O_{4\ \ 3\ \ 3\ \ 2\ \ 2\ \ 1}^{47^\circ\ 45.5^\circ\ 43^\circ\ 41^\circ\ 39^\circ\ 37^\circ}$ | 44 | 3260 | 300 | 1180 | 352 | 153 | 505 | 47.1 |

### A 开炉初期

按照开炉料面测定结果确定角度。当 α 角（布料溜槽的倾斜角度）为 40°时，矿石料流在料线 1.3 m 时距离炉墙约为 300 mm，考虑测定料流宽度在料线 1.3 m 处为 595 mm，实际料流距离炉墙约 400 mm，符合常规角度控制。从炉喉煤气温度曲线看，边沿气流基本正常，但中心区域温度不理想，燃料比在 525 kg/t 左右。从操作看，炉况波动偏大，塌料偏多，表现形式为边沿易发生管道；滑料时，从炉顶摄像可看到边沿喷焦炭。开炉初期，联合软水系统总温差大于 6 ℃。开炉初期高炉十字测温各点温度如图 2-78 所示。

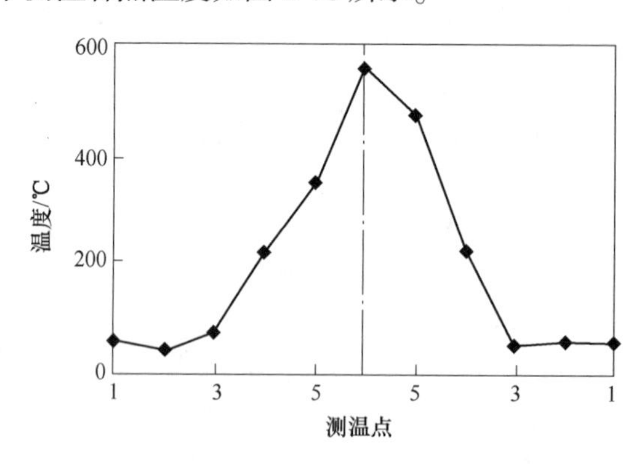


图 2-78 开炉初期高炉十字测温各点温度

### B 第一阶段

根据炉况变化，焦炭和矿石角度同时外移至 43°，这样既加重了边沿，又不至于过重压制边沿。同时，为减弱中心气流，把内环焦炭变为 1 圈，同时增加平台宽度，把矿石布料增加 1 圈，矿石内环角度变化不大，也有利于中心气流的稳定。通过调整，煤气利用有所改善，风压上升，燃料比降低约 5 kg/t。但从操作看，顺行状况没有彻底解决，仍然存在塌尺滑料现象，边沿在憋风时出现管道气流，同时中心气流亮圈较大，气流不强。此时软水系统总温差大于 6 ℃。第一阶段高炉十字测温各点温度如图 2-79 所示。

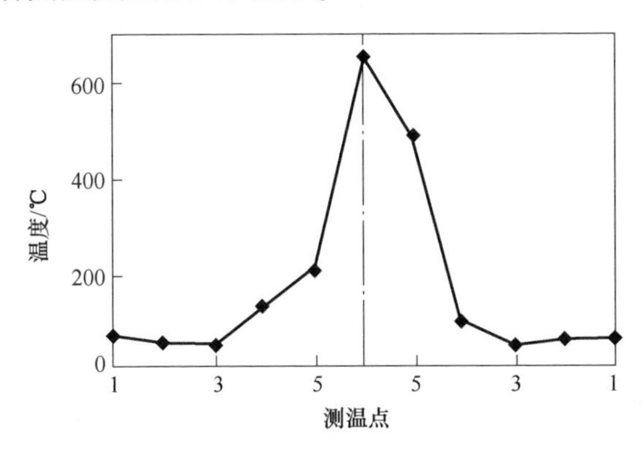


图 2-79 第一阶段高炉十字测温各点温度

C 第二阶段

针对第一阶段出现的边沿问题，布料调整继续选择压边方式，继续扩大矿石角度。为保证中心气流，选择在扩大角度的同时增加中心加焦。此时炉况趋于稳定，边沿管道气流得到有效抑制。从炉顶摄像看，增加中心加焦后，中心气流明亮且较强，不容易被压死，中心气流的光圈缩小。从十字测温也能看出，边沿气流得到进一步抑制，而中心区域相应减小。软水系统总温差下降到 5 ℃左右。第二阶段高炉十字测温各点温度如图 2-80 所示。

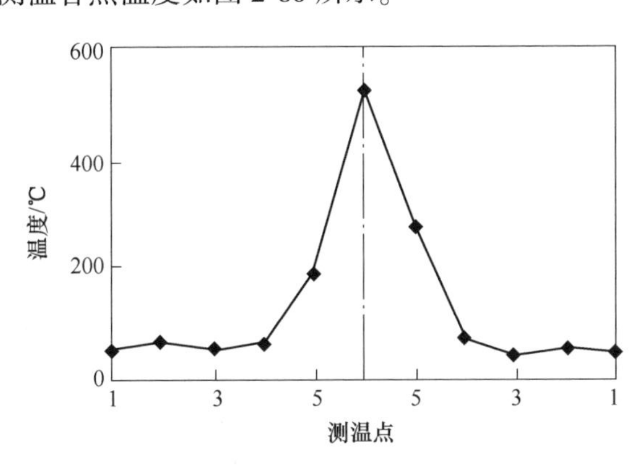


图 2-80 第二阶段高炉十字测温各点温度

D 第三阶段

在第二阶段基础上，矿焦布料矩阵同时平移，继续扩大角度至最外环角度

47°；采用中心加焦后，中心气流比较旺盛，这样为焦炭布料中心角度外移创造了条件，中心第二环从 32°移到 37°，减轻了矿区的负荷，使料柱透气性改善；同时由于中心加焦，中心气流又比较强，这样使高炉径向焦炭负荷比更加合理。

E 逐步完善阶段

大角度、大角差、中心加焦技术的应用，使高炉能够接受较重的边沿负荷，但边沿负荷能加重到什么程度，由高炉顺行状况决定。在操作中，要灵活运用增加或减少中心加焦的圈数。在高炉因各种因素引起憋风时，增加中心加焦圈数，保障中心气流更通畅，增加透气性，缓解憋风现象，保障炉况顺行；在中心气流过于强盛，十字测温中心温度持续高于 700 ℃时，减少中心加焦圈数，杜绝中心管道气流，提高煤气利用率，稳定炉况。

至此，该 1800 $m^3$ 高炉的大角度、大角差、中心加焦的新型布料方式形成。采用此种布料方式后，炉况大幅改善，基本消除了崩滑料，煤气利用率提高，消耗降低，同时操作比较灵活，取得了较好的效果。完善阶段高炉十字测温各点温度如图 2-81 所示，从图中可以看出，最边沿温度已经低于十字测温的内部其他点，没有拘泥于传统观点（边沿温度稍上翘）。调整后软水系统总温差约 3 ℃，对炉体冷却壁起到了保护作用。

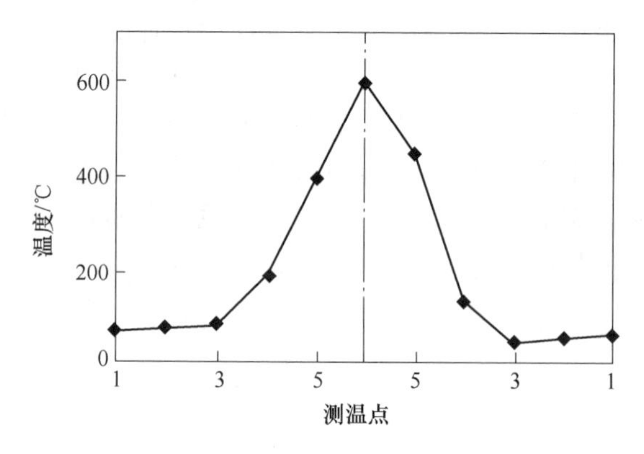


图 2-81 完善阶段高炉十字测温各点温度

2.4.5.3 新型布料方式实施效果

该钢铁企业 1800 $m^3$ 高炉合理采用中心加焦并结合大角度、大角差布料方式后，在很短时间内实现利开炉、快速达产、指标优化和提升，高炉炉况稳定顺行，各项指标维持在较高水平；与此同时，高炉冷却壁水温差始终维持在较低水平，为高炉冷却壁特别是炉身下部铜冷却壁的长寿、维持合理的操作炉型奠定了良好基础。

（1）从调整方向来看，中心加焦结合大角度、大角差布料方式的核心是：适当压制边沿气流，确保中心气流。中大型高炉由于炉缸直径较大，保证中心气流是顺行的前提；由于风压相对偏低，边沿气流不易控制，大角度又解决了边沿不易控制的问题，所以效果较好。

（2）从休风后炉顶料面来看，整个料面从边沿到中心，是非常平缓而稍微倾斜的缓坡，比较理想，如图 2-82 所示。大角度大角差，因矿焦同时外移，角差比较大，矿焦平铺，平台比较宽阔，边沿温度虽然有所降低，但焦炭负荷分布比较合理；中心加焦又保证了中心气流的稳定，采用此种技术更有利于高炉顺行。

图 2-82　休风后炉顶料面情况

（3）从水温差变化来看，采用此种布料方式后，有利于降低软水系统水温差，并能起到保护铜冷却壁的效果。高炉水温差长期维持在 2~3 ℃，这样能有效保护铜冷却壁。表 2-29 为高炉布料方式调整前后铜冷却壁热面的平均温度，可以看出，调整后铜冷却壁热面温度明显降低。

**表 2-29　高炉铜冷却壁热面的平均温度**　（℃）

| 部位 | 第 6 段 | 第 7 段 | 第 8 段 |
|---|---|---|---|
| 第一阶段 | 49.1 | 65.4 | 75.0 |
| 调整稳定后 | 41.75 | 49.05 | 56.00 |

（4）从操作过程来看，高炉操作手段更加灵活，在炉前出铁不正常或原燃料波动时可以灵活调整中心加焦圈数，起到疏导气流的作用，使操作调整手段增多，效果较好。

（5）从物理热调整来看，此种布料方式在使用过程中，因中心气流比较旺盛，铁水物理热较高。当物理热下降时，必须尽快提高炉温，同时维持下限碱度，保证炉缸吹透，稳定中心气流。

（6）从预防炉墙结厚的角度来看，通过多年的生产实践发现，即使出现边沿温度偏低，只要炉况顺行就不会出现炉墙结厚现象，传统观点认为边沿温度低就会造成炉墙结厚是存在争议的。事实上，炉墙结厚的原因很多，比如成渣带频繁波动、原燃料急剧恶化、边沿煤气不稳定等。如果高炉边沿过重，影响顺行，而采取的措施又不得力，则会容易导致炉墙结厚；如果边沿较重，但炉况顺行，不必过分担心炉墙结厚的问题。

2.4.5.4 小结

笔者认为，在原燃料质量一般的情况下，采用中心加焦结合大角度、大角差的布料方式，炉况可以长期稳定顺行，边沿温度更低，不仅解决了原燃料质量较差时高炉稳定顺行的问题，同时，也为冷却壁尤其是炉身下部铜冷却壁的保护提供了有益尝试。

（1）应根据自身的实际情况合理选择布料制度，但必须以高炉顺行为前提，只要调整方向正确，应该迅速调整。同时，合理的布料制度要有利于降低消耗，这是判断一种布料制度是否合适的重要标准。

（2）大角度、大角差配合中心加焦是一种比较创新的布料方式，其核心是适当压制边沿气流，确保中心气流，达到炉况长期稳定顺行、降低燃料比的目的。由于有效压制了边沿气流，边沿最外侧温度最低，冷却壁热面温度降低，实现了对铜冷却壁的保护。

（3）生产实践表明，只要高炉顺行状况良好，边沿重一些、边沿温度低一些，不必过分担心炉墙结厚的问题，即使有一点结厚，也容易化解。

## 2.5 大高炉炉缸长寿维护管理及大修开炉快速达产技术

国内某钢铁厂 3200 $m^3$ 高炉 2009 年开炉，高炉本体自下而上共设置 16 段冷却壁，采用软水密闭循环冷却系统，自下而上一串到顶的冷却配置，其中第 2、第 6、第 7、第 8、第 9 段为铜冷却壁。高炉运行 6 年后，出现炉身耐火材料被侵蚀、炉体冷却壁破损漏水、炉缸侧壁温度升高等突出问题，已影响到高炉的操作和稳定生产。笔者结合 3200 $m^3$ 高炉近年来生产实际状况，对其炉役中后期存在的问题进行简要总结，分析问题产生的原因，并提出相应的对策。同时，针对高炉大修如何快速降料面、开炉后如何快速达产等问题，笔者结合自身一线工作经验，提出一些看法，仅供各位炼铁同仁参考。

该 3200 $m^3$ 高炉炉型参数见表 2-30，炉底设置 5 层满铺碳砖，两层陶瓷垫。炉缸设计为倾斜式炉缸结构，采用国产大块炭砖+陶瓷杯结构。投产 10 年来，高炉工程技术人员围绕高炉长寿管理，从学习、摸索、探讨、计算到实践，取得了一定的成效。

**表 2-30 炉型参数**

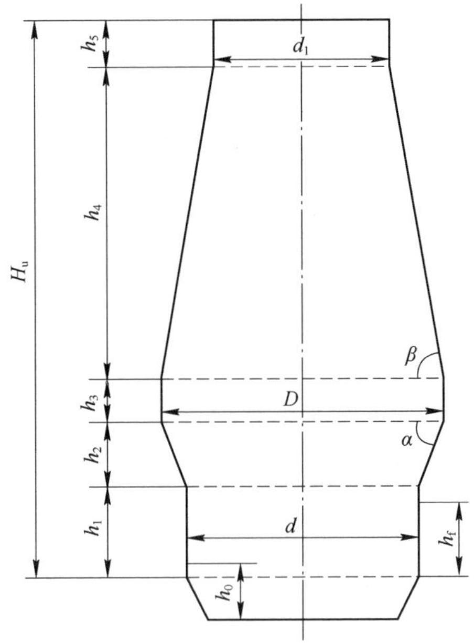

| 炉 型 | 名 称 | 参数 |
| --- | --- | --- |
| | 炉喉直径 $d_1$/m | 9.2 |
| | 炉腰直径 $D$/m | 14.3 |
| | 炉缸直径 $d$/m | 12.65 |
| | 炉喉高度 $h_5$/m | 2.1 |
| | 炉身高度 $h_4$/m | 17.2 |
| | 炉腰高度 $h_3$/m | 2.3 |
| | 炉腹高度 $h_2$/m | 3.6 |
| | 炉缸高度 $h_1$/m | 4.9 |
| | 死铁层深度 $h_0$/m | 2.75 |
| | 风口高度 $h_f$/m | 4.3 |
| | 有效高度 $H_u$/m | 30.1 |
| | 炉身角 $\beta$/(°) | 81.567 |
| | 炉腹角 $\alpha$/(°) | 77.093 |
| | $H_u/D$ | 2.10 |
| | 实际容积/$m^3$ | 3533 |
| | 风口数/个 | 32 |
| | 铁口数/个 | 4 |

## 2.5.1 炉缸长寿维护管理技术

高炉长寿是一项复杂的系统工程，除了提高设计和施工标准外，还应该重点提高日常维护技术和操作水平，其中关键环节是提高炉役末期炉缸维护技术和炉体长寿监控技术水平，有效延长炉役末期寿命，保证高炉安全受控。

该 3200 $m^3$ 高炉 TE1352（1 号铁口下方 2 m 位置，插入深度 260 mm）、TE1345 点（3 号铁口下方 2 m 位置，插入深度 260 mm）温度持续上升，最高温度分别上升到 451 ℃、515 ℃。针对炉缸侧壁温度升高的问题，炼铁人员积极采取护炉措施。炉缸侧壁温度高的区域有多处有煤气火，且火比较急，利用休风机会，对有煤气火的部位进行焊接封堵及炉缸开孔冷面压浆，炉缸开孔后有大量的水从灌浆孔流出。水不仅会在高温下与炭砖进行氧化反应，形成气孔，影响炭砖的导热系数，也是冷却壁冷面窜气的一个促成因素，甚至影响冷却壁热面与炭砖之间的碳捣料，形成气隙，影响传热。

通过压浆和封堵煤气后，炭砖温度还在持续上升，为了进一步摸索有效的治理方法，高炉工程技术人员从炉缸炭砖侵蚀机理方面展开研究。依据传热学原理，通过计算热流强度、炭砖残厚及借鉴多方面的资料，主要从控制铁水环流、钛矿护炉两方面入手。

#### 2.5.1.1 控制铁水环流

铁水环流速度加快不仅可以加速炭砖中石墨 C 向铁水中转移，还可以增加铁水对炭砖热面剪切力作用。当炭砖中碳素被碱金属化学侵蚀，煤气中 CO 分解后所生成的碳素沉积在炭砖表面时，均会使炭砖热面变得脆化、疏松，脱离炭砖本体。因此，铁水环流流速对炉缸炭砖侵蚀作用很大，会加剧铁水对炭砖的侵蚀，不利于炭砖热面凝铁层的形成。

（1）调整装料制度，开放中心，稳定边缘。高炉的上下部操作制度不仅决定炉内煤气流的分布，同时也决定炉缸工作状态，影响炉缸炭砖侵蚀速度和炭砖热面保护层的稳定性。

（2）堵温度高点上方的 1~2 个风口，增加鼓风动能。下部操作制度要保证风口面积与风量匹配，确保足够鼓风动能和回旋区长度，提高炉内料柱的透液性和透气性，降低铁水环流速度。上部操作制度要保持与下部操作制度同步，维持炉况的长期稳定顺行。

（3）减少炉缸侧壁温度高方向的风口进风面积，降低局部冶炼强度，对钛保护层的形成起促进作用。我国大部分高炉操作理念是追求高冶炼强度，随着利用系数提高，沿炉缸侧壁滴落的铁量会增加，同时造成炉缸侧壁铁水环流量和环流速度增加，不仅加剧铁水对炭砖热面的渗透侵蚀，也加剧铁水环流速度对炭砖热面剪切力作用。

（4）加强炉前出铁操作制度管理，增加铁口深度，减弱铁水对侧壁的冲刷。炉缸铁口出铁过程中，铁水在铁口区域炉缸内环流加大是造成铁口区域及铁口以下区域侵蚀的重要因素。

#### 2.5.1.2 钛矿护炉

该3200 $m^3$ 高炉从 2018 年 9 月 9 日开始加钛矿护炉，铁水中［Ti］按 0.08%~0.12%控制，钛负荷 4~5 kg/t（$TiO_2$ 负荷 7~8 kg/t），护炉期间由于对炉缸影响较大，9 月 25 日停止加钛矿，10 月 11 日再次加钛矿进行护炉，铁水中［Ti］按 0.08%~0.1%控制，钛负荷 3~4 kg/t。

两次护炉期间，TE1345 和 TE1352 温度及对应的冷却壁热流强度均出现下降趋势（见图 2-83），停加钛矿期间，对应冷却壁热流强度均呈上升趋势。在冶强不变的情况下，热流强度下降表明炭砖热面形成了保护层，保护层的导热系数比炭砖低，使得通过炭砖的热量减少，热流强度下降，炭砖温度下降。

##### A 钛平衡

高炉钛矿护炉过程中，做好钛平衡是必要的。炉缸钛沉积量可作为钛护炉期间一个监控指标，做好钛沉积量与侧壁温度的对应关系，不要盲目提高铁水

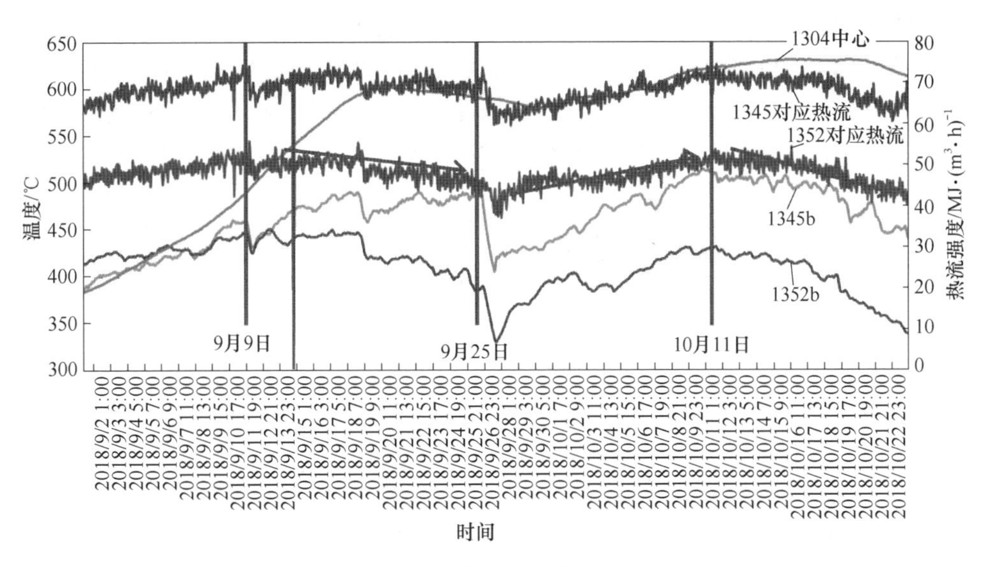


图 2-83 冷却壁热流强度变化趋势

[Ti] 含量去追求护炉效果而影响高炉顺行。随着钛矿的加入，炉缸钛沉积量增加，炉缸侧壁温度先缓慢下降，后下降幅度加大，如图 2-84 所示，说明随着钛沉积量的增加，钛保护层逐步形成。

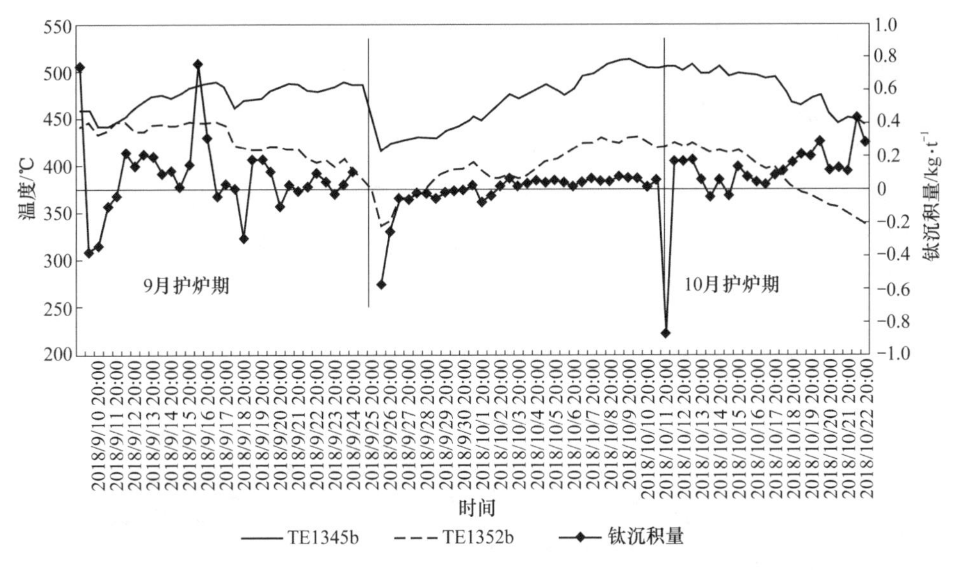


图 2-84 钛沉积量与侧壁温度的对应关系

B 造渣制度

在同一钛负荷下，炉渣 $R_2$ 越高，进入炉渣的钛越少。因此，钛护炉期间，适当提高炉渣碱度，降低（$TiO_2$）含量，提高钛的还原总量（[Ti] +钛沉积量）是必要的。高炉钛矿护炉过程中，炉渣二元碱度与（$TiO_2$）含量相互关系如图 2-85 所示。其中，第一阶段初期，炉渣二元碱度控制在 1. 17，不利于钛的还原。所以，为了保证铁水中钛的含量，在第二阶段适当提高炉渣碱度（1. 21）。

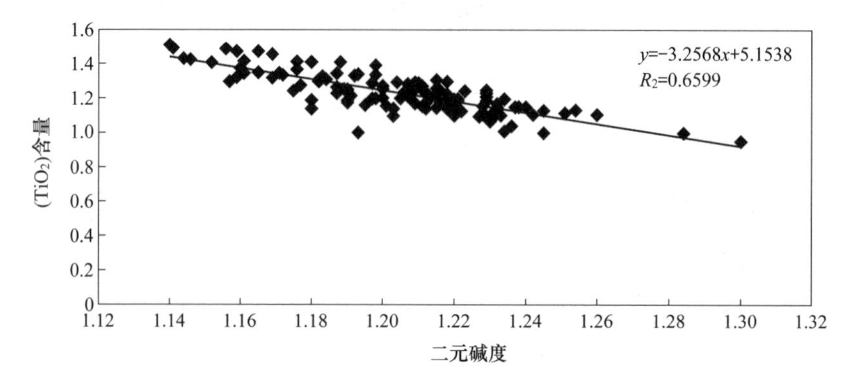


图 2-85 炉渣二元碱度与（$TiO_2$）含量相互关系

C 提高水量，加强冷却

通过调节炉底进水阀门，将两个温度高的分区水流量各调大 100 $m^3/h$，由于分流效应，炉底水冷管的水量稍有降低，对提高炉底中心温度有一定的好处。

D 完善炉缸监控

当高炉处于炉役末期，由于热电偶自身质量、维护等原因，原始炉缸炭砖热电偶会有部分损坏，难以准确判断高炉炉缸的侵蚀情况及安全状况。因此，在炉役末期建立全面高效的炉体长寿监控系统是非常必要的。利用年修的机会，在炉缸部位增加 382 个水温传感器，铁口区域每根水管一个水温差监控，非铁口区域每一块冷却壁一个水温差监控，建立炉缸侵蚀模型，指导高炉长寿维护管理。

该钢铁厂通过积极采取钛矿护炉措施，建立了提高炉渣二元碱度、降低（或局部降低）铁水环流、保持合适稳定的冶炼强度等行之有效的护炉手段，两点温度均降到 250 ℃以下，如图 2-86 所示，且产量未受到明显影响。

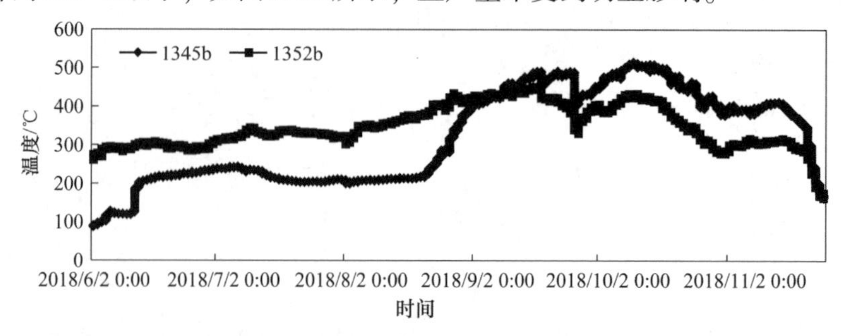


图 2-86 钛矿护炉后温度变化趋势

## 2.5.2 炉役后期炉体及风口维护技术

该 3200 m³ 高炉开炉后的 5 年里，一直保持较高的冶炼强度。但焦炭、矿石等原燃料条件不断变化，人员对大型高炉操作经验也有欠缺，炉腹、炉腰和炉身中下部的冷却壁温度时常波动，操作炉型的稳定性相对较差，一直未有较好的解决效果。

2.5.2.1 炉身喷涂造衬

自 2015 年下半年开始，炉身中下部冷却壁的温度波动加剧，电偶检测峰值极高，其中铜段、铸铁段冷却壁频繁超过 120 ℃和 600 ℃如图 2-87 所示，冷却壁背面频繁窜煤气，甚至出现炉壳局部发红的状况。预测该区段的内衬耐火材料被冲刷侵蚀殆尽，炉腰和炉身下部砖衬出现严重侵蚀甚至脱落，高炉内型出现明显变化，这给高炉操作的稳定性和可控性都增加了较大的难度。

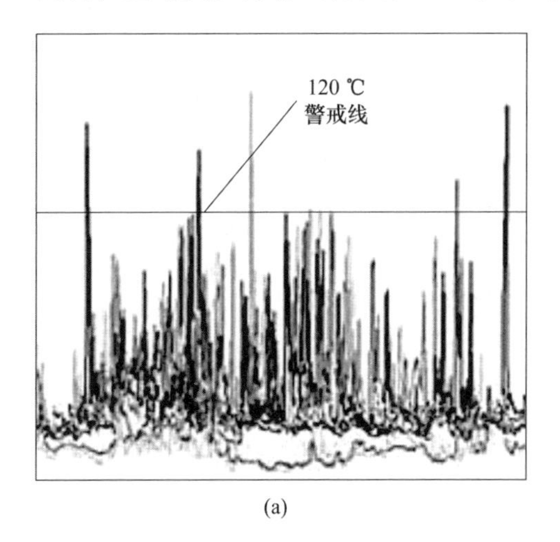


(a)

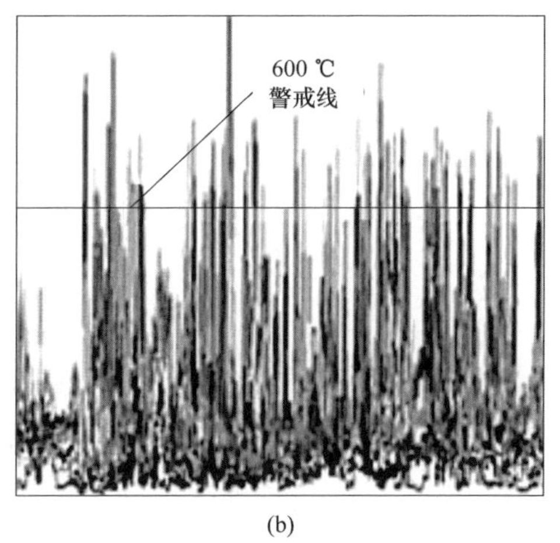


(b)

图 2-87 3200 m³ 高炉炉身下部冷却壁温度监测图示
(a) 铜冷却壁电偶测温趋势；(b) 铸铁冷却壁电偶测温趋势

鉴于炉身中下部砖衬侵蚀日益严重的情况，于 2018 年内，3200 m³ 高炉先后两次降料面到炉身下部，对炉身段进行喷涂造衬，炉身造衬采用“湿法”喷涂方式，喷涂厚度约 150 mm。首先使用高压水清洗炉身残余内衬及附着物，然后放入机械手按设计炉型喷涂，总施工时间约 36 h。喷涂后炉身内衬相对规整平滑，恢复生产后冷却壁温度波动区间收窄，在一段时期内气流稳定性得到改善。至于喷涂有效作用的时长，根据炉身温度趋势推测，5~8 个月对合理操作炉型的形成有一定促进。另外，定期监测炉壳温度，及时对炉身冷却壁之间和层间进行压浆填缝，这对冷却壁和炉壳可以起到一定的保护作用。

2.5.2.2　冷却壁漏水治理

炉腹、炉腰、炉身中下部冷却壁的损坏主要是受高温的煤气和渣铁冲刷，高热流强度和热冲击及碱金属和锌的破坏作用。随着炉身中下部镶砖和填缝料被深度侵蚀与冲刷，冷却壁破损在所难免。2015 年至 2019 年间，该 3200 $m^3$ 高炉的冷却壁水管漏水数量不断增加（见图 2-88），主要集中在炉身中下部（第 10~第 13 段）的 4 段铸铁冷却壁上，其次是炉身下部（第 9 段）铜冷却壁的部分水管也出现漏水，多在与铸铁段的连接部位。冷却壁漏水尤其在漏水量增多后，高炉炉内气流和炉热的控制难度加大。另外，长时间休风时，会出现炉顶点火爆震、复风困难甚至炉凉等生产与安全问题。

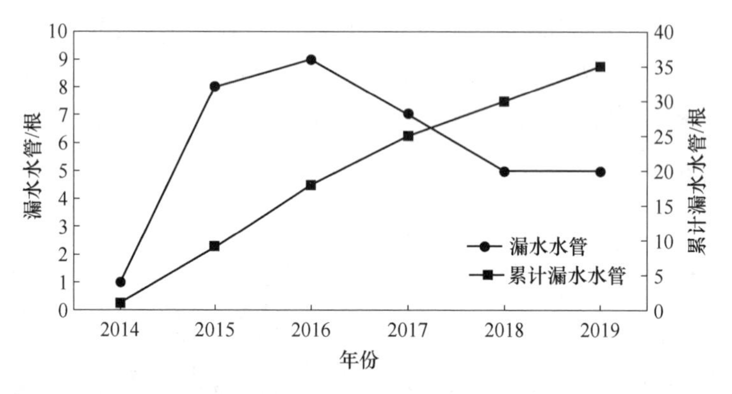


图 2-88　高炉的冷却壁水管漏水数量

高炉炉体采用软水密闭循环，对查出漏水点和确认漏水的准确位置带来了一定的困难。该 3200 $m^3$ 高炉通过跟踪软水补水趋势，运用排除法判断是否为冷却壁漏水，再使用透明胶管“U 形法”查找和确定漏水的具体位置。治理漏水方面，安排休风机会，对确定漏水的冷却壁水管进行跳接来隔离水系统，打压确认后使用不锈钢波纹管穿管，改为开路水单独冷却，如图 2-89 所示。并且，在波纹管与原漏水水管之间灌入高导热性泥浆，能有效地将冷却壁工作热面的热量传导给波纹管里的冷却水，从而将热量带走，起到保护冷却壁体，延长冷却壁使用寿命的作用。再次漏水穿管困难时，不得已再对该段水管进行灌浆密封，然后采取外部打水方式冷却炉壳。

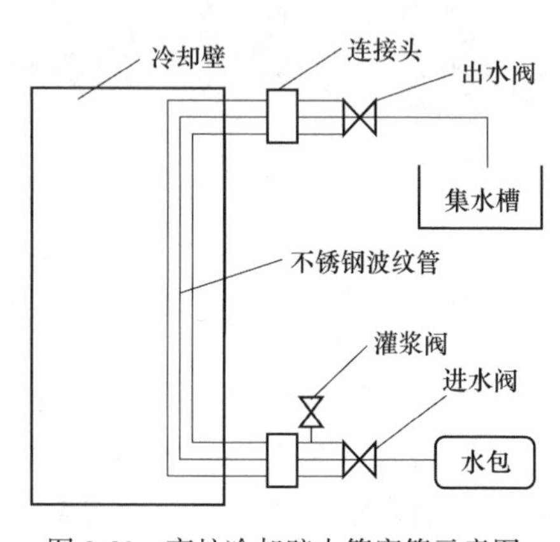


图 2-89　高炉冷却壁水管穿管示意图

严密监测和查出漏水点是治理冷却壁漏水的基础，早发现、早治理。查漏及时和治理得当对控制漏水量、延缓冷却壁寿命和维系安全生产都十分有利。

2.5.2.3 风口破损治理

风口是高炉送风系统的关键部件，高温热风通过风口以一定风速和风量均匀地鼓入炉内，在风口前端形成风口回旋区。焦炭在回旋区剧烈燃烧并放出大量热及 CO，为高炉冶炼提供热源及还原剂，延长风口寿命对高炉的稳定顺行有着十分重要的意义。随着风口制造技术的不断进步，风口质量得到显著改善，基本能够满足风口的使用要求。目前，高炉原燃料质量下降、炉况波动及操作管理不到位，逐步成为近年来导致风口损坏的主要原因。

该钢铁厂 3200 $m^3$ 高炉共有 32 个风，4 个出铁口，其中，26 个风口的直径为 130 mm，6 个风口的直径为 120 mm。风口直径的大小影响风口回旋区的形状和大小，当炉缸活跃度较低时，可适当缩小风口，提高风速，鼓风动能随之升高，有利于吹透中心使提高炉缸活跃。

A 高炉风口损坏情况及寿命统计

a 风口损坏形式

图 2-90 为 2015 年 3200 $m^3$ 高炉风口各种形式损坏的数量和所占比例的统计结果。可以看出，2015 年高炉风口的损坏形式主要为熔损，熔损的位置基本为风口前端，熔损风口数量为 81 只，比例高达 75.70%；其次为磨损，磨损部位集中在风口内孔壁，磨损风口数量为 18 只，所占比例达到 16.82%；其他原因损坏的风口数量较少，仅占风口损坏总数的 7.48%。

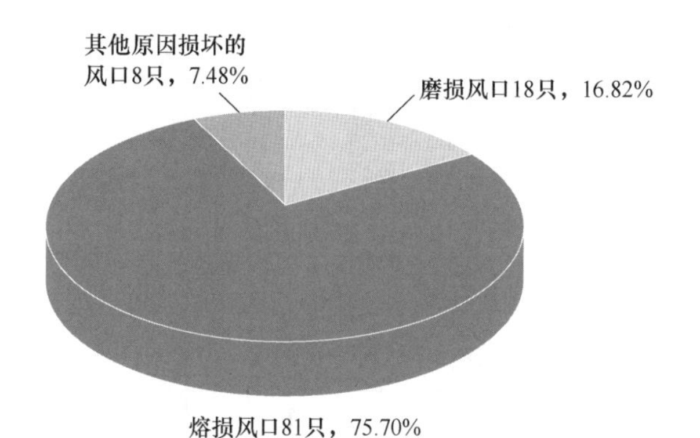


图 2-90 3200 $m^3$ 高炉风口损坏统计结果

b 风口损坏原因

(1) 熔损：发生炉缸堆积时炉缸内铁水易产生环流，并在风口下方堆积，冲蚀风口前端，造成风口前端熔损。另外，炉缸不活易造成边沿气流发展，气流无法吹透中心，高温区软熔滴落的渣铁不易穿过焦炭料柱进入炉缸，被迫从边沿滴落，容易造成高温铁水与风口前端接触而造成熔损。高温铁水接触风口表面后，风口表面的瞬时热流强度很快提高，同时，高温铁水与铜反应可能合金化，合金的导热系数远低于铜本身的导热系数，风口自身温度升高，超过熔点后发生熔损。

（2）磨损：风口内壁磨损主要是喷吹煤粉对风口的磨损作用，磨损位置多发生在风口内壁。风口内壁的磨损主要与以下因素有关：1）煤枪不正，即煤粉流离开煤枪的位置偏离风口中心线，造成煤粉流偏向风口某一侧。由于煤粉流的速度较高，煤粉由煤枪进入直吹管后方向无法立即改变，高速的煤粉流易冲刷风口内壁，造成磨损。2）煤枪插入角度（煤枪与风口中心线之间的夹角）过大，造成煤枪端部与风口内壁之间的距离变短，高速煤粉流易冲击对侧风口内壁，造成磨损。3）煤质较硬，硬质的煤粉颗粒冲击风口内壁时，更容易造成风口的磨损。4）煤比较高，根据磨损率定律可知，煤比与磨损率呈正相关关系，因此，煤比提高会增加风口的磨损率。

c 风口寿命统计

对该钢铁厂 2015 年高炉风口更换情况进行统计，全年高炉只有 23 号风口没有出现损坏情况，其余风口均发生损坏。这表明风口的损坏与铁口的位置无明显关系，风口的损坏与高炉炉况有关，存在不均匀性。

根据统计结果（见图 2-91）可知，风口寿命约 81 天，其中，寿命小于 1 个月的风口数量占损坏风口总数的 24. 41%，比例相对较高；寿命在 9 个月以上的比例仅占 18. 1%。与先进企业相比，高炉在提高风口寿命、降低成本方面仍有较大空间，应该针对风口损坏的原因改进风口质量。同时，优化高炉操作，避免炉缸异常，尤其是炉缸温度低等容易造成炉缸不活的炉况发生。

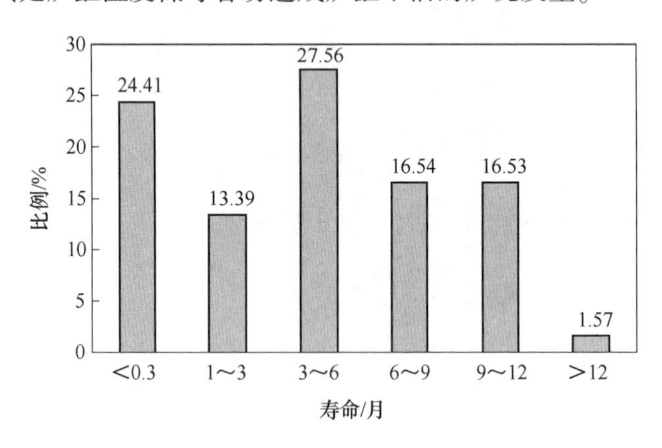


图 2-91 3200 $m^3$ 高炉风口寿命统计

B 延长风口寿命措施

a 原燃料控制方面

加强原燃料管理，特别是筛网管理，尽量减少粉末入炉，确保入炉料的透气透液性，炉内定期巡视原燃料情况，发现问题及时反馈并做好应对措施，及时调整入炉焦比和碱度，把其对炉况的影响降到最小。改善焦炭质量，提高入炉焦炭的粒度。减少焦炭在炉内的劣化，保证焦炭料柱具有较好的透气透液性。主要措施是提高槽下筛筛孔直径至 30 mm 左右，减少小粒度焦炭入炉。

b 风口设计及制造方面

（1）风口的内部结构仍采用贯流式，调节风口壁厚及各冷却水道的截面，以实现理想的冷却水流量及流速，强化换热能力。

（2）采用液态模锻风口小套，提高纯铜的物理性能，尤其是提高导热系数。液态模锻风口与普通铸造风口的性能比较见表 2-31，液态模锻风口可使导热系数最大提高 84%左右。

（3）风口前端内孔喷涂耐磨陶瓷，减少风口内壁和前端面的磨损。

**表 2-31 液态模锻风口与铸造风口的比较**

| 项　目 | 密度 /g · cm$^{-3}$ | 抗拉强度 /MPa | 伸长率 /% | 导热系数/W · (m · K)$^{-1}$ | | |
|---|---|---|---|---|---|---|
| | | | | 100 ℃ | 200 ℃ | 300 ℃ |
| 液态模锻风口 | 8.92 | 204 | 42~47 | 338 | 356 | 370 |
| 普通铸造风口 | 8.88 | 131 | 18 | 178 | 190 | 201 |

c 高炉生产操作方面

（1）提高高炉操作水平，活跃炉缸，保持炉缸有充足的炉温，渣铁流动性较好。发展中心气流，兼顾边缘气流，保证炉况顺行。

（2）优化冷却制度，为确保高炉稳定长寿，要控制好合理的热负荷。从长寿的角度考虑，炉体热负荷越低越有利炉体维护；从高炉操作角度考虑，热负荷过低，容易发生高炉结厚等异常炉况，通过严格控制冷却制度，防止水温波动大造成大面积渣皮脱落，加强点检发现跑冒滴漏现象及时处理，减少因漏水发现不及时造成的局部冷却强度不够。通过冷却制度优化有效减少壁体温度大幅波动，从而降低风口破损次数。

（3）根据实际情况，减小煤枪与风口中心线之间的夹角至 7°左右，同时，弯曲煤枪前端，保持煤枪前端与风口中心线平行，减少煤粉流对风口前端内孔壁的冲刷。

（4）加强炉前巡检，保证煤枪前端处在风口中心线，避免煤枪插入深度过深或过浅，造成对风口内壁的磨损。同时，若发现漏水，及时减少进水量。既可以防止大量水进入炉内，又有助于继续维持风口使用，减少休风。

### 2.5.3 大修快速降料面技术

国内某钢铁厂 3200 m$^3$ 高炉于 2009 年 9 月 25 日投产。炉底炉缸采用微孔炭砖+陶瓷杯结构，炉缸第 2 段、炉身中下部第 6~第 9 段采用铜冷却壁，炉底水冷管、风口大套、中套及冷却壁采用软水密闭循环冷却，风口小套为工业水开路循环冷却。由于铁口中心线以下和炉底部位砖衬，长期承受铁水静压力和环流的作用，侵蚀较快。进入炉役中后期，炉缸侧壁温度整体逐步升高。2020 年 5 月 8 日，高炉降料面停炉，准备更换炉底第 4 层以上所有炭砖和部分水管破损的冷却壁。

维持炉况稳定顺行的前提下，通过预休风处理漏水冷却壁水管及风口小套，并对仪表、电气设备进行细致检查和确认。采用空料线炉顶打水方法停炉，辅以炉顶、炉身静压点及风口煤枪等处通入 $N_2$ 稀释煤气中 $H_2$ 等组分，合理配置各项操作参数，优化炉前渣铁排放，安全顺利，全程无爆震，快速将料面降至风口下沿，累计用时 15.27 h。

(1) 休风料焦炭负荷的调整。休风料焦炭负荷的调整，应根据降料面停炉后的操作进行相应调整。对于不放残铁的高炉应根据高炉自身特点，以确保降料面过程渣铁顺畅排出为调整依据，在此基础上尽可能维持略重的焦炭负荷，有利于降料面时间的缩短及其后炉缸扒焦炭等工作。本次降料面结合正常生产时高炉特点，合理计算，维持高炉铁水温度不小于 1450 ℃，极大地减少了焦炭的加入量。

(2) 盖面焦的加入。加入盖面焦主要是为避免炉顶打水直接接触红热矿石而出现爆震等异常现象，一般在开始降料面前将其加入。本次降料面以盖面焦作为隔开炉顶打水与红热矿石的“隔层”，调整盖面焦的加入时机，在降料面过程才将盖面焦加入，推迟并减少炉顶打水。第一罐盖面焦的加入时机可选择在炉顶开始打水前，加入前根据料线深度先将炉顶布料矩阵进行适当调整，以尽可能将盖面焦铺满料面。其后的盖面焦可根据炉顶煤气成分控制需要，在需要持续增加打水量时加入，整体效果较好。

(3) 准确控制炉顶温度。由于降料面过程中炉顶持续打水，煤气裹挟部分雾化水上升，随着累计打水量的增加将处于炉顶上升管的热电偶糊住，影响了热电偶测温的准确性，出现煤气后端温度较前端温度更高的现象。此时，应根据煤气管道中对温度要求更严的布袋入口或入管网前热电偶所测温度为依据，进行炉顶打水控制。

(4) 送风参数控制。降料面休风料确定后，料面降至指定位置所需的总风量亦即确定。为尽可能缩短降料面总时长，应充分利用降料面前的一段时间，在炉顶温度及煤气成分允许的前提下，尽量维持长时间的全风全氧，甚至可在前期适当增加富氧量，以加速焦炭的燃烧促进料面下降。本次降料面风量维持停炉前水平，富氧量较正常生产增加 70%，基本恢复至控产前的富氧水平，在降料面过程中取得了比较好的效果。

（5）炉顶压力控制。大风量、高风温和合适的顶压有利于缩短降料面的时间，但如果风量、风温及顶压不相适应，就可能发生崩料等现象，引起爆震。在降料面过程中，随着炉内料层的减薄，气流的稳定性变差，在减风初期可维持顶压不随风量降低，在减风中后期则适当少减、缓减顶压，控制顶压较正常与风量匹配的顶压高 40~60 kPa，降低炉内煤气的流速，对稳定炉内气流、避免出现爆震有较好的作用。

（6）料面位置的准确判断。传统的方法通过探尺及炉顶煤气中 $CO_2$ 的含量来判断料面的实际位置，但实际执行过程中，由于钢丝绳烧断及各高炉特性，以上方法可能无法准确有效地判断料面位置。通过本次降料面操作观察发现，随着料面下降，冷却壁将逐渐直接裸露在炉内煤气中，由于冷却壁热面无炉料分布不均匀等影响，在料面以上同一标高的冷却壁热面各点热电偶温度会较短时间内趋于同一水平，变化趋势出现明显分界。在探尺钢丝绳出现烧断等异常情况下，根据此可作为另一种判断料面位置的方法。

（7）合理的休风时机。为最大限度减少休风后炉缸扒焦炭的工作量，降料面时尽可能将料面降至能正常燃烧的最低的位置。传统方法往往以半数风口以上吹空变黑作为休风的判断依据，但随着高炉的大型化，降料面末期基本难以观察到半数以上风口吹空变黑等现象。通过本次降料面操作发现，在后期料面逐步下降至风口水平时，会有个别风口出现“下黑雨”等现象，但一段时间后风口又恢复正常的明亮状态，其后上述过程还将继续有循环出现。分析是因为高炉料面不是绝对的一个平面，且炉缸直径较大，料面相对较低处的风口在吹空变黑后，由于风口下斜 5°形成风口前焦炭回旋，且受相邻风口鼓风搅动炉内焦炭等影响，吹空的风口前端将再次出现焦炭而继续燃烧，上述过程中压差及炉顶压力相应会出现变化。因此，在出现上述现象后继续维持一定时间的鼓风即可作为休风的依据。降料面末期风量水平较低，鼓风穿透能力不足，末期基本燃烧风口前端部分焦炭，在末期休风过程，随着风量的减小，风口前的疏松的焦炭将被鼓风推向靠近中心的位置，也即在休风后炉缸中心将形成一个“堆包”状的焦炭堆。

### 2.5.4 开炉快速达产技术

2020 年 5 月 9 日该钢铁厂对高炉进行大修，更换了炉底第 4 层满铺炭砖以上的所有炭砖，并更换部分冷却水管破损的冷却壁。大修结束后于 2020 年 8 月 29 日点火开炉，开炉迅速加风并维持 1.4 的送风比充分加热炉缸，控制料线使软熔带“错时”形成，避免炉内气流通道堵塞而造成悬料事故。之后根据炉况恢复进程及时调整焦炭负荷及炉温，使各项操作参数逐步过渡至正常水平，开炉 4 天内恢复至全风全氧操作，逐步将全焦负荷加至 4.85 t/t，利用系数达 2.5 t/($m^3$ · d)，实现了安全顺利快速达标达产的冶炼目标。

2.5.4.1　开炉操作解析

A　尽早引入煤气

开炉前期，在取炉顶煤气样连续做 3 次爆发试验合格，并检测煤气中氧含量低于 1%后，应迅速引入煤气。尽早引入煤气不仅有利于减少煤气放散，而且引煤气后有利于提高顶压，高炉转变为高压操作，对炉内煤气流的合理分布、降低压差及进一步加风都有明显的促进作用。对于干法除尘系统，为避免引入煤气较早使炉顶温度不足而导致布袋结露问题，可在点火送风前先送风 2~3 h（90~180 ℃）对料柱进行干燥和加热，且有利于点火送风后顶温的快速升高。若顶温升高速度仍较慢，也可在送风初期计算煤气发生量，结合布袋过滤面积，减少筒体投用量，待顶温升高后再逐步投用其他筒体。

B　出铁时间的选择

炉前第一次出铁对开炉恢复进程至关重要，所以第一炉出铁时间的选择很关键。出铁时间应根据炉缸容铁量精准计算出炉缸内渣铁液面的位置，适当延长第一次出铁的开口时间，保障第一炉铁的铁量及热量充足。充足的铁量能避免第一次出铁先见渣后见铁而减轻炉前的工作量，充足的热量保证了炉渣具有良好的流动性，首次出铁即过撇渣器冲水渣，极大减少炉前劳动强度。

C　积极加风

开炉前期风量可适当加大，引入煤气后也应进一步积极加风，高风量能充分且均匀地加热炉缸，提高炉缸的热量储备。此次开炉操作起始送风比 1.1，在引煤气后继续加风，对开炉过程炉况的改善作用效果明显，尤其是为缩短开炉时间创造了有利条件。大风量能提高风速和鼓风动能，延长风口前回旋区，有利于中心区域吹透，同时也能使气流在径向分布更均匀，形成更趋合理的软熔带形状。

D　合理控制料线

高炉软熔带错时形成的示意图如图 2-92 所示。为避免在软熔带形成过程中出现悬料等异常现象，开炉前期尝试控制料线，直至 10.2 m 左右才开始加料，整体效果较为理想。开炉过程随着焦炭燃烧持续增加，煤气向上运动进行传质传热，炉内逐步形成相对稳定的温度场，中下部矿石经加热软化先形成软熔带。在后面加入矿石逐步下降并开始软熔前，先期形成的软熔带中心已形成稳定畅通的气流通道，软熔带焦窗透气性也能逐步稳定。即通过控制矿石层厚度来控制软熔带形成的厚度，确保软熔带形成的过程气流通道始终不受阻。另外，送风前期控制料线的一个有利的条件是前期顶温较低，不

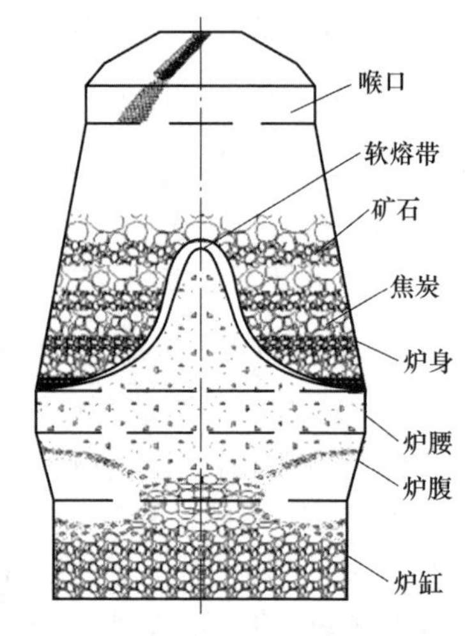


图 2-92　软熔带错时形成示意图

会损坏炉顶设备，而且控制一定的料线能够起到均匀上部煤气流的作用。

2.5.4.2 达产情况

2020 年 8 月 29 日 18:40 捅开 11 号和 15 号风口，风压降低 12 kPa 左右，风量维持不变。19:45 捅开 27 号和 31 号风口，少量加风至 2000 $m^3$/min。8 月 31 日 10:45，捅开 8 号和 24 号风口，风量加至 5150 $m^3$/min。9 月 1 日 7:50，捅开剩余的 4 号和 20 号风口继续逐步加风，18:00 风量加至 6150 $m^3$/min。9 月 3 日 13:00 富氧率 2.2%，日产量相应稳步升高。9 月 3 日起产量达 8000 t/d 以上，利用系数 2.5 t/($m^3$ · d)，开炉工作实现快速达产达效，高炉产量变化如图 2-93 所示。

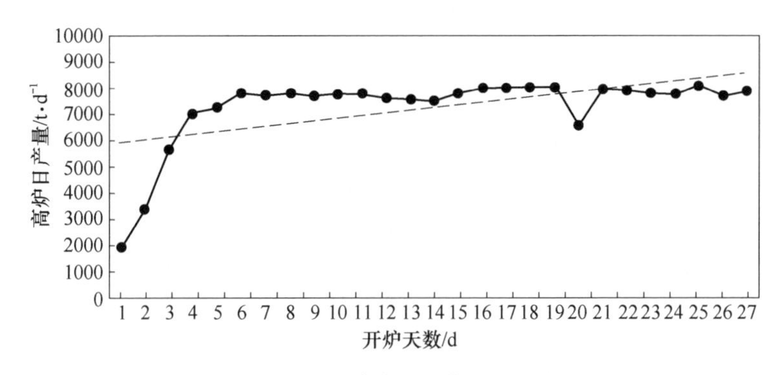


图 2-93 3200 $m^3$ 高炉大修开炉日产量

## 2.6 高炉常见问题及处理措施

高炉炼铁工作者在自己工作高炉的冶炼条件下（原燃料性能和供应水平、设备技术装备和检测手段、炼铁后续工序的生产状况及对铁水的需求等），应用自身的技能使高炉稳定顺行是对自己的基本要求，也是高炉工作者的责任，在当今的形势下，只有高炉顺行才能实现低碳、低成本、高效益的生产。

由于高炉炼铁的复杂性和“黑箱”效应，再加上冶炼条件的变化，特别是原燃料质量的变化，设备事故的出现及后续工序事故造成铁水供应失衡，以及操作者自身的失误等造成炉况波动继而失常，处理不及时或不当又转为事故，因此正常和失常是高炉炼铁操作者日常处理炉况的重要工作，不仅要正确识别“正常”与“失常”，还要有正确的措施来处理失常炉况。应该指出，顺行和失常都是有基本特征的，虽然特征会随着冶炼条件、炉子大小，以及操作者技术水平的不同而有所变化，但基本特征是保留的。本节将一些造成炉况失常的主要原因，归纳如下：

（1）原燃料质量变化。焦炭性能变差及在炉内劣化是造成失常的主要原因之一，焦炭在高炉内的料柱骨架作用是没有其他原燃料所能替代的，特别是软熔带及滴落带内的骨架作用，正因为如此，不同炉容的高炉对原燃料质量有着相对应的要求，主要是$M_{40}$，$M_{10}$，CRI 和 CSR 四个指标，焦炭在高炉内的劣化是由以下几个因素造成的：

1）热应力破坏：焦炭导热性差，焦炭块表面和中心温差造成的热应力大于焦炭强度，焦炭裂隙破碎产生粉末；

2）碳素溶解损失反应：碳素溶解损失反应降低焦炭强度，使焦炭成蜂窝状，经摩擦成粉末，而炉料中的$K_2O$、Zn、ZnO 还原出来的新生态 FeO、Fe 都是溶损反应的催化剂，这是焦炭劣化的主要原因；

3）焦质被溶蚀：铁水和炉渣的溶蚀，碳不饱和的金属铁与焦炭接触溶解碳，含 FeO、MnO、$P_2O_5$ 等炉渣与焦炭中碳的还原反应均造成对焦炭的溶蚀而降低焦炭的强度；

4）摩擦粉碎：下降过程中不同运动速度的焦炭与焦炭、烧结矿、球团矿或天然块矿之间的摩擦，焦炭与炉墙的摩擦，特别是炉缸燃烧带内高炉转动的焦炭与相对静止的死料柱的焦炭之间的摩擦，使焦炭破碎形成大量的 5 mm 左右的碎焦粉存在于燃烧带周边。

（2）含铁炉料质量变化。含铁炉料质量变差是造成炉况波动的另一个重要原因，特别是烧结矿质量波动造成炉况波动是最常见的案例。烧结矿质量波动主要表现在：化学成分波动、粒度组成波动和冶金性能波动。

化学成分波动表现在：TFe 波动超过 1%，FeO 波动超过 1%，烧结矿碱度波动超过 0.1%。前两者波动造成还原剂消耗变化，更重要的是造成还原消耗热能波动，引起炉子热状态波动处理不及时或处理不当造成炉况失常；烧结矿碱度波动造成炉渣制度混乱。

引起烧结矿品位波动的原因是烧结料配矿前未很好混匀，配料时矿种乱和称量失误等；造成 FeO 波动的原因是配碳量变动及烧结工艺参数控制不当；造成烧结矿碱度波动的原因是采购的熔剂质量差，特别是生石灰的质量。

（3）追求高产量，维持高冶炼强度。长期以来，我国炼铁追求高冶炼强度以达到高产，这在国民经济高速发展、对钢铁产品有很大需求时，无疑是可以理解的，也为很多企业创造了利润。但是在当今国民经济进入调整转型、市场需求减少时期，还继续盲目追求高冶炼强度和高产量就达不到低碳和高炉稳定顺行的目的。尤其一些企业听信低价劣质矿可以降成本的片面说法，在高冶强下，炉况频繁失常。

高冶炼强度生产是要有条件的，首先要有很好的精料作为基础，其次是要精心操作，采取一切可以降低炉腹煤气量的措施如富氧、高顶压等维持高炉顺行。

因为长期在极限炉腹煤气量下生产，一旦原燃料质量波动，肯定要出现失常，人们往往存在侥幸心理，压差升高不作调整，认为挺一下就过去，甚至认为采用“顶烧”办法可解决因下料过快，炉缸热量不足而有涌渣出现的问题，后果不是管道就是悬料。

（4）不重视“脉冲”式炉况的处理。生产中，因原燃料条件变化而操作者没有发现，炉况经常出现塌料、小崩料，有时稍加调剂就过去了，有时不调剂也“自动”过去了，这种“脉冲”式炉况会变得习以为常，但是往往这种炉况会逐渐发展成管道行程或悬料，由于反复出现小崩料，炉料分布混乱，会引起煤气流分布失常而发展成恶性管道。

（5）不重视炉型管理。生产中不重视或忽视合理操作炉型的管理，由于气龄分布不合理或炉料粉末过多，软化性能特别是升华和挥发性物质过量（例如 $K_2O$、$Na_2O$、Zn、ZnO 等）造成炉墙局部结厚，甚至生成炉瘤，又不及时处理，极易造成炉况不顺，在某个方向上或局部吹出管道甚至造成悬料等。

（6）炉前操作不正常。如铁口维护不好，主沟跑铁，撇渣器跑铁，摆动流嘴失灵等造成不能按时出铁出渣，炉内被风量被憋，风压上升，波动等炉前操作不正常都会影响炉内，造成炉况不顺，甚至出现管道或悬料。

（7）设备故障。外部原因造成高炉炉况失常的主要方面是设备故障，例如设备的功能失常、零部件损坏等，高炉被迫慢风生产，尽快休风处理，有的是紧急无计划休风，它们都会影响冶炼过程，失常是常有的事。特别是装料设备故障，无法向高炉供料，造成高炉低料线，慢风操作；送风系统故障无法向高炉送风造成无计划紧急，休风炉内煤气流分布紊流，热制度被破坏，常由失常发展为严重事故，炉缸堆积，炉缸大凉，甚至冻结。

下面，笔者结合自身在一线操作高炉的经验，对高炉出现的常见问题和解决措施提出一些看法和建议，仅供各位炼铁工作者参考。

### 2.6.1 高炉低料线的原因分析及处理措施

高炉用料不能及时加入炉内，致使高炉实际料线比正常料线低 0.5 m 或更多时，即称低料线。低料线作业对高炉冶炼危害很大，它打乱了炉料在炉内的正常分布位置，改变了煤气的正常分布，使炉料得不到充分的预热与还原，引起炉凉和炉况不顺，诱发管道行程。严重时由于上部高温区的温度大幅波动，容易造成炉墙结厚或结瘤，顶温控制不好还会烧坏炉顶设备。料面越低，时间越长，其危害性越大。

#### 2.6.1.1 低料线的原因

高炉生产的很多异常大多都会表现在料线的异常上，所以，料线也形象地称为“操作者的眼睛”，一旦“眼睛蒙灰”，必视物不清，使操作陷于不可预期的结果当中。日常生产造成亏料线通常有以下原因：

（1）装料设备出现故障或原燃料供应紧张造成不能上料或上料速度慢，形成亏料线。

（2）炉况欠佳，崩塌料或悬料坐料后导致亏料线。

（3）计划或无计划休风后形成的低料线。

2.6.1.2 低料线对高炉冶炼的影响及危害

高炉操作中出现亏料线是难以完全避免的，但必须避免长时间（超过 2 h）的亏料线或料线过深（超过 3 m）而不减风的现象，其对高炉生产的影响是巨大的，后果也相当严重。亏料线对高炉冶炼的影响一是影响炉料的预热与还原，进而影响热制度的稳定；二是影响原有的煤气流分布，使煤气流分布紊乱，甚至炉况运行失常。

亏料线操作可能对高炉冶炼造成的危害包括以下几个方面：

（1）炉喉布料紊乱，直接改变了原有煤气流分布，处理不当极易导致煤气流分布失常，影响炉况顺行。

（2）因设备原因引起的不能正常装料，可能导致炉顶温度升高，过高时还会损坏炉顶设备，对于干法除尘的高炉，炉顶温度超过 300 ℃以后，不仅对无料钟装料设备有不利影响，还会烧损除尘布袋。

（3）因为亏料线影响了炉料的预热和还原，处理不当将导致炉温向凉和生铁质量下降，严重时造成炉子大凉，风口灌渣甚至炉缸冻结等事故。

（4）因布料紊乱，乱料下达软熔带后易使软熔带透气性恶化，压量关系紧张从而发生崩料、悬料等事故，影响炉况顺行。

（5）亏料线容易导致软融带、煤气流分布及炉温渣比等一系列的波动，波动较大时还容易引发风、渣口烧损事故。

（6）软熔带的波动不仅影响送风的风量，波动过大也容易造成炉墙黏结。

（7）休风引起的低料线会影响送风后的炉况恢复进程，延长炉况恢复时间。

（8）因炉况不顺、崩塌悬料导致的亏料线，一方面容易使炉子亏热，恢复困难；另一方面也更容易导致炉墙黏结，加大炉况处理难度。

2.6.1.3 低料线的处理

（1）由于原料供应不足或装料系统设备故障在短时间内不能恢复正常造成的低料线，应果断减风至炉况允许的最低水平（风口不灌渣和炉顶温度不大于 250 ℃），并且减风低压持续时间尽量控制在 2 h 以内。估计时间较长或空料线较深时，应尽快组织出铁，铁后休风处理。严禁长时间减风空料线操作，一方面极易引起炉缸冻结；另一方面不利于问题设备的检查处理，延长处理时间，使事故扩大化。

（2）亏料线期间，引起炉顶温度升高时，应及时启动炉顶打水系统，将炉顶温度控制在 300 ℃以下。炉顶打水应间断进行，避免打水过多除尘袋黏结后影响除尘效果或打水顺炉皮而下渗透到炉身下部后造成炉凉。

（3）无论哪种原因出现的亏料线，都应根据低料线的深度和持续时间补足焦炭或适当减轻焦炭负荷。

（4）炉况不顺造成的亏料线，应首先适当减风并补足焦炭，稳定炉况；待炉况稳定、料线正常后再逐渐恢复风量；因崩料造成的亏料线，减风 50%以上持续时间超过 2 h，应考虑铁后休风堵风口，以利于炉况恢复。

（5）亏料线期间赶料线时，应根据炉况走势决定赶料线速度，严禁所谓的疯狂赶料线造成炉况反复。初期可上得快些，待料线见影后要适当控制上料速度；对于采用干法除尘的高炉，赶料线时还需要适当控制炉顶温度不小于 120 ℃；当炉顶温度低于 120 ℃后应控制赶料线的速度或适当加风，以防止温度低于露点后有水析出，使除尘袋板结。

（6）赶料线时风压应保持在适宜的水平，低风压赶料线可能严重影响料柱的透气性，于炉况不利；低料线期间恢复风量时要稳重，每次加风应小于 20 kPa，在风压风量对称的基础上再逐步恢复至正常。

（7）料线接近正常水平后风压会略有升高，此时应该控制压差低于正常压差 10~15 kPa，并控制下料速度，以保持风量和风压对称，炉况稳定顺行不反复。

（8）低料线下达到软熔带透气性变差时，可临时改变装料制度，钟式高炉适当增加倒装比例，无料钟高炉可减少边缘布矿圈数。同时，根据炉况顺行情况适当减风，使风压比正常低 20~30 kPa，避免崩料或悬料，低料线的炉料过软熔带，风量、风压对称后再逐渐恢复风量到正常水平。

#### 2.6.1.4 低料线实际案例分析

某钢铁企业 2280 m$^3$ 高炉炉顶上料罐内部一处横梁断裂，出现设备故障，导致亏料线至 9.3 m，通过优化复风方案，合理控制各项操作参数，主要经济技术指标已恢复至正常冶炼水平。

（1）休风前炉况稳定，各参数如下：炉料结构为烧结矿+球团矿+块矿；矿批 57 t，焦炭负荷 3.85，风量 41160 m$^3$/min，热风压力 429 Pa，顶压 243 Pa，煤 32 t/h，富氧 12000 m$^3$/h，料线 1.3 m，风温 1260 ℃，物理热 1502 ℃，铁水 [Si] 0.35%，铁水 [S] 0.015%。

（2）上料系统设备故障，亏料线严重。白班因上料罐内部一处横梁断裂，电脑画面显示上密旋关超时，初步判断为卡异物造成，多次手动活动上密，仍报故障。初期判断短期内可以处理好，氧气由 12000 m$^3$/h 控至 3000 m$^3$/h，减风 10 kPa，随后正常换炉，炉顶现场打开上料罐观察孔后发现上料闸处被断裂横梁卡住，通知炉内改常压放料，因换炉过程无法减风，立即停氧、停煤，换完炉后 14:35 减风至 150 kPa（开口 12 min），顶压 20 kPa 放料，但料放不下，现场研究处理方案。15:28 组织将东铁口用 80 钻头打开，东、西铁口同时打开及时排出炉内渣铁；其间 15:54 放探尺探料面 9. 3 m，再次减风至 100 kPa，16:11 断裂横梁吊出，正常放料。

（3）缩矿批、调整装料制度稳定炉内气流，退负荷补热。第 98 批（恢复后第 1 批）加净焦一个（15 t），第 99 批缩矿批至 45 t，退负荷至 3. 0，因料线深，风量小（1470 $m^3$/min），为保证中心气流同时兼顾边缘调整装料制度，于 16:20 开始加风，前期加风较慢，每次加 10 kPa，控制相对较低压差运行，以保证气流顺畅。其间程序自动放料，17:13 探测料线 6. 87 m，开始恢复送煤 10 t/h。17:30 探测料线 5. 24 m，加煤至 15 t/h。18:00 探测料线 4. 61 m，开始较前期适当加快加风进度并提高压差（风量 2990 $m^3$/min，热压 268 kPa，顶压 126 kPa，压差 142 kPa）。结合当前运行情况，考虑后期炉温平衡，在 45 t 矿批、3. 0 负荷运行 15 批后，于 18:15 第 114 批，扩矿批至 48 t，焦批 15 t 不变（保证焦层稳定）负荷 3. 20 运行加煤至 20 t/h，此时风量 3250 $m^3$/min，料线 4. 3 m。19:15 风量 3720 $m^3$/min，热压 361 kPa，顶压 208 kPa，压差 153 kPa，料线 3. 28 m，在 48 t 矿批、3. 0 负荷运行 6 批后，51 批矿批加至 51 t，焦批 15 t，负荷 3. 40 运行加煤至 25 t/h。在料线到 3 m 以内后，开始放慢放料速度，根据顶温放料。19:40 风量 3930 $m^3$/min，热压 376 kPa，顶压 216 kPa，压差 160 kPa 料线2. 36 m；21:10 风量 4010 $m^3$/min，热压 382 kPa，顶压 219 kPa，压差 163 kPa，料线 1. 83 m，在 3. 40 负荷运行 12 批后，矿批加至 54 t，焦批 15 t 不变，负荷 3. 60 运行，开始富氧 2000 $m^3$/h，减煤 1 t，24 t/h 运行。

（4）平衡前期轻负荷料，保证炉况顺行、炉温基本稳定。21:35 为迎前期轻负荷料，开始适当加快加风进程，风量 4200 $m^3$/min，热压 407 kPa，顶压 230 kPa，压差 177 kPa，氧气 3000 $m^3$/h，风温由 1280 ℃减至 1200 ℃，减煤至 13 t/h 运行，21:55 风温由 1200 ℃减至 1100 ℃。23:50 在 3. 60 负荷运行 30 批料后矿批加至 56 t，焦批 15 t 不变，负荷 3. 73，煤 20 t/h，风温由 1140 ℃。此时炉况稳定，炉温合适稳定，各项参数已基本恢复正常。

2. 6. 1. 5  结论

（1）低料线破坏炉料和气流的正常分布，炉料得不到正常分布，不能正常地预热还原，会引发炉凉和其他炉况失常事故；低料线还会造成炉顶温度过高，对炉顶设备及煤气除尘布袋有严重的破坏作用。

（2）低料线的危害很大，如果把握不好亏料线深度、赶料线时间、工艺参数选择，可以很快将一座顺行的高炉变得“寸步难行”。

（3）前期定制合理的恢复思路和方案，以稳气流、赶料线、补热为主线，控制合理的相对较低的压差运行，控制加风进度，加风较慢。

（4）中期长远考虑后期炉温平衡，科学计算，适时扩矿批、上负荷，调整煤量、富氧，后期通过计算采取准确、果断的措施与前期轻负荷料准确相迎，保证炉温稳定和炉况稳定。

（5）处理低料线，尤其是设备故障造成的低料线，应及时采取措施，杜绝轻视故障影响，盲目认为故障迅速能排除而使控氧、减风力度较小。应考虑到在这种密闭空间作业，处理时间会较长。

### 2.6.2 高炉悬料的原因分析及处理措施

在高炉冶炼进程中，炉料是在持续不断地下降，例如每小时上6批料，即10分钟一批，如果过了20分钟仍不见下料，即视为悬料。当悬料发生后，由于减风、坐料或者自行崩落，不久又会出现悬料，被称为连续悬料。若某高炉在一个班、一天甚至几天时间内连续悬料，没有得到彻底解决，称之为顽固悬料。高炉每发生一次悬料都会有一定的损失，如果出现顽固悬料的炉况，则将给炼铁生产带来巨大的损失。

#### 2.6.2.1 悬料的原因

高炉悬料是诸多失常炉况中比较严重的一种，一般操作手段很难解决此类问题。高炉悬料按部位分为上部悬料、下部悬料；按形成原因分为炉凉、炉热、原燃料粉末多、煤气流失常等引起的悬料，总结起来主要有以下几个方面：

（1）在出现悬料前，高炉已经出现恶性管道和频繁崩料的炉况，料柱透气性已经恶化，软熔区间过宽，有限的煤气通道存在随时被堵塞的危险。

（2）炉身中部或者上部炉墙结厚，或者已经生成炉瘤，严重影响炉料下降。

（3）由于加净焦过多或者提风温过快，炉温急剧向热，煤气体积增长过快。

（4）低料线时赶料线过快，或者有低料线的料下达使料柱透气性迅速恶化。

（5）因严重炉凉使出渣铁困难，也容易引起悬料。

#### 2.6.2.2 悬料主要征兆

（1）悬料初期风压缓慢上升，风量逐渐减少，探尺活动缓慢。

（2）发生悬料时炉料停滞不动。

（3）风压急剧升高，风量随之自动减少。

（4）顶压降低，炉顶温度上升且波动范围缩小甚至相重叠。

（5）上部悬料时上部压差过高，下部悬料时下部压差过高。

#### 2.6.2.3 悬料的预防

（1）低料线、净焦下到成渣区域，可以适当减风或撤风温，绝对不能加风或提高风温。

（2）原燃料质量恶化时，应适当降低冶炼强度，禁止采取强化措施。

（3）渣铁出不净时，不允许加风。

(4) 恢复风温时，幅度不超过 50 ℃/h，加风时每次不大于 150 m/min。

(5) 炉温向热料慢加风困难时，可酌情降低煤量或适当撤风温。

#### 2.6.2.4 悬料处理

(1) 出现上部悬料征兆时，可立即改用常压（不减风）操作；出现下部悬料征兆时，应立即减风处理。

(2) 炉热有悬料征兆时，立即停氧、停煤或适当撤风温，及时控制风压；炉凉有悬料征兆时应适当减风。

(3) 探尺不动同时压差增大，透气性下降，应立即停止喷吹，改常压放风坐料，坐料后恢复风压要低于原来压力。

(4) 当连续悬料时，应缩小料批，适当发展边沿及中心，集中加净焦或减轻焦炭负荷。

(5) 坐料后如探尺仍不动，应把料加到正常料线后不久进行第二次坐料，第二次坐料应进行彻底放风。

(6) 如悬料坐不下来可进行休风坐料。

(7) 每次坐料后，应按指定热风压力进行操作，恢复风量应谨慎。

(8) 悬料可临时撤风温处理，降风温幅度可大些。坐料后料动，先恢复风量、后恢复风温。

(9) 冷悬料难于处理，每次坐料后都应注意顺行和炉温，防热悬料和炉温反复。严重冷悬料，避免连续坐料，只有等净焦下达后方能好转，此时应及时改为全焦操作。

(10) 连续悬料不好恢复，可以停风临时堵风口。

(11) 连续悬料坐料，炉温要控制高些。

(12) 坐料前应观察风口，防止灌渣与烧穿，悬料坐料期间应积极做好出渣出铁工作。

(13) 严重悬料（指炉顶无煤气，风口不进风等），则应喷吹铁口后再坐料。

(14) 悬料消除，炉料下降正常后，应首先恢复风量到正常水平，然后根据情况，恢复风温、喷煤及负荷。

#### 2.6.2.5 高炉悬料的处理与分析案例

针对某企业 1300 $m^3$ 级高炉休风 53 h 后发生悬料、后期炉况出现难行问题和出现顽固悬料的事故进行分析，认为采取堵风口、改装料制度、加循环净焦等措施有利于炉况的恢复。

##### A 炉况失常过程

4 月 28 日 07:00，高炉休风，进行设备检修；4 月 30 日 12:00，复风（连续休风 53 h）。复风后炉况恢复较顺，但在出第二炉铁即 4 月 30 日 17:10 时高炉悬料，17:20，铁后坐料不下，塌至 9.2 m 后炉况出现难行，风量大幅度萎缩，压差升高，透气性变得极差，再次发生悬料，多次坐料未下，直至6 h后休风，开视孔板泄压，炉料才下，雷达显示11 m，造成了炉况严重失常的顽固悬料事故。

B 处理炉况采取的措施

(1) 上部调剂：采取缩矿批（25 t→22 t），视料线深度改矿石为单环布料发展边缘和中心两股气流。

(2) 下部调剂：利用休风机会堵风口（共堵6个），减小送风面积以增加风速；用好风温，适当富氧，提高理论燃烧温度，改善渣铁物理热，活跃炉缸工作。

(3) 炉内：集中加净焦，大幅度减轻焦炭负荷，减小煤比，集中降低炉渣碱度，以改善整体透气性和透液性，提高炉温。

(4) 炉外：及时出好凉渣铁，组织人力、物力及时清理渣铁沟，为炉内工作创造条件。

(5) 冷却壁：组织查找漏水冷却壁，对有漏水迹象的冷却壁控制进水量，减少漏入炉内的水量。

C 炉况失常的原因分析

(1) 复风初期（12:00—16:00），炉况较好，透气性和风量对称，风量恢复较快，休风料下达的位置较为恰当。但从炉温走势来看，净焦过于集中（6批净焦隔3批正常料又加3批），造成复风后2 h内把净焦完全烧完，炉温过渡较差，没有形成缓慢下行的趋势，而炉温［Si］含量直接从2.2%下降到0.8%。这是由于休风前出现了高硅高硫，复风后碱度调整速度偏快而造成的。如果分三次加净焦（432），中间隔3批正常料，效果会好一点。

(2) 复风后，因温度低，第一炉和第二炉铁渣铁出净率差，尤其是炉渣没有及时出干净，炉内没有形成很好的炉料下降空间。

(3) 在渣铁没有出净及炉缸还没开化时为加快恢复进程而过早捅开5号风口，前期恢复过快，风量偏大，风速过高，均导致下部悬料。

(4) 高炉悬料后，铁罐晚点，渣铁不能及时被出净，推迟了处理炉况的最佳时机；炉况失常后，长时间慢风操作，掉渣皮，炉缸工作进一步恶化。

(5) 高炉第14段至第16段冷却壁有4块漏水，虽解除连锁控水，但复风后慢风时间长，存在漏水现象，对炉况恢复影响较大。

D 结论

(1) 休风前，碱度要调整到位，有利于复风后高炉的透气性改善。休风料位置和量要尽量合理，有利于提升渣铁物理热和炉温的衔接。

(2) 一定要在了解复风性质的基础上进行高炉复风。操作时，不但要注意炉温（铁水含硅量）与铁水含硫量的关系，还要确保复风后渣铁的物理热充足。

(3) 采取堵牢部分风口的有效办法，使得上下部调剂相适应，即上部要及时退矿批，下部要缩小风口面积。

（4）强化冶炼应维持适宜的风速及鼓风动能，开风口要与炉外出渣、出铁，渣铁的物理热及炉缸工作状态相适应。

（5）炉外铁罐调度要确保及时出净渣铁，利于炉缸工作的改善及炉况的快速恢复。

### 2.6.3 高炉管道气流的原因分析及处理措施

#### 2.6.3.1 管道行程概念

高炉管道行程指高炉料柱在截面上某一区域的透气性特别强，使煤气流在该区域像在管道中那样异常发展，其位置或在边缘或在中心，是高炉炼铁过程中炉况失常的一种表现。

煤气流跟水流有相似之处，水往低处走，遇到凸起的地方就停止流动，煤气流也一样，遇到疏松的、透气性好的地方，就往该方向流，而遇到比较致密、粉末多、透气性差的地方，煤气流就少。只要不是刻意地打破煤气流的运动方式，透气性好的地方煤气流就会越来越多，比较致密的地方煤气流会越来越少，从而形成管道气流。

#### 2.6.3.2 管道行程征兆

高炉冶炼过程中，管道行程由萌芽状态到恶性管道状态，一般都有明显的征兆，比较突出的有：

（1）出现管道行程时风量自动增加，风压趋低；管道被堵塞时风量锐减，风压突然升高，风压与风量呈锯齿状波动。

（2）下料时快时慢，料尺出现滑尺，经常是一个料尺突然滑落很深，上料后料尺又很快升高。

（3）管道行程靠近炉墙边缘发生时，管道部位的炉顶温度和炉喉温度明显高于其他方向。

（4）炉顶压力不稳，不时出现高压尖峰。

（5）管道下方的风口大都出现生降现象，忽明忽暗，很不均匀。

（6）渣铁温度波动大。

（7）探尺走势差，走走停停，风量时大时小，热风时高时低。

（8）边缘管道行程产生在下部时，表现为风口工作不均匀，管道方向的风口忽明忽暗，有时有升降。

（9）瓦斯灰（炉尘）吹出量明显增加。

（10）风大料慢，风量和料速不匹配，炉顶温度相差大。

#### 2.6.3.3 发生管道行程的主要原因

管道行程是高炉横断面上某一区域气流过分发展，常伴随着崩料和塌料，因而会对炉况顺行产生破坏作用。多种原因可导致管道行程，概括起来主要有以下几个方面。

A 原燃料质量明显下降

入炉原燃料质量降低，尤其是焦炭强度变差或烧结矿粉末增加，都会严重恶化料柱的透气性，大大降低高炉接受风量的能力，形成管道行程。

形成管道行程常见的原因是：入炉原燃料质量降低，而高炉操作人员得到这些信息相对滞后。当操作人员从风量、风压、下料的变化上看出炉况出现不稳时，那些质量较差的炉料已经达到高炉中部乃至下部，甚至已经影响到渣铁排放。直接源于原燃料质量波动引起管道行程乃至悬料的情况是很常见的。

B 初期未能及时采取措施

操作者往往不能根据管道行程的初始征兆采取调节措施，有时会认为炉况是受未出好渣铁影响，或者是炉况向热，或者是用了几批过筛不好的料，引起了风压升高和风量拐动。操作人员总希望尽可能不降低压差，以保持风量和料批数。结果往往是挺不过去，因为料柱透气性变差后高炉已不可能接受原来的风量。管道行程的迅速发展，最终很容易引起炉况失常。有的情况下，操作人员发现炉况难行，及时地进行调节，但调节量偏小，也不能扭转炉况被动的局面。

由于出现管道行程后往往引起炉凉，影响渣铁的流动性，有的管道行程导致崩料，引起风口破损，高炉被迫休风，会使料柱进一步压死，恢复炉况非常困难。

C 设备故障

由于设备故障，不论是设备的功能失常造成高炉需要慢风操作，抑或是高炉需要尽快休风，都会直接影响冶炼进程。尤其是上料设备故障往往造成低料线或高炉的慢风作业。高炉休风处理故障，特别是长时间非计划风，易引起炉凉，直接影响炉况的稳定顺行。有的是因为开口机故障造成渣铁迟迟出不来，最后引起了悬料。另一个案例是料罐闸门突然开大，原规定一批焦炭布 14 圈，结果 6 圈已布光，造成中心无焦炭或者无矿，边缘气流过旺，中心不活，煤气分布紊乱。至于因为旋转溜槽变形，乃至溜槽掉入炉内等事故引起的炉况失常，更是屡见不鲜。

D 操作原因

在高炉日常生产中，因操作原因引起的管道行程往往有以下情况：

(1) 不分析炉况状态，强行大风量高冶强操作，导致压差升高没有及时调剂。

(2) 休风后恢复风量过快，顶压设置过高，风量与料柱透气性不适应，吹出管道行程。

(3) 操作炉型不规则，炉墙有渣皮黏结较厚，渣皮大面积脱落时，边缘产生管道行程。

（4）炉温波动大，大凉后出现大热，风压升高，未及时减煤、撤风温，导致压差偏高，顶出管道行程。

（5）装料制度长时间不合理，边缘过分发展时，形成边缘管道；中心过分发展时形成中心管道行程。

（6）炉料结构发生重大变化，调整比例超过 5%，引起气流变化，从而发生管道气流。

（7）炉前渣铁排放不好，导致炉内憋压，未及时减风，导致管道行程发生。

（8）风口布局不合理，风口长短、直径大小配置失衡，吹出管道行程。

除以上情况外，有时几个因素叠加，如低料线时，料线过深没有减风，造成了块状带过薄，风量太大压不住气流，顶压设置过低。有时条件不允许及时出渣铁，结果也易生成管道行程。

#### 2.6.3.4 管道行程处理

高炉一旦出现管道行程，就应及早消除，不能让它继续发展。操作中首先应采取的措施是减风，可视管道行程发展的程度减 5%~10%的风量。其次，管道行程生成时煤气利用变差，特别是在焦炭负荷较重的条件下很可能造成炉凉，因此要考虑减轻焦炭负荷。最后要适当降低喷煤比，以改善高炉料柱的透气性。

##### A 上部管道行程的处理措施

（1）对于 1000 $m^3$ 以上高炉，首先控氧 1000~2000 $m^3/h$，同时减风 5%~10%并适当降低炉顶压力。管道行程不能消除时，要停氧，继续减风直到风量与风压对称。恢复时可以按风压操作，每次加风压 5~10 kPa，逐步恢复正常。

（2）炉温高引起的上部管道行程，适当降低风温 30~50 ℃，视风量情况相应减少煤量。

（3）上述措施无效时可采取出铁后期放风坐料破坏管道行程，坐料后逐渐恢复风压和风量，使煤气流重新分布。

（4）根据炉温基础，酌情加净焦和轻负荷操作。

##### B 下部管道行程的处理措施

下部管道行程多是成渣区变坏的结果，常在炉温基础不高或炉冷时出现。

（1）大幅减风直到风压与风量、透气性相适应，走料顺畅为止。维持合适的压差，避免高压差操作。

（2）采取稳定中心气流，适当发展边缘的装料制度。

（3）适当轻负荷，补净焦，提高炉温，改善透气性。

（4）顶温大于 300 ℃，采用炉顶打水保护炉顶和煤气设备。

（5）炉前加强渣铁排放，采用大直径钻杆，为高炉恢复创造条件。

管道行程处理时一定要认真分析其形成原因。如果管道行程炉况是设备因素引起的，就要抓紧解决设备功能问题；如果是由于原燃料质量变差引起的，可以通过布料矩阵、料批大小的调节，适当发展两股气流，酌情降低压差；如果出现管道行程比较顽固，时间拖长，风量明显减少，可休风堵若干个风口，避免引发炉缸堆积、炉凉等更严重的炉况失常。

#### 2.6.3.5 管道行程的预防措施

##### A 改善和稳定原燃料质量

精料是基础，大型高炉在强化中无疑对原燃料质量有更高的要求，高质量的炉料才能获得良好的炉料透气性，这是防止炉况失常、发生管道行程的根本措施。

根据高炉生产实践，提高烧结转鼓强度，加强筛分清理，减少粉末入炉，实现精料入炉是降低管道行程的先决条件。原料的管理工作应加强，进行认真的中和作业，严格控制最低槽存数量，以保证原燃料质量的稳定。

##### B 坚持顺行的操作方针

从高炉操作角度说，顺行是基础，良好的顺行状况才能优质、低耗、稳产和高产。这一操作方针在大高炉操作中尤要认真贯彻。原燃料条件变坏，高炉顺行不佳，在高炉操作上不能听之任之，甚至采取强制鼓风的操作。高炉出现远期和临近的失常征兆时，要及时果断地采取措施，消除高炉不稳不顺的状态。适当降低鼓风量，减少喷吹量和疏通边缘气流等。在高炉操作上，出现征兆不作处理，侥幸过关的操作思想必须克服。

大型轴流式风机给大高炉的强化创造了条件，同时也要求操作人员熟悉和掌握它的特性，高炉稳定顺行时，它促进稳定，高炉不顺时，它加剧不稳，所以操作人员要精心操作，及时调剂，做好顺行。

在一定的冶炼条件下，每座高炉都有一个正常的压差。在不同风量时的正常压差随风量增多而提高，但不是成比例的，与正常压差相对应存在一个临界压差，大于临界压差高炉往往失常。合理地控制压差是做好顺行的一个重要环节。

##### C 严格出铁出渣制度

如果渣铁不能按时排去，除对炉缸和炉前工作的安全带来威胁，还对炉缸的透气性和整个下部料柱的运动造成很大影响。实践证明，炉况不顺，炉缸不活，容铁系数就越小，积存渣铁的影响也越大。因此渣铁罐调配和炉前作业时间都要十分强调正点，限制炉缸储存的渣铁的量小于安全容铁量。

#### 2.6.3.6 小结

近年来，随着高炉大型化和装备水平提高，设备功能在不断进步和完善。与此同时，高炉精料水平也显著提高，操作技术有了很大的进步。随着以上条件的改善，在高炉生产中出现恶性管道行程与顽固悬料这类失常炉况已大为减少。有些管道行程还在萌芽状态时就可能被发现，及时地进行调节和控制后很快消除。

但是，由于高炉生产系统十分庞杂，影响因素众多，有时几个不利因素不期而遇，可能出现“祸不单行”，所以，我们在操作高炉时，更要好好分析与总结，减少高炉生产事故发生。

### 2.6.4 高炉结瘤事故的原因分析及处理措施

结瘤是高炉恶性事故之一，高炉结瘤是炉况不顺造成的，反过来又会加剧炉况失常，对炉瘤处理不当，会使产量降低、焦比升高，影响高炉的经济寿命，会给企业带来很大的损失。

#### 2.6.4.1 高炉结瘤事故的预防

高炉结瘤的原因是多种多样的，其基本成因是已熔化的物质再凝结，并黏附于炉墙上逐步长大，了解其成因后应提前采取预防措施，防止高炉结瘤事故的出现。

A 稳定原燃料质量

原燃料质量差、含粉量大，在低料线时极易导致粉末聚集，出现难行悬料，使得顶温升高，不能得到有效控制，诱发上部结瘤；同时，粉末聚集层下到软熔带时易引发透气性变差，出现小崩料和小滑尺现象，控制不当易诱发炉凉等事故，影响高炉冶炼的正常进行。为此，在生产组织中，应根据原燃料质量确定高炉的冶炼方案，保证高炉稳定顺行，对小的炉况波动进行先期处理，防止出现大的炉况失常。

B 禁止长期低料线作业

长期低料线作业会破坏高炉顺行，使装料制度受到严重破坏，同时可导致高炉热制度被打乱，使高炉温度场紊乱继而诱发炉墙结厚甚至结瘤。根据低料线作业的具体原因应采取不同的针对性措施。对上料能力不足的应选择适宜的批重，用提高料车满载率来提高上料能力，保证高炉满料线率；对由于设备故障造成的低料线，应采取相应的措施予以调剂，应注意在赶料线时可采取适当发展边缘的装料制度，根据料线的深度加足净焦或适当减轻负荷，确保高炉炉温充沛、炉况稳定顺行。

C 及时处理边缘堆积

高炉采取强化冶炼措施后，装料制度与送风制度未及时进行再匹配时，容易导致边缘堆积。具体表现为铁前易憋压，对减风操作炉况好转敏感，上下渣温差大，经常出现小崩料和滑尺，下料不均，风口工作不均衡。为此，对边缘堆积应及时处理，采取增大风口直径的送风制度、适宜强度的高炉操作、发展边缘的装料制度、降低炉渣碱度的造渣制度、确定适宜炉温的热制度进行调剂，必要时采用洗炉剂洗炉或以全倒装强烈发展边缘的操作方法，用高温煤气冲刷结厚的炉墙。

D 控制适宜的冷却强度

高炉冷却制度不合理也会促发炉墙结瘤，为此，应根据高炉的实际运行情况，对各部位确定适宜的冷却强度，如对炉身部位冷却水在开炉初期应适当控制其冷却强度，防止在此部位形成瘤根，进而造成高炉结瘤等恶性事故的出现。

E 稳定操作方针

高炉操作可变因素较多，高炉冶炼进程是在相对稳定的基础上运行的。为此，高炉操作者应一丝不苟地贯彻操作方针，统一各班操作，减少人为操作波动，使炉内温度场保稳定均衡，防止人为造成炉况波动，导致高炉结瘤。

F 及时消除炉墙结厚

炉墙结厚如果处理不当或处理不及时，极易引发高炉结瘤。因此，对炉墙结厚征兆应及时采取果断措施进行处理，在高炉强化冶炼时不定期采取发展边缘的装料制度或采取降低冶炼强度的操作措施对炉况进行适当的预防性处理，防止出现恶性结瘤事故。

G 减少附加料大量入炉

附加料低熔点化合物大量入炉，在条件具备时便会引发高炉结瘤事故。为此，在生产组织时应控制好生产节奏，确定附加料最大配入量，调整好炉料结构，使生产组织在受控状态下有序运行，防止高炉结瘤事故的发生。

H 减少铁前各工序变料

铁前各工序的每一次变料都会给高炉带来不同程度的波动，在生产组织管理时，应尽量用长远的眼光组织各工序在一定时期内不变料，变料后应做好技术跟踪与服务工作，对变料后引起的炉况波动做提前判断、事先预防。高炉结瘤事故是炉况失常的综合体现，避免小的炉况波动，就会有效地防止其产生的根基，也会赢得高炉操作的主动权，达到高炉操作的预期效果。

2.6.4.2 高炉结瘤事故的处理

A 综合判断，“下化中洗上炸”

在炉况失常时，应临时成立炉况处理领导小组，控制方案和措施由高炉操作者具体实施。领导小组在对高炉炉况进行综合判断时，应在充分研讨的基础上，确定处理炉况方案。在对炉瘤部位进行判断后，应采取“下化中洗上炸”的措施，“上炸”是指对上部炉瘤，采用物理炸药进行炸瘤处理；“中洗”是指对中下部炉瘤应以集中加串焦或加洗炉料进行洗炉，用高温煤气流冲刷的方式予以处理，同时，要调整好相应的送风制度和装料制度，使其达到预期的效果；“下化”是指用全倒装加净焦的方法，强烈地发展边缘气流，使下部炉瘤在高温气流作用下熔化。

B 制定措施，降料面露炉瘤

对上部炉瘤，应果断做出炸瘤决定，及早制定炸瘤措施。首先应确定炉瘤位置，加长探尺降料面，将炉瘤彻底裸露，隔离其与炉料的依附，为实施炸瘤创造必要的条件。在降料面的过程中，应保证两个探尺工作正常，处理炉况不能频繁拉风，有富氧的高炉应充分利用富氧条件处理炉况，防止在处理炉瘤的过程中导致炉瘤快速长大。

C 前期准备，确定炸瘤方案

对上部炉瘤进行爆破时，应做好前期准备工作，准备好炸瘤工具，如钢管、炮泥、废旧布袋等，然后从下至上进行炸瘤，注意每次炸瘤炮药用量，防止损坏炉顶设备等。炸瘤应选准突破口而后予以实施，并注意人身安全等，应将瘤根彻底清除。

D 炉况恢复，及时出净渣铁

炸瘤之前应加足空焦，炸瘤后也应补充相应的热量，根据炉瘤大小确定炸瘤后的操作，及时出净化瘤后的物质量，防止后续事故的再发生；待炉瘤化解完毕后，逐一稳定每一项操作参数，而后将炉况完全恢复。

2.6.4.3 小结

处理高炉结瘤事故应及时果断，不能犹豫不决拖延时机，以免炉瘤再长大，给处理炉瘤带来麻烦；另外，对高炉炉况及时进行综合分析，稳定好高炉热制度和造渣制度，匹配好高炉送风制度和装料制度，所有的调剂手段都应以高炉稳定顺行为中心，不能脱离炉况生产的实际情况而从事生产作业，强化高炉冶炼一定与自身原燃料质量和各种制度相适应，达到相对稳定高炉的冶炼进程。

### 2.6.5 炉缸冻结事故的原因分析及处理措施

炉缸冻结是高炉最严重的事故之一，尽管近年来高炉的原燃料、装备、操作等条件有了大幅度的改善，但此类事故在国内外高炉仍时有发生。高炉一旦发生炉缸冻结事故，不仅严重影响炼铁生产，有时还会损坏设备，造成人力、物力的巨大损失。因此，努力避免发生炉缸冻结事故一向是高炉工作者追求的目标。

2.6.5.1 炉缸冻结的征兆

炉缸冻结的征兆即炉缸冻结前的炉况特征，如能掌握这些特征并及时、准确地应对，有可能挽救高炉炉况，不至于发展到炉缸冻结的事故状态。一般来说，炉缸冻结有以下特征：

（1）急剧炉凉。除了突发性管道行程造成的炉缸冻结外，绝大多数炉缸冻结发生以前都会经历急剧炉凉。由于炉凉原因不同，其趋势可能是急变也可能是缓变。急剧炉凉一般表现为：铁水中硅含量可能低于 0.1%～0.2%，硫含量很高；铁水发红，温度极低，可能低至 1300 ℃，流动性极差；炉渣呈黑色，断面似沥青，温度极低，流动性极差。

（2）因炉凉引起崩料、悬料、管道行程等炉况失常。风口发红、呆滞，个别或多个风口涌渣。如果风口涌渣时崩料或坐料，多数情况下会发生风口灌渣，风口甚至风口二套可能烧穿。发生风口大面积灌渣或风口烧穿，只能休风处理，而且休风时间较长，常易诱发炉缸冻结。

（3）铁口难开。即使能打开铁口，也表现出铁冷、渣黑、流动不畅，或者只见铁不见渣。这说明炉内的炉渣黏稠，难以穿过焦炭间隙从铁口排出，更严重时炉渣可能会凝结。

（4）随着炉凉的发展，风量自动减少，风压升高，这必然引发崩料、悬料、管道行程等异常。

（5）大型管道发生前必定有一段时间压差升高。以沙钢 5800 $m^3$ 高炉为例，该高炉开炉初期，因操作制度不适应，在风量不高的情况下，压差高达 220～250 kPa，结果发生特别严重的管道行程，炉顶温度超过 1000 ℃，导致发生气流顺下降管摧毁部分除尘器旋流板的事故。

（6）如果炉缸冻结是由于炉内漏水引起的，在炉缸冻结前可能出现风口与二套间、二套与大套间或大套与法兰间向外流水。同时，铁口可能发潮、冒气甚至流水，炉顶煤气中 $H_2$ 含量升高。

#### 2.6.5.2 炉缸冻结的原因

引发炉缸冻结的原因很多，有时多种因素叠加，但基本原因只有几种，介绍如下。

##### A 炉况失常

在很多情况下，由于原燃料质量变差或基本操作制度不当引起高炉炉况失常。连续性的崩料、坐料使大量未经充分还原的炉料进入高炉下部，在进行直接还原时吸收大量热量。如果此时减风、降负荷、加净焦等措施不到位，就可能引起炉况大凉，甚至导致炉缸冻结。

有些高炉炉缸冻结起源于恶性管道。恶性管道发生时煤气分布严重失常，其热能、化学能不能得到有效利用，管道伴随的崩料使大量生料降到高炉下部，使本来正常的炉温骤然下降，可能引发炉缸冻结。

崩料、坐料，特别是发生在已经炉凉时的崩料、坐料，一般伴有风口涌渣、灌渣。恶性管道伴随的崩料，也常引发风口灌渣，甚至风口烧穿。发生风口烧穿或灌渣，特别是多个风口灌渣，必须休风处理，而炉缸冻结则往往发生在这种休风以后。

##### B 操作失误

炉缸冻结的前奏是炉凉。高炉炉温在一定范围内波动本来是正常现象，而导致炉缸冻结的炉凉则往往是由于操作不当引起的，即由炉凉而剧冷，最后到冻结。

部分高炉炉缸冻结是在矿石成分大幅度波动时未及时调整焦炭负荷引起的。更多的事故案例可归结为工长操作经验不足，对炉温走势反向判断，进行反向调剂。例如，在炉温向凉的情况下反而采取降风温、提负荷、撤煤量、加风量等措施，或调剂力度不当，使炉温进一步向凉，甚至发展到剧冷、炉缸冻结。这就是所谓“小失误引来大事故”。

当然还有“大失误”引发的炉缸冻结，例如因装料程序错误，只装矿石，不装焦炭，导致炉缸冻结的严重事故。

高炉长期严重发展边缘，长期低料线作业，往往引起炉凉乃至炉缸冻结，也值得警惕。

C 大量冷却水漏入炉缸

向炉内漏水的可能是冷却壁，也可能是风口。在较长时间休风时未对漏水的冷却设备处理，或者根本就没有发现漏水，而休风期间炉内没有热源，水蒸发量小，没有压力，使漏水量加大。这样一来，大量的水容易流入炉缸，使炉内残存的渣铁冷凝，复风时打不开铁口，形成炉缸冻结。

D 长期休风或封炉

即使没有冷却设备漏水，长期休风也是诱发炉缸冻结的常见原因。长期休风时炉内没有新的热量产生，存料处于逐渐冷却状态，如果停炉或封炉方案有误，就可能在复风时发生炉缸冻结。这些失误可能包括：

（1）休风料或封炉料中净焦不足；

（2）复风后续炉料负荷过重；

（3）休风前渣铁未出净；

（4）休风期间风口未堵严，或炉壳开裂处未处理，吸入空气使炉内焦炭燃烧。

E 设备事故诱发

如果开炉前试车不充分，常会造成设备事故频发，引起高炉较长时间的反复休风。由于开炉初期炉体各部位未经充分预热，这种情况下容易造成炉凉，甚至发展成炉缸冻结。

突然发生的、重大的设备事故往往造成高炉紧急的、长时间的休风。由于事先在配料、出铁方面毫无准备，休风时还可能造成风口大面积灌渣，复风时很容易发生炉缸冻结。

F 原燃料质量恶化

原燃料质量恶化，特别是焦炭强度、热强度下降，或者碱金属含量高，都会使炉内料柱透气性变坏，风量、风压关系失常，引起崩料、悬料、管道等炉况失常的行程。如果处理不当，就会导致炉凉，严重时可能发展为炉缸冻结。

烧结矿强度恶化，焦炭、烧结矿筛分组成变差，也可能引起上述结果。焦炭中存在的碱金属对其强度起劣化作用，会恶化高炉行程。

2.6.5.3 炉缸冻结事故的处理

炉缸冻结事故处理的关键有两点：一是熔化炉缸内温度低的渣铁和炉料；二

是将低温的渣铁从炉内排出。

A 熔化渣铁和冷料

a 加够净焦

炉缸冻结的根本原因是炉内热平衡失调，必须靠外加热源才能使炉况起死回生。加净焦的数量因炉缸冻结的程度而不同，但应足够。

净焦之后的后续料，一般采取正常料间隔加净焦的加料方法，直至接近正常负荷。负荷恢复正常的进度应根据炉凉程度、恢复顺利情况及风温等条件确定。

b 形成小冶炼区

积存在炉内的焦炭燃烧所产生的热量不足以熔化和加热炉内的冷料，必须从炉顶加入净焦，净焦下到风口带才能使炉内的冷料顺利加热到熔化并从铁口流出。因此，送风初期不应打开多个风口，那会使大量冷料下到风口区，加剧炉凉。

等待净焦下降到风口的这段时间是处理炉缸冻结事故最困难，也是最关键的阶段，要求操作者有足够的信心和耐力。

处理炉缸冻结时，开始开多少风口是成败的关键环节。开风口数目一定要少，可视炉缸冻结的程度选用风口总数的1/10~2/10，一般是铁口两侧的2~4个。这样在送风后能在炉内形成一个在冷料包围中的小的冶炼区域。其目的一是减少单位时间内需要还原、熔化的冷的渣铁，减小渣铁排出的困难；二是减缓冷料的熔化速度，避免因冷料熔化过快，升温速度低，拖长炉况恢复时间。为了保证少量风口正常送风，其他未开的风口定要堵严。常常有风口自动吹开的情况，有时操作人员往往不重视，听其自然，结果使大量冷的渣铁不能顺利外排，加剧风口涌渣、灌渣，拖长炉况恢复进度。遇到这种情况，应该宁肯冒着灌渣的风险，也要休风重新把吹开的风口堵好。

B 按单风口风量送风

处理炉缸冻结送风初期，有些企业是按风压操作的。根据经验，应按单风口风量操作，即每个送风风口的风量与正常炉况时单个风口的风量大体相当。其优点在于：单个风口的风速与正常炉况相当，可保持一定深度的风口回旋区，有利于活跃局部炉缸，扩展熔化区域。在炉况好转增加风量时，也要遵循这一原则增加新开的风口。

初始送风的风温应采取热风炉能达到的最高风温，因为这时风量较低，向高炉的供热仍然有限。

C 排出冷渣铁

排出冷渣铁是处理炉缸冻结事故最关键、最困难的工作。实际上，只要铁口与风口能够贯通，冷渣铁能排出去，处理难度就小得多。不论是计划的还是非计划的长期休风，要尽最大可能出好最后一次铁，做到大喷铁口。

长期休风的复风前，无论炉内积存多少渣铁，都应尽量挖出铁口周围几个风口下面的焦炭和冷凝物，填以新焦炭。但是大型高炉铁口与风口间距离大，挖空很难，可尽量多挖一些。

高炉送风后应争取尽早烧铁口。如能烧开，说明铁口、风口是贯通的，要大喷铁口。堵口后每隔半小时再开再喷，目的是保持并加热铁口与风口的通道。如果铁口烧不开，估计铁口与风口活跃区相距不远时，可用炸药炸铁口。若二者相距较远时此法不宜采用，可用氧气烧铁口。如果铁口烧进很深仍不见渣铁流出，说明风口与铁口隔断，炉缸内冷凝的渣铁过多，此时应采用风口出铁。通过风口出铁的要点包括：

（1）选用铁口上方相邻的两个风口，一个送风，一个出铁，其余风口全部堵严。

（2）用于出铁的风口，拉下风口小套，换上与风口外形尺寸相同，内径 80~100 mm 的炭砖套，并焊支架顶住。二套、大套内砌好耐火砖，并垫好炮泥烤干。大套外焊钢架、铁沟，砌砖、填泥、铺沙，争取与炉前出铁沟或铁罐相连。鹅颈管焊堵盲板。

做好以上准备工作后可以开始用一个风口送风，一个风口出铁。与此同时，抓紧烧正式铁口，直到铁口能出铁。此后再将临时用作铁口的风口改回去。

D 慢捅风口

送风风口与正式铁口贯通，铁口能流出渣铁，标志炉缸冻结最困难的时期已经过去，此后转入扩大战果、全面恢复炉况阶段。但是，在这个阶段最容易犯的错误和最忌讳的是性急，捅风口过早、过快会导致炉况恢复工作返工，延长处理时间。这个阶段炉缸热量不足，大量冷料下来后炉温向凉，甚至重新造成凝结，使渣铁排出不顺。因此，捅开风口应遵循以下 3 条原则：

（1）送风的风口明亮、活跃，并已持续一段时间，使相邻的风口有时间加热。

（2）铁口出铁、出渣正常。

（3）每次增开风口最多两个，即在已开风口两侧一边一个。不可多捅开风口，也不可与已开风口相隔捅开风口。如遇到相邻的风口捅不开，必须捅隔开的风口时，捅开风口的时间间隔要拖长一些。

E 加强炉前工作

处理炉缸冻结时，炉前工作负担很重，主沟也需要随时修理，因此必须准备充足的人员。打开铁口初期，一般渣铁不多，流动性差，需要制作临时撇渣器，以避免渣铁不分的冶炼产物凝死撇渣器。这些流动性差的冶炼产物可流向铺沙的炉台，或流到铁罐后到炼钢处理。

F 长期休风时闭小冷却水

在长期休风过程中要闭小冷却水，一般可在休风后逐步减少炉体冷却水，两天后停泵。软水在及时补水的前提下保持自循环状态，风口改工业水保持自循环状态。

G 恢复正常

一旦铁口能够正常出铁，工作风口占到总数的90%以上，炉缸冻结处理即告圆满完成。此后的工作转入调整负荷、恢复喷煤、调整炉温等操作，以逐步恢复炉况顺行。

如果炉缸冻结处理过程没有反复，一般情况下从处理开始到基本正常大约需要一周时间。随着高炉容积的大小和冻结程度不同，炉缸冻结的处理时间可能有一些差异。

H 炉缸冻结事故处理小结

炉缸冻结事故的处理有时相当困难，特别是在等待焦炭下达、风口涌渣、铁口也烧不开的情况下。这时需要操作者有足够的耐心、信心和毅力，相信按照正确的方法一定能处理好。在恢复过程中切忌急躁，开风口、加负荷、加风量、恢复喷煤等操作都要循序渐进，避免返工，避免欲速而不达。

#### 2.6.5.4 炉缸冻结事故的预防

A 防止炉况失常，防止炉凉

炉缸冻结事故无论何种原因均与炉况失常、发生严重炉凉有关。因此，必须把维持炉况稳定顺行，防止炉况失常放在首位。

防止炉况失常的根本措施在于改善原燃料条件，稳定原燃料成分、理化性能和冶金性能，特别是焦炭和烧结矿的强度和筛分组成。在高炉操作方面，加强操作人员的基本功训练，对炉况发展的趋势做到判断准确、调剂及时、力度恰当，要认真执行操作规程，提高应对非正常炉况的能力，力求避免炉况失常，或将失常消除在萌芽状态。

炉缸冻结的前兆是炉凉，防止炉凉应注意以下几点：

（1）在冶炼低硅铁时要防止生铁中硅含量连续低于下限，更重要的是要保持炉缸活跃，炉温充沛，适当提高炉渣碱度。即使硅含量低些，也应保持一定的铁水温度。

（2）对于炉况欠顺的情况，如出现悬料、崩料、管道频繁时，要适当控制风量，不宜盲目加风。与此同时要控制负荷，及时补充焦炭。

（3）出现突然性的向凉因素，如渣皮滑落时，要及时补足焦炭。

（4）当炉况已经大凉，甚至已出现风口涌渣时，应集中加入大量净焦，一是补充热量，二是疏松料柱。

（5）在炉凉时喷煤应注意以下几点：

1）在炉温轻微下行时，可增煤调剂。

2）在炉温明显向凉且煤量已较多时，不应再加煤，因为此时风口前温度已很低，越加煤温度越低，未燃煤粉会增多，炉渣黏度升高。此时应减风，提风温，如有可能同时减轻负荷。

3）在已形成炉凉，风口出现涌渣时，应果断停煤，减风，尽早减负荷，尽可能提高风温。

B 控制压差

无论高炉在正常炉况还是非正常炉况下运行，都要控制一定的压差，不允许高炉在高压差下操作。压差超过正常压差的5%会引起高炉难行；超过10%会引起悬料、管道行程频发；超过20%会产生严重悬料或剧烈管道行程。频繁和剧烈的管道行程往往会导致高炉剧冷甚至炉缸冻结。

C 长期休风或封炉操作

前面提到，有些炉缸冻结事故是在长期休风或封炉后发生的。对于长期休风或封炉应注意以下几点：

（1）休风前2~4周应洗炉。降低炉渣碱度，控制铁水中锰含量为0.6%~0.8%，加锰矿洗炉，或者加萤石洗炉。

（2）休风前5~7天适当提高炉温，控制铁水中硅含量为0.6%~0.8%，中小高炉铁水中硅含量更高一些。

（3）休风料中加入足够的净焦和轻负荷料。

（4）封炉料中净焦与后续料负荷的选择大致与开炉料相近。

（5）休风期间风口一定要堵严，不要顾虑复风后风口不易打开。有的炼铁厂用炮泥堵风口后外面涂抹黄油，效果较好。对于炉壳有裂纹或开裂的高炉，在停炉前应对裂纹或开裂处进行焊补处理。

（6）休风前最后一次铁一定要出好。要大喷铁口，有多个铁口的高炉要同时打开喷，力求减少炉缸内残存的渣铁，特别是各个铁口附近的残存渣铁。

（7）停风前要用全部风口送风，平时堵住的风口也应提前两三天打开。

（8）停风前仔细、认真地检查冷却器、风口及炉顶的冷却设备，有漏水的要及时更换或停水，绝对不允许在休风期间向炉内漏水。

### 2.6.6 炉缸堆积事故的原因分析及处理措施

高炉炉缸是高炉生产的“发动机”，焦炭及喷吹的燃料在炉缸的风口区域燃烧，生成的还原气体上升，将含铁矿物还原成金属；而风口区内燃烧产生的空间，则为炉料下降创造了条件。炉缸工作对高炉生产非常重要，一旦炉缸失常，将对高炉生产带来严重的影响。

在高炉日常生产过程中，最常见的炉缸失常是炉缸堆积。炉缸堆积初期，对生产造成的影响较小，往往容易被忽略；一旦炉缸堆积比较严重，如再延误必将对高炉生产带来严重损失，我国很多炼铁厂曾有过惨痛的教训。

#### 2.6.6.1 炉缸堆积的征兆

A 风压、风量及料速的变化

炉缸堆积首先会从风量、风压的变化上反映出来：出铁堵口后，风量逐渐降低，风压逐渐升高；打开铁口后，风量逐渐增加，风压逐渐下降。如此周而复始，形成周期性的波动。在风量、风压变化的同时，下料速度也同步发生变化，出铁时料速加快，堵口后料速渐慢。高炉越小，表现越明显。

B 铁水及炉渣特点

在出现炉缸中心堆积时，出铁过程中铁水温度逐渐降低；炉缸边缘堆积的炉况则相反，随着出铁过程的进行，铁水温度逐渐升高。但是，只要是发生炉缸堆积，无论中心堆积还是边缘堆积，铁水中硅含量和硫含量的波动均将超过正常水平，而且铁水中硫含量偏高。炉缸堆积时，除渣铁化学成分波动外，铁水、炉渣均变黏稠，对于大型高炉，由于铁水温度经常在1500 ℃左右，铁水流动性一般影响较小。

C 炉底、炉缸温度下降

炉缸堆积的另一个特征是炉底温度不断下降。如属于炉缸边缘堆积，除炉底温度下降外，炉缸边缘温度、炉缸冷却壁水温差及热流强度也同时降低。

D 煤气分布特点

中心堆积时边缘煤气流发展，即边缘煤气 $CO_2$ 含量很低或边缘煤气温度很高；边缘堆积则相反，边缘煤气温度较低，中心煤气温度较高。

E 风口工作及风口破损

炉缸堆积时，风口圆周工作不均匀，部分风口出现生降现象，能看到未充分加热的黑焦炭从局部风口前通过。边缘堆积时风口前很少涌渣，中心堆积时风口前易涌渣，严重时常因灌渣而烧坏吹管。

F 高炉顺行较差

炉缸堆积时高炉顺行变差，情况严重时管道行程、崩料不断，渣皮脱落、悬料等时有发生。因为崩料、悬料，亏尺加料经常出现；高炉顺行不好，在中心堆积时高炉不可能维持全风操作。

上面所列炉缸堆积现象在发生初期并不明显，即使炉缸堆积已较严重，也不是所有特点均充分明显表现，这也是炉缸堆积难以及时发现的原因。当风口频繁烧坏时，已经处于炉缸严重堆积状态，必须坚决处理。

炉缸堆积多半发生在高炉中心部位，由于慢风引起的堆积更是如此。有的高炉炉料条件较好，特别是焦炭强度好，这时的堆积一般发生在炉缸边缘。在炉缸堆积初期，高炉透气性及透液性都好，高炉风量容易保持正常全风水平。因此，很多炉缸堆积的常见特征很不明显，特别是与风量有关的现象。但是，这种情况下必定有几项堆积特点表现出来，如炉底温度降低、渣中带铁及风口破损等。

#### 2.6.6.2 炉缸堆积的主要原因

##### A 滴落带的特点

高炉解剖研究表明，炉内软熔带以下主要由固体焦炭和滴落的渣铁组成，因主要处于炉缸中心区，通常称为滴落带（炉芯带）。图 2-94 是炉缸工作的示意图。风口前端是回旋区，焦炭及喷吹燃料在这里燃烧，大量焦炭从回旋区上方进入，补充燃烧的焦炭；而中部的焦炭，长期以来人们认为它是不动的，习惯于称它为“死料柱”。

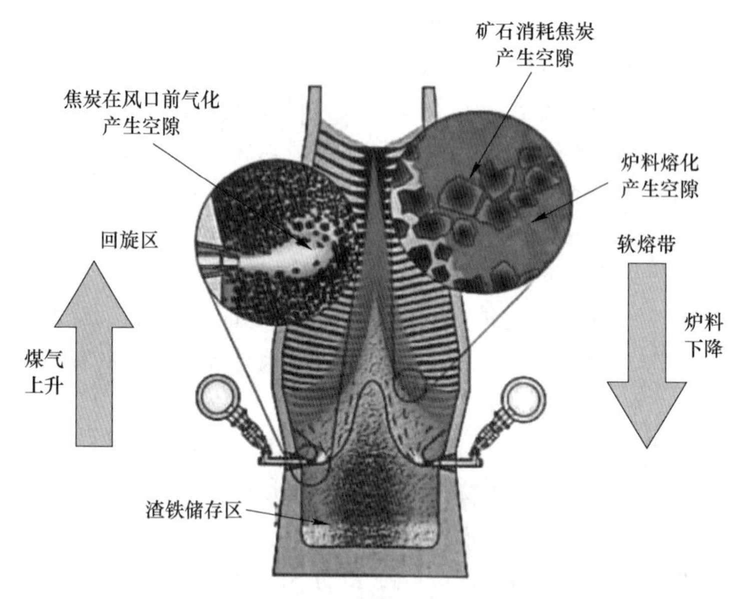


图 2-94 炉缸工作示意图

通过多年的研究，炼铁工作者已经明白中部的焦炭从风口以下到炉底，缓缓地进入回旋区，有机械运动，也有化学反应，但是对反应进程目前尚未完全清楚。焦炭“走”完这段路程，需要一周到一个月，虽然从炉底到风口氧化区最远不过几米。近年日本高炉解体调查表明，“死料柱”在炉缸的铁水熔池内是漂浮的，“死料柱”内的焦炭颗粒很细，“死料柱”内铁水有效的流动区域非常小，仅位于铁口水平面附近。软熔带以下是滴落带，滴落带充满固体焦炭，这部分焦炭称为炉芯焦。滴落带的空隙度在 43%～50%。滴落带的空隙中有部分滴落的铁和渣向下流动。风口区燃烧生成的煤气，穿过炉芯焦向上运动。铁水和炉渣在下边汇聚，一部分铁水沉到炉底，将滴落带的焦炭浮起来；另一部分下降的铁水和炉渣，存于炉芯焦中，在出铁或放渣时穿过炉芯焦流出。随着铁水流出炉缸，炉芯焦下沉，因此炉芯焦受出铁影响不断升降。铁水和炉渣能顺利地穿过炉芯焦，是铁渣流出炉缸的保证。

B 炉缸堆积的本质

高炉解剖证明，矿石在 900 ℃左右开始软化，1000 ℃左右开始软熔，1400~1500 ℃开始滴落。由于矿石成分不同，滴落温度也不相同，1400 ℃左右是滴落温度的下限。在风口区以下，焦炭和喷吹燃料燃烧后的灰分进入炉渣，炉渣成分改变，引起熔化温度的变化。根据高炉终渣性能研究，风口区以下的炉芯焦温度低于 1400 ℃时，炉渣难以在炉芯焦中自由流动。在这种情况下，炉渣或铁水不断地滞留在炉芯焦中，使后续滴落的铁渣不能顺利穿过和滴落，这个区域是炉缸的不活跃区。由于渣铁只能在温度较高的区域正常通过，此时的炉缸透液性较差。如透液性较差区域扩大，就会形成炉缸堆积。因此，炉缸堆积与炉凉不同，与炉缸冻结也是两回事。炉缸堆积，是炉缸局部透液性变差的结果，透液性不好时煤气较难穿过。

C 炉缸堆积形成的原因

炉缸堆积属于比较严重的一种失常炉况，其形成有多种情况，现分述如下。

a 焦炭质量影响

实践证明，高炉炉缸堆积大多是因焦炭质量变坏引起的。质量低劣的焦炭，特别是强度差的焦炭，进入炉缸后产生大量粉末，使滴落带的透气性变差，鼓风很难深入炉缸。这使炉缸中心部分温度降低，渣铁黏稠，形成“堵塞”。

b 长期慢风操作

高炉长期慢风，又不采取技术措施，很容易造成炉缸中心堆积，高炉容积越大越容易发生。慢风的结果是风速降低，向滴落带中部渗透的风量减少，引起滴落带中部温度降低。设备故障则往往是高炉慢风操作的直接原因。特别是一些炉役末期的高炉，水箱或冷却壁大量漏水，漏水后降低部分区域的温度，也会导致炉缸堆积。

c 煤气分布不合理

煤气分布不合理，边缘或中心过分轻（发展）或过分重（堵塞），都可能引起炉缸堆积。边缘过轻，煤气向炉缸中心渗透得少，滴落带中部温度低；反之，中心过轻，边缘煤气量少，边缘炉料得不到充分加热、还原，下降到炉缸，引起炉缸边缘温度低。

高炉顺行不好，或经常发生崩料、渣皮脱落，造成炉料下降不稳定，或未能充分加热及还原就进入炉缸，破坏了炉缸热状态的稳定性，最后导致炉缸堆积。更严重的情况是高炉结瘤，高炉顺行严重破坏，风量锐减，在此情况下，炉缸堆积很容易发生。

d 炉渣成分与炉缸温度不匹配

炉渣成分与炉缸温度不匹配，或因炉渣成分超限波动，造成炉渣黏稠，导致炉缸堆积。

2.6.6.3 炉缸堆积的处理原则和方法

炉缸堆积是滴落带焦炭透液性及透气性恶化的结果。导致透液性及透气性恶化的原因，要么是焦炭质量太差，恶化了滴落带的透气性；要么是滴落带温度降低，导致进入滴落带的渣铁黏稠，不能顺利地滴落。滴落带焦炭强度及温度是处理炉缸堆积的决定性因素。处理炉缸堆积，首先要分析其产生原因，再针对性地进行处理。

A 提高焦炭质量

焦炭是高炉料柱的“骨架”，虽然它不是滴落带唯一的固体物料，却是影响滴落带透液性和透气性最关键的物料。焦炭的空隙度在很大程度上取决于焦炭质量，特别是焦炭的热强度。实践证明，很多炉缸堆积，特别是炉缸中心堆积，是由焦炭质量恶化引起的。使用优质焦炭预防炉缸堆积和处理炉缸堆积是非常必要的。有些厂对焦炭质量的重要性认识不够，在处理炉缸堆积以后，为降低生产成本再次使用劣质焦炭，往往使已处理好的炉况重新恶化，炉缸堆积再次发生。

B 利用上下部调剂，处理炉缸堆积

炉缸堆积初期，如煤气分布已显示出边缘或中心过轻（发展）或过重（堵塞），应通过分析查明原因，用上下部调剂进行处理。判断炉缸堆积处于初期的征兆主要有：（1）风口未出现连续烧坏；（2）炉底温度未出现大幅度下降；（3）顺行未严重恶化，崩料、管道行程不频繁。

炉缸堆积初期的处理过程如下：

（1）第一步：将风口实际风速与其正常值比较，看是否在正常波动范围内。如实际风速与正常值相差不大，可不动风口；如风速过低，而风量水平接近正常水平，可缩小风口；如风量水平低于正常水平很多，应临时堵风口，以提高风速。

（2）第二步：执行第一步后，如不动风口，应立即采取布料调剂。按边缘、中心煤气分布的实际状况做出全面的分析，准确决定煤气分布的真实支配因素，通过煤气分布、十字测温、炉顶温度、炉喉温度、红外成像等显示手段，各风口生降的实际分布及炉身温度分布参数进行综合判断，慎重得出处理决定，再调整装料制度。上部调剂时，对扩大矿石批重需十分谨慎，中心堆积决不能扩大批重，边缘堆积，在风量水平较低时，也不宜扩大批重，因为大批重情况下加风非常困难。

如对风口采取措施（第一步有动作），则应观察 16～24 h 后再进行上部调剂。布料改变后，如顺行尚可，可观察 16～24 h；如顺行严重恶化，应立即改回原状态或适应当时状态应变。一天以后炉况未向好的方向发展，则应采取其他措施，不要失去炉缸堆积初期处理的宝贵时机。

C 减少慢风、停风及漏水

前面已经论述慢风会导致炉缸堆积，慢风的原因各不相同，主要包括：

(1) 高炉炉役末期，设备失修，故障频繁，经常伴随冷却系统大量漏水。

(2) 匆忙投产的新高炉，设备试车不充分，遗留设备缺陷较多。

(3) 高炉存在重大设备隐患，如高炉有烧穿威胁，上料系统缺陷，供料速度不足等。

(4) 生产系统有缺陷，如铁水处理能力不够，或炼钢能力不足，炉料因天气或其他原因供应不足等。

(5) 炉况失常，高炉不接受风量。如顺行很差，经常慢风，高炉结瘤，各类操作因素限制高炉全风操作。

(6) 炉料质量差，不论是烧结矿或焦炭，一旦炉料质量恶化，都会迫使高炉慢风。

不管存在哪类缺陷，都应及时解决。一时解决不了的，应采取相应措施，预防炉缸堆积。不能全风操作的高炉，应保持足够的风速，预防高炉滴落带中心温度过低。漏水会加重炉缸堆积，必须坚决杜绝。要加强风口监视，一旦发现风口损坏，立即减水，同时组织人员更换。操作问题应充分研究，果断处理。风量是高炉生产的生命，是高炉生产的第一要素，失去风量，就失去了生产的主动权。维持全风，是高炉操作的头等大事。

D 严重堆积时用锰矿洗炉

出现连续烧坏风口，必须用锰矿洗炉。

E 改善渣铁流动性

炉缸堆积要严防高硅铁、高碱度渣操作，因为硅含量高时铁水黏稠，炉渣碱度高时炉渣黏稠，渣铁同时黏稠必然加重炉缸堆积。

### 2.6.7 炉缸炉底烧穿事故的原因分析及处理措施

#### 2.6.7.1 炉缸炉底烧穿事故的危害性

炉缸、炉底烧穿是高炉炼铁生产中最严重的安全事故，会给企业带来重大的生命财产损失，甚至会终止高炉一代炉役的生产。炉缸、炉底烧穿事故不同于风口以上部位炉体烧穿或其他设备事故，上部炉体烧穿事故可通过短期检修恢复生产，而且能够做到修旧如新，高炉总体产能不会降低。而一旦发生炉缸、炉底烧穿事故，有的情况下会诱发重大的爆炸事故，毁坏一座生产车间；有的情况下高炉不能继续生产，只能大修或另建。即使有的高炉烧坏不太严重或可以抢修，其抢修、复产、新一代炉役大修的代价也极大。

高炉炉缸、炉底烧穿的原因是多方面的，要认真进行分析并区别对待处理。提高高炉寿命是一项庞大的系统工程，要从设计、设备及材料选择、制造、施工、生产操作及维护、管理等方面采取综合措施，才能达到高炉长寿的预期目标。

2.6.7.2 炉缸炉底侵蚀机理分析

一座高炉从建成投产到一代炉役结束，炉缸、炉底都是浸泡在液态渣铁中，长期处于高温、高压冶炼过程。炉缸、炉底内衬的侵蚀非常复杂，有多种因素作用，对有些侵蚀机理的认识目前尚未完全统一，比较一致的看法大体可归结为两大类型，即机械侵蚀和化学侵蚀。

A 机械侵蚀

a 热应力

炉缸耐火材料热面接触的液态渣铁，一般温度高于 1350 ℃的，其冷面接触的冷却壁的冷却水温度为 25～45 ℃，冷却壁的外端为炉壳，其温度接近大气温度。因此，炉缸径向温差可能高达 1300 ℃，会产生很大的热应力。厚度 1 m 左右的炉缸炉衬耐火材料，在高温、高压和温差很大的条件下进行热量传输，经受多种物理化学反应，热胀冷缩、断裂、粉碎等现象都可能发生。炉缸、炉底内的应力分布十分复杂，属于多学科的研究内容。

b 机械摩擦和冲刷

炉缸内铁水环流、渣铁液面的涨落，都会对炉衬耐火材料的热面产生摩擦和冲刷。在高温下，耐火材料的耐磨强度会降低，影响其使用寿命；与渣铁接触面形成的内衬保护层（渣皮）也会时长时掉，渣皮一旦脱落，炉衬耐火材料又将经受机械摩擦和冲刷作用。

c 静压力和剪切作用

液态铁水的密度约为 7.6 t/m$^3$，炉缸内铁水深度加上死铁层深度，聚集的液态铁水的深度高达数米。此外，炉内热风压力很高，以上因素叠加使炉底耐火材料承受的静压力较高。对处于炉缸、炉底交界面处的炭砖，上述静压力起着剪切作用。炭砖的常温抗压强度一般为 20～40 MPa，而常温抗折强度仅 7～15 MPa。在高温下，耐火材料强度低于其常温强度，它所承受的压力与其本身承受能力接近，容易受压碎裂。一旦耐火材料破碎或产生裂纹，高温、高压的液态铁水就可能侵入砖缝或耐火材料孔隙。随着铁水侵入耐火材料，铁水与耐火材料的接触面迅速扩大，碳质颗粒会被铁水包围，使其熔入铁水的速度加快。炉衬耐火材料的上述侵蚀即为铁水的渗透侵蚀。为了减少铁水对炉底的渗透侵蚀，采用热导率高、微孔结构、抗铁水熔蚀性高的炭砖，精磨加工并在砌筑时严格控制砖缝尺寸是十分重要的。

d 上浮力

炉底耐火材料除了经受很大的静压力和剪切作用外，还受到铁水上浮力的作用。耐火材料的体积密度一般为 1.5～3.0 t/m$^3$，只有铁水密度的几分之一，耐火材料比较容易浮于铁水之上。炉底靠炉壳附近一般有一定收径，依靠砖体结构的挤压、摩擦来防止耐火材料上浮。这种力作用于砖衬，使耐火材料易碎、易变形，只要某部位或一小处受侵蚀，就可能造成大量的耐火材料漂浮、损坏。

B 化学侵蚀

a 铁水渗碳熔解侵蚀

现代高炉条件下炼钢生铁的含碳量在 4.5%~5.4%，生铁含碳量与高炉容积、压力、冶炼强度等因素有关。生铁是铁碳熔体含碳的不饱和溶液，只要在炉缸内有铁水，渗碳反应就不会停止。渗碳反应的碳可来自焦炭、煤粉和炭砖。炭砖中的石墨化炭砖、半石墨化炭砖一旦与铁水接触，其渗碳反应进行很快，即炭砖在炉缸中的熔损很快。

b 氧化还原侵蚀

炉缸内的氧化反应有多种类型，比较复杂。例如，风口等冷却设备漏水引起的水煤气反应，会使炭砖因氧化而失碳、粉化、产生裂缝，最终导致强度下降。钾、钠、铅、锌等元素在高炉下部进行氧化还原反应，则是炭砖中常见的疏松带或环形裂缝的主要成因。对炭砖受各种氧化作用侵蚀而破坏，人们的认识是比较一致的。

上述机械侵蚀和化学侵蚀同时作用于炉缸、炉底，很难分清哪个因素在先，哪个因素在后，孰重孰轻。只能说在某一条件下一种侵蚀为主，而另一种侵蚀为辅，可根据具体条件加以控制。

2.6.7.3 炉缸炉底烧穿原因简析及改进探讨

为什么有的高炉能做到高效、长寿生产 15 年以上，有的还达到 20~25 年，而有的高炉则只生产几个月或 2~4 年就发生烧穿事故呢？对此，高炉工作者应冷静思考、仔细分析，并努力改进和提高。总的来看，炉缸、炉底出现安全隐患甚至发生烧穿的高炉存在的问题如下。

A 先天性的设计缺陷

a 炉缸冷却强度不够，与炭砖的导热能力和冶炼强度水平不匹配

某炼铁厂一座 3200 $m^3$ 高炉采用陶瓷杯结构。炉缸 2 段采用铸铁冷却壁，铸铁热导率为 34 W/(m·K)，冷却水量为 960~1248 $m^3/h$。陶瓷杯壁耐火材料的热导率最低，为 4~6 W/(m·K)。相邻的两种小块模压炭砖热导率都很高，NMD 炭砖为 40~80 W/(m·K)，NMA 炭砖为 20 W/(m·K)。炭捣层厚度 60 mm，热导率为 6~10 W/(m·K)。这种结构的炉缸，一旦陶瓷杯侵蚀掉或陶瓷杯壁有裂缝，铁水会直接接触炭砖，热导率较低的炭捣层和冷却能力不够的冷却壁将成为“热阻层”。这是因为 NMD 炭砖的热导率比铸铁材质高一倍，而且冷却壁水量偏低，炉缸径向热量传输会形成阻碍。炭砖热面温度与铁水相等，难以形成渣铁保护层，而 NMD 炭砖和 NMA 炭砖都不是微孔砖，很容易被铁水侵蚀。特别是 NMD 炭砖，其主要成分是电极石墨，石墨很容易渗入含碳不饱和的铁碳熔体。石墨质的炭砖不易挂住渣铁保护层，难以抵御铁水的渗透侵蚀，很可

能在某一部位发生烧穿。

针对以上分析，炉缸采用的炭砖其热导率和微孔结构要同时兼顾，冷却壁的导热能力和冷却水量都要提高到与炭砖导热匹配，炭捣层的热导率应与炭砖相近，避免使它成为“热阻层”。新建高炉的炉底结构，应采用微孔结构及抗铁水熔蚀性能好的炭砖，并做到从炭砖热面（与铁水接触面）至炉底水冷管传热能力逐渐升高，不形成热阻层，使热量顺利传出。

b 检测手段缺乏

炉缸砖衬温度测量点少，冷却壁水温差、水流量、热流强度等参数检测手段缺乏，往往导致不能及时发现炉缸、炉底的异常并采取相应措施。其结果有时造成高炉烧穿的突发事故，甚至使事故进一步扩大。

c 炭砖选用不当

某炼铁厂 1250 $m^3$ 高炉，开炉后仅 15 天炉缸环墙炭砖温度就上升到 600 ℃以上，生产 8 个月后渗铁达到 70 余吨，所幸的是管理措施得当才没造成烧穿。割开冷却壁观察，两块炭砖之间的缝隙有 30～70 mm，说明炭砖受热后变形收缩。炭砖缝隙过大的原因，可能是所用炭砖焙烧温度不够，也可能是砌筑质量不高所致。说明炉缸、炉底选用合适的炭砖十分重要，在选用炭砖时要注意以下几点：

(1) 与铁水接触的部位，或一代炉役末期要接触铁水的部位，不能选用石墨质和半石墨质的炭砖。石墨含量高的炭砖易发生渗碳反应，即炭砖容易发生熔损。

(2) 石墨砖与渣铁的亲和力很差，不易粘挂渣皮，而炉缸部位总希望粘挂一层渣皮来保护炉衬。国外高炉将石墨质炭砖用于炉身下部，往往间隔使用碳化硅砌筑，因为后者相对容易粘挂渣皮。

(3) 对于炭砖不仅要重视其热导率，更要重视其微气孔指标和抗铁水熔蚀性能。有的炭砖生产厂家为了追求高的热导率，在生产炭砖时加入大量石墨，其结果是降低了炭砖的抗铁水熔蚀性能，炉缸使用这种炭砖其安全性受到威胁。

d 铁口布置不当

有的高炉两个铁口呈 90°夹角布置，除了高炉生产时易产生偏行以外，还会加剧炉缸内铁水的环流侵蚀，威胁炉缸的安全。有的高炉铁口区烧穿，是因为渣沟长度相差大，在开炉、停炉、休风、送风处理事故时多从短渣沟对应的铁口出铁，加速了该铁口区的炉缸侵蚀。

B 冷却壁制造和安装施工存在不足

冷却壁的制造和安装质量对炉缸寿命十分重要，万一冷却壁漏水将可能造成重大事故。冷却壁的制造和安装应注意以下几点：

(1) 炉缸耐火材料砌筑前应对冷却系统通水、试漏，在试压合格后方能砌砖。

(2) 随着炭砖机加工精度提高，不论使用大块炭砖还是小块炭砖，均应将砌筑砖缝控制在 0.5 mm 之内，建议砌筑标准适当提高。

(3) 改进铁口区冷却和窜气结构设计，改进炉缸冷却壁与炉壳间填料选用，防止高炉出铁时铁口喷溅和维持铁口有足够的深度。

(4) 炭砖与冷却壁之间的炭捣料，热导率应与炭砖相当，达到 15~20 $W/m^2$。

C 投产后操作维护存在不足

a 严格控制有害元素的入炉量

钾、钠、铅、锌等有害元素对炉体的危害作用已有很多研究，从一些高炉破损调查也得到了证实。我国高炉工艺设计规范要求，入炉料中（K+Na）< 3.0 kg/t，Zn<0.15 kg/t。这些有害元素在炉内循环富积，不仅破坏高炉的稳定顺行，降低焦炭强度，而且能与耐火材料形成化合物，使其体积膨胀，有的高达 50%，造成炉缸砖衬快速损坏。因此，应严格控制以上有害元素的入炉量，并注意定期排除。

b 搞好顺行，防止冷却设备漏水

风口小套漏水，上部冷却器漏水，都会顺着炉壳渗到炉缸，引起炭砖氧化、粉化，这是炉缸炭砖损坏的重要原因。发现漏水设备后应及时处理，不能继续漏水。有的高炉为了抢产量，风口坏了不及时更换，而是积累多了一起换，这样做往往得不偿失。

c 维持经济的冶炼强度和利用系数

每座高炉在给定的冶炼条件下，都有其较佳的冶炼强度和较佳的燃料比。如果不顾条件盲目提高冶炼强度，燃料比会升高。这样操作高炉，效益不能最大化，而且对炉体损害很大。分析一些寿命达到 15~25 年的高炉，一代炉役利用系数平均不超过 2.3 $t/(m^3 \cdot d)$，其生产稳定、能源消耗低，符合低碳冶炼要求，综合成本也较低。

d 关于钒钛矿护炉

炭砖温度高时最先采用的措施通常是加入钒钛矿护炉，它能取得较好的效果。但有两点值得注意：一是钒钛矿加入量通常应控制生铁中钛含量在 0.1%以上，硅含量适当高一点，可在 0.5%以上；二是建议提前采取预防措施，可在开炉半年后就开始用一周左右的时间加钒钛矿护炉，此后每年进行一次。

e 提高炉缸压浆的技术水平

近年来，高炉出现炭砖温度高时，有的在炉壳开孔（两块冷却壁之间的缝隙）处将无水碳质泥浆压入炭砖与冷却壁之间，起堵缝和消除此处热阻层的作用，有一定效果。这种方法特别适合于投产时间不长、施工质量欠佳、捣料层不密实、捣打料挥发分高并受热后收缩的高炉。这种方法也有不足，如果压浆方法不当，压浆压力过高，泥浆的材质不好，反而可能将已经很薄的砖衬压碎，挥发物高的泥浆压到炉内与铁水接触，还可能产生体积膨胀引起炉内放炮。因此，要慎重采用压浆处理，努力提高压浆水平。最好的办法是严格控制筑炉质量，争取实现一代炉役不压浆。

f 长期保持铁口有足够深度

仔细分析炉缸烧穿的实例，大多数发生在铁口或铁口附近。这是因为铁口区工作环境恶劣，受侵蚀严重。因此，高炉生产应该做到长期保持铁口有足够深度，铁口深度不够，铁水易从铁口通道进入砖缝，加速炭砖的侵蚀。

#### 2.6.7.4 炉缸炉底烧穿事故的处理和预防

A 炉底烧穿处理

炉底烧穿是十分危险的生产安全事故，它会诱发爆炸事故而造成巨大灾难，尤其是水冷炉底。历史上出现过的炉底烧穿事故都发生在容积较小、炉底无冷却或炉底风冷的高炉。炉底烧穿时铁水从风冷管流出，因炉基周围无积水，没有诱发更严重的爆炸事故。对于水冷炉底的高炉，应时刻提高警惕，一旦水冷管上面的炭砖温度超标，应尽快停炉大修，防止炉底烧穿。炉底烧穿后没有别的方法，只能在凉炉后大修。

B 炉缸烧穿的处理

炉缸烧穿后的处理应首先确认烧穿部位是否在炉底满铺炭砖以上，如果烧穿位置很低，在炉底炭砖 1~2 层砖之上，抢修就没有意义。炉缸烧穿部位在满铺炭砖平面以上时，要判断炉缸是否还存有液态铁水，防止开炉壳取冷却壁时残铁流出造成安全事故。如果高炉已生产多年，临近大修期，抢修恢复生产不经济，最好快速拆炉进行大修。

炉缸烧穿抢修一般采用挖补的方法。在确认开孔时无液态铁流出的条件下(如有液态铁应先出残铁)，准备好炭砖（微孔小炭砖最佳）和新冷却壁，割开炉壳和损坏的冷却壁，支撑住烧穿口上方的炭砖，清除残物并找出原始砖面，砌筑新砖，安装好新冷却壁，焊好炉壳，压碳质泥浆，冷却壁通水试漏。如还有其他受损部位也要抢修好，然后复风生产。复风操作可按炉缸冻结事故的处理方式，烧穿部位上方的风口可根据情况较长时间堵住，并辅以其他护炉措施，逐渐恢复生产。复产后的冶炼强度应比事故前的生产水平低，同时应该抓紧做下一代炉役大修的准备。

C 炉缸炉底烧穿的预防

预防炉缸炉底烧穿事故发生是一个涉及面很广的系统工程。在高炉一代炉役中，从高炉设计方案选定、设计、制造、施工、开炉、操作、生产管理、维护、配套工程等，一系列的环节均应做到先进可靠，才能实现真正的长寿。其中任何环节达不到要求，都可能造成整个系统的失败，最后表现为达不到长寿目标。

应尽早发现炉缸危险的蛛丝马迹，采取相应的措施，以阻止炉缸炉底烧穿。

高炉出现险情都会有先兆，如果没有迹象，可能是因为缺少检测手段、检测手段失灵、出现过危险信号而被忽视。在高炉投产后一代炉役生产期间，要时刻注意仔细观察，保持警惕。

对于新投产不久的高炉要做到以下几点要求：

（1）新投产高炉不应过分强调达产速度，用10~20天冶炼铸造铁为宜。这可使炉缸一开始就生成一层石墨炭以封堵部分砖缝，对延长炉缸寿命有益。

（2）在保证足够冷却水量的同时，应密切注意有无冷却设备漏水现象，特别是风口和冷却壁的漏水。

（3）建议新高炉开炉后半年进行一次钒钛矿护炉，其后每年护炉一次，以确保高炉炭砖温度及水温差在受控范围以内。

（4）坚持一代炉役内入炉原燃料所含有害元素在规范规定的要求之内，禁止超标入炉，对循环富积的有害元素定期采取排除措施。

（5）必须长期保证铁口有足够深度。

## 参考文献

[1] 王筱留. 钢铁冶金学-炼铁部分[M]. 3版. 北京：冶金工业出版社，2013：372-398.

[2] 王晓哲，张建良，刘征建，等. 块矿对高炉炉料冶金性能的影响[J]. 钢铁研究，2017，45（5）：1-5.

[3] 黄军，崔广信，窦胜涛，等. 不同温度下铝硅含量对南非矿烧结性能影响的研究[J]. 河南冶金，2016，24（3）：5-7，48.

[4] 李兰涛. 高炉炼铁技术工艺及应用分析[J]. 天津冶金，2021（6）：5-7，32.

[5] 李兰涛. 浅谈高炉炼铁原燃料质量改善对策[J]. 冶金管理，2022（1）：7-9.

[6] 周传典. 高炉炼铁生产技术手册[M]. 北京：冶金工业出版社，2002：262-291.

[7] 项仲庸，王筱留. 高炉设计-炼铁工艺设计理论与实践[M]. 北京：冶金工业出版社，2014：406-440.

[8] 沈大伟，陈名炯，佘京鹏. 高炉铜冷却壁设计优化之管见[J]. 炼铁，2020，39（3）：7-12.

[9] 李传辉，安铭，刘崇慧，等. 应用炉身静压监测技术判断高炉炉况[J]. 炼铁，2005（5）：54-55.

[10] 张寿荣，于仲洁. 武钢高炉长寿技术[M]. 北京：冶金工业出版社，2009.

[11] 王春龙，祁四清，全强，等. 浅谈延长高炉铸铁冷却壁使用寿命的措施[J]. 炼铁，2021，40（4）：33-36.

[12] 向旭东. 球墨铸铁冷却壁在八钢南疆1号高炉的应用[J]. 新疆钢铁，2015（3）：21-25.

[13] 李峰光，张建良，左海滨，等. 极限工况下铸铁冷却壁热态试验研究[J]. 铸造，2014，63（4）：391-395.

[14] 朱仁良，居勤章．铜冷却壁高炉操作现象及思考 [J]．炼铁，2012，31 (4)：10-15.
[15] 魏丽．我国高炉使用铜冷却壁 10 年来的回顾 [J]．炼铁，2012，31 (3)：13-15.
[16] 邓勇，焦克新，张建良，等．高炉铜冷却壁损坏的原因及解决对策 [J]．炼铁，2017，36 (4)：10-15.
[17] 陈克武．铜冷却壁在湘钢 1 号高炉的应用 [J]．炼铁，2017，36 (2)：20-24.
[18] 王屹，刘泽民，陈奕．宝钢不锈钢 2500 $m^3$ 高炉冷却板破损分析 [J]．炼铁，2006，25 (6)：39-42.
[19] 周琦，贾海宁，苏威，等．宝钢湛江钢铁高炉长寿技术设计与应用 [C] //中国金属学会．第十二届中国钢铁年会论文集．北京：冶金工业出版社，2019：1-5.
[20] 高新运，李丙来，杨士岭，等．济钢 1750 $m^3$ 高炉风 E1 区冷却壁损坏原因分析及改进 [J]．山东冶金，2009，31 (4)：23-25.
[21] 王春龙，祁四清，全强，等．新型冷却结构在某 1080 $m^3$ 高炉上的应用 [J]．炼铁，2019，38 (I)：1-3.
[22] 陈秀娟，全强，罗凯，等．一种新型炉体冷却结构及其应用 [J]．炼铁，2017，36 (4)：36-38.
[23] 范洪远，李伟，唐正华，等．影响铸铁导热性的工艺因素 [J]．现代铸铁，2001 (2)：14-16.
[24] 沈猛，铁金艳．高炉用铸铁铸钢冷却壁设计与制造 [J]．冶金设备，2012 (S2)：115-118.
[25] 李洋龙、程树森、王颖生．高炉炉底封板上翘机理及预防措施 [J]．钢铁，2014，49 (12)：18-23.
[26] 黄发元．高炉炉底板问题探讨 [C] //2019 年第四届全国炼铁设备及设计年会．北京：中国金属学会，2019.
[27] 中冶华天工程技术有限公司．高炉炉底：中国，ZL201420735664. 8 [P]．2015-4-1.
[28] 中国冶金建设协会．GB 50427—2015 高炉炼铁工艺设计规范 [S]．北京：中国计划出版社，2015：16.
[29] 杜钢、陈亮．二维传热数模在高炉炉缸炉底结构设计中的应用 [J]．耐火材料，1999，33 (4)：216-218.
[30] 李朝旺、段新民、张洪海，等．高炉长寿设计之我见 [J]．炼铁，2018，37 (6)：1-5.
[31] 叶军．陶瓷杯结构炉衬在马钢高炉的应用实践 [J]．炼铁，2006，25 (6)：51-53.
[32] 汤清华，史志苗．高效长寿高炉冷却结构与冷却强度的浅议 [C] //中国金属学会．第十三届中国钢铁年会论文集．北京：冶金工业出版社，2022：56-57.
[33] 刘运峰，李容成，胡慕凯．江阴兴澄特钢 1 号高炉冷却壁损坏后的操作与维护实践 [J]．四川冶金，2021，43 (6)：36-38.
[34] 史志苗，徐振庭，张宏星．兴澄 3 号高炉炉缸破损调查及机理分析 [J]．中国金属通报，2021 (3)：81-82.
[35] 刘运峰，郝亚伟．江阴兴澄特钢 3 号高炉长寿经验的总结 [J]．四川冶金，2021，43 (4)：30-33.
[36] 朱士杰．兴澄特钢 2 号高炉 2 号热风炉预混室浇筑修复 [J]．天津冶金，2022 (2)：1-4.

[37] 梁海龙，孙健，崔园园，等．热风炉热风管道波纹补偿器失效原因及长寿建议［J］．炼铁，2020，39（1）：16-19.
[38] 何鹏，陈健，沈朋飞，等．五矿营口4号高炉热风炉系统技术改造［J］．冶金能源，2016，35（1）：40-43.
[39] 王希波，王文学，秦建涛，等．大型高炉热风出口组合砖损坏的原因及对策［J］．炼铁，2019，38（1）：54-57.
[40] 谭玲玲，秦涔．方大特钢新2号高炉高风温热风炉的设计特点［J］．炼铁，2015，34（4）：24-27.
[41] 陈秀娟，吴启常，张建梁，等．高风温热风炉热点问题讨论［J］．中国冶金，2013，23（9）：7-12，36.
[42] 杨和祺．兴澄3200 $m^3$ 高炉热风炉凉炉及烘炉再生产实践［J］．冶金能源，2021，40（5）：34-37.
[43] 唐唯一，李冬，郑绥旭，等．烟气内循环技术在400 $m^2$ 烧结的应用实践［J］．矿业工程，2021，19（3）：42-44，49.
[44] 吴振山，吕万峰，宋克龙，等．活性炭烟气脱硫脱硝技术在烧结机中的应用调试［J］．硫磷设计与粉体工程，2020（4）：38-42.
[45] 张浩，范威威．烧结烟气脱硫脱硝用活性炭混合钢渣复合材料的光谱学分析［J］．光谱学与光谱分析，2020，40（4）：1195-1200.
[46] 屈荷叶，吴伟，鲁果，等．某钢厂烧结机脱硝除尘超低排放技术应用探讨［J］．中国环保产业，2020（3）：47-50.
[47] 曹博文，钱付平，刘哲，等．烧结烟气脱硫-除尘-脱硝系统流场模拟及结构优化［J］．煤炭学报，2020，45（10）：3589-3599.
[48] 韩加友，石振仓，黄利华．臭氧氧化协同半干法同时脱硫脱硝在烧结机烟气工业的应用［J］．石油与天然气化工，2019，48（5）：19-23.
[49] 赵宏伟，黄帮福，刘兰鹏，等．用于烧结烟气脱硫脱硝的活性炭理化性质［J］．粉末冶金材料科学与工程，2019，24（3）：296-302.
[50] 刘兰鹏，施哲，黄帮福，等．碳基材料用于烧结烟气协同脱硫脱硝的研究现状［J］．环境工程，2019，37（2）：99-103.
[51] 李冬，唐唯一．兴澄特钢415 $m^2$ 新型环冷机应用实践［J］．矿业工程，2020，18（2）：44-46.
[52] 吴胜利，王代军，李林．当代大型烧结技术的进步［J］．钢铁，2012（9）：1-8.
[53] 张浩浩．烧结余热竖罐式回收工艺流程及阻力特性研究［D］．沈阳：东北大学，2011.
[54] 俞勇梅，何晓蕾，李咸伟．烧结过程中二噁英的排放和生成机理研究进展［J］．世界钢铁，2009（6）：1-6.
[55] 佐佐木，洋三．高炉炉顶煤气余压发电现状［C］//钢铁厂节能论文集．北京：冶金工业出版社，1982：104.
[56] 郑秀萍．TRT技术及其节能环保作用（上篇）［J］．通用机械，2004（9）：11.
[57] 俞俊权．日本高炉炉顶压回收透平技术的发展［J］．上海金属，1992，14（4）：23.
[58] 俞俊权．高炉顶压回收透平发电装置的现状和发展前景［J］．冶金能源，1996，15

(3)：50.

[59] 韩渝京，曹勇杰，陶有志．首钢京唐 1 号高炉 TRT 工艺优化及生产实践 [J]. 冶金动力，2010 (4)：20.

[60] 中国钢铁工业协会信息统计部，冶金工业信息标准研究院．中国钢铁统计 [M]. 北京：中国钢铁工业协会，1996.

[61] 赵沛，蒋汉华．钢铁节能技术分析 [M]. 北京：冶金工业出版社，1999.

[62] 张春霞，郑文华，周继程，等．我国钢铁工业 CDQ 和 TRT 节能技术的发展和应用 [C] //第三届中德（欧）冶金技术研讨会论文集．北京：中国金属学会与德国钢铁学会，2011：65.

[63] 张春霞，齐渊洪，严定鎏，等．中国炼铁系统的节能与环境保护 [J]. 钢铁，2006，41 (11)：1.

[64] 张朋．全干式 TRT 技术及在重钢的应用 [J]. 冶金动力，2014 (1)：23.

[65] 中国钢铁工业协会节能减排课题组．钢铁行业节能减排方向及措施 [J]. 中国钢铁业，2008 (10)：7.

[66] 殷瑞钰．关于钢铁企业的结构模式与社会功能（续）[J]. 中国冶金，2003，13 (2)：1.

[67] 吕晓云，邱世厚．大型高炉的干法除尘系统及接口工艺控制 [J]. 中国冶金，2010，20 (10)：44.

[68] 朱仁良，王天球，王训富．高炉优化操作与低碳生产 [J]. 中国冶金，2013，23 (1)：30.

[69] 郭朝晖．钢铁行业与工业 4.1 [J]. 冶金自动化，2015，39 (4)：7.

[70] 赵宏博，刘伟，李永杰，等．基于炼铁大数据智能互联平台推动传统工业转型升级 [J]. 大数据，2017，3 (6)：157.

[71] 王维兴．我国钢铁工业能耗现状与节能潜力分析 [J]. 冶金管理，2017 (8)：50.

[72] 刘荣贵．涟钢铁前大数据平台的开发与应用 [J]. 涟钢科技与管理，2020 (1)：26.

[73] 车玉满，郭天永，孙鹏，等．大数据云平台技术在高炉工艺应用与发展 [J]. 鞍钢技术，2019 (4)：5.

[74] 刘晓萍，熊昆鹏，葛小亮．兴澄炼铁大数据智能互联平台建设及应用 [J]. 冶金自动化，2021，45 (3)：34-41.

[75] 张涛．基于实时数据库的炼铁生产调度系统 [J]. 数字技术与应用，2011 (3)：100.

[76] 工业互联网产业联盟（AII）．工业互联网平台白皮书（2019） [R]. (2019-06-05) [2024-03-08].

[77] 刘晓萍．兴澄特钢 3200 高炉 L2 过程控制管理系统开发实践 [J]. 河北冶金，2016 (8)：6-10.

[78] 刘晓萍．江阴兴澄大烧结 L2 系统的设计应用 [J]. 中国科技信息，2016 (24)：68-69.

[79] 赵宏博．Cloudiip 助力新一代智能制造 [J]. 软件和集成电路，2018 (6)：42.

[80] 孔宪光，章雄，马洪波，等．面向复杂工业大数据的实时特征提取方法 [J]. 西安电子科技大学学报，2016，43 (5)：70.

[81] 刘旦，刘晓萍，葛小亮．高炉智能管理系统在兴澄特钢的应用 [J]. 长江信息通信，

2022，35（1）：26-28.
[82] 吴铿，折媛，刘起航，等．高炉大型化后对焦炭性质及在炉内劣化的思考［J］．钢铁，2017，52（10）：1.
[83] 王筱留．钢铁冶金学（炼铁部分）［M］．北京：冶金工业出版社，2013，17-22.
[84] 潘登．我国捣固炼焦技术的进步与发展方向［J］．燃料与化工，2013，44（2）：1-2，7.
[85] 王海洋，张建良，钟建波，等．钾蒸气对顶装焦与捣固焦劣化的影响［J］．中国冶金，2018，28（12）：12-14，18.
[86] 周师庸，赵俊国．炼焦煤性质与高炉焦炭质量［M］．北京：冶金工业出版社，2005.
[87] 史世庄，雷耀辉，曹素梅，等．堆积密度对捣固炼焦焦炭性能的影响［J］．武汉科技大学学报，2011，34（4）：285.
[88] 唐庆利，钟建波，张建良，等．捣固焦与顶装焦性能差异探析［J］．炼铁，2017，36（2）：50-52.
[89] 姚怀伟，郑明东，张小勇，等．捣固焦炭内在质量及等反应后强度指标［J］．钢铁，2013，48（12）：16-19.
[90] 张建良，焦克新，王振阳．炼铁过程节能减排先进技术［M］．北京：冶金工业出版社，2020，37-51.
[91] 高冰，张建良，左海滨，等．2000 $m^3$ 高炉焦炭质量评价［J］．钢铁，2014，49（2）：9-14.
[92] 代兵，刘云彩．高炉的合理鼓风速度［J］．钢铁研究学报，2015，27（3）：9-13.
[93] 代兵，梁科，王学军，等．高炉合理鼓风动能与炉缸活性的关系［J］．钢铁，2016，51（2）：22-27.
[94] 张宏星，史志苗，刘影．兴澄特钢高炉提高煤比的措施［J］．炼铁，2020，39（2）：34-37.
[95] 袁骧，张建良，毛瑞，等．镁铝比对高炉渣脱硫能力的影响［J］．东北大学学报（自然科学版），2015，36（11）：1609-1613.
[96] 李昌齐，刘树俊．武钢 8 号高炉提高块矿比生产实践［J］．武钢技术，2017，55（3）：15-18.
[97] 高远，魏航宇，张泽润．邯钢高炉提高块矿配比生产实践［J］．炼铁，2016，35（6）：58-60.
[98] 朱仁良．宝钢大型高炉操作与管理［M］．北京：冶金工业出版社，2015：182-190.
[99] 梁清仁，李国权，曹旭．提高高炉生矿比的生产实践［J］．四川冶金，2017，39（4）：39-41，63.
[100] 朱勇军，徐辉，王士彬．宝钢 4 号高炉提高块矿比例实践［J］．炼铁，2019，38（1）：32-35.
[101] 卢光辉．高炉提高块矿比生产实践［J］．金属世界，2016（2）：44-46.
[102] 段江峰，杨建鹏．龙钢高炉块矿比提高后的应对措施［J］．炼铁，2018，37（5）：49-50.
[103] 刘立广，陈生利．韶钢 6 号高炉提高块矿比攻关实践［J］．南方金属，2019（5）：37-39，49.

[104] 张宏星，史志苗，刘影．兴澄特钢高炉提高煤比的措施［J］. 炼铁，2020，39（2）：34-37.

[105] 王海洋，张建良，王广伟，等．兴澄特钢 3200 $m^3$ 高炉风口损坏原因及应对措施［J］. 炼铁，2017，36（1）：26-28.

[106] 徐振庭，郭超，杨和祺，等．兴澄 3200 $m^3$ 高炉炉况连续失常分析［C］//2017 年全国高炉炼铁学术年会论文集（上）．北京：冶金工业出版社，2017：371-377.

[107] 徐振庭，郭超．兴澄特钢 3200 $m^3$ 高炉减少风口磨损的措施［J］. 中国冶金，2017，27（12）：40-43，48.

[108] 徐振庭，王梦．兴澄 3200 $m^3$ 高炉炉况连续失常简析［J］. 炼铁，2018，37（2）：31-33.

[109] 万刚，崔广信，朱海龙，等．2 号高炉中修降料面操作实践［C］//2018 第六届炼铁对标、节能降本及新技术研讨会论文集．北京：冶金工业出版社，2018.

[110] 杨和祺，徐振庭．兴澄 3200 $m^3$ 高炉大修开炉及快速达产实践［J］. 冶金能源，2021，40（3）：51-56.

[111] 史志苗，张宏星，张建良．兴澄 3200 $m^3$ 高炉钛矿护炉若干因素探析［J］. 炼铁，2021，40（3）：18-20.

[112] 杨和祺．兴澄特钢 3200 $m^3$ 高炉大修快速降料面操作［J］. 炼铁，2021，40（3）：26-29.

[113] 刘运峰，崔广信．江阴兴澄特钢 2 号高炉中修停炉操作实践及实施效果［J］. 甘肃冶金，2022，44（1）：46-49.

[114] 郭超．兴澄 3200 $m^3$ 高炉炉役中后期存在的问题及对策［J］. 天津冶金，2022（1）：1-4.

[115] 周生华，程树森，孙建设．莱钢 1 号 1880 $m^3$ 高炉装料制度的探索［J］. 炼铁，2007（1）：33-36.

[116] 刘玉猛，张宏星，安秀伟，等．青钢 1800 $m^3$ 高炉布料方式的特点［J］. 炼铁，2017，36（2）：1-4.

# 3　炼铁过程中的理论创新

党的十九大报告首次提出了“高质量发展”这一表述，表明中国经济由高速增长阶段转向高质量发展阶段，党的十九大报告中提出的“建立健全绿色低碳循环发展的经济体系”为新时代下高质量发展指明了方向，同时也提出了一个极为重要的时代课题。党的二十大报告也指出，推动高质量发展对资源型地区而言，重中之重是推动产业转型，深入推进能源革命，加快发展方式绿色转型；同时，要坚持绿色低碳发展理念，坚持总量调控和科技创新降碳相结合，坚持源头治理、过程控制和末端治理相结合，全面推进超低排放改造，统筹推进减污降碳协同治理。综合来看，高质量发展是适应经济发展新常态的主动选择，是贯彻新发展理念的根本体现，也是适应我国社会主要矛盾变化的必然要求，更是建设现代化经济体系的必由之路。推动高质量发展是根据我国发展阶段、发展环境和发展条件作出的科学判断，钢铁企业积极响应国家“高质量发展”政策，以习近平新时代中国特色社会主义思想为指导，坚定不移贯彻新发展理念；以深化供给侧结构性改革为主线，坚持质量第一、效益优先；以“创新思维”指导炼铁生产，为炼铁高质量发展保驾护航。

2015 年 5 月 19 日国务院正式印发《中国制造 2025》，实施制造强国战略，加强统筹规划和前瞻部署，《中国制造 2025》是中国工业由大变强、从制造大国向制造强国转型的行动纲要；党的十九大报告也指出要加快建设制造强国，加快发展先进制造业，推动互联网、大数据、人工智能和实体经济深度融合；同时我国经济发展进入新常态，新旧动能转换需求迫切，当前生产力与生产管理均面临创新和变革。

近年来，面对钢材进出口双双下降、贸易壁垒、进口铁矿石价格大幅上涨、外贸停滞内贸萎缩、同行竞争异常激烈等问题，钢铁行业应按照中央经济工作会议要求，坚持以供给侧结构性改革为主线，巩固钢铁去产能成效，提高钢铁行业绿色化、智能化水平，提质增效，推动钢铁行业高质量发展。

同时党的十九大报告还指出，必须树立和践行“绿水青山就是金山银山”的环保理念，“既要企业发展，更要碧水蓝天”是习近平生态文明思想在钢铁行业的充分体现；党的二十大报告也指出，要推动绿色发展，促进人与自然和谐共生，强调钢铁行业在发展过程中需要注意环境保护和可持续发展，积极推动绿色低碳技术创新，这是实现钢铁行业绿色、高质量发展的重要手段。钢铁行业作为污染排放较大的行业之一，必须采取切实有力措施，推进节能减排工作，为建设良好生态环境做出积极贡献，这既是钢铁人必须履行的义务，也是钢铁行业发展的必然要求。

## 3.1 “中医思维”在炼铁生产中的应用实践

习近平同志指出：中医学凝聚着深邃的哲学智慧和中华民族几千年的健康养生理念及其实践经验，是中国古代科学的瑰宝，也是打开中华文明宝库的钥匙。国内某钢铁厂用这把钥匙打开了炼铁的“新大门”，创新性地将中医思维里面“辨证论治”“阴阳平衡”及“未病先防”等传承千年的哲学智慧和养生理念应用到炼铁生产中来，具体的思路框架如图 3-1 所示。

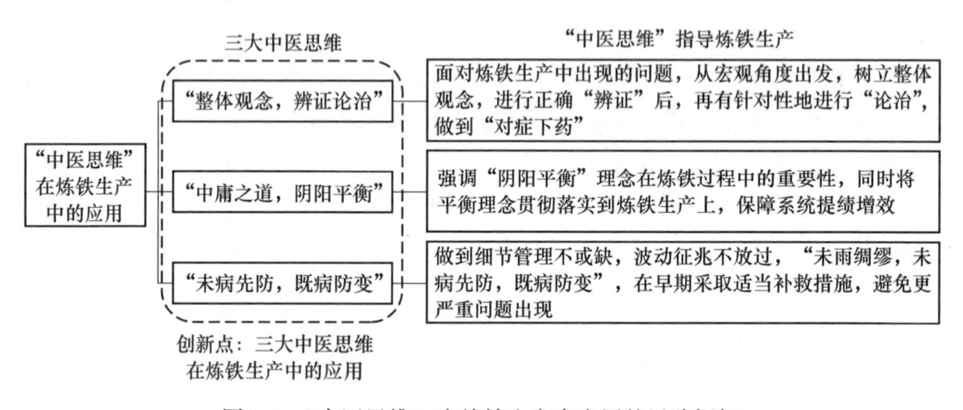


图 3-1 “中医思维”在炼铁生产中应用的思路框架

“中医思维”作为一种指导思想，在应用于炼铁生产的过程中，不需要大规模的设备改造或者技术攻关，不仅安全环保、节约成本，而且容易实施并且效果显著，对于企业的持续发展来说具有十分重大的意义。通过“中医思维”的应用实践，持续加大企业竞争力，提高企业品牌影响力；同时，提升了企业的自主创新能力，管理软实力方面也得到全面提升；而且还丰富了企业文化的内涵，提升了员工们齐心协力、共御危机的干劲，发现并锻炼一批优秀人才。

### 3.1.1 整体观念，辨证论治

#### 3.1.1.1 理论依据

整体观念和辨证论治是中医理论的精华。整体观念认为，人体是一个由多层次结构构成的有机整体，构成人体的各个部位、各个脏器形体宫窍之间，结构上不可分割，功能上相互协调、相互为用，病理上相互影响；辨证论治是中医学认识疾病和处理疾病的基本原则，辨证是在认识疾病过程中运用中医四诊法（望闻问切）确立证候的思维和实践过程；论治是在通过辩证思维得出证候诊断的基础上，确立相应的治疗原则和方法。

3.1.1.2 指导原则和目标方案

将炼铁生产过程看作一个有机的整体，树立整体观念，配料、烧结、装料、冶炼、排渣铁、送风、喷煤、冷却、煤气回收等工序缺一不可。在观察和分析炼铁过程中出现的问题时，必须注重炼铁系统的整体性及各个生产环节之间的统一性和联系性；在认识和处理相关问题时，“辨证为先，用药而后”，先通过信息收集分析，结合冶金原理（动力学、热力学等）找出原因，进行正确“辨证”，明确问题种类和性质，然后在“辨证”基础上，采取合理措施来解决问题。如当炉况出现波动时，需要根据“辨证”思维，结合生产原理及现场经验，正确判断炉况，同时根据人、机、料、法、环各方面的联系，有针对性地采取“论治”措施，做到“对症下药”，才能实现“药到病除”。

3.1.1.3 实际应用

整体和辨证思维方式是中医理论的精华，中医认为人体各个器官是有机的整体，各部分之间相互影响、相互关联。中医诊病是先从宏观的角度提出自己的观点，形成概念，然后在辨证的基础上配伍用药；高炉生产系统同样是一个有机的整体，烧结、装料、冶炼、排渣铁、喷煤、送风、炉体冷却、煤气回收等每个工序均不可或缺。

高炉是目前工业领域内最大的单体化学反应器，也是一个工艺复杂、设备繁多的生产系统，特别是高炉内部许多东西看不见摸不着，常被比喻成“黑匣子”，有太多说不清楚的问题。从高炉整体来看，高炉炉型和人体结构非常相似，如图 3-2 所示，高炉从上到下可分为炉喉、炉身、炉腰、炉腹及炉缸，分别对应人体的不同部位：炉喉对应人体的喉咙，炉料从此部位进入高炉，人体也是通过喉咙进食；炉身、炉腰、炉腹是高炉冶炼含铁原料的部位，可与人体肠胃系统相对应，人体通过肠胃对摄入的食物进行消化，过程类似于高炉内部的氧化还原反应；炉缸是用来储存生铁的部位，渣铁通过铁口排出高炉，此过程可类比人体排泄和排遗过程。整体看来，高炉的结构和功能其实和人体非常相似，人体无法避免疾病的产生，高炉亦是如此；对于人来说，健康长寿是大家一直以来所希望能够实现的美好愿景，对于高炉而言，其追求的最终目标同样是顺行和长寿。

从高炉冶炼方面来看，高炉通过布料制度装入不同种类的含铁原料和焦炭，可以类比于人体进食，如图 3-3 所示，由于人体摄入食物的种类不同，会给人的身体机能带来不同的影响，如果人体摄入不健康的食物则会导致肠胃功能受损，从而造成疾病的发生；高炉和人一样，如果给高炉“吃”品位和质量较差的原燃料，会给高炉的冶炼带来困难，严重时甚至会造成高炉炉况出现波动，导致高炉顺行出现问题。

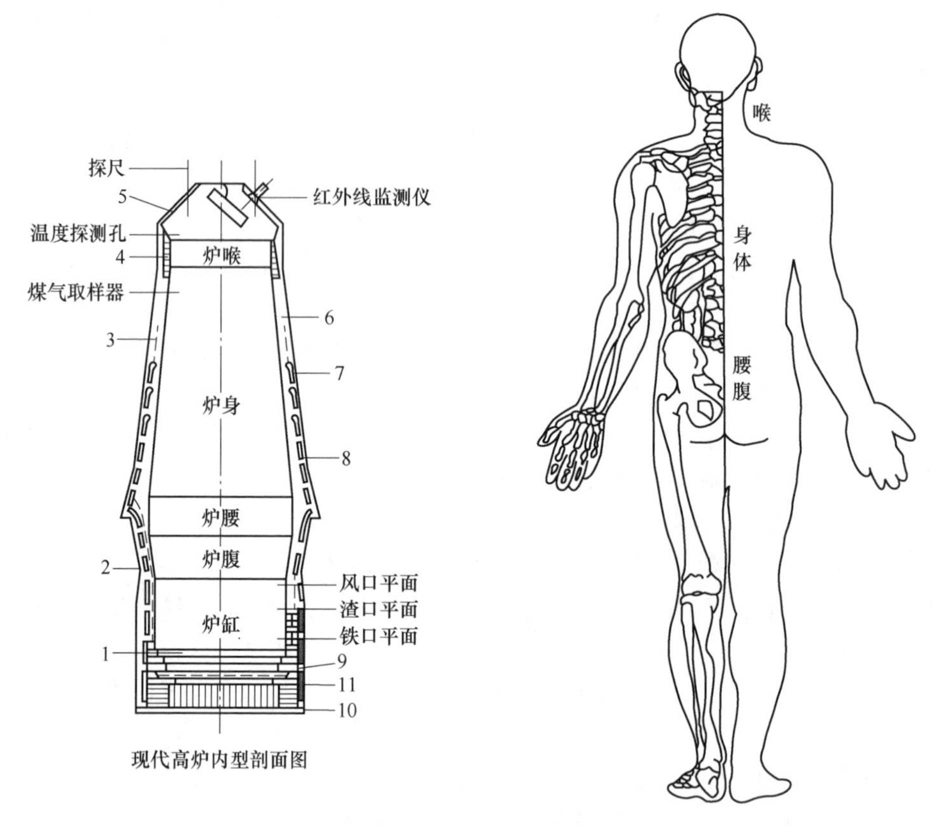


图 3-2 高炉炉型和人体结构的对比

1—炉底耐火材料；2—炉壳；3—炉内砖衬生产后的侵蚀线；4—炉喉钢砖；5—炉顶封盖；6—炉体砖衬；7—带凸台镶砖冷却壁；8—镶砖冷却壁；9—炉底炭砖；10—炉底水冷管；11—光面冷却壁

因此，给高炉做诊断与中医给人诊病相类似，中医思维认为：人体各个器官是个有机整体，各部分之间相互影响、相互关联。炼铁工作者认为：高炉亦是个有机整体，上料系统、炉顶系统、水系统、送风系统及煤气系统会相互影响、相互关联；送风制度、热制度、装料制度、造渣制度、冷却制度之间也会相互影响、相互关联；产量、消耗、长寿之间同样会相互影响、相互关联。所以在观察和分析有关高炉炼铁过程中出现的问题时，必须注重高炉炼铁系统的整体性及各个生产环节制度之间的统一性和联系性。

中医对疾病的诊断方法是“望闻问切”，通过观起色、听声息、问症状、摸脉象，从而对人体的健康状况有个整体的了解。对高炉炉况的了解同样可以通过“望闻问切”来实现，“望”指的是观察渣铁颜色、风口状态、渣铁分离程度等；“闻”指的是查阅高炉运行数据及报表记录情况；“问”指的是同高炉操作人员进行沟通交流，询问一些操作细节及炉况表征；“切”指的是测量渣铁温度、炉

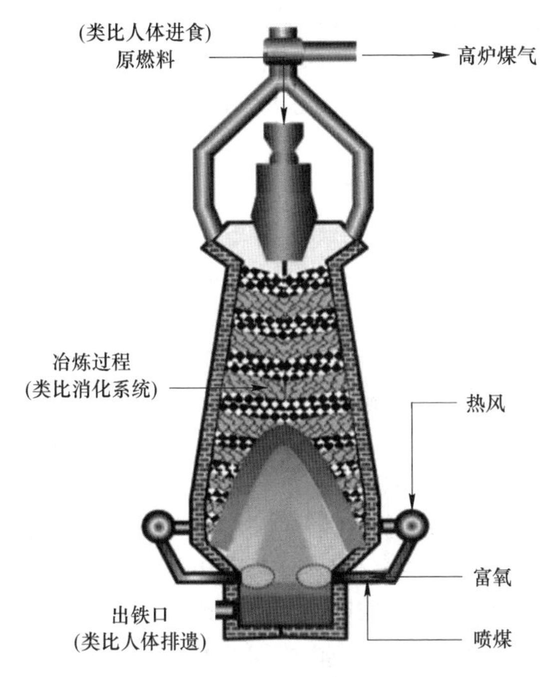


图 3-3 高炉冶炼和人体功能的对比

体温度、热风温度、压力、流量等；通过“望闻问切”一系列手段，可以对高炉的炉况有个整体掌握。在中医学中，“整体观念”和“辨证论治”是认识疾病和处理疾病的基本原则，二者相辅相成，缺一不可；所以在认识和处理高炉炼铁相关问题时，仅仅靠“整体观念”是不够的，同样需要结合“辨证论治”的理念来对高炉做诊断。

在高炉诊断过程中，首先要辨病因，即分析炉况波动的症状及表征，推导出现该炉况的原因和机理，为针对“病因”治疗提供依据；其次是辨病位，即确定“病症”所在的部位；再次是辨病性，即确定“病症”的虚实寒热之性；最后是辨病势，即辨明炉况后续的发展变化趋势及转归。只有辨明炉况波动的原因、部位、性质及传变规律，才能认清炉况波动过程中的“病机”特点，从而做出正确的诊断，为“论治”提供依据。

### 3.1.2 中庸之道，阴阳平衡

#### 3.1.2.1 理论依据

中医的阴阳平衡思想是对儒家“中庸”思想的继承和发展，孔子反对“过”和“不及”，强调在相对的两极之间寻求一种具有“中和之美”的“平衡态”，中医阴阳平衡思想正是儒家“中和之美”的体现。中医认为人体的正常生命活动，是阴阳两方面保持对立统一的协调关系，处于动态平衡的结果，疾病发生标志着这种阴阳平衡被破坏，故阴阳失调是疾病的基本病理之一。阴阳失调的主要表现形式是阴阳的偏盛偏衰和互损，因而在把握阴阳失调状况的基础上，恢复阴阳协调平衡，是治疗疾病的基本原则之一，即“热者寒之、寒者热之、虚则补之、实则泄之”。

3.1.2.2 指导原则和目标方案

“阴阳平衡”在炼铁过程中也是非常适用的原则，通过培训和实践让该理念深入炼铁人心中，并贯彻落实到实际生产上。在生产操作中需要把握好装料、送风、造渣、炉热、冷却等制度的平衡，同时把握好炉内横向截面气流及纵向气流的平衡，以及其他方面的局部平衡，来维护炼铁系统生产的平衡，多了少了、快了慢了、高了低了都容易打破平衡而出现问题。

如推行强化冶炼，不能一味追求提高煤比、富氧率，煤比增加，将降低焦比，焦炭层厚度减薄，焦窗面积减少，恶化料柱透气性，如果把握不好煤气流的平衡，将导致悬料等异常炉况的出现；富氧率提高，理论燃烧温度上升，阳胜发热，炉况发生波动。因此，在一定原燃料条件和炉型前提下，煤比和富氧率均有一个合理的限度，超过了就会导致阴阳失衡，炉况异常，甚至失常。要从局部和总体阴阳平衡相互影响综合考虑，通过科学的定量分析计算，准确把握好补泻的度。

3.1.2.3 实际应用

孔子提出的“中庸之道”，即尽量公平地站在矛盾双方中间，既不偏左，也不偏右，使矛盾双方趋向和谐，协调化解双方矛盾以达到中和适度的一种平衡；而中医的阴阳平衡思想是对儒家“中庸”思想的继承和发展，具有“中和之美”的特征；二者共同之处均在于动态中努力求得平衡，所谓“平衡”，是指双方在互相斗争、互相作用中处于大体均势的状态，但是又稳定在正常限度之内的状态，是动态的均势，而非绝对的静态平衡。

《黄帝内经》认为，疾病“或生于阴，或生于阳”，与阴阳平衡有关，阴阳失衡，人就会得病。中医诊病要先分辨阴阳，辨别是阴虚、阳虚还是阴阳两虚，是热证还是寒证；中医认为，阳胜则热，阴虚则热，阴胜则寒，阳虚则寒。对于高炉而言，炉温向凉、向热同人体寒、热，阴阳失衡导致生病一样，是高炉炉况波动的重要标志；对于高炉操作者而言，要密切关注炉温，以及炉顶温度、炉体温度、炉缸温度、渣铁温度等参数波动是否超过允许范围，以此判断炉况发展趋势（见图 3-4）。

当喷煤量低，出铁多，炉缸热量严重亏损而未能及时补加煤量或焦炭，阳虚则寒，导致炉凉；或者因原燃料质量变化导致悬料而引发连续塌料时，大量的生料进入炉缸，阴胜则寒，导致炉凉，甚至大凉；再或者当矿石装料过多，焦炭负荷偏离正常，还原反应加快，热量来不及补充时，炉温下降，阴胜则寒，导致炉

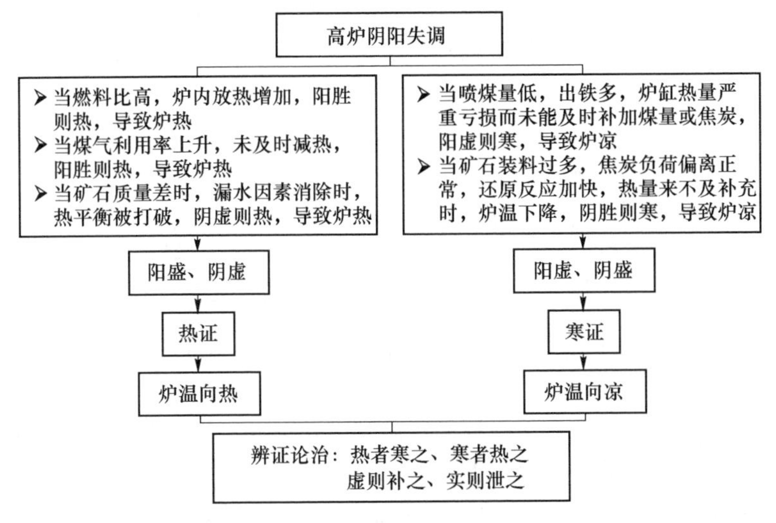


图 3-4 高炉中阴阳失调的表现及治疗原则

凉；又或者因炉体冷却器漏水，消耗大量热量，阴胜则寒，这些均为高炉寒证的表现。当燃料比高，炉内放热增加，阳胜则热，导致炉热；或者因煤气利用率上升，未及时减热，阳胜则热，导致炉热；再或者当矿石质量差，漏水因素消除时，热平衡被打破，阴虚则热，导致炉热，这些均为高炉热证的表现。因此，当高炉炉况出现异常时同样应该遵循辨证论治的原则：要分辨炉况异常是阴虚、阳虚还是阴阳两虚导致的；辨别是阴虚还是阳胜引起的热证（炉热），是阳虚还是阴胜导致的寒证（炉凉）。根据“热者寒之、寒者热之、虚则补之、实则泄之”的治疗原则进行对症施策，措施不对症，往往达不到改善炉况的效果。

此外，除去高炉内部的“阴阳平衡”，“气”的协调平衡对于高炉同样重要（见图 3-5）。对于人体来说，气是人体内活动很强、运行不息的极精微物质，是构成人体和维持人生命活动的最基本物质。中医用气的运动和变化来阐释人的生命活动，当气的运动出现异常变化，升降出入之间失去协调平衡，就称为“气机失调”，表现为“气滞”“气逆”“气陷”及“气闭”等，从而导致疾病的出现。对于高炉而言，同样重“气”，高炉需要有合理的煤气流和煤气分布才能顺行，一旦偏离正常状态就会造成高炉炉况异常，如中心气流不足而边沿气流过分发展，则会导致炉缸中心堆积，炉墙受损；反之，边沿气流太弱，则可能导致炉墙结厚。如果沿圆周方向各层的温度中某一点或几点偏离正常值，表明沿圆周方向气流分布不均，同样也会导致炉墙受损或结厚。另外，软熔带的状态、高度和形状分布也直接影响高炉的透气性，软熔带透气性好可增加风量和喷煤量，保证高炉稳产高产，透气性不好则会导致高炉出现“气不通、气不顺”的异常症状。“堵则瘀，瘀则乱，放则通，通则顺”是解决此类炉况问题的原则，如高炉出现管道行程时，如果强行压制，压住了又可能形成悬料，压不住则还是管道行程，倒不如减少点风量，加点焦炭疏松料，放煤气一条“生路”，则管道行程自除。

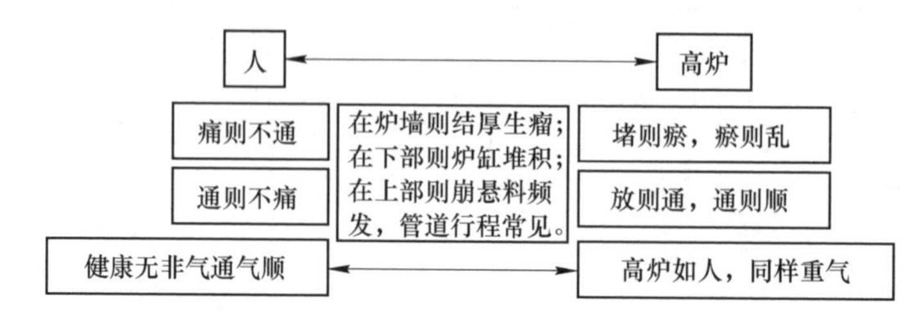


图 3-5　气机协调在人体和高炉中的作用对比

针对高炉出现煤比低、边缘冷却壁温度波动大、水温差高、炉温波动大，以及高炉炉况稳定性较差等情况，技术人员在高炉操作上应运用中医思维，寻求儒家“中和之美”，在动态中求平衡。中医思维既注重微观分析、宏观综合等逻辑推理，又有直觉、类比等非逻辑方法，通过中医“四诊（望闻问切）”收集资料和炉况表现，判断为高炉边缘气流（阴）和中心气流（阳）分布平衡失调，阳气不足，需实施上部调剂，调整炉内煤气流分布，寻求煤气流分布的平衡。中医调理气血的原则是：一调脾胃，二养肝血，三食药膳，四远寒邪。对于调理阳气（中心气流）不足，上下部调剂结合，调整装料、送风制度（调脾胃），中心加焦（食药膳），虚则补之，保持炉缸热制度的温度（养肝血），保证稳定的原燃料条件，改善料柱透气性（远寒邪）。通过几个阶段调理，边缘冷却壁温度趋于稳定，水温差下降明显，炉温稳定性大幅上升，煤比也随之提升，并保持长时间稳定。

### 3.1.3　未病先防，既病防变

#### 3.1.3.1　理论依据

《黄帝内经·素问·四气调神大论》说：“圣人不治已病治未病，不治已乱治未乱……夫病已成而后药之，乱已成而后治之，譬犹渴而穿井，斗而铸锥，不亦晚乎！”预防包括未病先防和既病防变两个方面：未病先防是指在疾病发生前采取措施防止疾病发生，主要原则是“养生以增正气”和“防止病邪侵害”；而既病防变是指在疾病发生初期力求早期诊断治疗，防止疾病发展和转变。另外，疾病在发展过程中，可能会出现由浅入深、由轻到重、由单纯到复杂的变化，如能早期诊治，可阻断病情进一步发展，否则容易贻误病情，甚至丧失最佳治疗时机。

#### 3.1.3.2　指导原则和目标方案

在炼铁生产过程中，也要及时排查预防，做到“未雨绸缪，未病先防，既病防变”。操作人员要苦练基本功，确保每一个环节的工艺稳定。就高炉炉况而言，可能一开始只是炉温波动，然后慢慢发展到悬料崩料、炉凉，甚至是炉缸冻结，所以要做到细节管理不可缺，波动征兆不放过，在早期采取适当补救措施，才能避免更严重问题的出现，从而实现并保障高炉的稳产顺行。

3.1.3.3 实际应用

未病先防主要原则是“养生以增正气”和“防止病邪侵害”。首先，使正气充盛是抗病的关键，即提高高炉的抗波动能力。对于高炉稳定顺行，必须加强管理，苦练操作基本功，要保证每一环节的设备及工艺稳定，做到任一环节的管理不可缺，任一炉况波动的征兆不放过；只有完善的人、机、料、法、环管理系统的有利支撑，才能保证炉况稳定；其次，要防止外部病邪的侵害，“虚邪贼风，避之有时”。中医理论认为，人体健康受外部环境的影响，导致疾病的原因各种各样，其中包括风、寒、火、暑、湿、燥六种外感邪气，即所谓的六淫；高炉生产同样要避免各种外界不利因素的影响，特别要防止设备故障、停电休风、原燃料质量波动、原料带入钾、钠、锌等有害元素的侵害。

不仅要做到未病先防，还要做到既病防变，疾病都有一个由表及里、一步步发展的过程。有了疾病反应就要抓紧时机，早诊断、早治疗，防止病变发展转移。对于高炉炉况，可能一开始只是炉温波动、炉况难行，然后就是悬料、崩料，甚至最后发展到炉缸冻结。所以高炉炉况异常都是有征兆的，贵在早期发现，要做到“既病防变”，在早期采取适当补救措施，才能避免更严重问题的出现，从而实现并保障高炉稳产顺行。

结合高炉炉况和人体健康的相似性，实行高炉“体检”制度（见图3-6），对高炉的主要特征参数进行打分，进而得出高炉的“身体”状况是健康、亚健康或是生病。“体检”制度将高炉的指标按照相近性分为七大类：指标检查、煤气流检查、炉体温度检查、铁水炉渣检查、送风系统检查、原燃料检查及其他检查。每一大类下又有若干指标，制定上下限后，根据实时运行参数指标与设置的参数指标进行对比，超限的指标会被自动标示出来，一目了然；高炉操作者可以根据体检图表上显示的偏离指标，缩小并确定筛查范围，有针对性地进行复查，看是否属于系统误判，如若不是误判，则需要追本溯源，找出使指标发生偏离的根本原因，并有针对性地采取相应的调控对策，使体检表上偏离的指标尽快回到控制范围内。利用该“体检”制度，可以为一段时期的高炉炉况水平做出评估，对炉况的突变做出预警，并对高炉操作制度的调整给予指导。

高炉“体检”制度将炉况的好坏进行量化，高炉操作者通过观察分数的变化，检查体检趋势图表中各项指标，就能对炉况有一个全面的了解和评估，避免了盲目性和片面性。同时不断利用PDCA循环（见图3-7），优化完善高炉“体检”制度和内容，使其更好地指导高炉操作调整，延续和保障高炉操作指导的精确度，让其能在高炉长期稳定顺行生产中发挥越来越大的作用，为高炉长期的稳定顺行提供帮助。

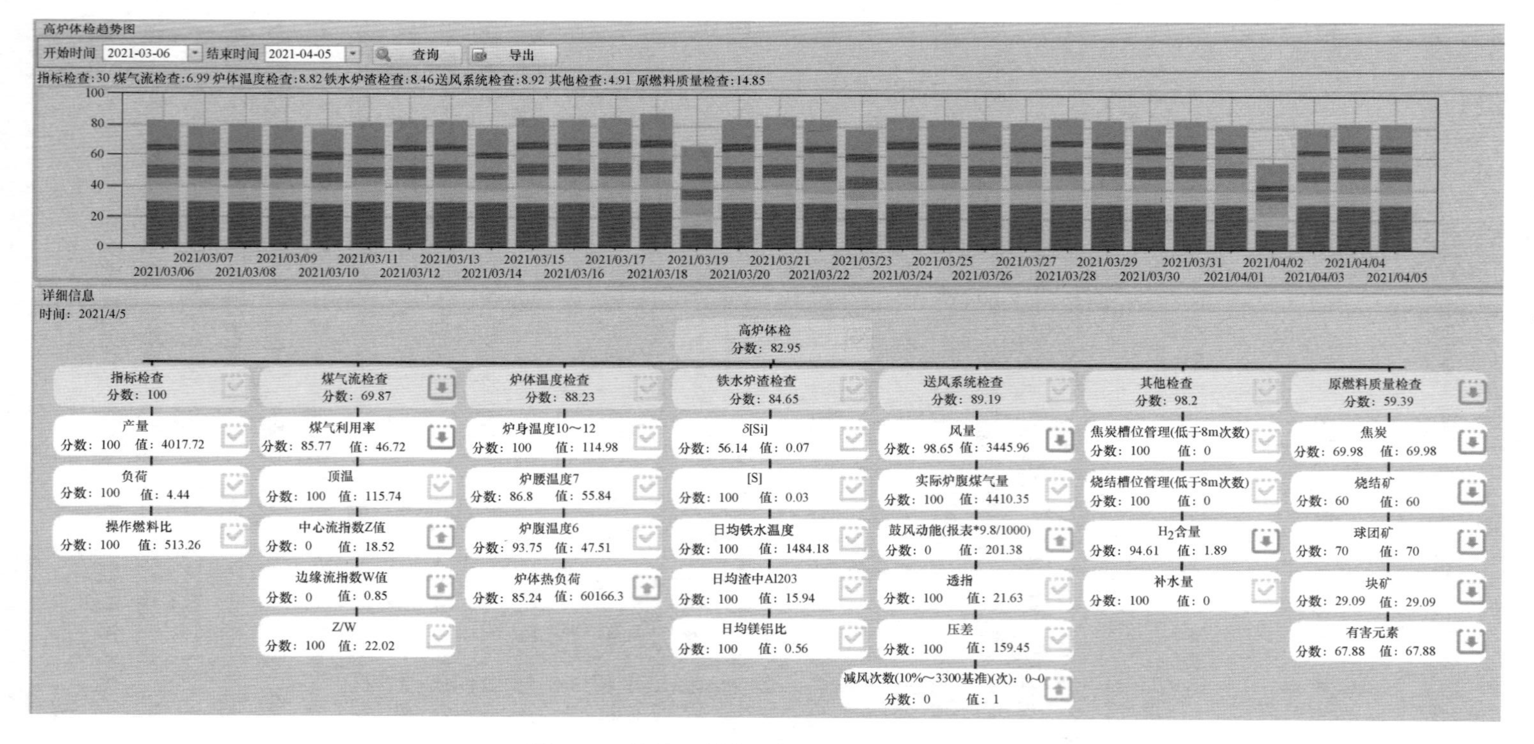


图 3-6 “体检”制度在高炉中的应用
(扫描书前二维码看彩图)

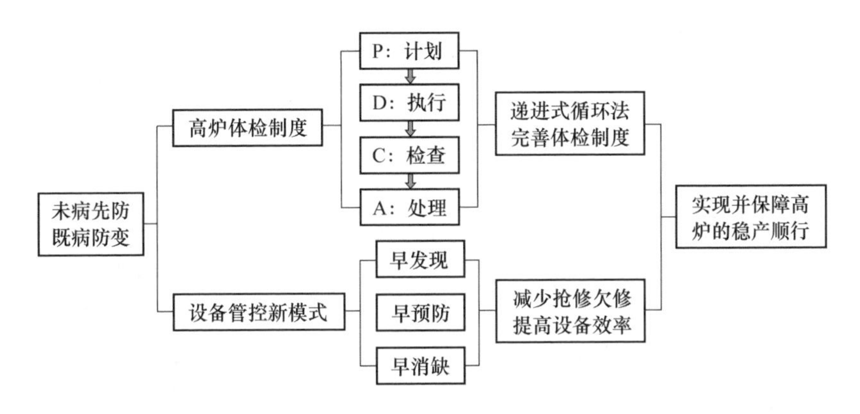


图 3-7 “未病先防”原则在高炉中的应用

为了更好地适应和配合高炉“体检”制度，规避风险，减少炉况波动，坚持设备“未病先防”原则，即“早发现、早预防、早消缺”，全面开展“121”设备管控新模式。“1”即关键设备进行重点管控，设备管理室组织每周二针对某一课题、某一系列重点设备进行专项检查，确保设备的精度和能力，并进行检查实绩记录；“2”即“定修+寿命管理”管控，确保通用设备、基本设备的完好性能；最后的“1”即“分级管控”，针对 A、B、C 类设备，点检员、作业长、工程师制定不同点检工作计划，确保设备管理标准化、规范化和程序化，提高设备的综合效率，减少出现设备非计划抢修事件。

### 3.1.4 推广应用

传统中医学理论是我国优秀传统文化的一个重要组成部分，是中华民族在长期的生活与生产实践中逐渐积累并不断发展而形成的具有独特理论风格和丰富诊疗经验的医学体系，它来源于实践，反过来又指导实践。笔者在此虽然只着重介绍了“辨证论治”“阴阳平衡”及“未病先防”三种经典中医思维，但是在实际炼铁生产和管理的过程中所用到的中医理论及思维远不止于此，例如“三因制宜”“标本兼治”“对症下药”及“气顺瘀除”等思维在实际生产和管理中均有体现。

“中医思维”作为一种指导思想，在应用于生产的过程中，不需要大规模的设备改造或者技术攻关，不仅安全环保、节约成本，而且容易实施并且效果显著，对于企业的持续发展来说具有十分重大的意义，在同行业内具有较好的应用和推广前景。此外，中医思维博大精深，作为一种传承了千年的哲学智慧，不仅可以结合炼铁学科，用来指导炼铁生产和管理；同样可以应用到其他方面，甚至是其他行业，进一步探索和挖掘多学科融合发展的优势。

## 3.2 破除“孤岛思维”，实现“铁前一盘棋”

“孤岛思维”在目前多数钢铁企业根深蒂固，尤其是铁前各部门大多实行“各自为政”，缺少整体观念，难以适应新形势、新要求。对“握指成拳”这一浅显道理，有些部门却看不明白，不去想如何协同攻关，遇事只顾单打独斗、单兵作战，缺少全局意识、系统思维，专注于小部门、小集体的利益，把“各尽其责”变成“各自为政”，“烧自己的火，热自己的锅”，这是典型的“孤岛思维”。

握指成拳、协同发力是攻坚克难、解决问题的重要方法论。一个手掌，摊开是“多个指头”，握紧是“一个拳头”，一个指头劲再大，如果其他指头不用力，也难以形成拳头的合力。各自为政、推诿扯皮，是啃不动“硬骨头”、解不了“难中难”的，只有着眼全局、握指成拳、联动集成，才能形成合力，把问题解决得更彻底，把工作完成得更出色。

以国内某钢铁厂为例，在公司高质量发展的新形势、新要求下，该炼铁厂承载着更多的降本需求，必须打破现有的“孤岛思维”，在理念上实现创新突破。因此，为了进一步提高核心竞争力，在管理融合方面，以“管理+技术”为创新驱动，以“服务+协同”为核心理念，激发“心往一处想、劲往一处使”的“铁前一盘棋”思想，推进炼铁系统创新，同时增强高质量发展的全员凝聚力。

而想要打破“孤岛思维”的传统理念，必须要做到从“各自为政”向“协同发力”转变，这一要求体现了炼铁的系统思维和全局观念。换言之，必须打破部门分割、地域屏障，实现一体谋划，统筹兼顾，在上下同心、协同共进中，形成降本增效的强大合力。在协调联动中扫清障碍，只有杜绝“各自为政”的“孤岛思维”，时时处处从大局出发，做到“十指联动”、相互配合、协同攻关，才能获得“1+1>2”的叠加成效，真正实现并深化炼铁的高质量发展。

客观来说，需要从观念上打破传统的“孤岛思维”才能实现企业自身的发展与提高。该炼铁厂在多次专题论证下，颠覆以往传统工艺流程管控思维（即上道工序服从下道工序），变革驱动，系统谋划，创新实施多部门联动一体生产组织管理模式，通过多措并举，多管齐下，最终实现铁前的深度互联互通。

### 3.2.1 理念引领，健全组织架构

#### 3.2.1.1 党建引领促协同发展

党建是炼铁管理创新的导航仪，也是炼铁高质量发展的动力源。该炼铁厂始终以党建引领为抓手，探索党建引领管理创新的有效路径，不断提升铁前工作水平。通过党建引领融合协同发展，联合开展党史学习教育，促进党的建设和业务工作深度融合，进一步实现优势互补、协同发展。

当前钢铁行业依然面临着严峻的困难，钢铁联合企业生产结构中，炼铁工序是钢铁企业的能耗大户，炼铁能耗约占钢铁生产总能耗的70%以上，生铁成本的高低对钢铁企业的发展具有举足轻重的作用。推动铁前变革、提速换挡高质量发展，既是经济规律的必然要求，也是高质量发展的必然要求。为了破解这一难题，铁前坚持管理创新，以新的管理理念助推公司快速、高质量发展。“铁前一盘棋”的理念也因此应运而生，新的理念催生新的生产方式、新的理念催生新的管理方法、新的理念催生新的铁前面貌。

#### 3.2.1.2 健全组织架构

为了全面推动铁前变革、提速换挡高质量发展，公司高层放眼全局、立足降本增效、发力创新，全面推动铁前管理升级。公司成立铁前委员会，分管铁前副总经理挂帅，各职能部门配合分厂一线开展工作。领导牵头召开铁前领导小组碰头会，统一思想，明确工作思路，对铁前工作全面把控，落实铁前工作思路，做好服务、协同、管控，铁前各部门积极行动，秉持“一个核心、六个中心、三大协同”理念（见图3-8），充分发挥铁前沟通机制的作用，共同做好炼铁各项工作，形成真正意义上高度融合的“铁前一盘棋”组织架构（见图3-9）。目的是打破“孤岛思维”，升级“赋能引擎”，落实管理升级、理念换代、降本增效，打造“铁前一盘棋”的局面，实现铁前深度互联互通。

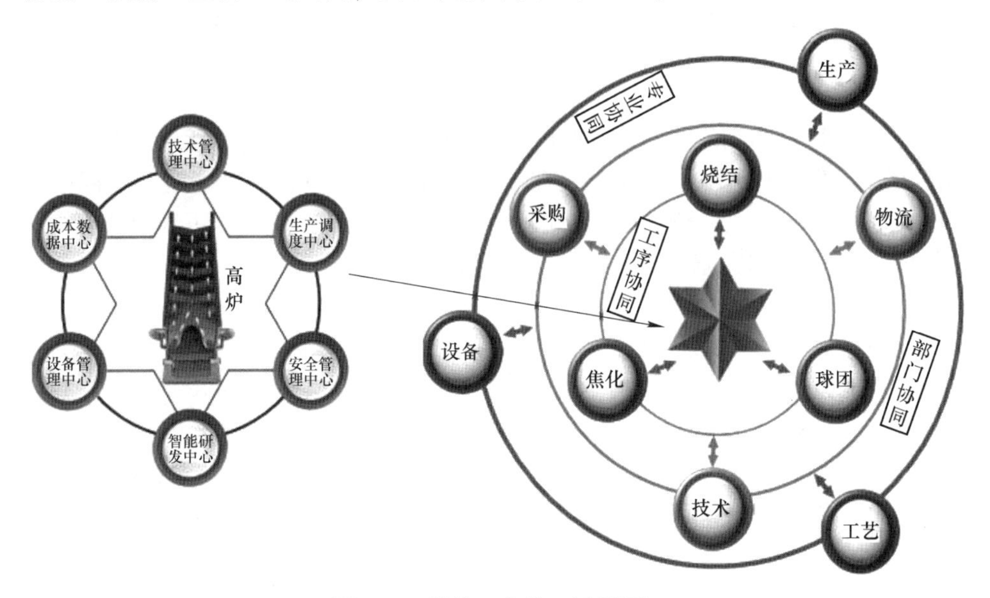


图3-8 “铁前一盘棋”思想框架

##### A 一个核心

一切铁前工作都以高炉为核心，全力保障高炉顺产稳产，构建钢铁企业生产管理文化。在钢铁企业中，高炉的稳定顺行管理是保证铁水质量、控制高炉稳定

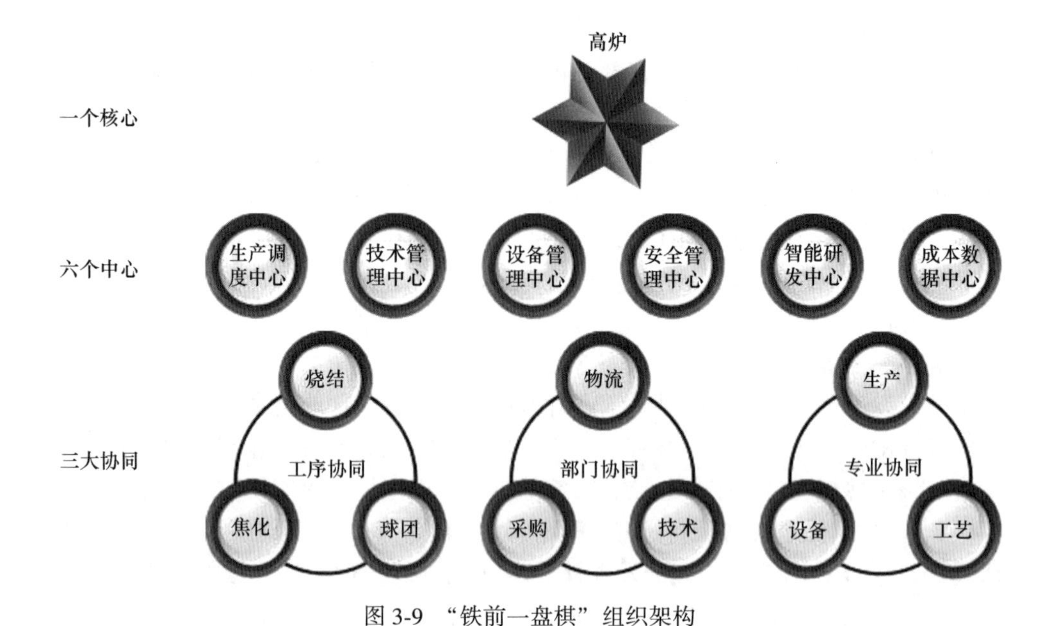


图 3-9 “铁前一盘棋”组织架构

生产的非常重要的手段。铁前所有工作都围绕满足高炉需求，内挖潜力外降成本、上下联动左右配合、多管齐下多措并举。以开放协同的思想基础，以高炉的稳定运行为前提，建立高炉“保姆式”的生产服务。

B 六个中心

炼铁根据工作职能，成立六个中心，即成本数据中心、技术管理中心、生产调度中心、设备管理中心、安全管理中心、智能研发中心。通过这六个职能中心，协同好各个工序、部门及专业之间的关系，构建分工明确、职责清晰、高效运转的工作机制，形成部门联动、区域协同的管理格局。

C 三大协同

烧结、焦化、球团及高炉之间形成工序协同，工序之间由服务理念转变为协同理念；采购、物流及技术之间形成部门协同，从“各自为政”转变为“并肩作战”，不仅各司其职、各尽其责，更要密切对接、协同发力；生产、设备及工艺这三者之间形成专业协同，坚持工艺服务现场生产，设备保障工艺质量，生产掌控工装设备，形成生产、工艺、设备联动机制，做到生产、设备、工艺分工不分家。

### 3.2.2 工序协同，实现齐抓共管

以高炉为中心，工序协同，实现齐抓共管，变服从为协同，保原燃料稳定，促管理升级。铁前系统坚持以高炉为中心，通过铁前原燃料的质量稳定和平衡，发挥铁焦、铁烧、铁球多工序的协同优化优势，稳定原燃料品种及结构，为高炉

顺行创造条件。

(1) 强化筛分及槽位管理，控制入炉粉末，稳定炉况。原燃料稳定是高炉生产稳定的前提条件，受钢铁形势的影响，炼铁为降低生产成本，配加高铝低价矿以降低铁水成本，改“精料”为“经济料”，在原燃料质量下滑的生产形势下，加强筛分，减少入炉粉末，严把原燃料入炉质量关。一方面，高炉与烧结协同，信息互通，变被动防御为主动预防；另一方面，高炉加强筛板管理，岗位工每班定期对槽下筛板进行检查，高炉作业长不定期对槽下筛板进行检查，发现问题及时联系处理，督促做好筛板清理工作；此外，严格控制槽下 $T/H$ 值，防止筛面料层过厚，筛分不净。

(2) 加强过程管控，稳定焦炭水分，减少炉况波动。焦炭水分对高炉生产的影响表现在水分波动而引起的炉况波动，从而不仅使焦比升高，亦会导致产量的损失。焦炭水分较高，黏附在焦炭上的粉末在槽下筛分过程中不易去除，随焦炭进入高炉，将恶化高炉的透气性进而影响高炉顺行。当入炉焦炭水分发生大幅波动，而操作上不能及时发现时，将影响入炉焦炭量的准确性，将导致高炉持续“向凉”，影响铁水质量，严重时将导致炉凉事故的发生，产量、质量、成本将受到严重的损失。

炼铁立足高炉顺行的根本要求，变被动服务为主动联络，变苛刻要求为寻求共赢点，建立工序联动机制。与采购中心、物流部、铜陵焦化联动，通过铜陵装船机的技改及码头雾炮打水的技术改造，既满足了环保的要求，又严格控制了焦炭的水分。高炉操作通过每两小时对焦炭水分的取样分析，及时掌控焦炭水分变化，给高炉操作提供数据支撑，为高炉高产稳产提供有效保障。

(3) 源头、过程齐抓共管，建立煤粉分析数据台账，稳定喷吹煤粉质量。炼铁与采购中心协同，对源头质量和过程操作齐抓共管。在原煤质量管控方面，实施按供应商、分批次单堆存放，单独进行质量评价，分垛存放，有序上料，避免混料引起大幅波动，实现原煤质量的稳定性；在配煤结构优化方面，在强化煤种准确入仓，细化原煤仓、制粉磨、喷吹罐 3 个煤粉取样点工作方案的基础上，结合煤粉的指标分析，确定喷吹煤粉固定碳不小于 71%的控制指标，即时调整配煤结构。同时，立足市场，在制粉系统气密性良好，磨机入口温度及系统氧含量等关键参数处于合理范围的情况下，在采购和配煤过程中，重点考虑煤粉的燃烧性、发热值及可磨性等影响煤粉在高炉内的利用及喷吹成本的因素，建立喷吹煤种的评价模型，不仅可以指导混合煤配煤，而且可以协同采购，开发性价比高的煤种，降低配煤成本的同时，提高煤焦置换比，提高经济喷吹量，助力铁水降本。

(4) 铁焦协同，推进焦炭粒级提升。随着高炉大型化，要求焦炭粒径均匀且适当大，使得炉料具有足够大的孔隙度，能够降低煤气上升的阻损，从而确保高炉料柱的透气性。焦炭平均粒级的提高有利于高炉冶炼，提煤降焦，以及降低生铁成本。所以如何稳定提高焦炭粒级也是铁焦一直探索研究的课题。经过多年的研究、探索和实践，该炼铁厂焦炭粒级由 45.83 mm，提升到了行业较高水平的 50.5 mm 左右，实现了产品质量的巨大飞跃，为高炉的稳定顺行创造了条件。

(5) 立足市场，铁焦协同，赋能焦化。焦炭是高炉炉料结构的骨架，焦炭具有良好的质量稳定性是高炉顺行的基础。尽管焦化工序与炼铁工序之间的工序服务原则非常清晰，但是铁前立足高炉顺行的根本要求，变被动服务为主动联络，变苛刻要求为寻求共赢点，秉承焦炭质量以满足高炉顺行的基本需求的理念，不苛求过高质量，明确焦炭的基本指标要求，为焦化工序“稳定焦炭质量，降低焦炭成本”工作提供便利而宽松的条件，从而赢得焦炭质量稳定，铁水燃料成本降低的双赢。对低硫主焦煤价格坚挺，高硫主焦煤价格较低的现状，铁焦联动，实施提高焦炭含硫及降低焦肥煤比例的生产降本。

因“炉”制宜，该炼铁厂 2 号高炉作为中型以上高炉，焦炭指标从开炉一个月后就开始逐步调低焦炭质量，焦肥煤比例下调 7%，焦炭 CSR 调整到 65%，反应性调整到 27%；随后，由顶装定制焦 100%转换使用相同强度指标的铜陵捣固定制焦。

根据使用情况的信息反馈及沟通，逐步增加高硫煤种，焦炭含硫上限调至 0.85%，高炉通过调整造渣制度和精心操作，提高了炉渣的脱硫能力，确保高炉顺行的同时，保证了炼钢工序对铁水质量的要求。

### 3.2.3 部门协同，聚焦长效机制

(1) 部门之间协同“赋能”，聚焦长效机制，多部门联动，形成工作合力，实现铁前降本。“铁前-采购”联动，改“精料”为“经济料”，将资源多元化，立足市场，优化配矿，实现原料降本。

1) 采购中心与铁前联动，成立专门小组，对铁前原燃料市场运行情况进行前瞻预测，并对采购中心提供的新品资源进行评判，结合性价比确定其可用性和最优的使用比例。对已经采购的新品矿砂资源使用进行以铁水成本最低为原则的使用、跟踪和指导。

2) 在满足炼钢需求的铁水有害元素的含量的前提下，铁前协同采购中心寻找一些非主流矿粉，特别是与现有矿粉形成成分互补的矿粉，利用配矿核算软件进行计算合理搭配使用。

3) 在矿砂指数长期高位的态势下，一些国内矿的性价比开始凸显，通过合理调整配比，克服国内矿有害元素含量较高的困难进行搭配使用，降低铁前原料成本。

4) 合理控制采购量和库存量，矿砂指数高位运行的情况下，采购中心将要

压低库存量，炼铁需要与采购中心、储运公司一起制订相应应对措施，以保证生产的正常运行；矿砂指数预测大概率下跌情况下，需要适时踩点，提高库存量。

(2) 炼铁协同储运、采购、物流，多部门同步联动，统筹安排矿砂拉运节点，通过控制矿砂拉运水分来降低进厂原料的途耗。

1) 主动出击，现场调研长江流域及附近海港各港口储存堆货、取货能力及场地软硬件设施，为采购提供前期港口数据信息。

2) 多部门协同，附近港口买货时，现场查看货物实际情况，取样分析实际化验指标。

3) 提前制定用矿计划，统筹安排矿砂拉运时间节点，时刻关注 15 天以上各港口天气预报，根据各类矿种实际用矿日耗量，差异化匹配堆场，提前 10 天制定物流拉货计划，拉货前专人去港口查看货物实际情况，沟通协调港口拉运最佳货物（干料、大堆料、优选取上部货物等措施），采用天气晴好时连续多批次集中拉货储备，天气不好时暂缓拉运，所有拉货船只装货完盖好舱盖，灵活机动严格把控货物水分。

4) 与储运、采购协同，努力提高外轮直靠船次，在有效降低物流费用和进厂料水分的同时，也降低了块矿的倒运次数（外轮块矿根据实际情况，搭配直供高炉），同步降低块矿粉末率。

(3) 多部门统筹联合，组建铁前协同项目组，形成了铁前系统原料协同降本行动方案。以炼铁铁水成本为中心，以维持铁水稳产、高产为主要目标，协同采购、炼铁、物流、焦化等部门，充分发挥铁前各部门之间的快速协同的工作基础，通过顺畅的信息、技术沟通，达到炼铁成本持续降低的目的。

原料成本目前占铁水总成本的60%以上，如何降低原料成本成为铁水成本能够持续降低的关键，从原料的采购、运输、到入库使用，炼铁与采购、物流协同分析、梳理各流程环节，并根据工作分工建立铁前原料联动协同小组，并赋予相应职责和考核指标，具体分组架构情况如下：

1) 外港物资装运联动小组。

①根据外港物资分布情况、厂内物资库存量和目前使用配比状况，制定派船拉运计划。

②合理安排装卸船时间节点，有效避开降水天气，降低矿砂拉运到厂水分。

③严格执行物资装运清堆制度（大堆货除外），降低入场亏吨。并进行考核指标及奖惩细则的相关制定，分别对矿砂到厂水分、二程船滞期费、码头空置率等指标进行考核。

2) 外轮直靠码头协调联动小组。

统筹安排外轮直靠的相关事宜，包括直靠前后矿砂的最低库存控制，直靠资源通关、卸船和离泊等，并尽可能在稳定生产供应的前提下，提高外轮直靠船次数，对外轮靠泊船次数外轮卸率、月加权库存、外轮通关时间等指标进行考核。

3）低库存运行应急配矿小组。

由于大船直靠、天气影响等异常情况导致厂内库存降低的情况下，合理利用当前资源，调整配矿结构，稳定混匀料、烧结矿的成分和质量，确保高炉生产不受影响，确保配矿成本最优。

通过部门间信息沟通，协同原料的采购、运输和使用，踩准采购时点降低采购成本，合理、高效地运输降低原料损耗和滞期、滞港堆存费用，配比的精准控制保证合理的厂内库存和生产质量需求，铁前原料协同降本效应将持续扩大。

### 3.2.4 专业协同，形成联动机制

专业协同，形成生产、工艺、设备联动机制，做到生产、设备、工艺分工不分家。坚持以工艺质量提升为核心，设备以服务现场为保障，生产掌控设备，设备保障质量。重点管控与质量有关的关键设备，满足工艺、生产、产品质量要求；规范生产方与设备方职责分配，明确责任，有序工作，保证生产正常运行；以工艺技术质量提升、拓展促进设备工装持续改善，形成生产、工艺、设备联动机制，做到生产、设备、工艺分工不分家。

（1）相互交流学经验，培训座谈促提升。生产方和设备方通过互相交流、培训座谈，形式无关紧要、内容至关重要，开展多种创新方式，旨在打破知识壁垒，形成互学分享的良好氛围，员工自主选择全面互培，同时树立典范代表，培养分厂兼职讲师。贤者在位、能者在职，通过发现人才、挖掘人才、培养人才、使用人才，培养一批想干事、能干事、干成事、经验过硬、本领过硬、思想过硬的优秀员工，使其在操作工、班组长、作业长、工程师岗位上各司其职、各尽其责，保证各项指标顺利完成，各项任务保质落地，从而为公司发展贡献力量。

每年年底制定下一年生产、设备互培计划并实施，开展生产方对设备方工艺技术方面培训、设备方对生产方点检标准培训、以事故故障为契机的针对性培训，打造一支生产了解设备、设备知晓工艺的复合型队伍。

（2）推进互查互评，促进共同提高。生产方、技术方、设备方形成问题互查机制，生产方根据生产情况不定期提交给设备方设备问题清单，设备方落实解决；设备方根据设备工装运行状态不定期提交给生产方问题清单，生产方落实解决。

技术管理中心、设备管理中心要对互提问题清单逐项进行检查整改情况，并对整改进行评估及奖惩；各科室、作业区进行相互评价，每月月底提报到综合管理室，纳入科室、作业区业绩指标考核。

（3）创新设备责任考核机制，完善设备寿命管理制度。生产、设备、工艺负责人落实操作工的培训，并指导、编制相关操作规程，针对全流程设备分为关

键设备、主要设备、一般设备运行情况进行细化打分，根据功能精度进行强制排名，由于设备原因造成的产量、质量问题，涉及的专业按照指标情况，对责任人、班组长、作业长、工程师等相关责任人进行绩效考核。

同时，制定关键重要设备周期性（寿命化）管理制度，合理利用备件，提高设备工作效率，使关键重要设备经常处于最佳状态，满足分厂生产技经指标要求。针对现场实际，对一些点检困难的设备工装采用寿命化管理，作为点检的有力补充，使设备预知预防管理横向到边、纵向到底、全覆盖、无死角，定期对重要部件进行探伤检测。

（4）强化技术培训，建立生产、工艺“双一流”队伍。坚持“拔尖专精特”“传帮接带”人才培养方针，以生产关键岗位的技师和高级技师为培养重点，采取“专业理论跨界延伸+岗位实践能力提升”相结合的方式，通过模拟仿真、优秀操作法学习及岗位技能鉴定考级等培养手段，开展岗位对标、技术比武和劳动竞赛活动，选拔一批善于解决疑难问题，现场组织能力强和技术创新、职业素质优秀的“工匠式”人才，带动身边岗位人员共同提升，从而建立一支具备专业精神、专业素养、专业技能、数量充足的技能人才队伍，在促使生产真正地稳定上台阶。

总之，充分发挥铁前协同精神，从思想、行动上破除孤岛思维、本位主义，树立全局观和大局观，相互主动服务，跨工序、跨专业协同，运用协同方法，发挥协同效应，实现系统价值最优。形成以铁前统一协调决策为中心，立足聚合转型，相互赋能，以原料采购价格优化和以焦化、烧结、炼铁结构优化为重点，变上道工序服从下道工序为上下工序协同服务，实现铁前深度互联互通。

## 3.3 基于“管理、技术、操维”的三元一核联控管理

实行“管理、技术、操维”的三元一核联控管理，是基于提升组织效率、优化资源配置、促进技术创新及实现可持续发展等多方面的考虑。管理、技术和操维是组织运营的三大核心要素：管理是组织运行的框架和基础，技术是推动组织发展的动力，操维则是实现组织目标的具体执行者（岗位操作人员和设备维护人员的组合）。三者之间相互依存、相互影响，共同构成了组织运营的整体。

以国内某钢铁厂为例，该钢铁厂按照人是价值创造的主体，秉持价值链一体化发展的理念，推动人才管理变革，以价值创造为核心驱动，以“管理者、专业技术人员、操维人员”为三元赋能根本，全方面定位三个层次人才赋能及联控体系，以“开放协作、闭环管理”为手段，由点及面激发“管理、技术、操维”各分支活力，通过管理与技术联控、技术与操维联控、管理技术操维融合联控，打破部门之间的壁垒，从单兵作战转变为团队作战，最终实现铁前的深度互通互

联，打造开放共享的生态圈，协力全要素资源配置效率，赋予组织更强的适应和变革能力，使组织更灵活、高效。按照“整合、赋能、融合”三步走的总体路径设计，铁前全面贯彻循环运用“管理、技术、操维”三元一核联控创新管理。

（1）管理提升。实现了更大范围、更高水平、更深层次的大开放、大交流、大融合，成为赋能企业降本增效、培养人才的有效工具。三个发展矩阵衍生的管理活动所形成的生产力、竞争力，综合形成铁前系统融合模型，为铁前核心竞争力的提升提供扩张力、推动力。

（2）人才培养。从原燃料采购、科学配矿、管理创新、悉心操作等方面，不仅明晰了对市场规律的认知，同时培养了一大批掌握了非主流喷吹煤、“经济料”冶炼等工艺技术及其管理的人才。

（3）经济指标提升。通过降低高品精粉的用量，提高低品矿粉使用比例，加大低价煤的使用研究，以及使用非主流煤开发新矿资源等措施。

（4）效率提升。全年检修休风率可以降至 0.55%，同时取消 3 座高炉的年修，减少检修时间 130 h，设备热停率为 0。

（5）创新能力提升。铁前系统积极活跃，并行动向内，紧密咬住目标，攻克艰难，从设备改造、工艺优化等方面竭力激活了创新创造突破，实现了创新成果“井喷式”出现。

### 3.3.1　“整合、赋能、融合”三步走的总体路径

“三步走战略”是以价值创造为驱动，以“管理者、专业技术人员、操维人员”为赋能根本，以“开放协作、闭环管理”为手段，由点及面激发“管理、技术、操维”各分支活力，最终实现铁前的深度互通互联，打造开放共享的生态圈，协力全要素资源配置效率，如图 3-10 所示。

（1）构建“三元一核”模型，推动整体资源深度闭环整合。以追求“价值创造”为核心，以“管理、技术、操维”三个专业为方向，整合构建“三元一核”模型（见图 3-11），分层定位不同攻坚方向，形成“以管理为中心、以技术和操维为交付工作小组，全面高质量发展的‘三元’作战单元”，其目的就是发现机会、咬住机会，呼唤与组织力量，实现目标的完成。

1）以“管理者”为中心，打通相关业务和部门间的流程，构建“战略解码”“业务融合”“文化融合”运行体制机制，推动从“壁垒”思维向开放协作转型发展。

2）管理、技术、操维三者任务目标一致，思想统一，三元之间组成的关系并不是一个“三权分立”的制约体系，而是紧紧抱在一起生死与共，聚焦价值创造、降本增效的共同作战单元，是一个立体、互动、高效的运营体系。

3）以点带面，设计“管理人员、专业技术人员、操维人员”三位一体闭环

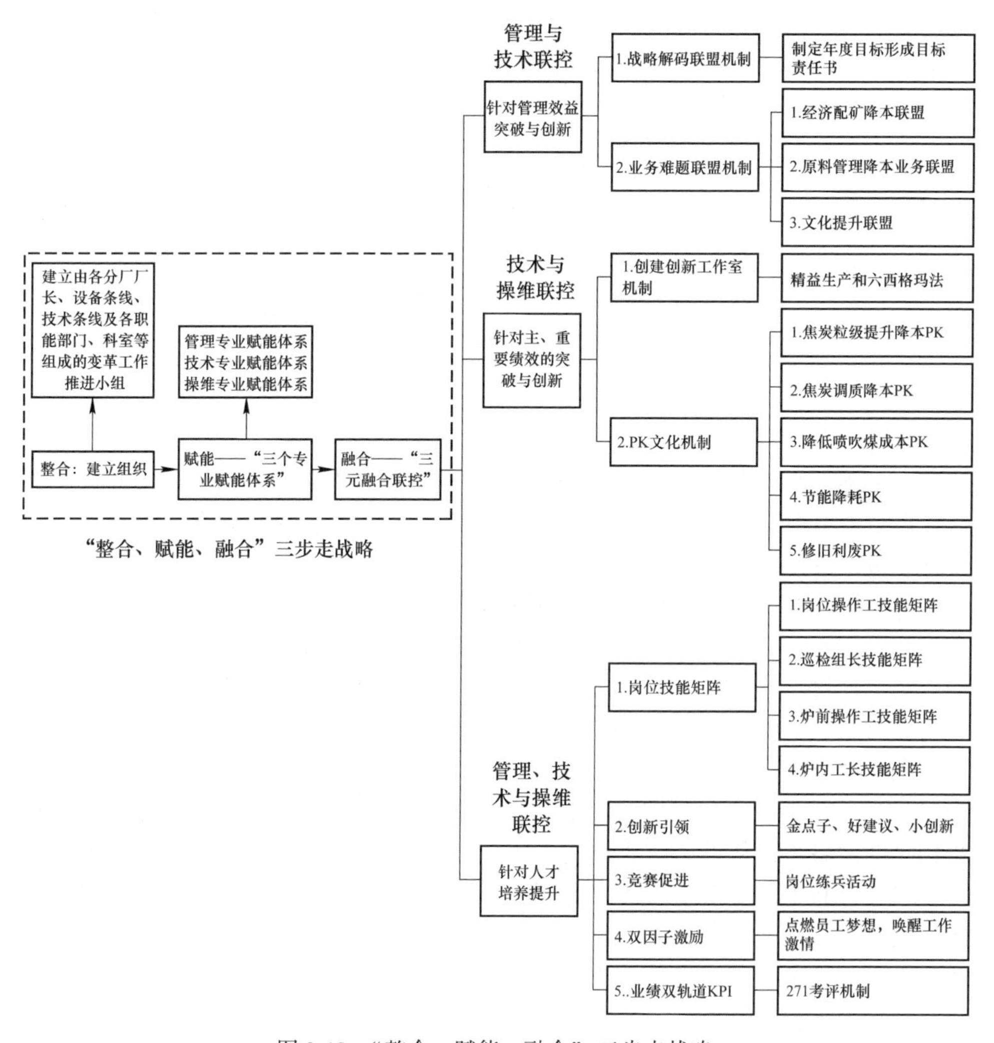

图 3-10 “整合、赋能、融合”三步走战略

管理机制，推动整体资源深度闭环整合，打造开放协作、闭环管理的生产生态圈。

(2) 形成三个专业体系，提升组织灵活性。聚焦发展需求的共同作战单元，形成三个专业体系（见图 3-12），精准定位三个层次，赋予组织更强的适应和变革能力，综合考虑其技术级别、工作年限、相关项目开展经验、组织沟通协调能力，使组织更灵活、更高效。

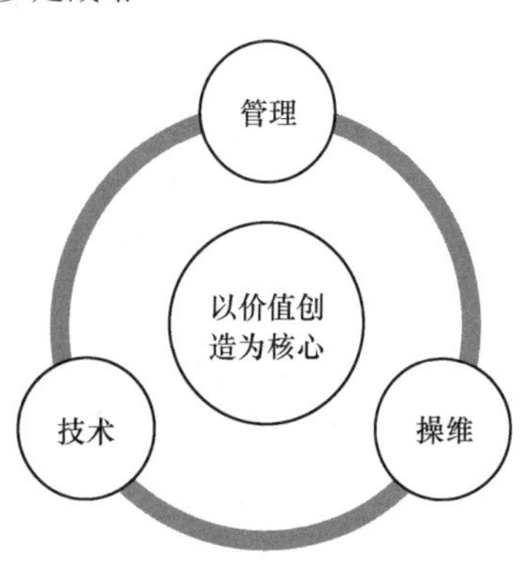

图 3-11 “三元一核”模型

1) 管理专业体系：将管理人员定位管理提升

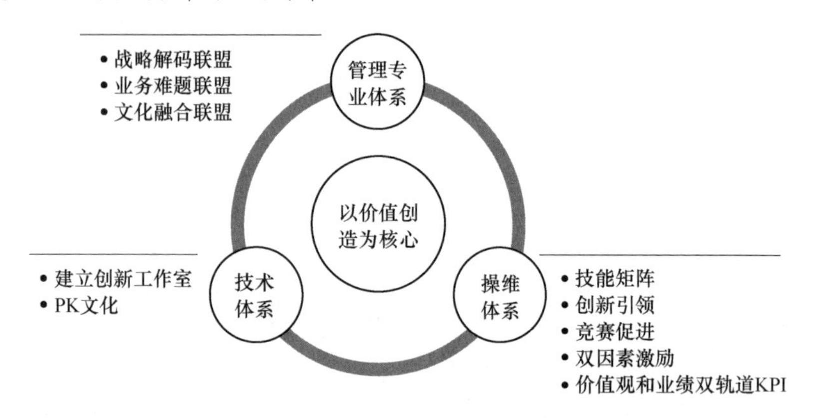


图 3-12 “三个专业体系”

效益，主要为业务突破与融合，形成战略解码联盟、业务难题联盟、文化融合联盟，在全链条中形成“内部工序协同，外部专业协同”的大思路、大格局，提升开放协作效益。

2）技术体系：将技术定位技术业绩提升效益，主要为业绩突破与创新，建立创新工作室、PK 文化，打造新的动能，提升绩效改进及创新创造的效益。

3）操维体系：将操维定位人才培养，主要为个人业绩精准提升，主要手段为培养与赋能，以“技能矩阵管理、创新引领、竞赛促进、双因素激励因子、价值观和业绩双轨道 KPI”5 大行动，提升执行力。

（3）管理、技术、操维融合联控，实现生产效率最大化。融合联控，打破部门之间的壁垒，从单兵作战转变为团队作战，一切铁前工作都以高炉为核心，以“三个联控”为手段，创新管理模式，深度协同各专业条线，优化管理信息流、技术流，推动生产资源深度整合，打造开放共享、开放协作的氛围圈，实现生产效率、设备管理、降本增效的最大化。

1）管理与技术联合管控：将赋能后的管理与技术业务进行优化整合，形成战略解码联盟、业务难题联盟、文化融合联盟等等多方面的联盟，以精准有力的举措落实高质量发展的闭环战略。

2）技术与操维联合管控：以高炉为中心，建立创新工作室、PK 文化，将技术类与操作、设备维护类业务进行优化整合，形成“问题导向、清单管理、结果倒逼”的工作方式，提升创新创效能力。

3）管理、技术、操维联合管控：以“技能矩阵管理、创新引领、竞赛促进、双因素激励因子、价值观和业绩双轨道 KPI”5 大行动，融合闭环式管理，提升复合型作业质量、效率与效益。

### 3.3.2 战略引领护航，高效协同顺利推进

（1）加强组织保障，实现项目落地。系统策划，分管铁前副总经理挂帅，

各分厂厂长组建为管理者团队，定位为业务突破与融合，综合考虑其技术级别、工作年限、相关项目开展经验；各生产、设备条线专职工程师人员组建技术团队，定位业绩突破与创新；各一线人员组建为团，由生产副厂长及作业区作业长组团负责，建立由各分厂厂长、设备条线、技术条线及各职能部门、科室等组成的变革工作推进小组。

（2）配套规章制度，实现管理有序。编制完成《“管理、技术、操维”三元一核变革方案指引》，明确了变革工作指导原则、工作目标、主要方向、重点举措等内容。制定配套的创新工作室、人才培养、员工积分管理、PK文化等考核奖励制度，建立了项目标准指标，将标准指标纳入年度目标、专职及以上人员考核指标、人才晋升指标等，以制度充分调动并确保工作积极性。

（3）广泛宣传，深入发动。秉持“效益最大化”理念，铁前领导牵头召开生产、设备、技术、管理等各专业条线领导小组碰头会，统一思想，明确工作思路，落实管理升级、理念换代的新思路，确保变革顺利进行。

### 3.3.3 以管理与技术为双轮驱动，突出创新成效

采用“管理与技术联控”模式，管理和技术是推动企业发展的两个“轮子”，两者相辅相成、缺一不可，以分厂一把手组成的管理团队为直接协调承担者，大力推动“双轮”驱动，形成“1+1>2”的创新成效，产生更高的效率和更多的效益。

#### 3.3.3.1 战略解码联盟机制

战略解码联盟是衔接公司战略规划与铁前目标的关键，其本质就是把战略转化为目标，进而转化为行动，铁前系统组成以分管铁前副总经理为主，炼铁、烧结、物流、采购、运输一把手及专职技术人员为成员的小组，规划制定年度目标，寻找年度目标攻坚方向及契机，形成目标责任书。

#### 3.3.3.2 业务难题联盟机制

业务难题联盟机制旨在打破业务瓶颈，快速破局。针对目标指标及重难点，管理人员组织拉动，与技术人员相互协同、渗透，研究讨论发展重要事项，解决生产困难，建立并不定期搭建沟通交流平台，促进交流协作、取长补短。

##### A 经济配矿降本联盟

组建“管理-采购-技术”联盟，成立小组，对铁前原燃料市场前瞻预测，协同开发非主流矿粉，通过烧结杯试验，研究单个矿种的冶金性能，不断摸索最优配矿方案，满足在确保高炉稳定顺行、铁水产量、质量的前提下对烧结矿质量指标的要求，实现配矿降本。炉料结构方面，用矿品种以高炉可接受程度，资源可获取性、性价比等进行综合择优考虑，针对每个矿种匹配，技术人员快速凝聚出高炉操作标准，实现铁焦降本、原料管理降本、配矿降本，赋能经济冶炼。

a 烧结配矿方面

根据矿、焦、煤市场行情变化，通过合理调整配比，克服国内矿有害元素含量较高的困难进行搭配使用，2021 年降低高品精粉的用量，从 2020 年的 10%降低到 7.5%，提高低品矿粉的特别是高折扣褐铁矿粉的使用比例，大、小杨迪加超特粉的使用比例从 48%提高至 55%，低品矿粉使用比例提升后，为了维持入炉品位不降低，加大了高品位高性价比氧化铁屑的使用比例，相比 2020 年提高 2.5%，中品矿粉比如 PB 粉和巴混粉这些无折扣的矿粉使用比例也相应下调约 7%，转变为高硅巴粗粉和中硅巴西粗粉。2022 年 360 烧结矿使用高硅高铝印度粉、金宝粉、MB 粉、YG 粉等小众新资源共计 21.48 万吨，高品巴西卡粉降至 11%左右。400 烧结矿使用超特粉全部代替 FMG 混合粉进行单配，累计使用低品超特粉与 FMG 混合粉比例控制在 25.6%，全部停用 BHP 杨迪粉等低铝矿粉，高性价比氧化铁屑稳定使用 9%。

b 炉料结构方面

在充分使用烧结矿的前提下，根据块矿与球团的市场价格变化，及时灵活调整炉料结构。基本控制 70%烧结矿+11 球团矿+19%块矿的稳定结构，2022 年 9 月有炼钢检修控产期间，炉料结构短时间调整到 77%烧结矿+6%球团+17%块矿，其中共累计使用印度球团 9.46 万吨降本。

B 原料管理降本业务联盟

成立“管理-采购-储运-技术”业务联盟，降低铁前系统原料管理成本。

a 精准控制采购和库存量

紧盯矿砂指数运行情况，铁前与采购中心、储运公司一起制订相应的应对低库存的措施，精准采购，以保证生产的正常运行。

b 统筹矿砂拉运节点，降低矿砂水分

主动调研长江流域及附近海港各港口储存堆货、取货、水分情况，根据各类矿种实际用矿日耗量，差异化匹配堆场，提前 10 天制定物流拉货计划，采用天气晴好时连续多批次集中拉货储备。降低矿砂拉运到厂水分，严格执行物资装运清堆制度（大堆货除外），降低入场亏吨。

c 提高大船直靠率

炼铁与采购、储运联动，积极运作大船直靠，通过 PB 块与纽曼块在高炉的混用，提高料场周转率，为大船直靠提供条件，2022 年，大船直靠船次平均每月 3 船，在有效降低物流费用和进厂料水分的同时，也降低了块矿的倒运次数，降低块矿粉末率。

d 低库存运行应急配矿小组

由于大船直靠、天气影响等异常情况导致厂内库存降低的情况下，合理利用当前资源，调整配矿结构，稳定混匀料以保证烧结矿的成分和质量，确保高炉生产不受影响，确保配矿成本最优。

C 文化提升联盟

文化是虚的、散的，文化融合联盟就是将要把虚的东西做实、把散的内容聚合，形成具有统一性、指导性的文化建设，进一步激发铁前创造活力、团结性，培育铁前员工创新创造力的培养和发挥，旨在以文化打造高质量发展的快速路。文化联盟以文化创新为主题，掀起了一场“文化大提升运动”，该次文化提升厉行降低成本的管理，由员工自行规划设计，在第三方购买平台内自行采购，由员工自行安装，让每个员工都参与进来，让每个员工提出自己天马行空的想法。

### 3.3.4 技术与操维联控，实现内部资源整合

以高炉为核心，将技术类、操作类及设备维护类等“专项业绩”交由以技术人员为主导的团队进行统筹协调，旨在实现多方职能内部资源的有效整合，形成“问题导向、清单管理、结果倒逼”的工作方式，提升“一站式”攻关能力、水平与效率，促进降本增效。

3.3.4.1 创建创新工作室机制

以创新为抓手，降低生产成本成为面对的紧要问题。尤其是在碳达峰碳中和及能耗双控的背景下，创新所激发的活力有着不可比拟的优势，因此推行以创新为着力点的科学经济冶炼势在必行。

(1) 铁前系统挑选具有绝技绝活的技能人才，组成创新工作室，围绕生产运行中的技术瓶颈和难点问题，研究炼铁的低成本、低碳环保冶炼、高炉长寿等多方面工作，成为员工创新辅导员，从“小众”到“大众”，研究、推广、普及先进理念和成果。

(2) 创新工作室以创新增效为目的，紧紧围绕安全生产、技术进步、降本增效、节能环保等课题，搭建员工技术攻关、“QC”创新成果、技能培训、学习交流等活动平台，普及创新理念、创新技术和创新方法。

(3) 定期开展活动。创新工作室每年根据公司对创新任务的要求和经营计划，每月定期集中活动，选派1~2名组员带队参加全国性的技术交流活动，到指标先进的兄弟单位交流参观学习，广泛吸纳创新意识强、技术素质高、肯钻研的青年员工，为各岗位输送、贮备一批素质、业务能力及技能过硬的操作人员。

正是因为具备了联控管理，铁前系统积极活跃，并行动向内，紧密咬住目标，攻克艰难，从设备改造、工艺优化等方面竭力激活了创新创造突破，实现了创新成果“井喷式”出现，实现了创新成果从量变到质变的跨越式变化。

3.3.4.2 PK 文化机制

由技术专业人员组织，建立 PK 文化，同时建立与业绩有关的虚拟组织。例

如炼铁分厂的煤降本攻关一直卡在临界点，无法突破，便建立了名为“煤比俱乐部”虚拟组织，进行为期 45 天的业绩 PK，只有每个作业区或者科室联合达到煤比攻关的才能加入，他们的照片会被放在“煤比过关英雄榜”，张贴在各作业区，对业绩的完成产生刺激作用，营造内部竞争氛围，锻炼团队的作战能力，形成持续激励。

A 焦炭粒级提升降本 PK

焦炭粒径均匀且适当大，使得炉料具有足够大的孔隙度、降低煤气上升的阻损，有利于高炉冶炼、提煤降焦，降低生铁成本。技术专业协同各作业区建成 PK 团队，共同攻关焦炭粒级提高课题，经过长久的研究、探索和实践，焦炭粒级由 45. 83 mm 提升到了行业较高水平（50. 5 mm 左右）。

B 焦炭调质降本 PK

立足高炉顺行的根本要求，变被动服务为主动联络，技术专业人员明确焦炭的基本指标要求，操作人员采取高炉精心操作、焦炭调质、摸索焦炭合适冗余度的方式，使铜陵特材一级焦硫分由 0. 85%调整到 0. 90%，定制焦硫分由 0. 85%调整到 0. 90%，吨焦配煤降本约 16. 1 元/t；定制焦灰分由 12. 5%调整到 12. 7%，一级焦灰分由 12. 3%调整到 12. 5%，吨焦配煤降本约 17. 1 元/t，确保高炉顺行的同时，全流程、多维度降低铁水燃料成本。

C 引进非主流煤，降低喷吹煤成本 PK

根据市场情况调整非主流煤替代优质无烟煤，使用一些兰炭、高硫无烟煤、高挥发分无烟煤等非主流煤代替优质无烟煤使用，优化配煤，降低喷吹煤成本。同时，优化高炉操作参数，提高脱硫能力，保证铁水质量稳定。2022 年，该炼铁厂共使用非主流煤 36982 t，占比 4. 13%，且铁水优质品率保持高水平。

D 节能降耗 PK

生产与技术闭环管理，节能降耗。主动服务，解放思想，探索新路，生产与技术协同升级热风炉烧炉逻辑控制模式，将热风炉烧炉控制模式从单一模式转变为三阶段的分段控制模式，不同的燃烧期精准采用不同的控制逻辑，同时根据残氧量的输出，精准修正空燃比，从而降低煤气消耗。

E 设备管理，共同修旧利废 PK

生产与设备闭环管理，针对不同类别设备，点检员、作业长、工程师制定不同点检工作计划，提高设备的综合效率。取消 3 座高炉的年修，为企业创造更多生产时间的同时减少停机的消耗损失。另外，铁前生产、设备协同，全开放、无保留的以激励管理制度共同对设备开展修旧利废降本攻关。

### 3. 3. 5 管理、技术与操维协同交互，彰显一体化成效

依托各专业化能力，打造极致效率。开展“技能矩阵管理、创新引领、竞赛

促进、双因素激励因子、价值观和业绩双轨道 KPI”5 大行动。

3.3.5.1 岗位技能矩阵

借助中特云课平台，完成操维一线员工每年 80 课时培训，培训包含安全、精益、环保、生产技术、文化建设等多方面内容，让操维一线员工达成“五个认知”，即行业认知、文化建设认知、职业认知、团队认知、自我认知。

岗位技能矩阵：利用技能矩阵这个可视化的工具，如图 3-13 所示，明确岗位成员完成岗位工作所需的知识技能和能力要求，通过盘点职工的实际水平与需求之间的差距，提出未来团队的培养发展建议，以及为未来人员配置提供依据。

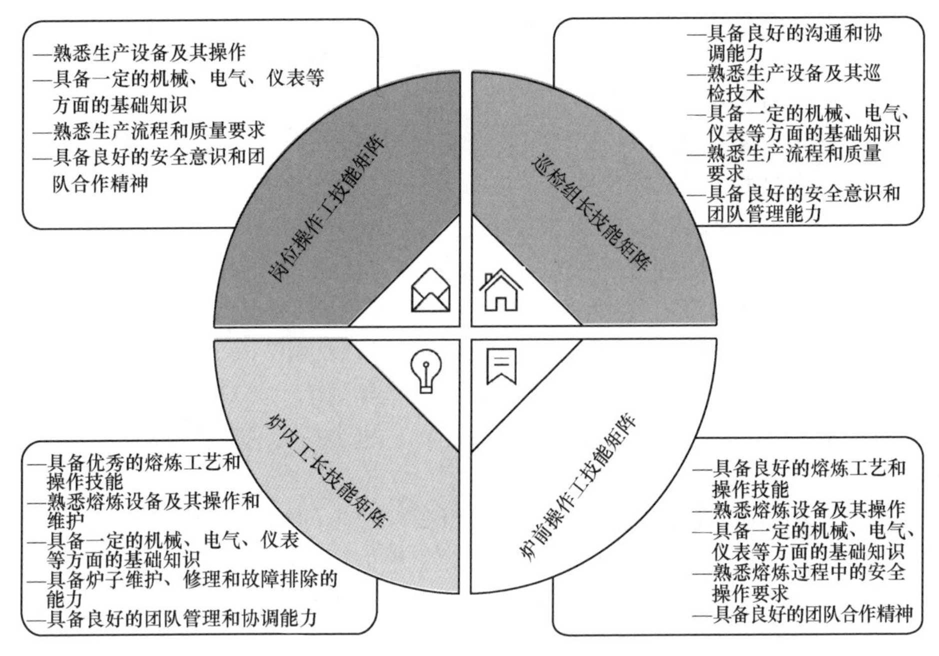


图 3-13 岗位技能矩阵

3.3.5.2 创新引领

坚持“力出一孔、利出一孔”。积极开展“金点子、好建议、小创新”等合理化建议征集活动，每年根据公司对创新任务的要求和经营计划的需要定期开展创新成果活动。针对生产难题，中高级职称人员每季度要有创新项目攻关，同时将合理化建议及创新项目纳入个人业绩，各作业区至少要有每 8 人一条的合理化建议，连同专利一起纳入作业区绩效 KPI。以达到“小众”变“大众”的目的，充分发动、鼓励员工大力实践管理创新、技术创新和制度创新。

3.3.5.3 竞赛促进

制定岗位练兵活动计划，每月以班组为单位，举办炼铁工技能比武大赛，包括高炉炉温鉴别、高炉炉前仿真操作等技能提升岗位练兵活动，叉车作业、

ABB880 变频器接线调试、高压电机绝缘检测等设备系统岗位练兵活动，以及空气呼吸器佩戴、应急器材使用等安全系列岗位练兵活动，加大对在竞赛中综合考评优秀员工的奖励幅度，调动、提高广大技术、技能人员自主提升技能的热情，同时从中发现一批具有潜力的人员，为生产储备力量，拓展优秀人员晋升的渠道及加快晋升的节奏。

#### 3.3.5.4 双因子激励

点燃员工梦想的因子：紧贴员工个人实际，进行双因素激励，一是基本因子，包括工资、工作环境、职位等；二是激励因子，包括工作本身带来的成就，得到的认可、提升的可能性、精神的鼓励、额外的奖励等。具体如下：

（1）寻找一个可以看到、可以感知、又具有挑战性的目标，让团队凝聚起来，为了共同的明确目标而努力。

（2）运用“裸心座谈”，让员工将真实的想法表达出来，养成一种建立共识和共性的行为习惯，形成团队文化，进而提升战斗力和效率。

（3）建立“十大派”，员工根据自己的爱好，分别加入 10 个不同的“帮派”，包括旅游派、美食派、摄影派、球派等，让十大派成为“文化传播机”“快乐制造机”，以文化产生刺激作用，进而提升活力和凝聚力。

#### 3.3.5.5 价值观和业绩双轨道 KPI 及 271 考评机制

制定价值观 6 条，每条都写出具体的行为指导规范，并对应不同的分值，最低 1 分，最高 5 分，制定每个员工的业绩指标，每个指标对应相应的目标值，并对应不同的分值。

271 考评机制，即把操维一线员工按照 2 : 7 : 1 的比例评定绩效，20%是 A 类绩效，70%是 B 类绩效，10%是 C 类绩效，根据这个绩效评定结果决定成员的绩效奖金或者晋升或者待提升。“2”的员工要通过表扬或者沟通，让其清楚优秀在哪里，“7”的员工要知道自己哪些方面能力需要提升；“1”的员工要求进行整改，按照“直接领导是谁，谁负责”的模式，制定具体的计划。

实行三元一核联控管理，使铁前在跨工序、跨专业、跨系统及员工能力、组织活力、生产动力等工作中实现了更大范围、更深层次的大开放、大交流、大融合，聚势铁前发展新动能，为铁前核心竞争力的提升提供扩张力、推动力。

同时有助于提升组织效率，通过优化管理流程、提升技术水平、强化操维能力，可以实现资源的合理配置和高效利用，减少浪费和损耗，从而提高整体运营效率。此外，这种管理方式也有助于保障生产安全，通过加强安全管理和技术监控，可以及时发现和解决生产过程中的安全隐患，降低事故发生的概率，确保员工的人身安全和企业的财产安全。最后，这种管理方式有助于实现组织的可持续发展，通过优化资源配置、提高生产效率、保障生产安全以及促进技术创新，可以为组织的长期发展奠定坚实的基础，实现经济效益和社会效益的双赢。

# 4 经济炼铁综合技术

经济炼铁综合技术是指在炼铁生产过程中，通过采用一系列先进的技术手段和管理措施，以最小的能源消耗和环境污染，实现铁水的高效、优质、低成本生产。经济炼铁综合技术涵盖了炼铁工艺、设备、自动化、环保等多个领域，旨在全面优化炼铁生产流程，提高炼铁效率和经济效益。开展经济炼铁综合技术研究的原因主要有以下几点：

(1) 节能减排：随着全球对环境保护意识的增强，节能减排已经成为钢铁行业的重要任务。经济炼铁综合技术研究旨在通过优化炼铁工艺、提高能源利用效率、减少污染物排放等方式，实现钢铁生产的绿色化和可持续发展。

(2) 提高炼铁效率：经济炼铁综合技术研究可以优化炼铁工艺参数，提高炼铁效率，降低生产成本。这对于钢铁企业来说，意味着在保证产品质量的同时，提高生产效率和经济效益。

(3) 适应市场需求：随着经济的发展和技术的进步，钢铁市场对产品质量和性能的要求也在不断提高。经济炼铁综合技术研究可以帮助钢铁企业更好地适应市场需求，提高产品质量和性能，增强市场竞争力。

(4) 推动技术进步：经济炼铁综合技术研究涉及炼铁工艺、设备、自动化等多个领域，需要跨学科、跨领域的合作。通过这一研究，可以推动钢铁行业的技术进步和创新，为钢铁行业的发展提供技术支持和保障。

综上所述，开展经济炼铁综合技术研究对于钢铁行业的可持续发展、提高生产效率、适应市场需求及推动技术进步都具有重要意义。这也是钢铁行业实现高质量发展、提高国际竞争力的关键途径之一。

## 4.1 铁前系统原料优化技术

### 4.1.1 精料措施

原料是高炉冶炼的物质基础，随着高炉炼铁技术的发展，为了应对高炉大型化、高利用系数、低成本冶炼、煤比不断提高及不断延长高炉寿命的需求，原燃料的质量要求越来越高。精料是高炉生产顺行、指标先进、节约能耗的基础和客观要求，特别是大高炉，对原燃料质量的要求更高。精料技术水平对炼铁指标的影响率为70%，工长操作水平的影响率为10%，企业管理水平影响率为10%，设备运行状态影响率为5%，外界因素（动力、供应、上下工序等）影响率为5%。我国炼铁工作者对高炉精料的要求，习惯用“高”“净”“匀”“稳”“少”“好”六个字来表达。

“高”是指入炉含铁原料的铁品位要高，这是精料的方针，是实现高炉低碳、高效冶炼的基础。在当前铁矿石质量逐步恶化的条件下，大高炉入炉品位不宜低于58%，中高炉不宜低于57%，而小高炉不宜低于56%。

“净”是要求炉料中粉末含量少，严格控制粒度小于5 mm的原料入炉，其比例一般不宜超过3%。降低入炉粉末量可以大大提高高炉料柱的空隙度和透气性，为高炉顺行、低耗、强化冶炼和提高喷吹煤比提供良好的条件。

“匀”是要求各种炉料的粒度均匀，差异不能太大。炉料粒度的均匀性对于炉料孔隙度和改善炉内透气性具有重要作用。烧结矿的粒度应该控制在大于40 mm粒级的比例不超过5%~10%，10~25 mm粒级的比例维持在70%左右；球团矿中10~16 mm在小高炉中应占85%，在大高炉中占90%~95%；块矿的粒度应在8~30 mm；焦炭的粒度应在25~75 mm，平均粒度为40~60 mm。

“稳”是要求炉料的化学成分和性能稳定，波动范围小。要想实现入炉原料质量稳定，首先要有长期稳定的矿石来源和煤、焦来源，此外，要建立良好的混匀料场和煤堆场。

“少”是要求含铁炉料中的非铁元素少、燃料中的非可燃成分少及原燃料中的有害杂质含量尽可能少。可以通过选矿、洗煤及配矿、配煤予以实现。高炉允许的入炉铁矿石中有害元素的含量要求见表4-1。

**表4-1 高炉允许的入炉铁矿石中有害元素的含量**

| 元素 | S | Pb | Zn | Cu | Cr | Sn | As | Ti，$TiO_2$ | F | Cl |
|---|---|---|---|---|---|---|---|---|---|---|
| 含量/% | ≤0.3 | ≤0.1 | ≤0.15 | ≤0.2 | ≤0.25 | ≤0.08 | ≤0.07 | ≤1.5 | ≤0.05 | ≤0.06 |

“好”是指入炉矿石的转鼓强度、热爆裂性、低温还原粉化性、还原性及荷重软化性等冶金性能要好。同时，要求焦炭强度高、高温性能好，喷吹煤的制粉、输送和燃烧性要好。

提高入炉铁矿石含铁品位和熟料率是精料的主要内容，精料是改善高炉操作指标的重要保证。近年来，随着国外矿使用的增多，以及国内选矿技术的提高，入炉矿石含铁品位不断提高。但是高品位的优质含铁原料越来越少，提高品位不仅增加成本，而且难度越来越大。一般认为：炉料渣比每降低10 kg/t，燃料比将降低4 kg/t。精料的主要内容是提高入炉品位，原料成分稳定、粒度均匀，原料冶金性能良好，炉料结构合理等方面。

首先是提高入炉品位，高品位是使渣量降到300 kg/t以下，这是保证高炉强化和大喷煤的必要条件，是获得好的技术经济指标和提高企业经济效益的要求，近年来我国的大高炉入炉品位基本在58.5%以上；其次是原料成分稳定、粒度均匀，原料的稳定是我们控制的目标，各种原料的成分波动，最终都将在炉况方面得以体现，其入炉成分波动大，最终对增产降耗都会产生不利的影响，比如烧结FeO每波动1%，影响焦比1%~1.5%，其对冶炼过程的影响表现在燃料比的升高；最后是良好的冶金性能和合理的炉料结构，当入炉原料的冶金性能良好时，如低温还原粉化性、荷重软化性能等指标优异，可以显著减少炉内结瘤和黏结现象，改善高炉透气性，降低燃料消耗。同时，炉料结构中的烧结矿、球团矿和块矿等原料的配比合理，可以确保高炉炉况的稳定，获得较好的生产指标，延长高炉使用寿命。

### 4.1.2 经济料措施

在利润逐渐下降的严峻形势下，再拘泥于之前的偏向于精料的配矿结构已不能满足企业对铁水降本的要求，应该改“精料”为“经济料”。生铁成本主要由含铁原料、燃料、能动介质、工资福利和制造费用等部分构成见表4-2。从表4-2看出，在生铁成本中含铁原料费用所占比率最大为60%左右，其次是燃料成本占25%，因此降低生铁成本的关键是围绕炼铁原燃料，从降低原燃料费用及通过优化炉料结构在炼铁生产环节的节能降耗来进行研究。

表4-2 生铁制造成本主要构成

| 项目及内容 | 比例/% |
|---|---|
| 含铁原料 | 60 |
| 焦炭、小块焦及煤粉 | 25 |
| 水、电、风、蒸汽、$O_2$、$N_2$ 等能动介质 | 6~8 |
| 工资、福利 | 1 |
| 制造费用 | 6~8 |

在当今全球市场经济条件下，炼铁原燃料的品质和冶金性能基本与其价格成正比，原燃料费用越低也就意味着高炉精料水平越差。不容置疑，精料是高炉炼铁的基础，对高炉技术经济指标有着重要影响。而使用经济料炼铁，可以降低原燃料费用，但也会降低高炉的精料水平，继而造成高炉技术经济指标变差，反而可能使生铁成本升高，这就与低成本炼铁的目标背道而驰了。

在炼铁实际生产中，炼铁原燃料的成分组成、质量品质及冶金性能都会对高炉生产状况造成极大的影响。具体见表4-3。由表4-3可以看出，炼铁原燃料的成分组成、质量及冶金性能对高炉的影响是复杂的，也是多方面的。而要在实际生产中处理好这些矛盾，真正达到“经济炼铁”的目的，就要综合考虑影响生铁成本的诸多因素，通过权衡各因素之间的价值取向和大小，以及高炉实际生产效果来对原燃料予以取舍及优化。

**表 4-3 炼铁原燃料的部分成分组成、质量品质及冶金性能对高炉的影响**

| 序号 | 项　目 | 影响焦比或燃料比 | 影响产量 |
|---|---|---|---|
| 1 | 入炉矿品位提高 1% | 焦比下降 2% | 产量提高 3% |
| 2 | 烧结矿碱度降低 0.1 | 焦比升高 1.5% | 产量下降 2% |
| 3 | 烧结矿 FeO 含量升高 1% | 焦比升高 1.5% | 产量下降 1.5% |
| 4 | 烧结矿小于 5 mm 粉末量增加 1% | 焦比升高 0.5% | 产量下降 0.5%~1.0% |
| 5 | 烧结及球团转鼓每提高 1% | 燃料比下降 0.5% | 产量提高 1%~2% |
| 6 | 矿石硫含量增加 1% | 燃料比上升 5% | |
| 7 | 烧结矿 RDI+3.15≤72%，每提高 10% | 焦比下降 1%~2% | 产量提高 5%~6% |
| 8 | 焦炭固定碳含量降 1% | 焦比升高 2% | 产量下降 3% |
| 9 | 焦炭水含量提高 1% | 焦比升高 1.1%~1.3% | 产量下降 2%~3% |
| 10 | 焦炭硫含量升高 0.1% | 焦比升高 1.2%~2.0% | 产量下降 3% |
| 11 | 焦炭灰分升高 1% | 焦比升高 1.7%~2.3% | 产量下降 3% |
| 12 | 焦炭 $M_{40}$ 升高 1% | 焦比下降 5.6 kg/t | 产量提高 1.6% |
| 13 | 焦炭 $M_{10}$ 每降低 0.2% | 焦比下降 7 kg/t | 产量提高 5% |
| 14 | 焦炭反应性 CRI 升高 1% | 焦比升高 3 kg/t | 产量下降 4% |
| 15 | 焦炭反应后强度 CSR 下降 1% | 焦比升高 3 kg/t~6 kg/t | 产量下降 4.5% |

#### 4.1.2.1 提高烧结矿的质量

尽管不同的高炉和炉料结构在不同的冶炼条件下对烧结矿质量和冶金性能有着不同的要求，但加强烧结工序的技术进步，提高烧结矿的质量和冶金性能，在降低炼铁成本方面的作用是不容置疑的。在烧结生产中，配料的结构组成一定程度上决定了烧结矿的冶金性能，因此，在经济料炼铁过程中，不能一味减配优质矿种，而忽略烧结矿的综合冶金性能。另外，烧结矿质量和冶金性能的优劣除了与配料因素有关，还与烧结工序的技术和管理密不可分。在烧结生产中，加强混合、铺底料、提高料温、低温点火、厚料层、低配炭及小球烧结等技术措施都能明显改善烧结矿强度和还原性能等质量指标，使烧结矿成本降低，同时也顺应了当前低成本炼铁的工艺要求。经大量的试验研究和生产实践证明，高碱度烧结矿从矿物组成出发，有一个最佳碱度范围（1.8~2.3）。另外，生产实践表明，转鼓指数提高 1%，高炉产量提高 1%~2%，烧结矿中（FeO）含量每提高 1%，炉焦比增加 1.5%，生铁产量降低 1.5%。使用高碱度烧结矿，高炉冶炼时可减少碱性熔剂的加入量，这不仅可节省热量消耗，且可改善煤气热能和化学能的利用，同样有利于降低焦比和提高产量。

该炼铁厂通过对技术和管理方面进行攻关来降低并稳定烧结矿 FeO 含量。技术层面，严格控制焦粉粒级分布，小于 0.5 mm 粒级控制小于 20%，大于 3 mm 粒级小于 30%；提高焦粉配比调剂精度，精度从 0.1%调整到 0.01%；摸索烧结机机尾热成像仪判断亚铁趋势，总结经验，指导焦粉配比的调整，消除“滞后”现象，稳定烧结矿 FeO 含量。管理层面，严格管控烧结生产，收窄控制范围，由原来的±0.5%调整到±0.2%；制定烧结矿 FeO 含量分级管控制度，在烧结矿 FeO 含量连续出现异常时，作业区正副作业长及主管工程师分级对烧结生产的调整进行干预纠正。

#### 4.1.2.2 适宜铁矿石入炉品位

铁矿石品位是高炉获得良好技术经济指标和提高企业经济效益的基础。虽然提高矿石的品位会增加采购成本，但是也有利于提高高炉利用系数和节能降耗。高炉生产实践表明，入炉品位每升高 1%，焦比可降低 2%，产量可提高 3%，渣量可减少 20~30 kg/t，还可提高吨铁喷煤比 15 kg/t。多年来，我国钢铁企业为改善炼铁技术经济指标，均采用了在烧结和高炉配料结构中配加一定比例的高品位优质进口矿，以提高品位强化冶炼的方式来获取良好的技术经济指标和效益。高品位的优质块矿和球团矿虽然会增加矿石的采购成本，但提高高炉入炉品位则有利于提高高炉利用系数、降低焦比、提高喷煤量、降低矿耗和提高风温，这又会降低炼铁成本。可见，高炉入炉品位对生铁成本的影响是相当复杂的。所以，在这些优质高品位矿价格上涨不大时，增加其用量反而能降低炼铁成本。当然，在这部分矿石价格上涨过高、矿耗下降、产量增加和焦比降低所带来的成本下降不能弥补因矿石价格上涨所带来的成本增长时，就要增加相对低品位的经济矿了。这就需要各企业根据自身资源情况，从铁前整体效益出发来考虑，做好价效评价，找到本企业的适宜入炉品位。

受钢铁形势的影响，该炼铁厂为降低生产成本，配加高铝低价矿以降低铁水成本，改“精料”为“经济料”(全年入炉品位下降 0.7%)，在原燃料质量下滑的生产形势下，加强筛分，减少入炉粉末，严把原燃料入炉质量关。一方面，加强筛板管理，岗位工每班定期对槽下筛板进行检查，高炉作业长不定期对槽下筛板进行检查，发现问题及时联系处理，督促做好筛板清理工作；另一方面，严格控制槽下每小时的下料量，防止筛面料层过厚，筛分不净，槽下每小时的下料量的控制标准见表 4-4。

**表 4-4 槽下每小时的下料量的控制标准** (t/h)

| 炉况 | 焦炭 | 大烧结矿 | 小烧结矿/落地烧 | 球团矿 | 块矿 |
|---|---|---|---|---|---|
| 正常 | 100 | 200 | 100 | 120 | 150 |
| 透气性不良 | 50 | 120 | 90 | 100 | 120 |

另外，针对烧结故障停机时，高炉需要使用一部分落地烧结矿，落地烧结矿的二次粉化会造成入炉粉末的增加，同时使用经济料后，烧结矿转鼓等质量指标

会变差，影响高炉的稳定顺行，需要通过优化炉料结构，同时烧结矿采用“错仓”使用机制，以满足高炉料柱透气性的要求，确保高炉的稳定顺行。

在烧结矿配矿方面，要科学评价铁矿石，分析炉料的价格和价值对标关系，要研究透不同矿物性能的铁矿石成球性能、造块（烧结、球团）性能对高炉生产的影响。建立企业科学配矿机构，根据自身企业特点，进行优化采购，经济冶炼，求得效益的最大化。

该炼铁厂秉承以主流矿、长协矿的矿种为主，小批量国内精粉、高铝矿为辅的指导思想，在保证高炉稳定顺行、铁水质量满足炼钢要求的前提下，运用模型优化配矿，降低烧结矿配矿成本。2020 年受疫情影响，该炼铁厂主要矿粉调整如图 4-1 所示，梅山精粉供应量持续下降，基本控制在 2%左右，铁屑用量稳定在 7%，同时在超特粉等低品粉矿折扣率持续降低的情况下，FMG 超特粉配比降低约 7%，控制在 20%左右；上半年为了降低配矿成本，搭配使用 3%～5%的印度粉，6%～8%的较高性价比的金布巴粉代替 PB 粉；7 月、8 月随着矿砂指数的飙升，PB 粉与高品巴西卡粉性价比凸显，因此开始使用巴西卡粉搭配高硅巴西粗粉的主要矿种搭配，并把 PB 粉比例提高至 20%以上，停用价格较高已没有性价比的巴西混合粉。

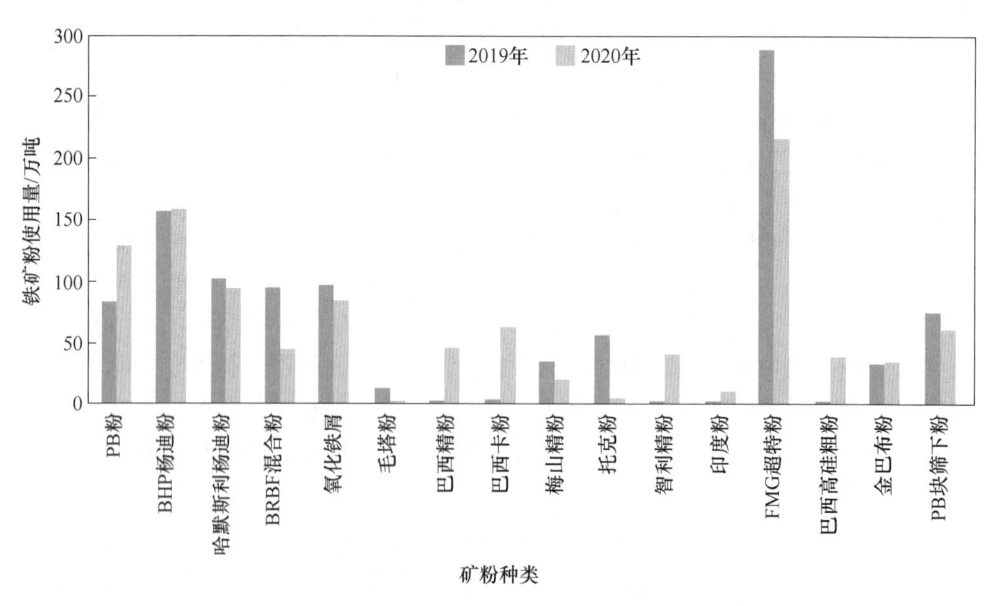


图 4-1　2020 年该炼铁厂主要矿粉调整

#### 4.1.2.3　经济合理的高炉炉料结构

在高炉生产中，冶金性能良好的炉料结构是高炉稳定顺行的重要保证，高炉的稳定顺行又是稳产高产的基本前提，也是煤气流合理分布、提高煤气利用率及降低燃料比的必要条件。所以研究高炉炉料结构的冶金性能特别是高温熔滴性能，找到与本企业工艺和资源状况相适应的合理的炉料结构十分重要，以便改善高炉技术经济指标，提高企业的整体经济效益，同时也是低成本炼铁的重要一环。

高炉炉料结构优化就是将烧结矿、球团矿和块矿组成的炉料结构按比例进行合理配置，对其高温冶金性能及在高炉生产过程中对生铁产质量、焦比、煤比、造渣性能、透气性及最终生铁成本的影响加以综合研究，来达到低成本炼铁的目的。由于资源原因，我国高炉的炉料结构建立在以高碱度烧结矿为主的基础上。高碱度烧结矿强度好，且烧结矿（FeO）含量低，还原性好，但高温熔滴性能差。酸性球团矿虽然高温还原粉化率比烧结矿差，但抗压抗磨强度高、粒度整齐、还原性好，品位高，高温熔滴性能优越。而且增加球团矿入炉量还能改善料透气性，为高炉强化冶炼创造条件，所以高炉炉料结构中常用高碱度烧结矿配用酸性球团矿使用。

一般来说，优质进口块矿的价格比球团矿要低很多，但比烧结矿要略高，因为球团矿需用细磨磨细精矿，这就使价格比烧结矿要高 20%~30%，但具体情况还要看各钢铁企业的资源情况和地理位置等因素。从降低炼铁成本的角度看，具体到多配球团矿还是多配块矿时，就要看球团矿和块矿两者间的价差高低和相互替用后在高炉生产中产生的效益，不能仅看价差高低。如配球团矿增加的费用小于球团矿在高炉生产中产生的效益则就应多配球团矿，少配块矿；反之要减配球团矿，多配块矿。

2020 年，该炼铁厂在高炉炉料结构方面，用矿品种以高炉可接受程度、资源可获取性、性价比等进行综合择优考虑。在充分使用烧结矿的前提下，根据块矿与球团的市场价格变化，及时灵活调整炉料结构，使得高性价比块矿在炉料结构中长期维持 18%~20%的使用比例（见表 4-5）。

**表 4-5 高炉炉料结构变化**

| 时间 | 高炉炉料结构/% | | |
|---|---|---|---|
| | 烧结矿 | 球团矿 | 块矿 |
| 2020 年 1 月 | 70.00 | 10.00 | 20.00 |
| 2020 年 2 月 | 70.00 | 10.80 | 19.20 |
| 2020 年 3 月 | 70.00 | 11.00 | 19.00 |
| 2020 年 4 月 | 70.00 | 11.00 | 19.00 |
| 2020 年 5 月 | 70.00 | 11.00 | 19.00 |
| 2020 年 6 月 | 69.90 | 11.40 | 18.70 |
| 2020 年 7 月 | 69.00 | 13.00 | 18.00 |
| 2020 年 8 月 | 69.50 | 12.50 | 18.00 |

续表 4-5

| 时间 | 高炉炉料结构/% | | |
|---|---|---|---|
| | 烧结矿 | 球团矿 | 块矿 |
| 2020 年 9 月 | 70.00 | 12.00 | 18.00 |
| 2020 年 10 月 | 70.00 | 10.30 | 19.70 |
| 2020 年 11 月 | 70.23 | 11.16 | 18.61 |
| 2020 年 12 月 | 73.40 | 8.00 | 18.60 |

### 4.1.3 优化配矿研究

#### 4.1.3.1 *矿石性价比核算方法*

铁矿石性价比是指铁矿石在价格、品质、使用效果等方面的综合评估，是评价铁矿石价值的一个重要指标。性价比通常基于铁矿石的吨度价格，并综合考虑其中含有的有益元素和有害元素，以及这些元素在钢铁冶金生产中的影响行为。通过对这些因素的评估，可以对铁矿石的冶金性能的有效价值进行深入分析。

评价铁矿石性价比的意义在于为钢铁企业优化炉料结构提供重要依据，帮助企业选择最合适的铁矿石，以提高炼铁效益，降低生产成本。同时，通过深入研究铁矿石性价比评价方法，可以进一步完善和优化这些方法，为钢铁行业的可持续发展提供有力支持。总的来说，铁矿石性价比是钢铁企业在采购和生产过程中需要考虑的关键因素，对于提升钢铁行业的整体竞争力和经济效益具有重要意义。

常用的铁矿石性价比核算方法有吨度价格法、酸碱平衡法、成分分析法、经济价值法及矿石单烧法。

A 吨度价格法

$$\text{综合吨度价} = \frac{\text{矿石价格}}{\text{全铁含量}} \times 100\% \tag{4-1}$$

矿石价格通常采用到场干基净成本价，例如：购进铁矿粉的价格为干吨 960 元，全铁含量为 62%，单位品位的价格（即吨度价）即为 960/62 = 15.48 元/%。

优点：方便快捷，经验丰富的人员可将该核算方法作为性价比初选的手段。

缺点：（1）未考虑脉石含量和有害元素对矿石性价比的影响；（2）未考虑矿石冶金性能对烧结机高炉操作的影响；（3）未考虑成分对高炉及烧结燃料消耗的影响。

B 酸碱平衡法

$$\text{矿石综合品位①} = \frac{\mathrm{TFe}}{100 + 1.25R_4[w(\mathrm{SiO_2}) + w(\mathrm{Al_2O_3})] - 1.25 \times [w(\mathrm{CaO}) + w(\mathrm{MgO})]} \times 100\% \tag{4-2}$$

$$综合吨度价① = \frac{矿石价格}{矿石综合品位①} \times 100\% \tag{4-3}$$

优点：综合考虑了高炉造渣碱度应加入的熔剂量，将矿石中 $SiO_2$、CaO、MgO、$Al_2O_3$ 的质量分数纳入矿石性价比的计算中，比单纯的吨度价格法更能真实反映矿石价值。

缺点：(1) 未考虑 P、S、K、Na 等有害元素对矿石性价比的影响；(2) 未考虑矿石冶金性能对烧结机高炉操作的影响；(3) 未考虑成分对高炉及烧结燃料消耗的影响。

C 成分分析法

$$\begin{aligned}矿石综合品位② = {} & \mathrm{TFe} \times [100 + 1.25R_4(w(\mathrm{SiO_2}) + w(\mathrm{Al_2O_3})) - 1.25 \times (w(\mathrm{CaO}) + \\ & w(\mathrm{MgO})) + 1.5 \times (w(\mathrm{S}) + w(\mathrm{P}) + 5w(\mathrm{K_2O}) + w(\mathrm{Na_2O}) + w(\mathrm{PbO}) + \\ & w(\mathrm{ZnO}) + w(\mathrm{CuO}) + w(\mathrm{As_2O_3}) + 5w(\mathrm{Cl})) + C_1\mathrm{LOI} + C_2\mathrm{Lm}]^{-1} \times 100\%\end{aligned} \tag{4-4}$$

$$综合吨度价② = \frac{矿石价格}{矿石综合品位②} \times 100\% \tag{4-5}$$

式中，$C_1$ 为烧损当量价值，根据经验，当 LOI<3%时，$C_1$ 取-0.6，当 LOI=3%~6%时，$C_1$ 取 0，当 LOI>6%时，$C_1$ 取 0.6，LOI 为烧损率；$C_2$ 为粒度当量价值，当矿粉粒度（+8 mm）大于 5%或矿粉粒度（1.0~0.25 mm）大于 22%时，应作修正，可取绝对值超量的 0.3，例如粒度（+8 mm）为 11%和粒度（1.0~0.25 mm）为 28%时，$C_2$Lm 项的值为 0.3×(11-5)+0.3×(28-22)=3.6，企业也可根据生产对 $C_2$ 的数值作调整。

优点：综合考虑了品位、高炉造渣对熔剂的消耗，以及有害元素、烧损、粒级对矿石性价比的影响，更加全面准确。

缺点：未考虑矿石冶金性能对烧结机高炉操作的影响。

D 经济价值法

经济价值法即根据生铁的价格，扣除铁矿石以外费用得到的铁矿石应该具有的价值。该方法由苏联 M. A. 巴普洛夫院士首先提出，其计算方法如下：

$$P_1 = (F \div f) \times (p - C \times P_2 - c \times P_3 - g) \tag{4-6}$$

式中，$P_1$ 为铁矿石的价值，元/t；$F$ 为铁矿石的品位，%；$f$ 为生铁的含铁量，%；$p$ 为炼铁厂要求的最低铁水成本，元/t；$C$ 为焦比，t/t；$P_2$ 为焦炭价格，元/t；$c$ 为生铁熔剂消耗，t/t；$P_3$ 为熔剂价格，元/t；$g$ 为炼铁厂对铁水的加工费，元/t。

巴甫洛夫院士是 20 世纪 40 年代提出的上述计算公式，当时铁矿石的品种很单一，主要是天然块矿入炉，高炉炼铁还没有喷煤，有害杂质对矿石冶炼价值的影响也不如目前认识得深入，但是这个公式既考虑了铁矿石的品位，同时也考虑了焦比和熔剂消耗的因素，直接计算出铁矿石在某厂条件下的利用价值，计算出来的数据直观，结果为所用铁矿石到厂的最高价，因此是很有水平的铁矿石价值计算公式。若购买铁矿石超过 $P_1$ 的价格，就意味着用这种铁矿石冶炼工厂就要亏本。

$$P_s = P_1 - P_{实} \tag{4-7}$$

式中，$P_s$ 为剩余价值；$P_1$ 为根据式（4-6）计算出来的铁矿石价格；$P_{实}$ 为实际矿石购买价格。定义剩余价值等于极限价值减去矿石的实际价值。从铁水的成本最低来综合考虑性价比，但其缺点是：适用性差，仅适用于块、球、机烧的性价比核算；优点是计算可粗可精，但是精细的计算需要配合繁杂的预测出计算公式。

E 矿石单烧法

采用单一矿种进行烧结生产计算，以烧成的自熔性烧结矿直接供高炉冶炼，冶炼过程中需根据造渣制度调整好炉渣碱度和镁铝比。由于矿粉成分、熔剂等化学成分和烧损等均为已知数据，通过计算可得出其各自的用量，但是烧结及高炉生产所需的燃料消耗需通过经验数据获得。

优点：以铁水成本为基础，计算结果准确，考虑全面，是目前公认比较好的核算方法。

缺点：(1) 计算较烦琐，适合专业人员的核算；(2) 未考虑不同矿种因冶金性能不同而导致的烧结矿质量差别对高炉的影响；(3) 以自熔性烧结矿计算，对于习惯于高碱度生产操作的企业，计算结果可能会有偏差。

总体来看，不同的性价比核算方法都有其优劣性，但是整体来说矿石单烧法更加合理，但是对于不同企业，由于其熔剂、燃料成本、技术水平、工艺装备不一样，矿石性价比相差较大。

优化配矿是一项复杂、精细的工作，“没有最好，只有更好”，需要研究者持续不断地深入研究和学习。随着我国钢铁企业管理水平不断提升，精细化操作不断完善，优化配矿会越来越受到各大企业的重视。

4.1.3.2 主流常见矿粉的使用评价

A 印度粉

印度粉品种比较多。一般来说，印度粉属于 Al、Mn 含量较高、结晶水含量适中的赤铁矿。市场上比较多的印度粉成分典型值是 Fe 57.5%、Si 5.5%、Al 4.5%，P 0.05%、S 0.03%、水分 11%。据多数钢厂反映，印度粉的水分相对较高，一般可以达到 12%左右，黏性比较大，容易黏结料仓和皮带。印度粉的成分不稳定，波动比较大，但粒度组成方面较为理想，成球性较好，可以提高烧结透气性，从而提高烧结产量。

由于印度粉中铝含量较高，大量使用澳矿的钢厂，或不使用印度粉，或使用时配比较少，而使用巴西粉的钢厂更容易搭配印度粉，这主要取决于高炉对炉渣铝含量的接受程度。除此之外，部分钢厂认为，某些品种的印度粉质量波动比较大，烧结矿成分不稳定，因而对印度粉的接受程度较低。

综合来看，使用印度粉的钢厂主要目的是降低铁水成本，在钢厂利润较高的情况下，中低品位的印度粉使用量较少；相反，利润较低的时候则会增加中低品位印度粉的使用量。使用印度粉的钢厂配比在5%~20%。

B 杨迪粉

杨迪粉有BHP杨迪粉（小杨迪），品位典型值为57.3%，力拓杨迪粉（大杨迪），品位典型值为58.6%。常见的是小杨迪，其市场流通性比较高。

杨迪粉烧损率较高，典型值都在10%左右；Al含量较低，在1.5%左右。杨迪粉是澳矿系列中低铝的品种，其他有害元素含量也比较低，成分很稳定、波动小。

多数钢厂反映杨迪粉粒度组成比较合理，也有钢厂反映这种粒度组成偏粗，+6.3 mm为22%，-0.15 mm为8%，烧结透气性较好。

杨迪粉属于含结晶水较高的褐铁矿，同化温度比较低，液相流动性比较好，复合铁酸钙生成能力强，固相连晶强度高，黏结相强度稍差，原始粒度较好，烧损率较大，可以提高混合料透气性。

适量配加杨迪粉可以提高烧结矿质量，杨迪粉配比高时烧结矿气孔也较大，会降低烧结矿强度，同时增加燃料消耗，但有利于提高烧结矿的还原性能。在大比例配加杨迪粉时，搭配部分同化温度较高的赤铁矿或精粉使用效果会更好。钢厂普遍使用的配比在10%~20%。

C 巴西卡粉

巴西卡粉品位高，低硅，低铝，有害元素含量也比较低，有利于提高烧结矿品位，为配加低品质铁矿提供条件，对物流成本较高的钢厂也比较合适。其$SiO_2$含量低，可以搭配低价高硅的品种，降低配矿成本，减少熔剂消耗，但是单烧效果不是很好，会导致液相产生，生产效果较差，在参与框架形成时，影响框架强度及烧结产量。

据多数钢厂反映，巴西卡粉水分比较高，黏性比较大，影响下料和卸船，造成生产运输系统甩料、粘料严重，水分较高也会提高物流成本，巴西卡粉存在亏吨的现象。

巴西卡粉同化温度较高，同化性能较差，液相生成量少，需要提高烧结温度，这会增加燃料消耗，但烧完后，强度较好，可以改善烧结矿低温还原粉化率。部分钢厂建议保证烧结矿$SiO_2$含量5.0%以上，可以增加巴西卡粉的配比，以提高生产质量。配加同化性能好的、液相生成能力强的褐铁矿，可以提高烧结矿强度，有部分钢厂认为其提高产量效果没有澳粉好。巴西卡粉可以作为烧结配料的基础矿种，普遍配比在10%~20%。巴西卡粉搭配精粉或其他同化温度较高的铁矿品种，生产效果不佳。

巴西卡粉价格比较贵，钢材利润下降后，提高配比意义不大。

D 纽曼粉

纽曼粉的典型值为：Fe 63%，$SiO_2$ 4.0%，$Al_2O_3$ 2.2%，P 0.085%，烧损3.1%。

据多数钢厂反映，纽曼粉化学成分相对稳定，其$SiO_2$含量较低，微量元素含量较少，但$Al_2O_3$和P含量较高，一般需要搭配低铝的品种。粒度组成方面较为理想，有利于混合制粒。

纽曼粉高温软化温度为1205 ℃左右，较杨迪粉高，而比巴西矿低。

多数钢厂反映纽曼粉烧结性能较好，可以提高烧结矿强度、降低燃耗都比较有利，其搭配的矿种较多，如PB粉、麦克粉、巴粗等，一般很多钢厂将纽曼粉作为主矿来配料。一般钢厂配比在10%~30%。

E 巴混粉（BRBF）

化学成分方面：BRBF粉属于品位较高的巴西粉，$Al_2O_3$含量和有害元素含量较低，可以搭配低品质的铁矿，以降低生产成本。但据部分钢厂反映，各个批次的BRBF粉化学成分波动比较大，尤其$SiO_2$含量波动较大，成分不均匀，最终造成烧结矿成分波动较大。因此有些钢厂不太愿意使用。

粒度组成方面：据部分钢厂反映，BRBF粉与大多数巴西粉一样，-0.15 mm粒度和大颗粒粒度比较多，似乎两极分化比较严重，粒度组成不够均匀，制粒性能一般，但有钢厂认为较粗的粒度可以增加透气性。

实际生产方面：BRBF粉属赤铁矿，同化温度较高，液相流动性不太好，据部分钢厂反映，BRBF粉综合烧结性能比较好。配加澳大利亚高烧损的褐铁矿，有利于提高烧结产量和质量，钢厂使用配比在5%~30%。

F PB粉

PB粉产于澳大利亚，又称皮尔巴拉混合矿（BHP公司经营），是由汤姆普赖斯矿、帕拉布杜矿、马兰度矿、布鲁克曼矿、那牟迪矿、西安吉拉斯矿山的粉矿混合而成，PB粉的品位在61.5%左右，部分属于褐铁矿，烧结性能较好，但P含量0.1%左右，偏高，对铁水P含量要求较低的公司，其用量受到限制，一般企业用量在10%~30%。

G 麦克粉（MAC）

MAC粉的正常品位在61.5%左右，目前供给中国市场的多为58%左右的品位，部分属于褐铁矿，烧结性能较好，含5%左右的结晶水，炼铁时烧损较高，随其配比加大，烧结矿的烧成率逐步下降，经钢厂研究，MAC粉配比在

15%~20%时，烧结矿小于5 mm级烧结水平较低，配比为20%的烧结成品率最高。

H FMG混合粉

化学成分方面：FMG混合粉属于中低品位澳大利亚褐铁矿，成分比较稳定。铁品位典型值58.3%，$SiO_2$ 5.5%，$Al_2O_3$ 2.5%，Mn 0.57%，P 0.075%，S 0.035%。Al含量和大部分澳矿一样偏高，比杨迪粉高，Mn含量稍有偏高，但S、P含量及其他微量元素含量都比较低。粒度典型值+0.63 mm为15%，-0.15 mm为7%，据部分钢厂反映，该矿的粒度组成比较好，烧结透气性比较好。

FMG混合粉同化温度低，液相流动性好。部分钢厂反映，使用该矿透气性较好，可以提高烧结矿产量；但大比例配加，会影响烧结矿强度，增加燃料消耗。如搭配低铝巴西粉或者精粉，对烧结矿生产质量有好处，钢厂配比在10%~30%，也有部分钢厂配比达到40%。

I 巴西粗粉

从化学成分方面来看，巴西粗粉品种比较多，主要是Vale南部粉和CSN巴西粉，巴西粗粉有个共同的特点，基本都是赤铁矿，S、P、$Al_2O_3$含量都相对较低，特别是S含量非常低，其他有害元素含量也非常低，适合搭配微量元素比较高的品种。

从典型值来看，巴西粗粉的粒度一般来说都比较细，SSFG（巴西南部标准烧结粉）的-0.15 mm粒度典型值为35%，SSFT（巴西淡水河谷公司专门为中国市场配制的烧结粉）的-0.15 mm粒度典型值为32%，有部分钢厂反映+8 mm粒度比较多，两极分化较为严重。

巴西粗粉同化温度高，液相流动指数低，强度比较高。部分钢厂反映，因其粒度的影响，制粒效果一般，需要增加燃料消耗，烧结性能一般，但烧结矿强度较好。钢厂配比普遍在10%~30%，巴西粗粉搭配高烧损的铁矿，有利于提高烧结矿产质量。

J 金布巴粉

金布巴粉属于中品位澳大利亚褐铁矿，类似于MNP（即麦克粉，纽曼粉和PB粉），该铁矿P含量较其他的主流澳粉均高，达到0.12%，$Al_2O_3$含量较MNP稍高，约2.6%。其化学分成比较稳定，波动性较小，其他的微量元素含量较低。

从典型值来看，金布巴粉的粒度组成与MNP类似，但据部分钢厂反映，其粒度较细，影响制粒造球。

金布巴粉与大多数褐铁矿一样，其液相生成能力较好，液相流动较好，有利于提高烧结透气性，提高烧结产量，但大比例使用会影响烧结矿强度，提高固体燃耗，钢厂普遍使用配比控制在10%~20%，不少钢厂顾忌其P含量比较高，配比难以提高，特别对冶炼品种钢的钢厂或铸管厂。

K 超特粉（SSF）

化学成分方面：SSF 粉属于品位较低，Al、Mn 含量较高，P 含量相对较低的澳大利亚褐铁矿，其化学分成比较稳定，波动性较小。烧损率一般在 8.5%～9.5%，是一种高烧损的铁矿，可提高烧结透气性，但也会增加烧结固体燃耗，其他的微量元素含量较低。

粒度组成方面：据多数钢厂反映，超特粉的粒度组成较好，可提高烧结透气性。

实际生产方面：超特粉同化温度较低，液相生成能力和液相流动较好，有利于提高烧结透气性和烧结产量，但大比例使用会影响烧结矿强度，提高固体燃耗，钢厂使用配比在 10%～30%，长期使用超特粉的钢厂配比控制在 20%左右。钢厂一般使用 FMG 混合粉、杨迪粉等中低品位的品种替代，也使用主流的 MNP 替代。钢厂反映，使用超特粉搭配巴西粉或者精粉可以保证烧结矿生产质量。

#### 4.1.3.3 优化配矿原则

A 科学配矿基本目标和要求

（1）化学成分达到目标：成品矿的化学成分应满足高炉冶炼的要求；

（2）强度和冶金性能达到目标：成品矿的物理性能和冶金性能应满足高炉冶炼的要求；

（3）铁矿粉量达到稳定要求：铁矿石资源数量应满足配矿稳定要求；

（4）满足节能减排和提高效益的低成本要求：生产满足国家可持续发展要求。

B 优化配矿的原则

（1）根据经验，入炉矿的品位提高 1%，焦比下降 1.5%，产量上升 2.5%，所以为了达到高炉高效、优质、低耗的目的，必须要坚持高品位、低 $SiO_2$ 含量、低渣量的配矿原则。

（2）坚持低 $Al_2O_3$、MgO 含量原则：一定的铝硅比（$Al_2O_3/SiO_2=0.1\sim0.4$）是烧结生产获得较高铁酸钙矿物组成的基本条件。通常认为高炉渣成分要求 $Al_2O_3$ 为 13%～15%为宜；烧结矿的 $Al_2O_3$ 含量应不高于 1.8%。

（3）坚持按铁矿类别不同合理搭配的原则：1）烧结性能优良与烧结性能稍差粉矿配合；2）增加价位低、烧结性能优良豆状褐铁矿的配比；3）少用或不用烧结性能差的高 $Al_2O_3$ 含量和高碱金属含量的矿；4）充分利用资源，降低配矿成本。

C 配矿基本方法

（1）按铁矿粉的烧结反应性合理配矿的方法：可将铁矿粉的烧结反应性分

为 4 类（见图 4-2），在烧结配矿时按铁矿粉 4 类不同的烧结反应特性合理配矿。

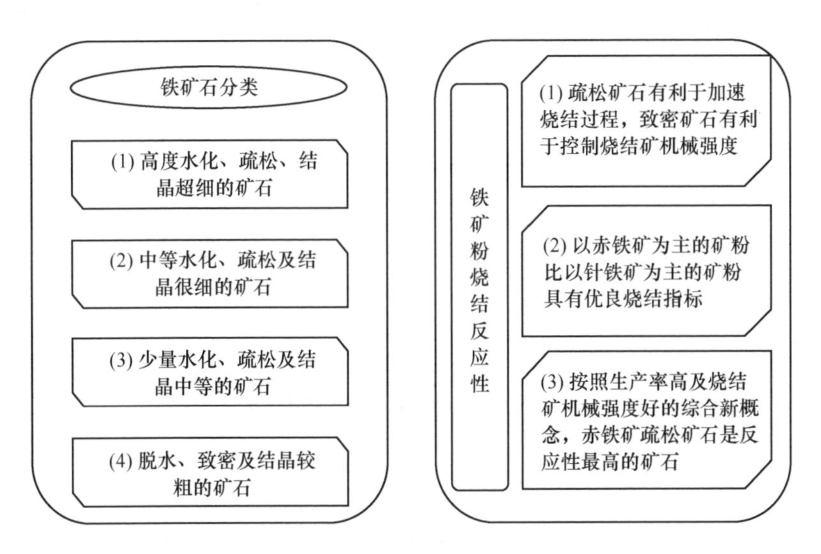


图 4-2 铁矿粉的烧结反应性

（2）按铁矿粉烧结基础特性合理配矿的方法：通过铁矿粉基础特性（见图 4-3）的合理搭配，使铁矿粉自身特性互补，获得烧结生产所要求的质量。

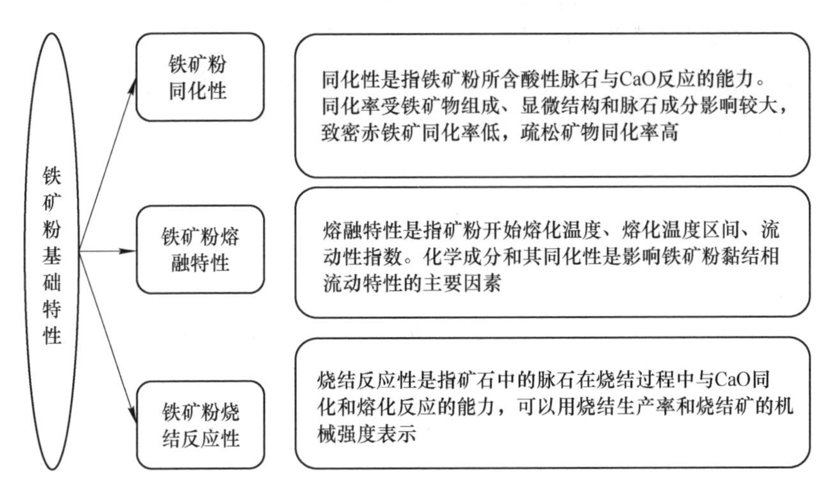


图 4-3 铁矿粉的基础特性

（3）按铁矿粉晶体颗粒大小、水化程度（铁矿含结晶水的比例）和 $Al_2O_3$ 含量三个特性合理配矿的方法：我国钢铁企业可根据各地区铁矿粉成分的特征与进口矿合理搭配（见图 4-4）。

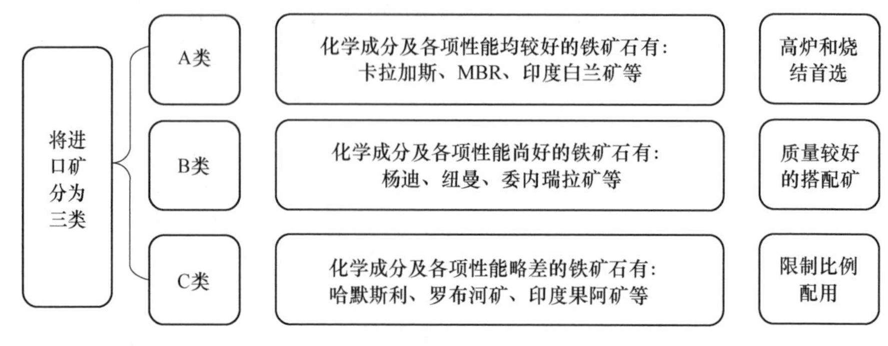


图 4-4 进口铁矿分类不同及合理搭配原则

## 4.2 高炉高煤比关键技术

高炉喷吹煤粉存在若干评价指标，即工业分析、元素分析、灰融特性温度、可磨性、发热值、燃烧性、反应性、流动性、黏结性、爆炸性、着火点等基础特性。随着高炉受碱金属及锌等有害元素对冶炼造成的影响越来越严重，高炉喷吹煤比不断增加，因此煤粉中的有害元素的含量也是不可忽略的一个评价指标。及时充分了解煤粉的性能将对高炉操作产生巨大益处。但是往往煤粉来源杂，并且质量参差不齐，工厂技术人员只能凭借简单的方法加以评定煤粉的优劣，往往会出现很大偏差。除了认识的不足外，对煤粉认识的严重滞后性也是对高炉生产影响较大的问题。高炉炼铁已经不再是粗犷型产业，随着对炼铁能耗的一降再降，对高炉操作者的要求越来越高，炼铁企业面对的已经不是改变某一环节就可以大幅度节约成本、改良操作工艺的问题，高炉炼铁已经步入精细化。

### 4.2.1 建立科学合理的高炉喷吹煤粉评价体系

只有极少数钢厂喷吹煤的供应品种是长期稳定的，绝大多数是不稳定的，存在着来煤品种多、量比较小、供给高炉的喷吹煤不断变化等情况。这种情况对高炉来说，会造成高炉喷吹应对的临时性、准备的仓促性、喷吹系统比较杂乱。一般来说，煤粉到工厂只看煤粉的挥发分，从挥发分就可以估算煤粉的燃烧性，这种方法是简单粗略的，不合理，更谈不上科学。现今对高炉大喷吹的要求已经不仅仅是煤粉的灰分小于 12%、S 含量小于 0.8%、可磨性好、燃烧性好、煤粉的发热值高。如今更应强调煤粉在高炉中的综合利用率、合适的高炉置换比、煤粉之间的相互作用关系等。

现在所有的工厂高炉喷煤几乎都是混煤喷吹，存在的问题是混煤盲目，首先是品种混合盲目，其次是比例盲目，可能与每个厂料场的局限性有关，煤粉料场必须与烧结矿、球团矿的料场一样科学合理、稳定供给。从根本上解决喷吹煤粉问题要认识到，高炉喷煤要与烧结、球团配矿一样，应科学合理，而不是无序状态。为确保高炉的稳定、高效生产，储煤料场必须具备充足的容量，以储存足够应对 1~1.5 个月生产需求的煤粉。此外，考虑到采购过程中的不确定性及为深入研究和测试新煤粉的特性及其混合效果留出充足的时间，储煤料场的容量设计应充分考虑这些因素，从而确保高炉生产的连续性和高效性，避免因煤粉供应不足或煤粉质量波动而对生产造成的不利影响。储煤厂的环境条件因其特殊的地理位置而具有独特性。考虑到现代大型钢厂多选址于沿海或沿江地区，这些地区空气湿度较高，特别是在夏季，南方地区的湿热气候对煤粉的干燥效果构成挑战；而到了冬季，北方地区的雪季又要求煤粉料场具备有效的解冻措施。因此，煤粉料场不仅需要完备的设施，如高效的干燥系统、解冻设备等，还需采用现代化的管理模式，确保煤粉的质量稳定、储存安全，从而满足钢厂连续、高效的生产需求。这样的配置不仅提升了煤粉料场应对环境变化的能力，也进一步保障了钢铁生产的顺利进行。

高炉喷吹煤粉的技术意义是代替焦炭，主要作用为：在风口燃烧，代替风口前燃烧的焦炭，提供热量及还原剂。高炉煤粉喷枪位于吹管前端，离高炉风口回旋区很近，风口回旋区内煤粉燃烧空间很小；而且吹管内正常的热风速达 150~200 m/s，所以煤粉在风口回旋区的停留时间有限，一般认为只有 10 ms 左右。煤粉在高炉中的燃烧性与反应性统称为高炉内煤粉的综合利用性。对于燃烧性，从燃烧学的角度来看，高炉风口回旋区内的煤粉燃烧确实属于特殊情况下的燃烧现象，它与其他发电燃烧动力所采用的堆积燃烧方式存在显著差异。在高炉风口回旋区，煤粉的燃烧粒度主要集中在-200 目（74 μm），且占比高达 60%~70%，这使得煤粉在风口回旋区内能够以弥散状态进行燃烧。如何使高炉煤粉在如此短的时间内更加充分地燃烧，并且对高炉没有任何危害，成为广大高炉工作者研究的课题。

高炉喷吹用煤一般来说使用无烟煤，以及烟煤中的贫煤、长焰煤、不黏煤和褐煤，对喷吹煤的种类及理化性能均有一定要求。

无烟煤是自然界中矿物化程度最高的煤，其特点是密度大、含碳量高、挥发分极少、组织结构致密而坚硬、可燃性差、不易着火。但由于其发热量大，且使用过程中不易产生自燃和爆炸，因此在高炉喷吹中得到了广泛的应用。

烟煤是一种碳化程度较高的煤，其挥发分含量较高，含碳量较高，吸水性较小，黏结性较高。一般容易点燃，形成的火焰长，发热量较高。依据烟煤黏结性的强弱及挥发分产率的高低等理化性质，该煤种又分为长焰煤、气煤、肥煤、结焦煤、瘦煤等不同品种。其中结焦煤具有良好的结焦性，自然界中储量不多，是生产优质冶金焦炭的宝贵原料。而长焰煤、气煤、瘦煤因燃烧性能好，故广泛用于煤气制造和高炉喷吹。

### 4.2.2 提高高炉喷煤比的技术措施

钢铁工业的生产工艺、技术和装备运行有一整套科学规律。具备什么样条件，就会出现什么样的生产技术指标。因此，高炉炼铁生产要有一定的条件，提高喷煤比也需要一些关键支撑技术，包括保持炉缸热量充沛技术、提高煤粉燃烧率技术、提高炉料透气性技术和提高煤焦置换比技术。

#### 4.2.2.1 保持炉缸热量充沛技术

高炉炼铁正常生产需要炉缸有充沛的热量，以保证铁矿石还原，渣铁流动性好、易分离，炉渣脱硫率高和透气性好。炉缸热量是用炉缸理论燃烧温度来表示。炉缸热量充沛是要求炉缸的温度和热量要高，理论燃烧温度在（2200±50）℃视为合理值。

煤粉喷进风口后需要吸收热量。首先是煤粉被加热，然后是挥发分燃烧和碳素燃烧。经验表明吨铁每喷吹 10 kg 无烟煤会使炉缸温度下降 15~20 ℃，吨铁每喷吹 10 kg 烟煤会使炉缸温度下降 20~25 ℃。吨铁喷煤量大于 100 kg 会使炉缸温度下降 150~250 ℃。高喷煤比会使炉缸温度下降幅度更大，为使炉缸温度保持在（2200±50）℃合理范围内，就需要采取保持炉合理缸温度的技术措施。

（1）提高热风温度：热风温度升高 100 ℃，可使炉缸理论燃烧温度升高 60~80 ℃，吨铁允许多喷 30~40 kg 煤粉。

（2）进行富氧鼓风：富氧率提高 1%，炉缸理论燃烧温度升高 45~50 ℃，吨铁允许多喷煤粉 20~30 kg。

（3）进行脱湿鼓风：鼓风湿度每降低 1 $g/m^2$，理论燃烧温度升高 6~7 ℃，热风温度提高 9 ℃，吨铁允许多喷 3~4 kg 煤粉。

#### 4.2.2.2 提高煤粉燃烧率技术

煤粉在炉缸内的燃烧包括可燃气体（煤粉受热分解而来）的分解燃烧和固态碳（煤粉分解后残留碳）的表面燃烧。这些燃烧情况取决于温度、氧气含量、煤粉的比表面积和燃烧时间。宝钢测定吨铁高炉喷煤比在 170 kg/t、205 kg/t、203 kg/t 时，煤粉在风口回旋区的燃烧率分别为 84.9%、72.0%和 70.5%。这说明还要有 30%左右的煤粉要在风口回旋区以上的炉料中进行燃烧和气化。高炉内未能燃烧的煤粉将会被高速运动的煤气流带出高炉，致使煤气除尘灰中的含碳量增多。所以说，除尘灰中含碳量多少是煤粉燃烧率高低的重要标志。

提高煤粉燃烧率的技术措施有：

（1）提高热风温度：吨铁喷煤比在 180~200 kg/t 时需要有 1200 ℃以上的热风温度，风温低于 1000 ℃以下的高炉是不利于喷煤的。

（2）进行富氧鼓风：富氧率提高 1%，煤粉燃烧率提高 1.51%，风口前理论燃烧温度升高 45~50 ℃，可允许提高吨铁喷煤比 12~20 kg/t，提高产量 4.79%，煤气热值提高 3.4%，煤气量减少，风口径要缩小 1%～1.4%；既可提高炉缸温度，又提供了氧气助燃剂，吨铁喷煤比在 180～200 kg/t 时需要富氧 3%以上，在燃烧学理论上，要求要有 1.15 以上的空气过剩系数。

（3）提高煤粉的比表面积：要求一般煤粉粒度－200 目（74 μm）要大于 50%。采用烟煤和无烟煤混合喷煤，煤粉粒度－200 目（74 μm）要大于 60%（烟煤中的挥发分遇高温时要分解，致使煤粉爆裂，增加煤粉比表面积）。无烟煤煤粉粒度－200 目（74 μm）要大于 70%。煤粉水分控制 1.5%±0.5%，最高不超过 2.5%。

（4）进行脱湿鼓风：可以产生提高炉缸温度和鼓风中氧气含量的效果。湿分降低 1%，理论燃烧温度升高 45 ℃，焦比降低 0.9%，产量增高 3.2%。应将鼓风湿度控制在 6%左右。进行脱湿鼓风，可以实现四季如冬的风量鼓风（夏季要比冬季风量少 14%左右），鞍钢鲅鱼圈高炉就有脱湿鼓风装置，可以提高高炉效率。

（5）提高炉顶煤气压力：减小煤气流速，延长煤粉在炉内燃烧的时间，降低煤气压力差。据测算，煤粉在炉缸的燃烧时间在 0.01～0.04 s 内，其加热速度为 103～106 K/s。提高炉顶煤气压力还有促进增产和冶炼低硅铁的作用。

#### 4.2.2.3 提高料柱透气性技术

高炉正常操作要维持一个合理的煤气压差值，即热风压力减去炉顶压力的数值。一些高炉工作者利用这个指数来操作高炉。料柱透气性高低由多方面因素所决定（原燃料质量，鼓风风速高低，装料制度等），只有采取综合措施才能提高料柱的透气性。高喷煤比条件下，焦炭质量好坏（碱金属对捣固焦破坏作用大，使焦炭易粉化）对炉料透气性影响比例很大，应引起高度重视。

（1）提高高炉入炉矿含铁品位，减少渣量。高炉内煤气阻力最大的地方是软熔带。特别是铁矿石刚开始熔化，还原成 FeO 和形成初渣，渣铁尚未分离，尚未滴落至炉缸时。如果高炉入炉品位在 59%以上，吨铁渣量小于 300 kg，煤气的阻力会大大缩小，也会减少炉渣液泛现象。

（2）提高焦质量，特别是焦的热性能，会大大提高炉料柱透气性。焦炭在高炉内起 5 个作用：骨架作用、还原剂、提供热量、生铁渗碳、填充炉缸。特别是在高喷煤比条件下，焦比低，焦炭的骨架的作用就更加重要了。可以说，焦炭的质量决定了高炉的容积和喷煤比的水平。高喷煤比对焦炭质量的要求是：$M_{40}$ 在 80%以上，$M_{10}$ 小于 7%，灰分小于 12.5%，硫分小于 0.65%，热强度 CSR>60%，热反应性 CRI<30%。对于 2000 $m^3$ 以上容积的大高炉，吨铁喷煤比在 160 kg/t以上时，要求焦炭质量要更好一些：$M_{40}\geqslant 85\%$，$M_{10}\leqslant 6.5\%$，灰分≤12.0%，硫分≤0.6%，CSR≥65%，CRI≤26%。同时要求焦炭中吨铁 $K_2O+Na_2O$ 的含量要小于 3.0 kg。宝钢高炉要求：$M_{40}\geqslant 88\%$，$M_{10}\leqslant 6.5\%$，CSR≥66%，CRI≤26%，焦炭中吨铁 $K_2O+Na_2O$ 的含量要小于 2.0 kg。

(3) 炉料成分和性能稳定，炉料粒度均匀。炉料成分稳定是指炼铁原料含铁及杂质和碱度波动范围小。国家要求烧结矿含铁波动范围是±0.05%，碱度波动0.03（倍）。我国《高炉炼铁工程设计规范》（GB 50427—2015）要求是铁分波动±0.5%，碱度波动±0.058（倍）。烧结厂设计规范也是此要求。因为含铁品位和碱度的波动会造成软熔带透气性的巨大变化（高硅铁和高碱度渣熔化温度高，流动性差）。

铁矿石的软化温度（大于1250 ℃）、软化温度区间（小于250 ℃）、熔滴温度和熔滴温度区间是铁矿石冶金性能的重要指标，对于炼铁技术经济指标和炉料透气性有重大影响，所以要求炉料的冶金性能要稳定。

要求炉料粒度要均匀，就是减小炉料在炉内的填充作用。如果炉料粒度大小不均且混装，就会使炉料空间减少。如同4个苹果之间夹着乒乓球，造成空间减小。希望炉料的空间有0.44，以利于煤气流的畅通。要求炉料中5~10 mm粒度的含量要小于30%，一定不要超过35%，否则会对炉料的透气性产生重大影响。

炼铁原料，包括烧结矿、球团矿和块矿，其具备的高转鼓强度、优异的热稳定性、出色的还原性能及稳定的综合性能等，共同为高炉的顺行提供了有力保障。特别是当烧结矿的碱度控制在1.8~2.0内，不仅能够提高烧结矿的转鼓强度和冶金性能，更能充分发挥其优势，使得炼铁过程更加高效、稳定。连箅机-回转窑生产的球团矿质量和工序能耗均比竖炉所生产的球团好。入炉的块矿要求含水分低、热爆裂性差、还原性能好、粒度偏小。

(4) 优化高炉操作技术。大高炉采用大矿批，使焦炭料层厚度在0.5~0.6 m，在变动焦炭负荷时，也不要轻易变动焦炭的料层厚度。高炉内的焦炭起到透气窗的作用，对于保持和提高高炉炉料的透气性十分重要。

优化布料技术（料批、料线、布料方式等）和适宜的鼓风动能（调整风口径和风口长度），可以实现高炉内煤气流均匀分布，同时有利于提高炉料的透气性。合理的鼓风动能使炉缸活跃，合理的布料可以实现煤粉在炉料中充分燃烧，减少未燃煤产生量。

稳定高炉的热制度、送风制度、装料制度和造渣制度，活跃炉缸会给高炉的高产、优质、低耗、长寿、高喷煤比带来有利条件。高炉生产需要稳定，稳定操作会创造炼铁的高效益。要减少人为因素对生产的影响，提高高炉生产的现代化管理水平（实现规范化、标准化、数字化管理），促进炼铁生产技术的发展。

#### 4.2.2.4 提高煤焦置换比技术

上述3个小节中所讲述的技术均是提高煤焦置换比的技术。本节从喷煤管理角度来分析提高煤焦置换比的措施。

(1) 提高喷吹煤的质量。因为喷吹煤粉的品种广泛，所以要求喷吹煤的质量应是含有害杂质少，可磨性好、含碳量高、发热值高、灰分低（要求煤粉的灰分一定要低于焦炭的灰分含量)、S 含量低、燃烧性好、流动性好等。吨铁煤粉中含有 $K_2O+Na_2O$ 总量要小于 3.0 kg。因为 K、Na 在高炉内会造成结瘤并使焦炭易产生裂纹，致使焦炭强度下降。

(2) 煤粉喷吹要均匀。高炉所有风口均要喷煤，流量要实现均匀、稳定。高炉均匀喷吹煤粉，会使高炉每个风口的鼓风动能一致，并会使炉缸热量分配均匀，促使高炉生产顺行和喷煤量的提高，进而煤焦置换比得到提高。各风口喷煤的均匀度误差要小于3%，不超过5%。为保证各风口喷煤量均匀，建议将煤粉分配器高位安置（建议在炉顶平台下），使各单支管路尽量长短相近，不让煤粉走捷径、从个别风口多喷的现象出现。

(3) 采用烟煤和无烟煤混喷。烟煤挥发高，且含有一定水分，进入风口后会爆裂，促进分解燃烧和残碳燃烧，燃烧效率高。建议烟煤配比在30%左右。配比太高后管路的安全措施要加强，并且煤粉含碳量下降会使煤焦置换比降低。无烟煤发热值高，煤焦置换比高，但燃烧性差特别是高喷煤比时，会影响炉料透气性和高炉顺行。煤种优化是提高置换比的重要措施，有利于提高喷煤比和煤焦置换比。

(4) 把握高炉喷煤比高低的衡量标准。因各炼铁企业生产条件的不同，高炉极限的高喷煤比数值是不同的，但是，行业对于喷煤极限值的条件认识是一致的：在增加喷煤量的同时，高炉燃料比没有升高，这是个最佳喷煤值。验证的第二个方法就是：高炉煤气除尘会中的含碳量没有升高，洗涤水中没有浮上一层如油一样的炭粉。

(5) 控制富氧。低于 1%的富氧对高炉生产没有大的影响；高于 2%的富氧，风口区理论燃烧温度会升高，有利于提高喷煤比；大于 7%的富氧，如果喷煤比低，会使压差升高，炉子难行，出现被迫减风的现象；大于 10%的富氧会出现风口区温度升高，而炉顶温度下降，吨铁煤气量减少等现象。为此，高炉要提高喷煤比、调整装料制度，精心操作高炉，确定合理的压差值，加强对炉前的管理，及时出净渣铁。一般炉料质量条件下，吨铁煤比在 130 kg/t 以下时，可以不富氧，而实际富氧率需要根据生产实际进行控制。

## 4.3 智慧炼铁技术

随着《中国制造 2025》行动纲领的发布，在新一轮科技革命和产业变革的大背景下，各大企业相继将“智能制造”作为发展举措。我国在“十四五”规划和 2035 年远景目标纲要中明确提出：“深入实施智能制造和绿色制造工程……改造提升传统产业，推动石化、钢铁、有色、建材等原材料产业布局优化和结构调整。”

钢铁行业是我国国民经济支柱产业，在国家制造强国战略、钢铁行业高质量发展的要求下，要将新一代信息技术和钢铁制造深度融合。习近平总书记在党的二十大报告中强调："加快发展数字经济，促进数字经济和实体经济深度融合，打造具有国际竞争力的数字产业集群。"发展数字经济是把握新一轮科技革命和产业变革新机遇的战略选择，要推动数字经济和实体经济深度融合，构建新一代信息技术、人工智能、生物技术、新能源、新材料、高端装备、绿色环保等一批新的增长引擎。

智能制造是实现钢铁工业转型升级高质量发展的重要引擎，要充分运用"物联网、大数据、云技术云存储、移动 APP、人工智能"五大招来解决钢铁行业面临的数字技术变革，抓住产业转型升级的战略机遇，与钢铁制造流程深度融合，优化流程结构，保障全流程运行过程中的智能化。推动工厂由局部智能化向全厂智能化转变，在 2024 年全国两会上"数字化经济"成了许多代表提议的亮点。

一块铁矿石需要经过炼铁、炼钢、轧钢、抛光，才能成为可使用的普通钢和特殊钢。铁前是首道工序，"高温铁水喷溅，机器轰鸣烟尘弥漫，员工傻大黑粗"是 20 世纪 70 年代末 80 年代初炼铁车间的真实写照。以国内某钢铁厂为例，该钢铁厂在构建的"一岛、一湖、一中心"的高品质工作空间中，打造了一个多工序多基地的铁前数智大厅，能操控几千米外的高炉、烧结。还能操作集团旗下其他基地的高炉，智控千里，运筹帷幄。他们穿着西装打着领带、充满朝气、热情奔放。厅外小桥流水、绿树成荫，嬉戏的鱼儿，呆萌可爱的羊驼，美丽的天鹅。充分显示了人与自然的和谐共生。整个建筑像浮在水面的盒子。象征了我们特钢事业雄赳赳、扬帆启航的一艘远轮。开启了"绿色、智慧、人文、高科技"的四大高质量发展新篇章。该企业党建引领炼铁、守初心担使命，打造智慧制造工厂，紧跟习近平总书记的步伐，大力创新，开启智慧炼铁新篇章，谱写绿色炼铁、科技炼铁、快乐炼铁三部曲。

### 4.3.1 炼铁智能制造发展

#### 4.3.1.1 智能制造发展史

第一次工业革命始于 18 世纪 60 年代，是一场以机器取代人力，以大规模工厂化生产取代个体手工生产的生产与科技的革命，产生了机械化。19 世纪下半叶，人类开始进入电气时代，进入第二次工业革命，产生了电气化。20 世纪后半期，人类进入科技时代，生物克隆技术、航天科学技术出现，以原子能、电子计算机、空间技术和生物工程的发明和应用为主要标志，涉及信息技术、新能源技术、新材料技术、生物技术等诸多领域的一场信息控制技术革命，产生了信息化。21 世纪的第四次工业革命一般指工业 4.0，促进产业变革，进入智能化时代。钢铁行业也从自动化、信息化、数字化向智能化、网络化发展。行业数字化水平明显提升，数智化应用场景和智能车间、智能工厂不断涌现，加速突破了一批关键核心技术，提高了钢铁工业数字化转型的技术支撑能力。智能制造是时代发展的必然结果，是时代的必答题。

A 机械化、自动化

机械化、自动化使得人类解放了双手，减少了人与机器设备的直接接触，大量的体力活由机器来代替，工控 PLC 操作画面更是提升了安全生产。在炼铁生产中，机械化和自动化的结合应用更是发挥了巨大的优势。例如，通过机械自动化设备实现原料的自动配料、混合和输送，可以确保原料的均匀性和稳定性；通过自动化控制系统实现高炉的自动布料、自动送风、自动测温等操作，可以确保高炉的顺行和高效生产。这些应用不仅提高了生产效率，降低了能耗和排放，还减少了人为因素的干扰，提高了产品质量。

B 信息化

信息化是将生产过程记录下来，取消人工报表，大部分数据不落地，实现数据可追溯。信息化可以提高生产效率，提升产品质量，降低生产成本，改善工作环境和劳动强度。钢铁行业信息化产品 MES、ERP 在生产过程中发挥着重要的作用。MES 系统是一种制造执行系统，对生产线上的各个设备和机器进行数据采集，通过人工分析和实时反馈，MES 系统可以帮助工厂管理人员及时发现生产过程中的问题，从而实现和产计划的优化和生产效率的提升。ERP 即企业资源计划系统，是一个涵盖了企业的财务、销售、采购、库存、生产、人力资源等各个方面的信息化系统。它通过整合企业的各个数据到一个单一的数据库中，实现了数据的集中和共享，提供了实时信息和分析功能。

C 数字化、智能化

面对当前百年未有之大变局，新型工业化绿色、低碳、可持续发展及钢铁行业本身降本增效的压力，都倒逼着钢铁企业进行数字化、智能化转型。简单理解就是传统企业将生产、管理、销售各环节都与云计算、互联网、大数据相结合，采用工业互联网、端边云网一体式架构实现协同。

#### 4.3.1.2 炼铁智能制造设计理念

总则：绿色低碳、高效、长寿、低耗。

绿色低碳、高效、长寿、低耗一直是炼铁界所追求的。2023 年习近平总书记就推进新型工业化作出重要指示，他强调，把高质量发展的要求贯穿新型工业化全过程，为中国式现代化构筑强大物质技术基础。具体有：奉行先进超前的理念，通过科学规划工厂设计，合理选择数字化装备，实现生产和运维智能化。

(1) 装备数字化：实现工厂少人化、无人化的基础，使工厂精简、集成、高效。

(2) 操控集中化：优化资源配置，贯彻 1+$N$ 理念，实现作业区域的操作一键化。

(3) 运维智能化：通过便捷移动运维，打破管理壁垒，实现运维无纸化、信息化、知识化、智慧化。

(4) 控制智能化：引入关键智能装备，依靠智能决策，实现生产控制的智能化。

### 4.3.2 智能制造应用场景

4.3.2.1 智能装备

A 无人值守的热风炉智能烧炉系统

系统自动根据拱顶温度、煤气压力/流量/热值、助燃风压力/流量、废气温度/CO 含量/$O_2$ 含量等参数自动调整空燃比和烧炉节奏，实现点火、加烧、减烧、停烧、单炉烧炉过程的自动控制。具体如下：

(1) 自动烧炉控制模块：自动烧炉功能可在烧炉过程中的任一时刻投入或退出，并实现无扰动切换。初始点火的煤气和空气流量采用历次寻优的最佳煤气和空气流量。

(2) 智能寻优模块：可自动寻找最佳的空燃比和烧炉过程，有效克服煤气热值波动对烧炉效果的影响，保持最佳的烧炉状态（在配备煤气和废气分析仪的情况下，寻优效果更佳）。

(3) 智能停烧模块：分正常停烧和保护停烧。正常停烧是指烧炉过程完成，即烟道温度或烧炉时间达到设定值时自动停烧；保护停烧是指正常烧炉过程中，当出现煤气或空气的压力/流量、烟道温度超标等情况之一时，系统自动保护停烧，防止意外发生。

(4) 烧炉节奏控制模块：在拱顶温度、烟道温度、燃烧时间目标值已知的情况下，系统自动制定不同时期的燃烧控制策略。

(5) 热平衡模型：自动收集热风炉各项参数，利用煤气燃烧的化学反应及热平衡原理计算煤气热值、不同空气过剩系数调节下的理想空燃比、烟气成分、烟气量、理论燃烧温度、实际燃烧温度、理论煤气、空气用量、热风炉热效率。

B 炉前少人化

随着工业互联网和自动化的高速发展，对炉前开口过程提出更高的要求，操作工希望炉前开铁口操作能够通过远程操控的方式实现。同时在远程操控的时候，能够实现数据实时展示、炉前实时视频查看、历史视频回放、报表展示、系统报警等。

(1) 炉前一键开堵铁口：某炼铁厂首先在国内实施一键炼铁，通过机器人自动开、堵铁口，轻松实现远程操作，实现了炉前标准化作业，改善了炉前作业环境，减少了人工作业带来的差错及风险，并优化了人力资源配置和炮泥利用率，提高了生产效率，降低了运营成本，能避免发生生产安全事故，是“一键开铁口”“远程+一键”的复合式应用，解决了以前只能在炉前平台人工手动操作的问题，降低了操作工炉前操作的风险性。

(2) 风口平台巡检机器人：风口平台巡检机器人（见图 4-5）是基于红外热成像技术、机器视觉技术和大数据技术研发的人工智能产品。该系统主要由履带式机器人本体、中继站、数据通信设备、数据处理主机、显示器、交换机、控制主机柜及配套附件等组成。其中智能机器人包含红外热成像仪、图像采集模块、光源模块、煤气检测模块、声音采集模块、数据存储模块、自动充电装置和位置传感器（定位导航模块）等。每到达一个检测位置，机器人就会自动拍照测温，仔细采集该位置风口直吹管的右侧、左侧或底部的温度数据，迅速更新风口的最高温度及温度曲线，将最高温度及报警设置上传炼铁智能工厂平台。它无须人工操作，可以自动充电，自动巡检，自动分析上传数据，完成高炉风口平台检测工作，安全、简单、快捷。它可以分析高炉风口工作状态，并将其作为判断和控制高炉运行状况的重要依据之一，它的上岗让炼铁高炉安全生产更有保障。

图 4-5　风口平台巡检机器人

C　机器视觉+AI 驱动的烧结机尾热成像系统

如图 4-6 所示，烧结机尾热成像分析系统凭借先进的计算机视觉技术、专用的图像处理算法及神经网络，能够精准地获取机尾断面红火层的温度数据。该系统不仅具备实时温度场分析功能，还通过降温冷却、防尘、避震等多重防护手段，确保分析过程的稳定性和准确性。同时该系统能够深入分析红层、黑层的厚度，并通过断面分析，准确判断烧结过程中的过烧、欠烧或正常状态。基于这些分析结果，系统能够智能地调节燃料用量和风量，精准控制烧结过程中水和炭的用量，从而严格将烧结终点控制在合理的范围内，确保烧结矿的质量达到最优。通过这一系统，我们能够有效地规避过烧现象，避免不必要的燃料浪费和成本增加；同时，也能防止欠烧现象对烧结矿质量和高炉操作造成的不良影响。这一创新技术的应用，不仅提升了烧结过程的智能化水平，也为钢铁行业的可持续发展注入了新的动力。

烧结机尾热成像系统的主要功能和技术特点如下：

（1）能够准确清晰地观察烧结机机尾断面情况，台车边缘和料层厚度方向轮廓清晰，操作人员在主控室内能够清晰分辨机尾断面的实时情况；

（2）自动计算红火层所占机尾断面面积的百分比；

（3）自动画出机尾断面温度高温点曲线（反映烧结机尾断面红火层中心位置）；

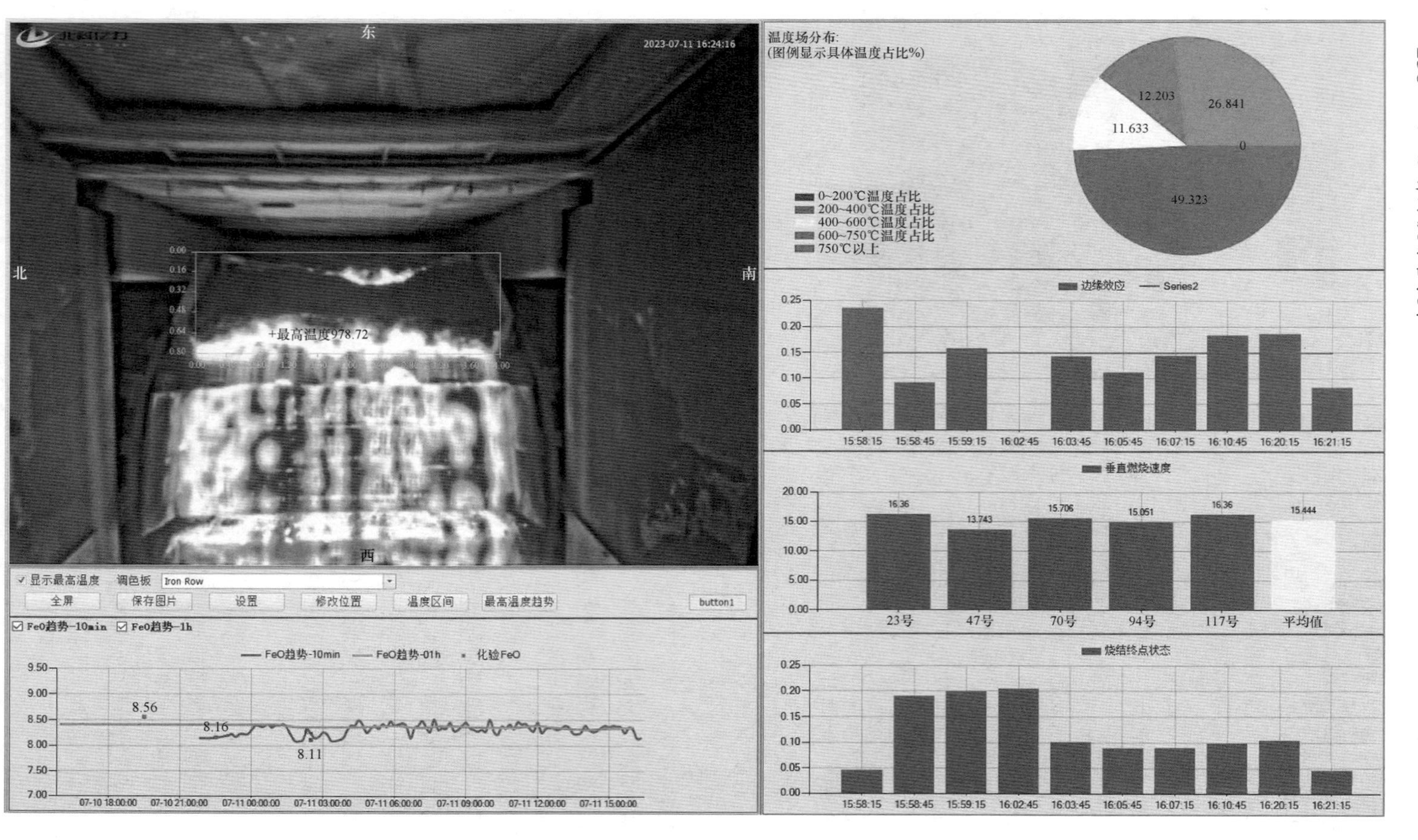


图 4-6  烧结机尾热成像系统示意图
(扫描书前二维码看彩图)

(4) 机尾断面设定有坐标，可对比烧结边缘效应情况；

(5) 机尾断面设定7条沿料层厚度方向的竖线，用于反映不同位置烧结终点，从而反应烧结布料的合理性。

D 炉顶热成像技术、激光料面监测

高炉炉顶热成像系统是监测高炉的主要设备之一，通过工业智能夜成像摄像头实现对高炉上部料面环境的监控，如图4-7和图4-8所示。监控范围包括高炉内部料面形状、气流情况、溜槽、溜槽布料情况，以及探尺、喷嘴、喷水、冷却壁等炉内设备的实时工作情况。此技术对及时了解和掌握高炉炉喉的料面情况和煤气流的分布状况，调整高炉操作，维护炉况顺行和稳定，以及改善各项技经指标起到重要作用。

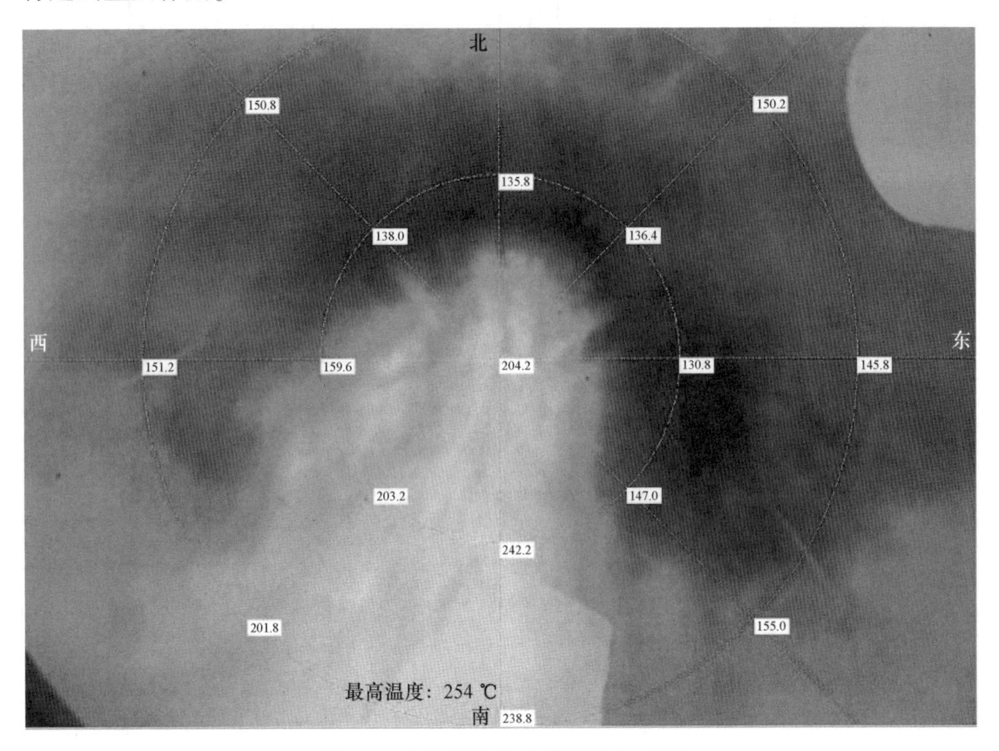


图4-7 高炉炉顶热成像系统示意图
(扫描书前二维码看彩图)

4.3.2.2 基于AI模型驱动烧结智能控制

基于先进的AI模型驱动技术，技术人员深入烧结机理与大数据层面，定制开发了烧结智能优化系统。该系统全面综合分析烧结生产过程，提供精准有效的生产过程分析及操作指导建议，从而助力操作人员更好地把握生产工况。为了进一步优化烧结生产流程，还建立了包括智能配料、灌仓追踪、碱度配碳、料流追踪、终点预测、生产组织计划及烧返配比调整等多个精细化的工艺模型。这些模

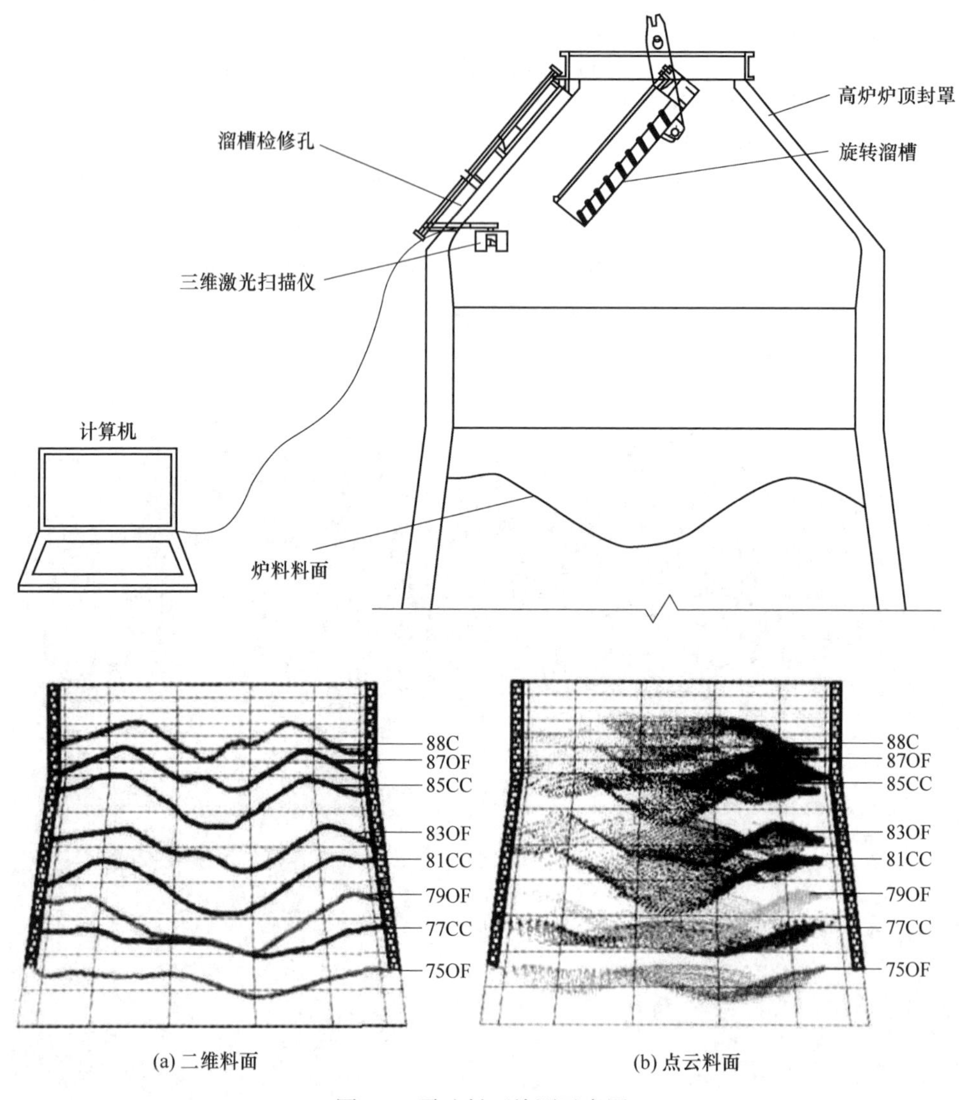


(a) 二维料面　　(b) 点云料面

图 4-8　雷达料面检测示意图

型不仅提升了生产过程的智能化水平，还显著增强了操作人员对生产工况的预判能力，有效规避了潜在的生产异常事故，确保了生产的稳定与高效进行。此外，烧结智能优化系统还具备强大的数据分析和优化能力，能够根据实际生产数据不断调整和优化工艺参数，实现烧结过程的智能化控制和优化，不仅提升了烧结矿的质量，还降低了生产成本。

系统界面主要由状态监控、质量优化、智能模型、数据分析、专家建议、趋势查询、专家管理和模型监控八大部分组成。系统界面结构如图 4-9 所示，每个部分在系统中承担的功能作用如下。

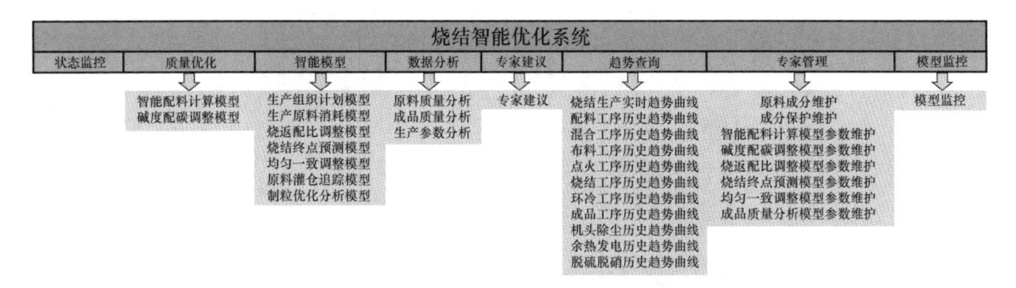


图 4-9 智能烧结优化系统界面展示

(1) 状态监控：持续监测烧结设备的运行状态，包括设备温度、压力、流量等关键参数。及时发现潜在故障，预防生产中断，确保烧结过程的连续性和稳定性。

(2) 质量优化：对原料质量和配比进行深入分析，提供优化原料配比和烧结工艺的建议。主要包含智能配料计算模型和碱度配碳调整模型，其中智能配料计算模型是根据当前工艺工况参数、机尾热成像系统预测的 FeO、混匀矿仓位、返矿仓位，自动调整在各料仓的下料比例，自动调整燃料、熔剂配加量，模型还自动预测烧结矿成分，与实际检测结果不断比对，不断优化，不断调整，如图 4-10 所示。

(3) 智能模型：利用人工智能技术，构建各种预测和优化模型，如均匀一致性模型、烧结终点预测模型等。通过模型计算，提供精准的数据支持，指导生产决策，优化烧结过程。其中均匀一致性模型主要用来控制台车上布料厚度均匀，如图 4-11 所示；而烧结终点温度预测模型能够准确判断烧结上升点位置、烧结上升点温度、烧结终点位置、烧结终点温度；根据实际终点位置与目标烧结终点偏差情况，提出改善烧结终点靠前或滞后的合理化建议，并将结果采用曲线、柱状图、三维信息展示，如图 4-12 所示。

(4) 数据分析：对烧结过程中的数据进行收集、整理和分析，包括生产原料消耗、成品质量分析等。帮助决策者了解生产情况，识别潜在问题，为改进生产提供依据。

(5) 专家建议：基于模型和数据分析结果，提供专家级的建议和指导。弥补现场操作人员经验的不足，提高生产操作的规范性和准确性。

(6) 趋势查询：提供烧结生产实时趋势曲线以及各种工序历史趋势曲线的查询功能。帮助用户直观地了解生产变化趋势，预测未来生产情况，提前做好应对准备。

(7) 专家管理：对专家建议、模型参数等进行管理和维护，确保专家系统的有效运行。提高系统的稳定性和可靠性，确保生产过程的持续优化。

(8) 模型监控：对智能模型进行实时监控，确保其运行正常，并及时发现潜在问题。保障模型数据的准确性和可靠性，为生产决策提供有力的支持。

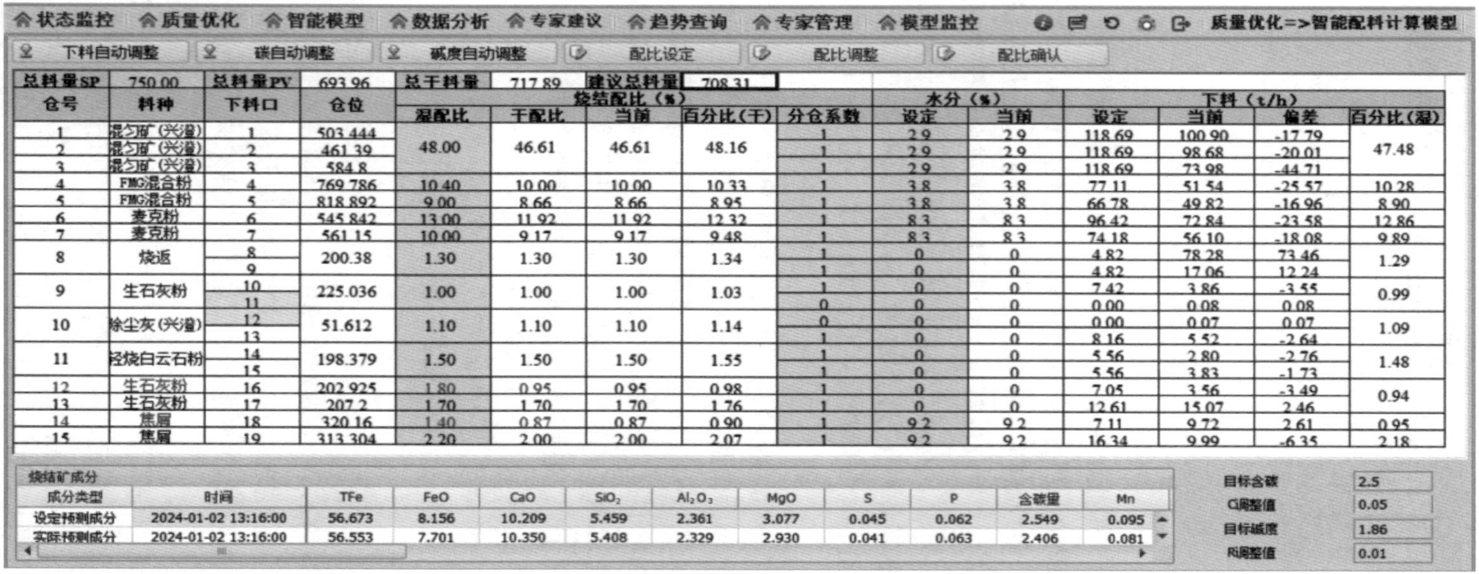

状态监控　质量优化　智能模型　数据分析　专家建议　趋势查询　专家管理　模型监控　质量优化=>智能配料计算模型

下料自动调整　碳自动调整　碱度自动调整　配比设定　配比调整　配比确认

| 总料量SP | 750.00 | 总料量PV | 693.96 | 总干料量 | 717.89 | 建议总料量 | 708.31 | | | | | | | |
|---|---|---|---|---|---|---|---|---|---|---|---|---|---|---|
| 仓号 | 料种 | 下料口 | 仓位 | 烧结配比（%） | | | | | 水分（%） | | 下料（t/h） | | | |
| | | | | 湿配比 | 干配比 | 当前 | 百分比(干) | 分仓系数 | 设定 | 当前 | 设定 | 当前 | 偏差 | 百分比(湿) |
| 1 | 混匀矿(兴澄) | 1 | 503.444 | 48.00 | 46.61 | 46.61 | 48.16 | 1 | 2.9 | 2.9 | 118.69 | 100.90 | -17.79 | 47.48 |
| 2 | 混匀矿(兴澄) | 2 | 461.39 | | | | | 1 | 2.9 | 2.9 | 118.69 | 98.68 | -20.01 | |
| 3 | 混匀矿(兴澄) | 3 | 584.8 | | | | | 1 | 2.9 | 2.9 | 118.69 | 73.98 | -44.71 | |
| 4 | FMG混合粉 | 4 | 769.786 | 10.40 | 10.00 | 10.00 | 10.33 | 1 | 3.8 | 3.8 | 77.11 | 51.54 | -25.57 | 10.28 |
| 5 | FMG混合粉 | 5 | 818.892 | 9.00 | 8.66 | 8.66 | 8.95 | 1 | 3.8 | 3.8 | 66.78 | 49.82 | -16.96 | 8.90 |
| 6 | 麦克粉 | 6 | 545.842 | 13.00 | 11.92 | 11.92 | 12.32 | 1 | 8.3 | 8.3 | 96.42 | 72.84 | -23.58 | 12.86 |
| 7 | 麦克粉 | 7 | 561.15 | 10.00 | 9.17 | 9.17 | 9.48 | 1 | 8.3 | 8.3 | 74.18 | 56.10 | -18.08 | 9.89 |
| 8 | 烧返 | 8 | 200.38 | 1.30 | 1.30 | 1.30 | 1.34 | 1 | 0 | 0 | 4.82 | 78.28 | 73.46 | 1.29 |
| | | 9 | | | | | | 1 | 0 | 0 | 4.82 | 17.06 | 12.24 | |
| 9 | 生石灰粉 | 10 | 225.036 | 1.00 | 1.00 | 1.00 | 1.03 | 1 | 0 | 0 | 7.42 | 3.86 | -3.55 | 0.99 |
| | | 11 | | | | | | 0 | 0 | 0 | 0.00 | 0.08 | 0.08 | |
| 10 | 除尘灰(兴澄) | 12 | 51.612 | 1.10 | 1.10 | 1.10 | 1.14 | 0 | 0 | 0 | 0.00 | 0.07 | 0.07 | 1.09 |
| | | 13 | | | | | | 1 | 0 | 0 | 8.16 | 5.52 | -2.64 | |
| 11 | 轻烧白云石粉 | 14 | 198.379 | 1.50 | 1.50 | 1.50 | 1.55 | 1 | 0 | 0 | 5.56 | 2.80 | -2.76 | 1.48 |
| | | 15 | | | | | | 1 | 0 | 0 | 5.56 | 3.83 | -1.73 | |
| 12 | 生石灰粉 | 16 | 202.925 | 1.80 | 0.95 | 0.95 | 0.98 | 1 | 0 | 0 | 7.05 | 3.56 | -3.49 | 0.94 |
| 13 | 生石灰粉 | 17 | 207.2 | 1.70 | 1.70 | 1.70 | 1.76 | 1 | 0 | 0 | 12.61 | 15.07 | 2.46 | |
| 14 | 焦屑 | 18 | 320.16 | 1.40 | 0.87 | 0.87 | 0.90 | 1 | 9.2 | 9.2 | 7.11 | 9.72 | 2.61 | 0.95 |
| 15 | 焦屑 | 19 | 313.304 | 2.20 | 2.00 | 2.00 | 2.07 | 1 | 9.2 | 9.2 | 16.34 | 9.99 | -6.35 | 2.18 |

烧结矿成分

| 成分类型 | 时间 | TFe | FeO | CaO | $SiO_2$ | $Al_2O_3$ | MgO | S | P | 含碳量 | Mn |
|---|---|---|---|---|---|---|---|---|---|---|---|
| 设定预测成分 | 2024-01-02 13:16:00 | 56.673 | 8.156 | 10.209 | 5.459 | 2.361 | 3.077 | 0.045 | 0.062 | 2.549 | 0.095 |
| 实际预测成分 | 2024-01-02 13:16:00 | 56.553 | 7.701 | 10.350 | 5.408 | 2.329 | 2.930 | 0.041 | 0.063 | 2.406 | 0.081 |

|  |  |
|---|---|
| 目标含碳 | 2.5 |
| C调整值 | 0.05 |
| 目标碱度 | 1.86 |
| R调整值 | 0.01 |

图4-10　料仓智能配料模型

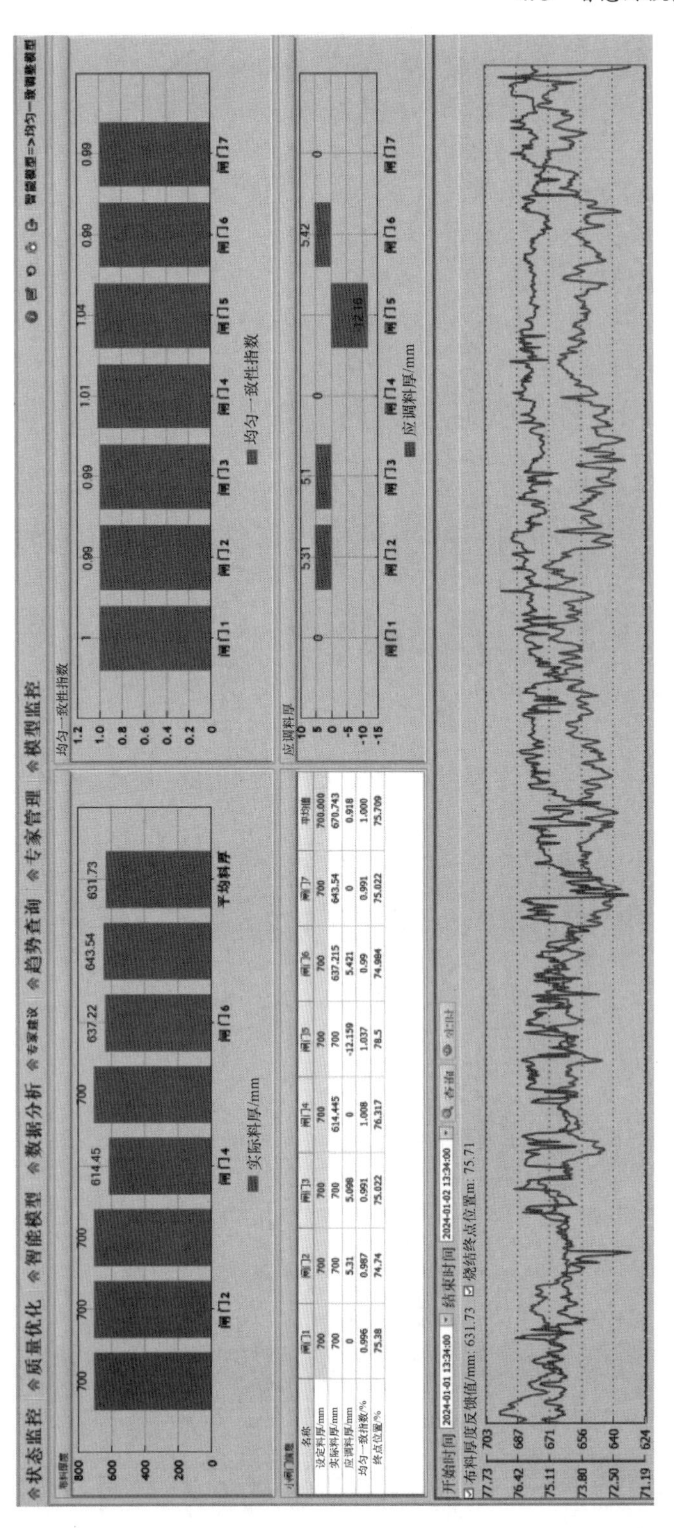


图4-11 均匀一致性模型

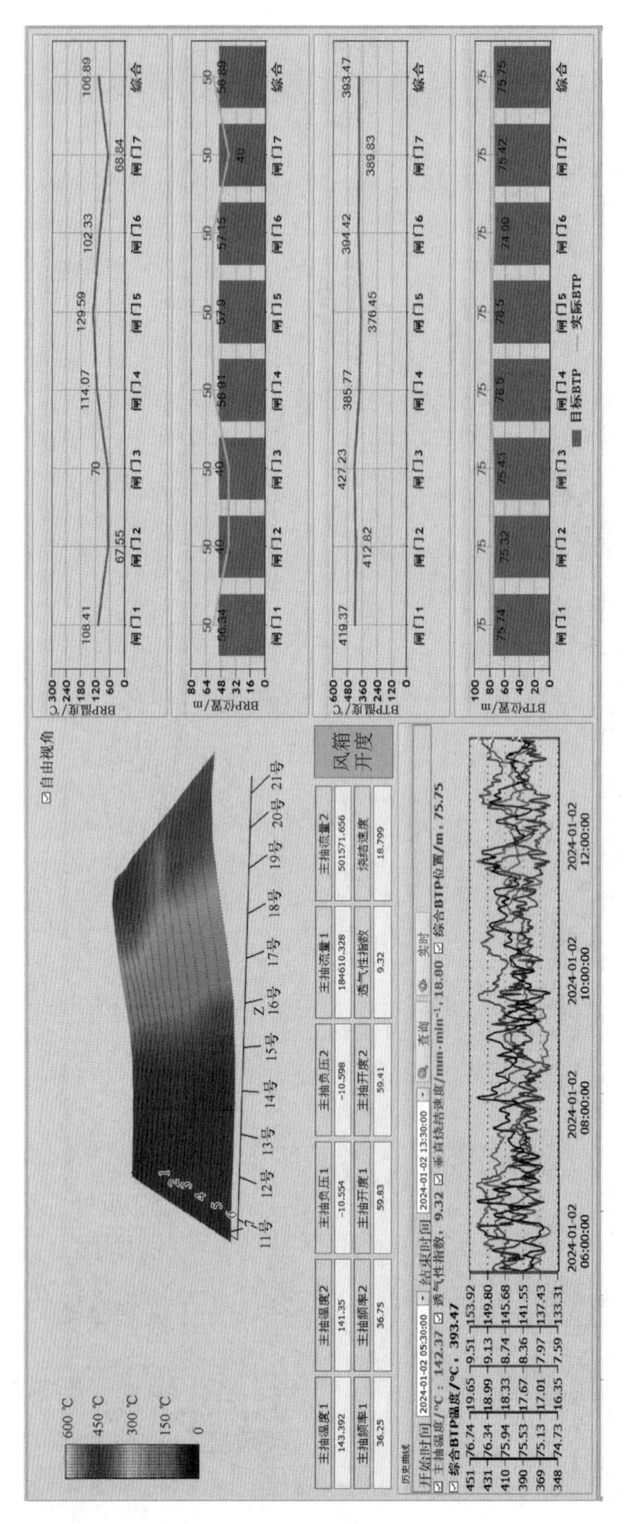


图 4-12　烧结终点温度预测
（扫描书前二维码看彩图）

整个智能烧结系统界面通过这八大部分，形成了一个完整、高效的烧结过程监控和优化体系，为企业的生产决策提供了强有力的支持。

#### 4.3.2.3 基于多模态仿真的高炉黑箱“透明化”

钢铁行业是国民经济的支柱型产业，钢铁行业能源消耗大，能耗占全国总能耗的15%，而其中70%的成本来自炼铁，高炉又是一个典型的高温高压黑箱，内部状况暂时无法通过现有监测手段获取。而利用“数字双胞胎”技术（数字孪生）、大数据、云计算、互联网+等信息技术从传热学、炼铁学、冶金物理化学等机理建模层面和大数据人工智能分析层面，集成23个工业机理模型，便可以实现高炉黑箱“透明化”，将高炉炉壳、炉缸、挂渣厚度、在线料面、料批信息、内部料面下降过程展示出来，绘制软融带、风回旋区、渣铁液面、碳砖残厚来解析高炉内部过程规律，直观展示高炉内部，使操作工能够“透”过高炉“看”到内部情况。某特钢集团构建了数据挖掘、机器学习、深度学习等算法库，以及沉淀高炉工况数据样本库，通过“中西医结合”方式，将专家经验规范化、技术原理模型化、数据挖掘智能化深度融合知识，形成行业领先的知识复用技术体系，实现铁前知识高效快速沉淀、复用、推广，演绎绿色炼铁、科技炼铁、快乐炼铁三部曲。

##### A 安全层面

高炉安全作为高炉炼铁的核心要务，其重要性不言而喻。在钢铁企业中，安全第一、不安全不生产的理念已经深入骨髓，成为企业运营的基石。然而，高炉的寿命却受到众多因素的制约，包括耐材质量、原燃料条件、砌筑质量、冶炼强度、操作水平以及监测手段等。这些复杂多变的因素使得高炉的寿命呈现出显著的差异。中国的高炉寿命情况尤为引人关注。有的高炉经过精心维护和管理，一代炉龄能够超过20年，展现了极高的稳定性和耐久性。然而，也不乏一些高炉在开炉不到两年的时间内就发生了炉缸烧穿等严重事故，这不仅给钢铁企业带来了巨大的经济损失，还对社会造成了不良的影响。

面对这样的挑战，如何有效地预测和防范高炉安全风险，成为了钢铁企业亟待解决的问题。而智慧高炉概念的提出，为我们提供了一种全新的解决方案。通过运用现代科技手段，特别是大数据分析和人工智能技术，我们可以构建一系列预测模型，包括炉缸炉底侵蚀模型、炉体热负荷/热流监测模型以及风口检漏模型等，通过这些模型对高炉的安全状况进行实时监测和预警。不仅提高了高炉安全管理的效率和准确性，还为钢铁企业的安全生产提供了有力的技术支撑。

###### a 炉缸炉底侵蚀

在高炉建成后，其设计结构、耐火材料质量和砌筑质量已经固定，此时影响炉缸寿命的主要因素包括冶炼强度、操作水平和监测手段。冶炼强度经常因产能需求发生波动，操作水平也是因人而异，为了保证炉缸安全，必须通过现代化的监测手段实时掌握炉缸耐火材料的侵蚀厚度及护炉过程中渣铁壳的变化，才能防患于未然。

通常高炉操作者仅凭个人经验，根据耐火材料热电偶温度、冷却壁水温差热负荷、炉壳温度及其变化趋势等对炉缸的侵蚀程度和安全状态进行模糊的判断，没有数学模型和计算机软件对炉缸的温度场分布、侵蚀内型、残衬厚度、渣铁壳厚度等进行量化、直观、及时地监测、分析、诊断和预警，以及判断炉缸侵蚀加剧的原因，高炉操作者就无法有的放矢地通过调整操作制度、冷却强度、冶炼强度等措施延缓炉缸的侵蚀，进而无法有效预防炉缸烧穿事故的发生。

炉缸侵蚀在线监测系统可以对高炉炉底、炉缸耐火材料侵蚀后、渣铁壳变换进行实时在线监测和预警，指导高炉操作者采取有效护炉措施，从而延长高炉寿命，有效预防炉缸烧穿事故，防患于未然。

b 炉体热负荷/热流监测

炉缸区域（炉腹、炉腰和炉身中下部）对应的冷却壁属于炉缸的高热负荷区域，每块冷却壁的水温差、热负荷及其变化趋势是判断该冷却壁对应区域耐火材料侵蚀程度、变化趋势及安全状态的重要依据之一。

由于传统的手工监测手段存在效率低、精度低、实时性差、不连续、劳动强度高、危险性大等缺点，为实时监测重点高热负荷区域冷却壁的水温差、热负荷及其变化趋势，及时发现冷却壁水温差超标、热负荷超限、热面温度超限、冷却壁裸露等异常情况，就必须建立一套由自动化仪表、计算机系统、数学模型和应用软件组成的高炉冷却壁水温差热负荷在线监测预警系统。

c 高炉风口小套检漏在线预警模型

“高炉风口小套检漏在线预警模型”以风口小套的冷却水温度、流量为数据基础，通过专业数学模型和应用软件，实时监测高炉风口小套的水温差、热负荷及其变化趋势，并对系统上线后全炉役数据进行深维护，支撑用户对风口小套破损原因、风口小套漏水、风口堵口异常吹开等异常情况进行在线分析诊断。通过运用此模型，企业可以显著减少生产巡检人员在高温及煤气区域的作业频次，每班巡检次数从四次降至更低，有效提升了生产现场的本质安全水平，同时降低了巡检人员的劳动强度。此外，模型还能实现漏水情况的提前预警，为企业及时采取应对措施、避免生产事故提供了有力保障。

B 操作层面

高炉操作长期以来以经验为主，但经验性的、定性化的、模糊的高炉操作方式根本无法实现对高炉运行情况的精准分析，只有通过现代化的技术手段对高炉内部工作状态进行机理性的、定量化的研究，才能实现对高炉运行情况的本质性认识，进而进行合理、科学、有效地操作，实现高炉的安全、长寿、高效和顺行。

a 上部布料模型

装料制度是高炉四大操作制度之一，良好的装料制度能够提高高炉的产量水平，改善高炉顺行，降低燃料消耗；通过对煤气分布的调整优化，能够使得上下部煤气分布和炉料的下降形成稳定的平衡，从而保持高炉的稳定、顺行，所以建立合理的装料制度尤为重要。

在线布料模型的建立在以开炉或休风为基础的布料测试结果上，主要包括布料测试中的料面形状、炉料打墙位置、落料点等测量结果。模型的建立基于单颗受力分析及碰撞理论，综合考虑炉料物理特性、料罐类型、溜槽形状、炉料滑滚，煤气流的黏合力等因素，分析炉料从料罐→喉管→溜槽→料面整个过程的运动状态，对高炉炉顶布料的料流轨迹、内部料面形状、料面下移过程进行在线模拟，实现高炉料面形状在线仿真，如图 4-13 所示。建模结束后，需要根据布料测试结果与模型的模拟结果进行比对验证，通过调整溜槽摩擦系数等使测量结果与模型计算结果基本一致，至此才完成模型的调试。模型可以计算任意布料角度下的落点位置信息、任意布料矩阵下的料面形状及径向矿焦比分布，通过径向焦炭负荷分布变化来实现对气流的精准调控。

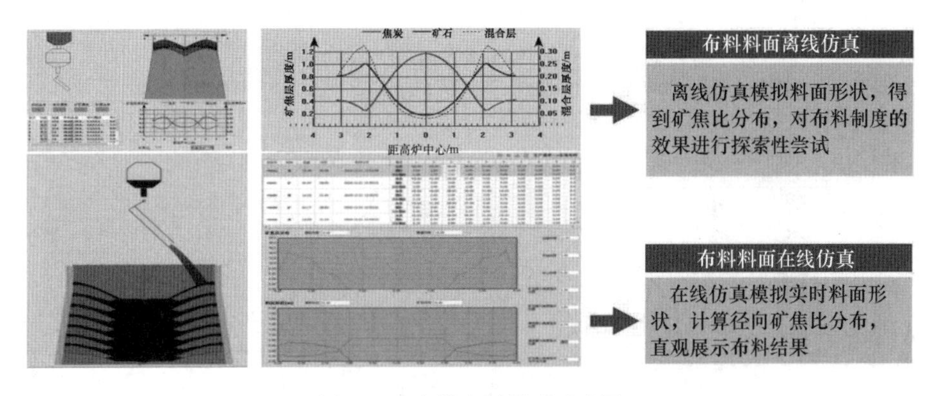


图 4-13　在线布料模型示意图

b　中部操作炉型模型

合理的操作炉型、渣皮厚度和气流分布是实现高炉安全、高效、顺行和提升煤气利用率的关键，高炉工作者非常需要及时掌握高炉炉腰、炉腹、炉身中下部的操作炉型、挂渣厚度、渣皮脱落频率和炉内气流分布等信息。“操作炉型及挂渣厚度在线监测模型”可针对不同的冷却壁炉墙结构建立高炉炉内不同区域炉墙内型变化和炉内气流分布判断的机理模型，实现对高炉炉腹炉腰炉身下部冷却壁炉墙的砖衬厚度、挂渣厚度、操作炉型的在线监测和图像重建，为现场对炉墙结瘤、渣皮频繁脱落、操作炉型不合理等异常情况进行诊断提供可视化支撑，间接反映炉内气流分布情况。

c　下部炉缸活跃性模型

高炉炉缸死焦堆透液性的好坏和炉缸活跃性问题已经成为制约现代高炉安全

高效生产的关键，开发炉缸死焦堆状态及活跃性智能诊断模型对判断炉缸状态至关重要。炉缸死焦堆状态及活跃性智能诊断模型建立在死焦堆受力数学模型上，可对高炉运行中死焦堆浮起和沉坐状态进行实时判断，依据判断结果自动绘制和实时显示炉缸内死焦堆形状及其位置变化示意图，建立炉缸透液性量化判断指标，对炉缸透液性进行实时判断，建立炉缸活跃性量化评价指标，对炉缸中心不活、边缘堆积等异常情况进行自动诊断和预警，以及对炉缸活跃性影响因素的权重进行定量化计算和输出。

d 高炉动态镜像模型

高炉动态镜像模型是从高炉探尺、入炉料重量、体积等方面综合考虑压缩率，实时计算每一罐入炉料在炉内的位置，实时跟踪高炉内的料批，尤其可对现场上部特殊变料（焦炭负荷变化、布料矩阵变化、休风料）后自动进行标记，在达到既定位置后提示现场进行下部调整匹配，如图 4-14 所示。日常多用于焦炭负荷与煤量控制之间的匹配，休风料位置及休风时机的判断。

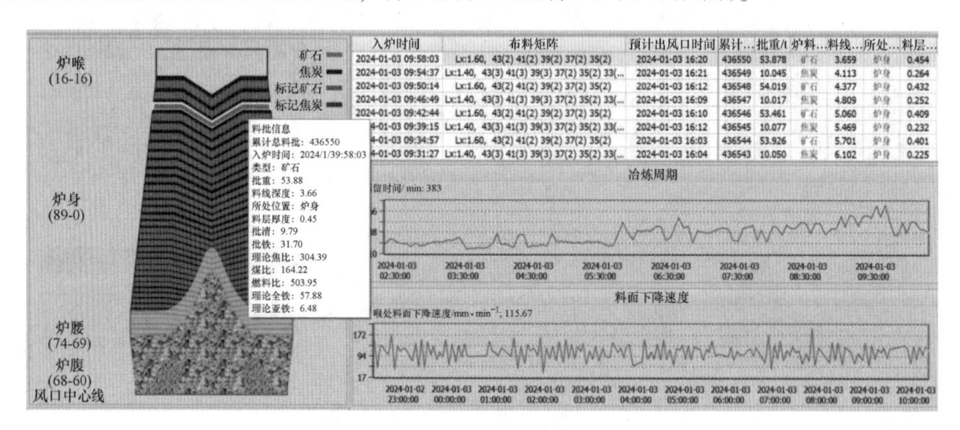


图 4-14 高炉动态镜像模型

（扫描书前二维码看彩图）

e 高炉“体检”数字化

将人体医学体检理念应用到高炉“体检”，做到有病及时医、大病提前防。对高炉生产运行数据按主元分析法分析，分析挖掘历史数据，确定高炉各项参数数字化标准范围；按相关性程度赋予不同参数权重值；量化高炉炉况顺行情况及对影响高炉顺行的主要因素进行打分，得到最终得分，将结果自动导出高炉体检报告，并给出操作建议。

f 炉况诊断

通过实时海量数据和降维分析，基于专家知识规则化和推理机的工况智能预测，结合神经网络算法和机理数学模型诊断结果，实现对生产、操作的在线智能诊断、指导及优化，支持在人机界面对知识库升级和扩展。以高炉智能系统为例，分为炉体安全、炉料优化、炉热判断，全炉指标变化四类，合计约 3000 条专家知识规则，诊断结果可追溯。

采用高精度数字测温、热成像、激光雷达等先进炉体及炉内感知检测技术获取实时高炉运行数据，以这些数据为输入和校核，进一步建立炼铁学、热量传输、反应工程学等冶炼机理模型，实现对不可检测的化学反应、料柱结构、煤气流分布等的数学仿真建模，再通过将炼铁专家经验规则化构建推理机知识库，再结合每个高炉自身的特点进行大数据机器学习和先进控制，最终实现对黑箱内冶炼进程的实时感知、智能分析、综合诊断和优化决策执行，大大提升了对黑箱的透明化解析和预判掌控。

g　炉热控制模型

控制高炉炉热平衡是工长的基本职责之一，日常以煤量调剂为主，辅以使用风温、附加焦、湿度、风量等手段。目前大部分高炉工长都是以稳定每小时的操作燃料比（或综合负荷）为主要思路，同时兼顾当时的煤气利用率、热负荷波动等，此方式的问题在于现场小时料速按照整点探尺次数去统计，统计次数多一次或少一次就影响 10kg/t 的燃料比，误差过大，而且工长手动统计只能到整点再去结算，计算的时间颗粒度过大，不利于炉热准确平衡，易造成炉温波动。

炉热控制模型是模拟工长炉热控制思路进行煤量调整：（1）提出了全新的料速评价方式，兼顾装料时间、装料批重、低料线等情况下的料速计算；（2）综合考虑煤气利用率、炉墙热负荷、焦炭、煤粉成分等影响因素；（3）利用大数据自学习技术，自动寻优合理燃料比；（4）与动态镜像模型联动，自动平衡焦炭负荷变化；（5）通过系统可实时去寻优计算合理燃料比及建议煤量。相比于工长煤量调整，炉热控制模型调整幅度更精细、少量多次，避免反复的反向调整，有利于高炉热制度稳定。

h　碱度控制模型

除热平衡外，碱度平衡是工长的另一项重要职责。碱度平衡主要指炉渣碱度要控制在合理范围。一般碱度容易受原燃料成分影响，对于以烧结矿为主要含铁料的高炉主要受烧结矿碱度影响较大，高炉铁水化学热 Si 的波动也会对高炉炉渣碱度造成影响。目前大部分钢铁企业高炉现场都是以 excel 方式进行碱度校核，其中原燃料质量数据需要工长手动填写，更新不及时会使问题频繁存在，同时烧结矿成分样本出来后，何时入炉没有明确的跟踪机制，易造成炉渣碱度波动。

碱度控制模型首先是以建立烧结矿质量跟踪为基础（适用于烧结直供高炉的方式），烧结矿每出一个样，系统自动实时计算并判断该烧结矿何时入高炉、何时出风口，可实时跟踪。碱度控制模型一方面在入炉烧结矿成分发生大的波动、影响理论碱度过大时，会自动调整配料结构去平衡碱度；另一方面在炉渣成分偏离目标碱度过大时，可以自动修正理论目标碱度去平衡最终炉渣碱度，通过系统可避免原有 excel 方式更新不及时的问题。

i 出铁平衡模型

炉前出铁是高炉炼铁的一项重要工作，炉前出铁的好坏直接影响高炉的冶炼进程。保证高炉连续稳定的出铁是工长、炉前工的主要工作内容。高炉生产中由于连续铁口深度不够、炮泥质量造成出铁时间短，渣铁排放不尽造成炉内憋压的情况屡屡发生，压量关系走紧是由于出铁原因还是炉温原因难以判断，原因不同处理方式也不同。

出铁平衡模型必须建立在现场有连续性的铁水称量装备基础之上，需要实时统计产铁量、出铁量、炉缸中残存的渣铁量，量化出铁盈亏量，对判断炉内是否需要连续出铁、重叠出铁做出明确建议，避免憋铁造成炉内气流波动。

4.3.2.4 基于集控的“智慧大脑”远程控制

A 基于超融合的“私有云技术”在工业控制系统的应用

将“私有云技术”应用于工业控制系统之中，通过深度整合虚拟化和池化技术，迅速构建起高效、灵活的数据中心，这种基于超融合的互联网数据中心（Internet Data Center，IDC）数据中心是指将超融合技术与 IDC 数据中心结合（见图 4-15），以实现更高效、灵活和可靠的数据处理和存储。这种数据中心模式不仅有助于优化资源配置、确保了数据的稳定性和安全性、提升数据中心的运行效率，更能降低运营成本。

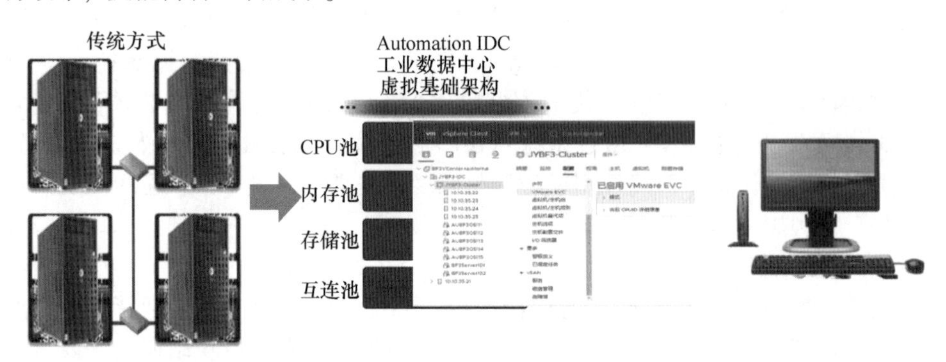


图 4-15 基于超融合 IDC 数据中心示意图

（1）在实际应用显著减少了显示器的数量，使得工作环境更加整洁、有序。同时，通过集中管理和维护，维护工作量得到了大幅缩减，大大减轻了运维人员的负担。更重要的是，再也不用四处寻找分散的机器，所有资源都集中在一个易于管理的平台上，极大地提高了工作效率。

（2）基于超融合的 IDC 数据中心改变了传统的多台物理服务器+多台客户端的 C/S 架构模式，很好地了解决工控机硬件、操作系统快速升级与工控软件升级慢引起的不兼容问题。单台物理服务器损坏时，通过在线故障迁移，不会影响整个虚机的应用。通过虚拟化技术不会因操作系统升级被迫升级工控软件，外部硬件和底层软件更新换代都不会影响虚机的操作系统。

(3) 该炼铁厂有 3 座高炉，可节约硬件成本 30 万元，按每高炉备件节约 10 万元（约 5 台工控机）；功耗小，节电降能约 7.3 万元/年，(300 万元-35 万元)/1000×24 h×365 天×0.7 元/(kW·h) ×15 台×3=7.3 万元；按一代炉龄 10 年算，7.3×10=73 万元，共计节约 83 万元。

B 集控骨架——网络

(1) 工控网络变革创新：一般工控网络均采用环形网络来实现冗余，环形网络自成环，本身就有网络风暴的风险。工控网络交换机采用没有管理功能的傻瓜型交换机，在网络出现故障时排查非常困难。由于工控环网本身的特点，无法分层分级管理，也无法快速定位标识交换机，增加了网络管理的难度。傻瓜型交换机不能阻止病毒，也不能减少网络瘫痪的风险。该炼铁厂 1 号高炉原网络架构如图 4-16 所示，这样的网络架构无法满足远程集控稳定、可靠的要求，更谈不上智能化运维。

对 1 号高炉和 2 号高炉的网络进行了升级改造，1 号高炉的百兆多模环网更换为千兆单模双星型网络，并新增两台汇聚交换机作为炼铁高炉集控中心 1 号高炉网络的接入口，改造后的网络如图 4-17 所示。

(2) 增加工控网络的网络管理功能：采用信息化管理网络的理念管理工控网络，交换机均采用了具有管理功能的赫斯曼 RS40，通过配置管理 IP 给每个交接机身份定位，在网络监控上能清晰快速定位到每台交换机，如图 4-18 所示。

(3) 外线路由：整体生产控制网络、视频网络均采用双链路冗余。原则上采用两条不同的路由路径，部分路由需要利用现有的电缆通廊或者电缆沟，没有通廊或者电缆沟的需要新增桥架，在皮带通廊新增的桥架需要施工在通廊外底部或者通廊外侧，如图 4-19 所示，以确保网络稳定可靠。

C 集控心脏——1333 微模块中心机房

集控中心机房采用模块化机房建设，例如采用 FusionModule2000 模块化机房，如图 4-20 所示，由 1 个数据中心，3 个微模块机柜，3 个数据中心（IDC 工业超融合数据中心、视频监控中心、信息化数据中心），以及 3 张网络（冗余工业千兆网、视频万兆网、企业间工业专网），共同组成了高度智能化的数据中心。

微模块具有温、湿度智能控制，快速故障定位，实时监测机柜电流、电压、氢气湿度，漏水监测及告警等智能运维，可以有效减少人员的维护工作量，提升工作效率，如图 4-21 所示。

FusionModule2000 采用模块化设计，将智能母线、温控、机柜、通道、布线、监控等集成在一个模块内，FusionModule2000 为一体化集成，安全可靠，有效节省机房占地面积和节约能源，安装省时、省力、省心，并且架构兼容，可以快速灵活部署，实现了智能化监控，以及能够高效稳定制冷。与此同时，智能微

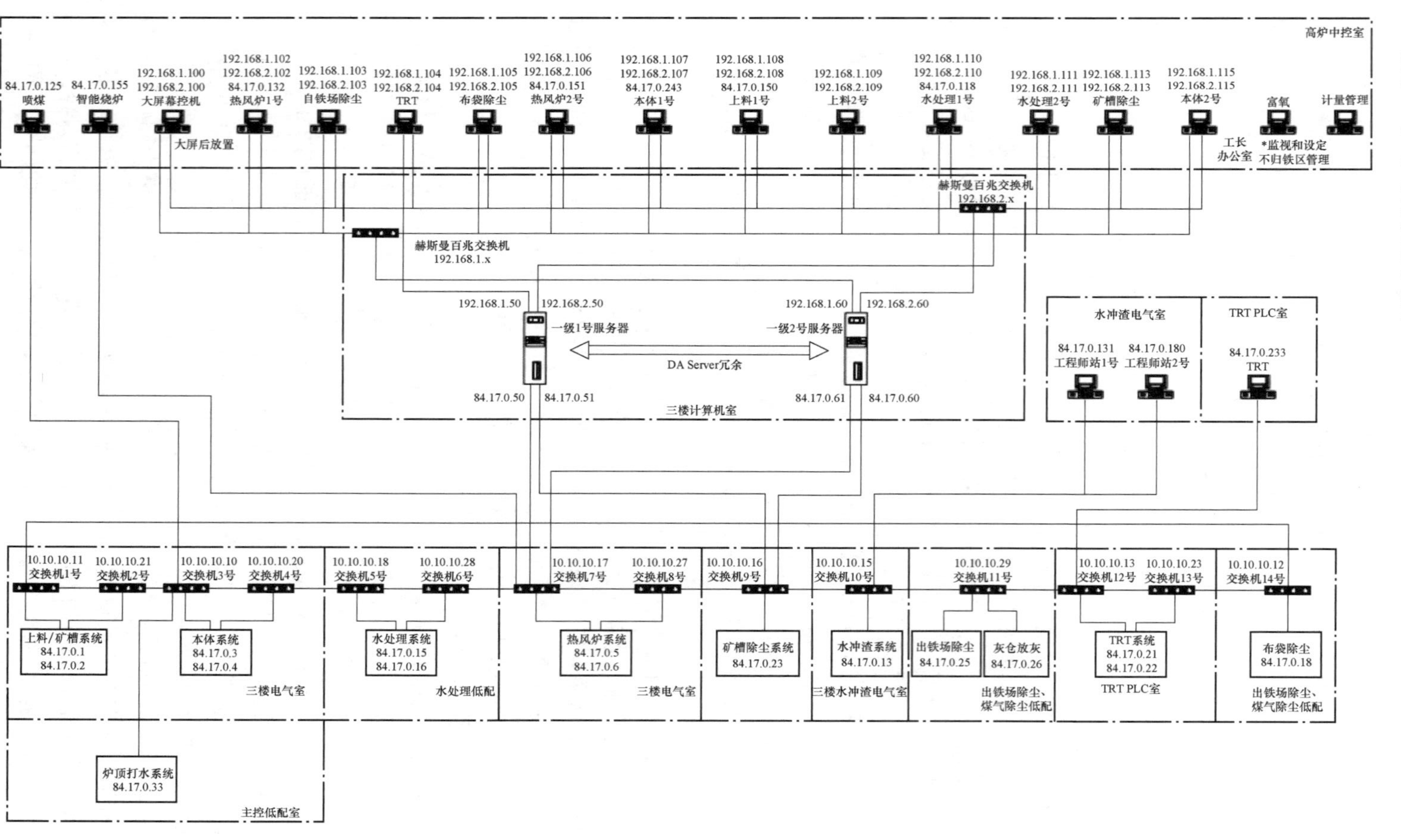


图4-16 1号高炉原网络架构图

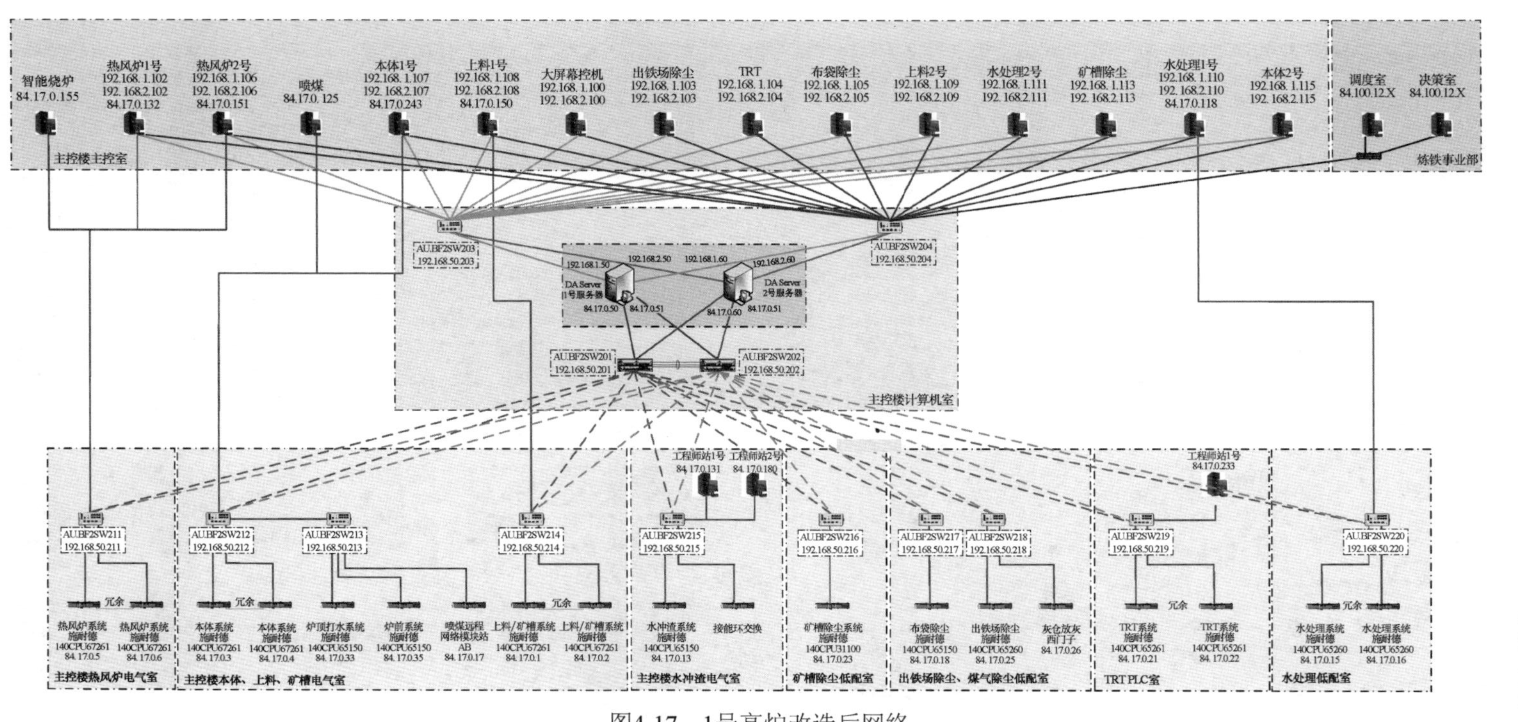


图4-17 1号高炉改造后网络
(扫描书前二维码看彩图)

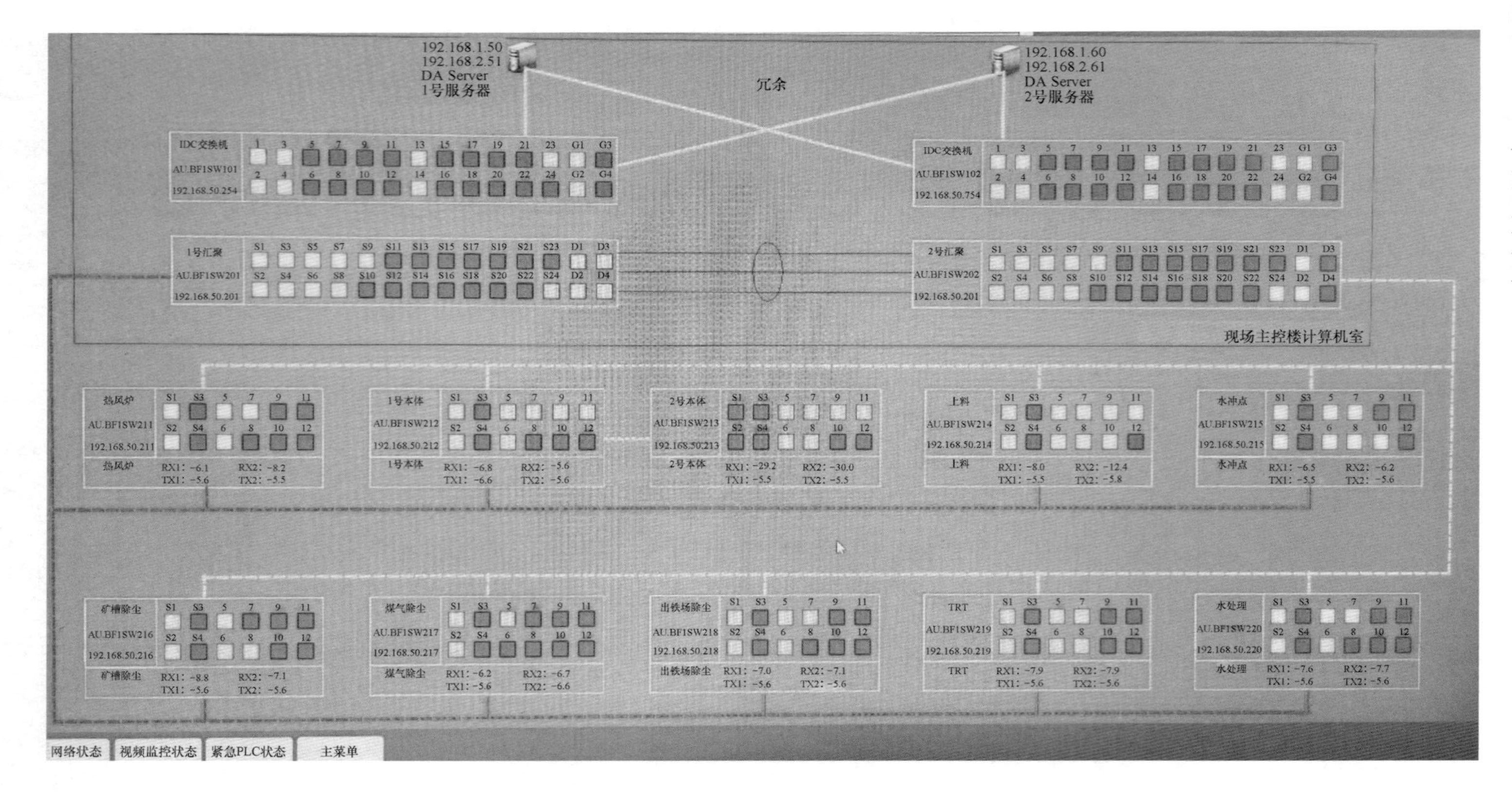

192.168.1.50
192.168.2.51
DA Server
1号服务器
192.168.1.60
192.168.2.61
DA Server
2号服务器
冗余
IDC交换机 AU.BF1SW101 192.168.50.254
IDC交换机 AU.BF1SW102 192.168.50.754
1号汇聚 AU.BF1SW201 192.168.50.201
2号汇聚 AU.BF1SW202 192.168.50.201
现场主控楼计算机室
热风炉 AU.BF1SW211 192.168.50.211 热风炉 RX1: -6.1 TX1: -5.6 RX2: -8.2 TX2: -5.5
1号本体 AU.BF1SW212 192.168.50.212 1号本体 RX1: -6.8 TX1: -6.6 RX2: -5.6 TX2: -5.6
2号本体 AU.BF1SW213 192.168.50.213 2号本体 RX1: -29.2 TX1: -5.5 RX2: -30.0 TX2: -5.5
上料 AU.BF1SW214 192.168.50.214 上料 RX1: -8.0 TX1: -5.5 RX2: -12.4 TX2: -5.8
水冲点 AU.BF1SW215 192.168.50.215 水冲点 RX1: -6.5 TX1: -5.5 RX2: -6.2 TX2: -5.6
矿槽除尘 AU.BF1SW216 192.168.50.216 矿槽除尘 RX1: -8.8 TX1: -5.6 RX2: -7.1 TX2: -5.6
煤气除尘 AU.BF1SW217 192.168.50.217 煤气除尘 RX1: -6.2 TX1: -5.6 RX2: -6.7 TX2: -6.6
出铁场除尘 AU.BF1SW218 192.168.50.218 出铁场除尘 RX1: -7.0 TX1: -5.6 RX2: -7.1 TX2: -5.6
TRT AU.BF1SW219 192.168.50.219 TRT RX1: -7.9 TX1: -5.6 RX2: -7.9 TX2: -5.6
水处理 AU.BF1SW220 192.168.50.220 水处理 RX1: -7.6 TX1: -5.6 RX2: -7.7 TX2: -5.6
网络状态
视频监控状态
紧急PLC状态
主菜单


图4-18 网络监视

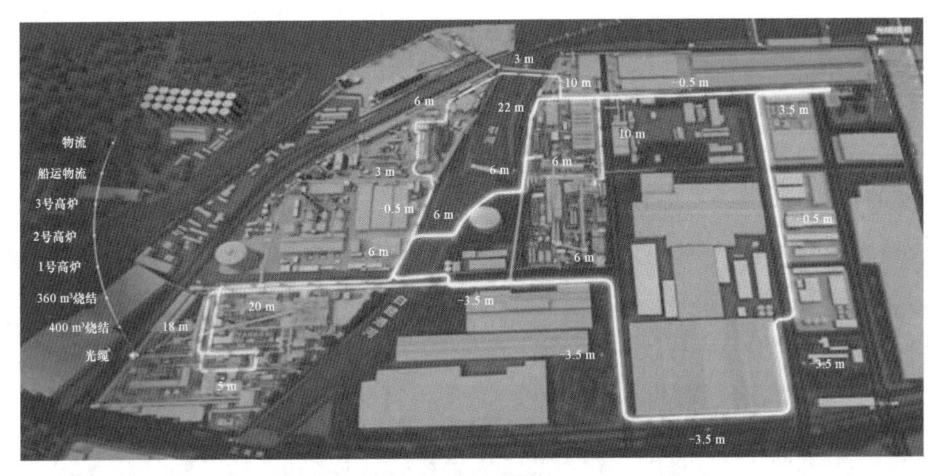


图 4-19 外线路由

图 4-20 微模块机房

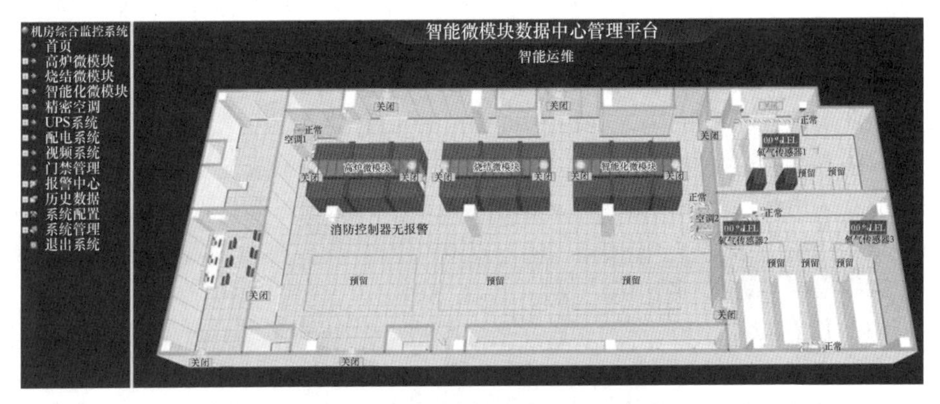


图 4-21 智能微模块运维平台示意图

模块构筑起核心子系统的智能化框架，不仅在供配电、温控系统方面实现了可靠性与节能性的全面提升，更通过引入 AI 技术，实现了供配电与制冷系统的智能联动控制。此外，该技术还能对机房资产进行精准、高效的自动化管理，从而大幅提升了数据中心的可靠性、可用性及运维效率，为数据中心的长远发展奠定了坚实的基础，如图 4-22 所示。

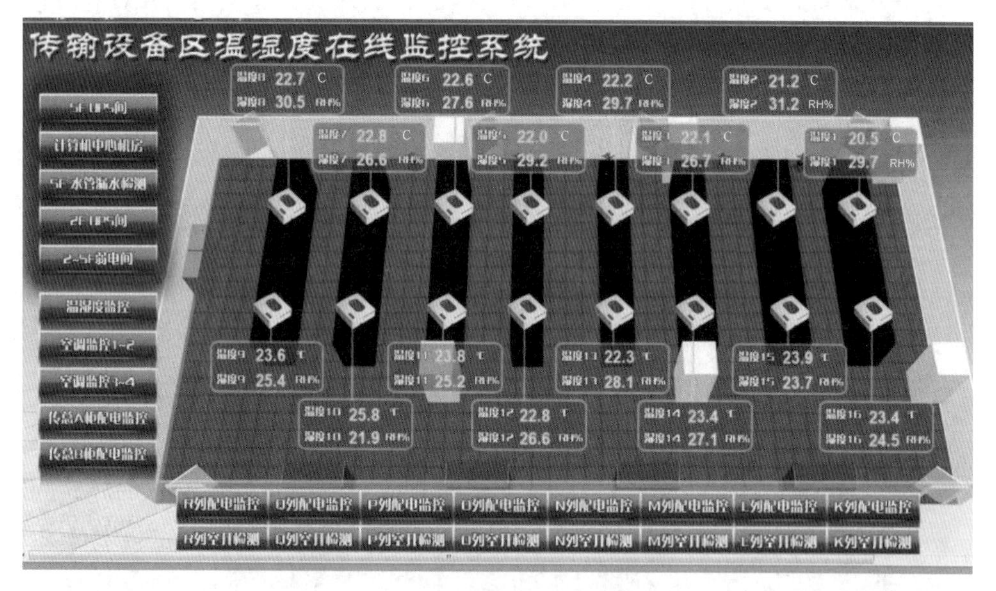


图 4-22　微模块在线监控系统

D　集控智慧对讲系统

集控中心一般都远离生产现场，铁区范围又比较广，该炼铁厂铁区临近江边，集控大楼正好位于江阴、靖江、长江船讯多信息交叉区，为实现高炉生产信息联动，构建了集控中心和现场人员的快速联络机制，满足铁前集中控制中心的操控需求，并且针对铁前工况有煤气的特殊性建设了一套无线集群对讲系统，如图 4-23 所示。通过申请 8 个频道，分级实现工业对讲在炼铁、烧结、原料区域的全覆盖，将车载对讲机、防爆对讲机、普通对讲机这 3 种对讲机按岗位性质发放，以此实现现场关键岗位与集控中心的生产信息共享。

无线集群对讲系统由中继台、网络设备、管理服务器、应用软件及终端等设备组成，采用建设基站的方式，对于信号较弱的区域通过光纤设备互联的方式进行补盲。

无线集群对讲系统包含以下功能：

（1）语音功能：1）系统支持单呼、组呼、单站和多站全呼等功能；2）全网录音、查询、保存、回放；3）监听功能。

（2）无线集群对讲系统功能：1）通话语音清晰（有效降噪）；2）对讲模式

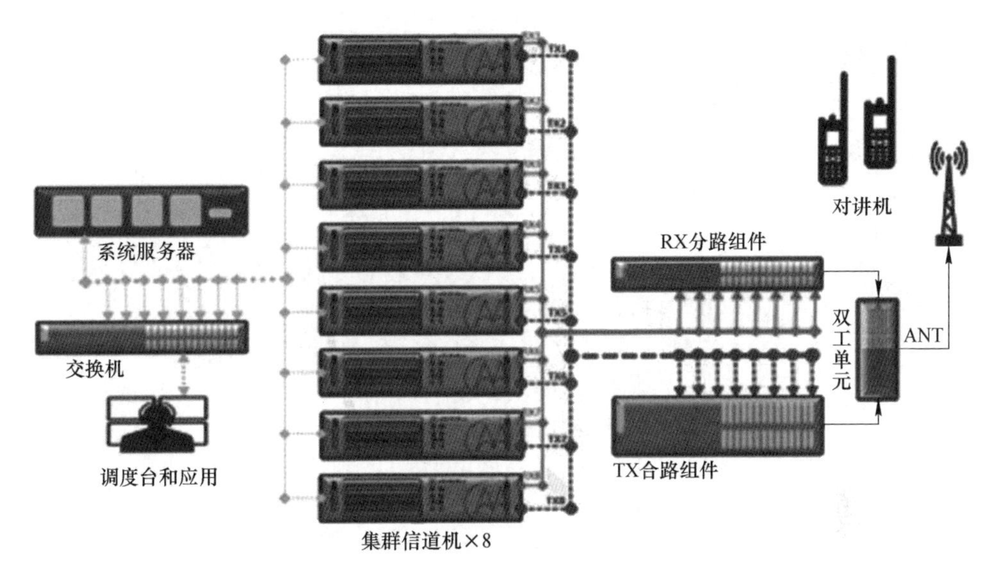


图 4-23 无线集群对讲系统

丰富，在调试作业或其他重要作业前可以向系统申请专线对讲，保证沟通可靠性、即时性、抗干扰性。

E 工业大屏展现

为实现集控中心对主要生产工序、工艺流程、物流调度等业务的远程监控和集中调度，对整个高炉区域生产运营监控、预警、指挥和管理，在铁前集控大厅(见图 4-24) 高炉区域采用性价比较高的海康威视 P1.25 mm 间距 LED 屏幕，大屏采用分布式扫描技术和模块化设计技术，既可以显示现场实时监控画面及计算机画面，实现整体的无缝屏幕拼接和展示，又可根据需求灵活地设定和划分屏幕显示区域，实现大屏幕的多功能综合信息展示。

LED 显示屏的性能有：

(1) 发光亮度强：在可视距离内阳光直射屏幕表面时，显示内容清晰可见；

(2) 先进的数字化视频处理，技术分布式扫描，模块化设计/恒流静态驱动，亮度自动调节；

(3) 全面采用进口大规模集成电路，安装方便，可靠性强，易维护；

(4) 超级灰度控制：具有 1024~4096 级灰度控制，显示颜色 16.7 M 以上，色彩清晰逼真，立体感强；

(5) 自动亮度调节：具有自动亮度调节功能，可在不同亮度环境下获得最佳播放效果；

(6) 静态扫描技术：采用静态锁存扫描方式，大功率驱动，充分保证发光亮度；

图 4-24  铁前大厅

（7）全天候工作：可以连续 24 h 工作；

（8）影像画面清晰、无抖动和重影，杜绝失真；

（9）视频、动画、图表、文字、图片等各种信息联网显示，可以远程控制。

F  视频监控平台系统

需将所有生产单元的工业电视视频信号进行整合，进入集控中心平台统一监控，将 1 号高炉、2 号高炉、3 号高炉、大喷煤、1 号烧结、2 号烧结区域现有的工业电视视频信号采用统一的通信协议、视频流格式、视频监控 IP 地址作整体规划及分配，通过视频主干网络传送至集控中心视频管理平台。

视频监控平台系统由前端摄像机、传输设备、视频监控综合管理系统、大屏幕显示设备等组成。视频监控综合管理系统集视频接入、转发、管理、解码拼接等功能于一体，根据相应的权限实现码流分发交换、实时视频监控动态分配等管理功能。视频监控平台系统包括中心管理单元、解码拼接单元、视频管理系统服务器等。客户端应用可实现视频多画面浏览、一机双屏、录像回放、预案管理、画面轮巡、电视墙管理、视频质量诊断等功能。

G  智慧安防

集控中心远离生产现场几千米远，安全更不容忽视。对生产现场重点区域接入安全帽工控视频，利用视频信息人工视觉算法分析，对区域内人员非安全行为自动识别与提示，实现对整个厂区重点安全隐患的整体总览与把控，做到对安全隐患的预防、预判，同时利于提高现场的安全管控能力。安全帽识别如图 4-25 所示。

图 4-25 安全帽识别

## 4.4 高炉渣资源化利用

高炉渣是冶金行业产生数量最多的一种渣，在高炉生产过程中，矿石、燃料（焦炭和喷吹燃料）及助熔剂连同被侵蚀而脱落的耐火材料等经过高温冶炼后，最终在炉缸部位形成铁水和炉渣，并排出炉外。高炉渣的产生量与所使用的矿石品位有关，一般来说，用贫铁矿冶炼时，吨铁会产生 1.0~1.2 t 的高炉渣，而用富矿则为 0.25 t 左右。据统计，目前我国高炉渣的年产量在 2 亿吨以上，利用率为 70%~85%，而发达国家如日本、德国已经达到 99%~100%的利用率。这些未被利用的高炉渣若堆积填埋，不仅会占用大量的土地资源，而且对环境也会造成污染。以某钢铁厂的生产情况为例，2 座 1800 $m^3$ 的高炉，按照吨铁渣比为 350 kg/t来计算，采用水冲渣工艺，则一年得到的水渣预计为 132 万吨（含水率 15%），因此，在当前全行业微利的形势下，高炉渣作为钢铁企业一种宝贵的二次资源，提高其利用率和利用价值对企业竞争力的提升和可持续发展具有重大的意义。

高炉渣的成分主要是硅酸盐质的无机材料，常规炉渣的四大成分为 CaO、$SiO_2$、$Al_2O_3$ 和 MgO，四者含量合计超过组成的 95%，根据矿石及焦炭灰分成分的不同或操作水平的差异，可能含有较多的其他化合物（如 $TiO_2$、BaO 和 $CaF_2$ 等）及少量的 MnO、FeO 和 CaS 等，再加上高炉渣是经过高温得到的产物，因此几乎不含有害物质，所以被广泛地应用于建筑行业。然而，我国对高炉渣的处理和利用还存在较多问题，除了以上所提到的利用率不高，与发达国家存在差距以外，至少还存在以下两个问题：

（1）利用途径和方法单一，产品附加值低。我国的高炉渣目前主要用于水泥行业，大约占 70%，而对高附加值产品的生产实践较少；

（2）理论研究与生产实践脱节。一方面，对国内某些含有特殊成分的高炉渣利用的基础研究还不够（如包钢高炉渣中稀贵金属的回收问题，以及攀钢高钛渣的处理问题），使得这些高炉渣的利用率较低；另一方面，虽然在实验室已经利用高炉渣设计并开发出了相关的新产品，但距离工业化生产还存在一定距离。

### 4.4.1 高炉渣的处理方式

高炉渣的利用途径与其处理方式有关，根据熔融态高炉渣冷却速率的不同，可分为以下三种处理方式：

（1）急冷法（水淬法）：熔融态高炉渣在大量冷却水的作用下，急冷形成海绵状浮石类物质；

（2）慢冷法（热泼法）：高炉熔渣在慢冷的情况下形成类石料矿渣，称为块渣或重矿渣；

（3）半急冷法：熔融态高炉渣在半急冷作用时通过专设的成珠设备被击碎，抛甩到空气中，进而再受到空气的冷却作用形成的珠状矿渣，也叫膨珠。

这三种冷却方式在实践中可以通过不同的工艺和设备来实现，下面对其进一步叙述。而对于不同的渣处理工艺，要想获得最大的利用价值，就必须选择相应的资源化利用途径。

#### 4.4.1.1 水淬渣

利用高压水冷却熔融态的高炉渣是目前高炉渣的主要处理方式，根据渣水分离方式的不同，又分为底滤法、拉萨法、因巴法、明特法、图拉法。

##### A 底滤法

底滤法是目前国内采用最多的炉渣处理方法，其工艺过程为：高炉炉渣在冲制箱内用多孔喷头喷射的高压水对其进行水淬粒化，水淬渣流经粒化槽进入沉渣池，沉渣池中的水渣由抓斗抓出堆放在干渣场继续脱水，沉渣池内的水及悬浮物由分配渠流入过滤池，过滤池内铺设砾石过滤层，并设有型钢保护，过滤后的冲渣水经集水管由泵加压送入冷却塔冷却后重复使用。底滤法的优点是：滤池的总深度较低；机械设备少，施工、操作、维修都较方便；循环水质好，水渣质量好；冲渣系统用水可实现 100%循环使用；没有外排污水，有利于环保。其缺点是占地面积大，系统投资也较大。

##### B 拉萨法

拉萨法为英国 RASA 公司与日本钢管公司共同开发的炉渣处理工艺。1967 年在日本福山 1 号高炉（2004 $m^3$）上首次使用。我国宝钢 1 号高炉（4063 $m^3$）首次从日本引进了这套工艺设备（包括专利技术）。拉萨法的工艺流程为：熔渣由渣沟流入冲制箱，与压力水相遇进行水淬，水淬后的渣浆在粗粒分离槽内浓缩，浓缩后的渣浆由渣浆泵送至脱水槽，脱水后水渣外运，脱水槽出水（含渣）流到沉淀池，沉淀池出水循环使用，水处理系统设有冷却塔，设置液面调整泵用以控制粗粒分离槽水位。该法处理后的炉渣量大、水渣质量较好，但该法因工艺复杂、设备较多、电耗高及维修费用大等缺点，在新建大型高炉上已不再采用。

C 因巴法

因巴法水渣处理系统是20世纪80年代初由比利时西德玛（SIDMAR）公司与卢森堡PW公司共同开发的一项渣处理技术。我国首次引进用于宝钢2号高炉（4063 $m^3$）。因巴法的工艺流程为：高炉熔渣由渣沟流入冲制箱粒化器，由粒化器喷吹的高压水流将熔渣水淬成水渣，经水渣沟流入水渣方管、分配器、缓冲槽落入滚筒过滤器，随着滚筒过滤器的旋转，水渣被带到滚筒过滤器的上部，脱水后的水渣落到筒内皮带机上运出，然后由外部皮带机运至水渣成品槽贮存，在此进一步脱水后，运往水渣堆场，滤出的水经处理后循环使用。

国内多座高炉均采用因巴法炉渣处理工艺，在巴法炉渣处理系统中，转鼓过滤器为核心设备，沿圆周方向设有两层不锈钢金属网，网丝较细层在内，起过滤作用；网丝较粗层在外，起支撑作用。鼓内焊有28块金属滤网的轴向叶片（桨片），使水渣随转鼓的旋转呈圆周运动，渣在离心力作用下进行自然脱水，每旋转180°时，水渣即自动落在皮带上输出鼓外。旋转过程中，采用压缩空气和清洗水对滤网进行连续性冲洗，以防滤网堵塞。

因巴法有热INBA、冷INBA和环保型INBA之分。三种因巴法的炉渣粒化、脱水的方法均相同，都是使用水淬粒化，采用转鼓脱水器脱水，不同点在于水系统，热INBA只有粒化水系统，粒化水直接循环；冷INBA粒化水系统设有冷却塔，粒化水冷却后再循环；环保型INBA水系统分粒化水和冷凝水两个系统，冷凝水系统主要用来吸收蒸汽、二氧化硫、硫化氢。与冷INBA、热INBA比较，环保型INBA最大的优点是硫的排放量很低，它把硫的成分大多都转移到循环水系统中。总的来说，因巴法设备制作复杂，维修费用和投资费用较高。

D 明特法

明特法工艺是由首钢与北京明特克冶金炉技术有限公司联合研制开发的，整套系统于2002年7月在首钢3号高炉（2536 $m^3$）上投入运行。其工艺流程：高炉熔渣从渣沟沟头进入冲渣沟，熔融炉渣被粒化箱喷射的高速水流击碎、急速冷却而成水渣，从粒化池下来的渣水混合物落入明特法水渣池中，通过倾斜安装的搅笼机，随搅笼机的转动，将渣从水渣池中徐徐提升上去，达到顶部时翻落下来进入头部漏斗中，在提升过程中实现渣水分离，成品渣经头部漏斗落入下方的皮带上，水由重力作用回流入渣池中，渣池中有一部分浮渣，经溢流槽流入过滤器中筛斗，通过筛斗中的筛网实现渣水分离，成品渣则留在筛斗中，水则透过筛网流入回水槽中。随着脱水器的旋转，筛斗中的渣徐徐上升，达到顶部时翻落下来进入受料斗，通过受料斗下方的管道，用高压水将渣冲入渣池中，再经搅笼机进行脱水。经过滤器过滤后的水，流入渣池进行进一步的过滤，然后进入吸水井经泵打入冲制箱。明特法相对其他的水渣处理方法而言，其占地和投资都较小。

E 图拉法

图拉法首次在俄罗斯图拉厂 2000 $m^3$ 高炉上应用，故称其为图拉法。1998 年 9 月建成投产的唐钢 2560 $m^3$ 高炉，引进了三套图拉法处理装置，运行状况良好。与其他水淬法不同，该法在渣沟下面增加了粒化轮，炉渣经渣沟流嘴落至高速旋转的粒化轮上，被机械破碎、粒化，粒化后的炉渣颗粒在空中被水冷却、水淬，渣粒在呈抛物线运动的过程中，撞击挡板被二次破碎，渣水混合物落入脱水转鼓的下部，继续进行水淬冷却。脱水过程采用圆筒形转鼓脱水器，脱水器下方的热水槽需保持一定水位，以确保炉渣的冷却效果。水经溢流装置进入分为两格（一格为沉渣池，一格为清水池）的循环水池。循环水池底部沉渣，由提升装置或渣浆泵打到转鼓脱水器内进行脱水。熔渣粒化、冷却过程中产生的蒸汽和有害气体混合物由集气装置收集，并通过烟囱向高空排放。

图拉法水渣处理工艺与其他水渣处理工艺相比，具有系统安全性高、环境保护好、节能（循环水量小，动力能耗低）、成品渣含水率低、质量好、系统作业率高、设备结构简单、检修维护方便、设备重量轻、占地面积小、投资低、机械化和自动化程度高等优点，是一项值得大力推广的新技术、新工艺。该工艺必将成为我国大中型高炉首选的高炉熔渣处理方法，具有非常广阔的应用前景。

4.4.1.2 *重矿渣*

重矿渣又称干渣。干渣法或热泼法是将高炉渣放进干渣坑用空气缓慢冷却，并在渣层面上洒水，采用多层薄层放渣法，冷后破碎成适当粒度。该方法对环境的污染较为严重，且资源利用率低，现在已很少使用，一般只在事故处理时，设置干渣坑或渣罐出渣。

4.4.1.3 膨珠

膨珠全称为膨胀矿渣珠，该工艺开始于 20 世纪 50 年代，国外已有 20 多座高炉如法国敦刻尔克高炉（2700 $m^3$）采用这种工艺。20 世纪 80 年代我国的首钢、北台、承钢、鞍钢等均采用过矿渣膨珠工艺。工艺流程如下：熔融高炉渣经渣沟流至膨胀槽，与膨胀槽上的水进行激烈的热交换。熔渣将其热量传给水，水受热汽化，瞬间产生大量的蒸汽，使渣水之间形成具有一定压力的气相层。在气压的推动下，部分蒸汽克服表面张力的内部质点的阻碍进入熔渣，并以气泡的形态存在其中。与此同时，熔渣将其热量传给水后，其温度也迅速下降。膨胀后的含气熔渣流向高速旋转的滚筒，在滚筒叶片的打击下，熔渣被分割、击碎、粒化，并做斜上抛运动。渣粒又在空中急冷，在飞溅过程中，由于表面张力的作用，渣粒形成渣珠，渣内气泡形成微孔。落地时，温度降至800~900 ℃，最后生成渣产品膨珠。膨珠质轻、面光、自然级配好，吸音、隔热性能好。膨珠作粗细骨料配加水泥和粉煤灰时，制成的混凝土强度好、容重轻、保温性能好、弹性好、成本低，可以作内墙板、楼板等，被广泛用于建筑行业。

### 4.4.2 高炉渣资源化利用现状

如前所述，高炉渣的回收利用与其处理的方式密不可分，其中一个重要的原因就是冷却制度对炉渣产品性能有很大的影响，急冷和缓冷会得到物理性能截然不同的渣产品，从而会被应用于不同的新产品制备。此外，对于目前有些新产品的制备，还必须改变现有的高炉渣处理方式，才能获得一定的经济价值。下面对目前现有的高炉渣资源化利用的工业化生产及实验室研究现状进行总结和汇总。

#### 4.4.2.1 高炉渣在建筑行业的应用

A 水淬渣生产矿渣水泥

水淬渣由于冷却速度快，来不及结晶，其内部含有大量的玻璃相，因此具有较高的潜在胶凝活性，在水泥熟料、石灰、石膏等激发剂作用下，可显示水硬胶凝性能，是优质的水泥原料。此外，由于水淬渣价格低廉、原料丰富，既可以作为水泥混合料使用，也可以制成无熟料水泥等，可有效降低水泥生产成本、节省矿石资源。根据激发剂的不同，可以分为以下三种矿渣水泥。

a 矿渣硅酸盐水泥

矿渣硅酸盐水泥是用硅酸盐水泥熟料与粒化高炉渣再加入3%~5%的石膏混合磨细或者分别磨后再加以混合均匀而制成的。水渣在磨细前必须烘干，但烘干温度不可太高（不应超过600 ℃），否则会影响水渣的活性。制成的矿渣水泥与普通水泥比较，具有水化热低、密实性好、抗硫抗碱腐蚀性能好等优点。另外，利用高炉渣生产矿渣硅酸盐水泥，还可以明显减轻水泥生产行业的环境污染，具有良好的社会效益，据统计，每生产 1 t 水泥熟料就要向大气排放约 0.5 t 的 $CO_2$，采用水渣代替水泥熟料，每吨水泥生产可减少上百公斤的 $CO_2$ 的排放，为我国 $CO_2$ 减排做出突出贡献。当前，利用高炉渣生产矿渣硅酸盐水泥已是一项比较成熟的技术。目前我国85%以上的高炉渣用于生产矿渣硅酸盐水泥，大约80%的水泥中掺有高炉水渣，矿渣硅酸盐水泥中矿渣的掺入量在20%~70%，普通水泥中也掺有6%~15%的矿渣。

b 石膏矿渣水泥

石膏矿渣水泥是将干燥的水渣、石膏和硅酸盐水泥熟料或石灰按照一定的比例混合磨细或者分别磨细后再混合均匀所得到的一种水硬性胶凝材料。在配置石膏矿渣水泥时，高炉水渣是主要的原料，一般配入量可高达80%左右，石膏在石膏矿渣水泥中属于硫酸盐激发剂，它的作用在于提供水化时所需要的硫酸钙成分，激发矿渣中的活性，一般加入量以15%为宜。少量硅酸盐水泥熟料或石灰属于碱性激发剂，对矿渣碱性起到活化作用，能促进铝酸钙和硅酸钙的水化。

这种石膏矿渣水泥的成本较低，具有较好的抗硫酸盐侵蚀和抗渗透性，适用于混凝土的水工建筑物和各种预制砌块。

c 石灰矿渣水泥

石灰矿渣水泥是将干燥的粒化高炉炉渣、生石灰或消石灰及5%以下的天然石膏，按适当的比例配合磨细而成的一种水硬性胶凝材料。石灰的掺加量一般为10%~30%，它的作用是激发矿渣中的活性成分，生成水化铝酸钙和水化硅酸钙。石灰掺入量太少，矿渣中的活性成分难以充分激发；掺入量太多，则会使水泥凝结不正常，强度下降和完全性不良。石灰的掺入量往往随原料中氧化铝的含量的高低而增减，氧化铝含量高或氧化钙含量低时应多掺石灰。

石灰矿渣水泥可用于蒸汽养护的各种混凝土预制品中，以及水中、地下、路面等无筋混凝土和工业与民用建筑砂浆等领域。

B 水淬渣生产矿渣微粉

高炉矿渣微粉是将水淬粒化的高炉渣经干燥，并配加少量助磨剂后进行粉磨至相当细度（比表面积在420 $m^2/kg$以上）且符合活性指数要求（产品7天的活性止水大于75%）的粉体。矿渣粉是优质的高性能混凝土矿物掺和料和水泥混合材，具有超高活性，是当今世界上公认的配制高耐久混凝土结构的首选混合材料。矿渣粉能显著地增加混凝土的流动性，提高混凝土的密度和强度，改善内部结构，使其长期保持良好的力学性能，降低水化热峰值，延迟水化热峰值出现的时间，从而减少温差裂缝的产生。混凝土中矿渣粉可等量替代15%~60%水泥，在粉煤灰、矿渣粉双掺时矿渣粉依然可等量替代30%~40%的水泥。

我国矿渣粉的规模工业化生产起始于1996年，矿渣粉生产工艺从最初的振动超细磨系统、球磨机系统发展为现在的大型进口立磨系统，生产技术装备大大提高。据中国钢铁工业协会的统计，2012—2013年，我国重点大中型钢铁企业建成投产高炉渣和钢渣微粉生产线90余条，分别新增5400万吨/年高炉渣利用能力和870万吨/年钢渣尾渣利用能力，截至2013年底，全国已经建成微粉生产线408条，年处理高炉渣、钢渣2.4亿吨，为钢铁渣的大宗利用奠定了基础。宝钢所生产的高炉渣微粉在上海磁悬浮路桥、卢浦大桥、上海科学馆、洋山深水码头等工程中都有应用，而且还作为混凝土混合料用于长江隧道工程。总之，高炉渣制备矿渣微粉技术已经非常成熟，而且对高炉渣的消耗量大，产品的附加值加高，具有可观的经济和社会效益。

若将高炉渣微粉进一步细磨，还可以得到超微粉，将高炉渣进一步粉碎成颗粒直径只有1~3 μm（比表面积15000~10000 $cm^2/g$）的超微粉。该粒级的粉末可以应用于集尘灰处理，由于城市垃圾焚烧炉中所排出的集尘灰和焚烧残渣中含有重金属等有害物质，在填埋处理时防止重金属溶出是一项必须研究的课题。住友公司和住友重机公司共同开发出一种可以稳定处理集尘灰和熔融灰（即固定重金属）的、以超微粉末为主要原料的固化剂。高炉渣超微粉末作为高流动性混凝土的混合材料，已经达到了实用化的程度。但是，比表面积超过 10000 $cm^2/g$ 的高炉渣超微粉末及高流动性混凝土的研究报告尚未见报道。

C 水淬渣生产砌砖

水淬渣具有显著的水硬性潜能，通过添加特定的激发剂，能够促使其发生水化反应，进而展现出卓越的强度特性。利用水淬渣、石灰、粉煤灰等原材料，经过精细研磨并加入适量水分，成型后便可制作出优质的免烧砖。这种环保型的免烧砖不仅可以有效地替代用煤烧制的传统黏土砖作为建材，而且有助于节能减排和资源循环利用，实现了经济效益与环保效益的双重提升，真正做到了绿色可持续发展。

攀钢采用水淬高炉渣为细集料，重矿渣为粗集料，配以胶凝材料和水等制作矿渣砖，并研究了各种工艺参数对制砖性能的影响。结果表明采用蒸养工艺可以生产出高标号的矿渣砖，可使矿渣砖中矿渣的掺量达到 80%以上，为攀钢高钛型高炉渣的利用开辟新的途径。

包钢以水淬渣、粉煤灰为主要原料研制空心砌块，为高炉水淬渣用于生产水泥原料过剩时寻找到新的利用途径。试验结果表明砌块强度满足 75 号混凝土砌块的要求。

新余钢铁公司、湘潭钢铁公司以钢渣、高炉渣加适量添加剂制取砌块制品，成品性能良好，符合工业与民用建筑需要，每年可消耗钢渣、高炉渣数十万吨，并产生良好的经济效益。

D 高炉渣制备微晶玻璃

微晶玻璃是将特定组成的基础玻璃在加热过程中通过控制晶化而得到的一类含有大量微晶相和玻璃相的多晶固体材料。微晶玻璃应用广泛，如用于高温炉具材料、建筑装饰材料、电子元件材料、医用生物材料、精密机械部件等。采用工业矿渣制备的微晶玻璃可代替天然石材和黏土矿资源，避免矿物开采造成的环境污染。同时矿渣微晶玻璃为绿色材料，放射性远小于天然石材。此外，矿渣微晶玻璃还具有很高的耐磨性，强度高，耐热性和耐蚀性好，绝缘性良好，且成本低廉。目前，微晶玻璃板材已成为欧、美、日本等中高档建筑装饰、制作电磁炉和微波炉等耐高温炉的理想材料。国外早在 20 世纪 60 年代，就开始了高炉渣微晶玻璃的开发研究，如俄罗斯等以高炉渣为主要原料，添加适当辅助原料，成功生产出性能优良的高炉渣微晶玻璃，此外英国帝国理工学院的研究人员也在这方面做了大量的工作，取得了显著的成绩。我国矿渣微晶玻璃的研究开始于 20 世纪 80 年代，之后开始有工业化生产，但与发达国家相比还有不少差距，如技术不成熟，产品常出现色斑、色差、炸裂、气泡或变形等缺陷，成品率低，难以大规模化，还有很多技术问题需要解决。

矿渣微晶玻璃的制备传统上有两种方法，一是熔融法，二是烧结法。对熔融法而言，若是采用水渣配加其他添加料重新熔制来生产矿渣微晶玻璃依旧是高能耗产业，并不具有明显的优势，因此必须改变目前的高炉渣处理工艺，对高炉渣进行高温调质、调温处理，然后成型→核化→晶化，进而生产矿渣微晶玻璃板。烧结法也同样需要增加调质调温炉，然后水淬得到成分适合烧结法的玻璃熔块。

近年来，我国加大了对高炉渣微晶玻璃的研究力度，一些高校、钢铁企业也成功试制了高炉渣微晶玻璃，如安徽工业大学以45%~55%的高炉水渣为主要原料，晶核剂采用廉价的萤石及二氧化钛，在1300 ℃下直接熔融，试制琥珀色、玉白色两种装饰效果较好的微晶玻璃。安阳钢铁集团以90%~95%的高炉渣、5%~10%的添加剂（长石、黏土等）为配方，采用粉碎→配料→混合→压制成型→烧结工艺，在1120~1200 ℃下保温2 h，试制微晶玻璃。盐城工学院以55%高炉渣和废玻璃粉为主要原料，以 $TiO_2$ 为形核剂，采用一次烧结法试制成微晶玻璃。喀什师范学院采用新疆高炉渣配加钾长石为助熔剂，利用直接烧结法制备出主晶相为钙镁黄长石的矿渣微晶玻璃，并对钾长石的引入量对矿渣微晶玻璃性能的影响进行了研究。这些研究中，高炉渣加入量均达到了50%~95%，利用率较高，提高了高炉渣的附加值，但是若能解决熔融态高炉渣的调质调温难题，将具有十分重要的意义。

E 高炉渣生产泡沫玻璃

泡沫玻璃是一种整体充满微小气孔的玻璃质绝热吸音材料，与有机质保温保冷材料相比，泡沫玻璃具有完全不燃烧性；与一般无机质保温保冷材料相比，它具有不吸水、不吸湿及物理性能稳定等优良特点，既可以用在建筑物的地、墙和房顶上作为隔热砖和隔热板，又可以用在石油化工等方面的保冷，还因其耐酸隔热性可以用作各种烟囱的内衬，还可以用在其他如磨料、浮标等特殊方面。传统用于生产泡沫玻璃的原料主要是废玻璃和天然浮石及火山灰等，北京科技大学的研究人员采用废玻璃和高炉渣作为基础原料，以碳酸钠作为发泡剂进行了泡沫玻璃的制备，研究表明，掺入高炉渣的配合料比纯玻璃粉的配合料更易发泡，烧成温度更低，在800~900 ℃就制备出性能较好的泡沫玻璃，以10%的炉渣加入量最好。

F 高炉渣生产多彩铺路砖

日本钢管公司曾利用高炉水渣多孔的特性，使无机颜料渗透到气隙中，再加入丙烯聚合物以防止颜料溶出，从而开发出彩色砂料。我国重庆大学通过对南京钢铁有限公司生产的高炉渣、钢渣、电炉渣等利用现状进行初步分析后，为了提高现有高炉渣的利用价值，提出将高炉渣、转炉渣、电炉渣、黏结剂和光亮剂等原料混合后，进行浇注、静凝、脱模、养护，生产出广场多彩砖（绛红色、绿色、蓝色、黄色彩砖)，矿渣多彩砖光泽度高、耐磨性好、强度高，价格低廉，美观，适合于人行道、广场大范围使用。

G 高炉渣制取矿渣棉和岩棉

矿渣棉与岩棉都属于保温材料，大多数情况下，对这两个名词并不做区分，可以混用。矿渣棉制品可耐 700 ℃的高温，还具有质轻、耐氧化性能好、电绝缘性能好、不腐蚀金属等优点，可加工成保温板、保温毡、保温筒、保温带、耐火板等。我国虽然早就开始开发用高炉渣生产矿渣棉的技术，但主要使用冷态高炉渣重熔后调质来生产矿渣棉，特别是使用冲天炉时，还需要使用焦炭，这样的工艺路线生产成本高，从而影响了其推广应用。近年来，我国的一些企业和研究院开始研究直接使用热态熔融高炉渣来生产矿渣棉的技术，这样可直接利用部分高炉渣显热，有利于降低生产成本。

岩棉可被广泛用于住宅、大厦等普通建筑物以及管线的保温、船舶的耐火隔墙、机械室的隔音材料，是很好的节能和减排材料。岩棉用作住宅隔热材料具有非常优良的隔热性，使用起来安全，不影响健康，并具有防潮、隔音、防火等性能。日本 JFE 成功开发了直接使用热态高炉渣作为主要原料制取岩棉的技术，他们生产的岩棉以高炉渣、玄武岩及其他天然矿物为主要原料，在 1500～1600 ℃熔融后，用离心力、压缩空气喷吹等制成纤维化的非晶质（玻璃质）人造矿物纤维，平均直径为 3～5 μm。该岩棉厂位于钢铁厂内，通过热装料直接使用 1400 ℃左右的高温熔融高炉渣，通过铁路运送到岩棉厂后，供给电炉，升温至 1500 ℃以上后，进行成分调整等处理。我国广州钢铁有限公司也研究了利用熔融状态的高炉渣配加适量玄武岩矿石制造玄武岩棉的可行性，结果证明是可行的。并发现以 60%的高炉渣配加 40%的玄武岩可以制成玄武岩棉。

我国目前具有一定规模的矿棉生产厂家百余家，年设计生产能力约 50 万吨。矿棉生产水平还普遍较低，除少数大型生产企业有较为完善的质量保证体系，产品质量接近或达到国际先进水平外，很多中小型厂家产品质量稳定性低，品种单一，易分层、抗压性、施工性与其他建筑材料的结合性不理想，与国外同类产品比有一定差距；此外我国矿渣棉的应用范围也较不合理，在我国，矿棉主要用于工业保温，只有 10%的矿棉用于建筑业，而国外矿棉制品 80%～90%用于建筑业。因此，矿渣棉生产技术在我国的普及与发展不仅会为冶金企业带来降本增效，同时将大大推动我国的建筑行业，为开发和普及节能、保温建筑，改善人民生活条件起到推动作用。据估计，矿棉市场发展空间大，潜在需求量高达数百万吨，市场缺口较大，特别是利用熔融态高炉渣一步法生产矿渣棉制品，并用于建筑行业将会取得良好效益。

H 重矿渣在建材领域的应用

高炉重矿渣虽然在我国的产量并不多，但也有其用途，主要用于以下三个方面。

a 用于生产水泥的原料

跟水淬渣一样，重矿渣的化学成分和水泥的成分类似，可以代替石灰石提供 CaO，以及代替黏土提供 $SiO_2$ 和 $Al_2O_3$，减少天然矿物原料的用量，而且由于高炉重矿渣中含有一些水泥矿物或者水泥形成的中间矿物，还减少了石灰石和黏土煅烧时分解所需要的能耗；另外矿渣中含有一些水泥的矿物，在水泥熟料矿物的形成过程中可起到晶种的作用，改善了生料的易烧性。

b 用作人工地基

重矿渣可被应用在处理软弱地基工程上，作为人工地基。这是因为高炉重矿渣具有足够的强度，弹性模量较大，稳定性好，能提高持力层的承载力，减少地基变形量，加速地基的排水固结，用高炉重矿渣作地基层处理软土地基，较之深层搅拌法、灌注桩等方法，可以大大降低地基处理费用，同时缩短地基的工期，具有较好的社会和经济效益。

c 作筑路材料

重矿渣具有 2~3 级石料的力学强度，耐磨性能也不次于石灰岩，可作筑路材料。不过，用来作路基垫层的重矿渣应该选择多年的陈渣，以免安定性不好。和其他材料相比，矿渣作修筑各种道路的基层，除了具有较高的抗折能力，由于矿渣的吸水率大，隔热性能好，其抗水和抗冻性能好。重矿渣碎石被用作铁路道碴，称为矿渣道碴，应用时要严格控制矿渣道碴中渣粉含量，施工中要避免矿粉集中，以避免铁道道床板结。

I 膨珠用于人工轻骨料

随城市建设的发展，对建筑质量、保温隔热等功能有了更高的要求，当前国内外建筑行业的主导方向是发展轻度、高强、节能的多功能新型墙材料。膨胀矿渣珠（膨珠）的体积密度在 400~1400 $kg/m^3$，外观一般呈球形或椭圆形，粒径集中在 2.5~5.0 mm，颜色有灰白、棕色或深灰色，表面有一定光泽，主要物相为玻璃体，气孔约占 45%~50%，此外，膨珠质轻、面光、自然级配好，吸音、隔热性能好，而且由于胀珠内孔隙封闭，吸水少，混合干燥时产生收缩就很小，这是天然浮石等轻骨料所不及的，是一种理想的人工建筑轻骨料，用于轻混制品及结构，如块、楼板、预制墙板等。用膨珠作粗细骨料配加水泥和粉煤灰制成的混凝土强度好、容重轻、保温性能好，而且，弹性好、成本低，广泛用于建筑业。膨珠与水渣具有相同的化学成分与矿物组成，玻璃体含量均在 90%以上，具有相同的活性，相近的易磨性，可代替水渣作水泥混合料使用，而且膨珠含水率低，可取消烘干工序，降低了运输费用。此外，膨珠也可用作公路路基材料。

4.4.2.2 高炉渣在农业和生态领域的应用

A 高炉渣用于去除有害元素

a 去除污水中的 S 和 P

高炉水淬渣是一种多孔质硅酸盐材料，对水中杂质有较好的吸附性能。研究表明，用废酸处理得到的矿渣混凝剂具有化学吸附、物理吸附的双重作用，在污水处理技术中使用已有多有报道。

例如可应用其物理吸附特性来去除污水中的S和P。在去除S的过程中，除物理吸附外，渣中含Fe、Mg和Ca等元素的物质可以与硫化物反应，进一步深化处理硫化物，且具有投资少、处理成本低、效果明显等优点。对于污水中的P而言，由于高炉渣中的Ca、Mg等离子可与溶解性的磷酸根形成沉淀物，并且高炉渣细小多孔性结构能吸附此类沉淀物而达到去除P的效果，工业应用之一是微动里砂滤器。

b 脱除烟气中的S

高炉渣钙含量较高、含有多种活性组分、结构松散、比表面积大，可以作为脱硫剂。宁波东方环保设备有限公司开发出了以高炉渣为主要原料作脱硫剂的技术，称为DS-$SO_2$烟气治理技术。工业试验证明，脱硫率达到95%以上，而且该技术脱硫后的副产物经过适当加工可以制成“硫硅配方肥”，用于土壤改良及盐碱地的改造。此外，该技术还可应用于烧结脱硫工艺，脱除烧结尾气中的硫。

B 高炉渣生产硅肥以及土壤改良剂

硅肥是一种含硅酸钙为主的微碱性、枸溶性矿物肥料。它具有无毒、无臭、无腐蚀、不吸潮、不结块、不变质、不易流失等特点，其对农作物的有益效果非常明显，已被公认为是继N、P和K之后的第四大肥料元素。这是因为Si是农作物生长所需要的重要营养元素，农作物吸收Si后能促进根系生长发育，提高抗倒伏、抗病虫害、抗旱、抗寒和养分吸收的能力，并能够改善农作物品质，符合现代“绿色食品”发展的要求。

水淬高炉渣中大部分硅酸盐是植物容易吸收的可溶性硅酸盐，因此水淬矿渣是一种很重要的钙硅肥料，还可以用作改良土壤的矿物肥料、农药的载体、被污染（有机物、重金属等）的土壤的生态修复材料，也可用于土壤的pH调节剂、微生物载体等方面。国内利用工业固体废弃物生产硅肥，主要原料可来自高炉渣水、磷酸生产废渣、电厂粉煤灰及废玻璃等，其中大部分小型硅肥厂都是利用磷渣或粉煤灰为原料，只有少数利用高炉渣为原料生产硅肥。其原因在于以下几个方面：（1）我国对基础建设投入加大，水泥和混凝土需求发展较快，高炉渣用作建筑原料需求量大，减少了高炉渣在其他原料应用的开发研究；（2）国内高炉渣硅肥中有效成分较低，储存和运输易造成有效成分损失，一般就地生产和销售，受到地域限制；（3）由于工艺上的原因高炉渣硅肥施肥时有粉尘污染。因此我国高炉渣硅肥发展缓慢。根据统计推算，我国长江流域70%土壤缺硅，黄淮海地区及辽东半岛约一半土壤缺硅。在我国，硅肥的年需要量3000万~4000万吨，而我国硅肥年生产能力在100万吨以上，生产厂还主要集中在个别省份，产能分散，距离硅肥需求还有巨大市场空间和发展潜力，而利用高炉渣生产硅肥，即利用消耗了高炉渣又有良好经济效益，并促进农业发展，是高炉渣综合利用的一条新途径。

C 高炉渣用于无土育苗基质

无土育苗是指利用泥炭、岩棉、沙砾、珍珠岩、蛭石及其他基质或单纯采用营养液而不用天然土壤来进行育苗的方法。高炉渣的性质与沙相近，且优于沙。但由于高炉渣的容重偏大，pH 值显碱性，且透气保水保肥性能较差，并不适宜直接单独使用。所以，为了得到理想的育苗效果，高炉渣必须与其他常用基质混合使用以弥补理化性质上的不足。辽宁科技大学采用混合基质培养方式，选用泥炭与高炉渣混合配制成基质进行黄瓜无土育苗实验。混合后既可以消除高炉渣容重过大的缺点，又能够避免 pH 显弱碱性造成的不良影响。高炉渣用于无土育苗，不会对环境造成二次污染，是目前最为环保的一种高炉渣再利用方式，且最为实用，经济效益凸显。

D 高炉渣用于海水治理

近年来，我国近海海域的海洋生态环境受到不同程度的污染和破坏，天然藻场大面积退化，渔业资源衰退加剧。有关专家认为，基于高炉渣的物理、化学性质及组成，可将其用于建设人工藻场，这对恢复受损的海洋生态系统具有十分重要的意义。

a 用作覆砂材料

在污染严重的海域，海底污泥释放出的 N、P 等营养盐和 $H_2S$ 容易引发海水富营养化和赤潮、青潮等海洋灾害。研究人员发现，将高炉渣覆盖在海底污泥上，对于促进底泥污染物的分解和海水水质的净化起到积极作用。(1) 抑制 $H_2S$ 产生，防止青潮爆发；(2) 向海水供给硅酸盐，预防赤潮爆发；(3) 提高底栖生物多样性；(4) 吸收海水中的磷酸盐，治理海水富营养化。将高炉渣作为覆砂材料可以有效降低海水的磷酸盐含量，治理海水富营养化，预防赤潮发生。

b 建设人工藻场

高炉渣可以用于建设人工藻场，这是因为：(1) 高炉渣碳酸固化体及附生其上的大型海藻均可吸收 N、P 等营养盐，起到净化水质、减轻海水富营养化的作用，预防赤潮爆发；(2) 高炉渣碳酸固化体不仅能向海水提供 Fe、Si 等营养元素，而且能使海水中营养元素的浓度比更接近于海洋中浮游植物生长的最适比例，促进浮游植物生长繁殖，提高海洋初级生产力；(3) 高炉渣比天然海砂更适合多种底栖生物繁衍生息，通过促进底栖生物固定营养盐、分解有机物，使海底底质得到净化；(4) 生长迅速的大型海藻具有极高的初级生产力，为初级消费者提供了丰富的食物，同时也吸引了大量以藻食动物为食的捕食者。藻场还为海洋生物提供了附着基质、繁殖场所和逃避敌害的场所。所以，将高炉渣用于藻场建设对生态环境的恢复有重要的意义。

#### 4.4.2.3 高炉渣在其他领域中的应用

##### A 高炉渣制备地聚合材料

地聚合材料是近30年来发展起来的一类新型无机非金属材料。此类材料是以黏土、工业废渣、矿山尾渣、粉煤灰等固体废弃物为主要原料，通过适当工艺在低温下（通常低于150 ℃）合成的一类高性能无机高分子聚合物。与普通硅酸盐水泥相比较，具有高强、早强、耐酸碱、低渗透、低收缩、低膨胀、低导热、耐高温、耐久性好等优点，其制备过程具有节能，对环境无污染的“绿色”特点。河北大学以粉煤灰、高炉渣、偏高岭土为主要Si-Al原料合成了一系列的聚合材料。此材料的结构呈非晶态或半晶态，原料中的粉煤灰、高炉渣和偏高岭土中的硅铝物质在碱的激发下生成新的硅铝酸盐聚合物，研究表明碱激发剂的含量对产品的抗压强度有一定的影响，需要找到合适的配比。

##### B 高炉渣制备塞隆陶瓷

塞隆陶瓷是一种$Si_3N_4$的固溶体。具有很高的硬度、韧性与强度，接卸性能优良，是一种具有广阔应用前景和发展前途的工程材料。传统制备工艺是以$Si_3N_4$、AIN、$Al_2O_3$为原料，与一些添加剂在高温下通过液相熔融烧制而成，原料与制作成本较高，限制了其推广应用。近几年，中国科学院上海陶瓷研究所与日本产业技术综合研究所及奥地利莫纳什大学合作进行了利用高炉渣制取低成本塞隆陶瓷材料的研究，具体过程如下：将高炉渣磨成粉，并与Si粉，Al粉及用作晶种的少量$Si_3N_4$和AIN粉混合，放进石墨坩埚内，上面盖上一层钛粉，连接钨加热线圈点燃钛粉，使之在高温下发生自蔓延合反应，整个过程在高压$N_2$密封柜里完成，然后将生成的粉研磨8 h，并在$N_2$气氛下，压力为20MPa，温度为1750 ℃进行热压烧结1 h塞隆陶瓷。利用高炉渣制备塞隆陶瓷，应用前景良好，目前已经试制成功性能优良的滚珠轴承和陶瓷贴片，从而降低了同类产品的生产成本，提高了市场竞争力，大幅度提高了高炉渣的利用价值。

##### C 水淬渣制备连铸保护渣和中间包覆盖剂

连铸保护渣是以$CaO-SiO_2-Na_2O-CaF_2-Al_2O_3-MgO$为基料、碳质材料为骨架的一种硅酸盐材料，在连铸生产过程中，当连铸保护渣加入到结晶器钢液面上时，迅速在钢液面上形成熔渣层、烧结层和粉渣层，整个渣层厚度30~50 mm。保护渣的理化性能对保证连铸生产、钢坯质量有重要的影响。东北大学为提高高炉水渣的在厂区内部回收利用水平，实现高炉水渣的厂内循环，就地取材，以宝钢高炉水渣为原料，通过配入助熔剂（硅灰石、萤石、纯碱、人造冰晶石），制备连铸保护渣基料，全面研究连铸保护渣的熔化温度、黏度、凝固温度和夹杂物吸收速率，为研究开发环保型连铸保护渣提供了理论依据。

高炉渣还可以用作中间包覆盖剂的基料。中间包覆盖剂原材料的基本成分大多以硅酸盐$SiO_2-CaO-Al_2O_3$为基础，为了保护中间包包衬，还需加入适量的

MgO。因此，中间包覆盖剂的基料，与高炉渣的化学成分相似，但高炉渣的利用率仅为 30%~50%，所以，需要进一步研究与探讨，大幅度提高高炉渣利用率。

D 水淬渣生产水合二氧化硅

水合二氧化硅是橡胶重要的添加剂，其市场需求量较大，利用高炉水淬渣生产水合二氧化硅具有较高的附加值。莱芜钢铁股份有限公司利用高炉水渣的特性，对其进行预处理改性后，进行酸溶、调制、水解、分离、除杂、聚合凝胶、干燥等操作，制备出结构上含有羟基的综合水合二氧化硅。整个工艺实现了高炉渣全组分的利用，极大提高了高炉渣的利用价值。并在生产过程中可以有效利用冶金行业中回收的硫酸、氨水、余热等，具有较好的综合经济效益和环保效益。

# 5 未来炼铁发展趋势

未来炼铁发展趋势将受到多种因素的影响，但技术进步、环保要求和市场需求和产业链协同等因素将是主要驱动力：

（1）技术进步：随着科技的不断进步，炼铁技术也将不断更新和升级。例如，高炉炼铁技术可能会进一步优化，提高冶炼效率和铁水质量。同时，新的炼铁技术，如直接还原铁技术、熔融还原技术等，也可能会得到更广泛的应用。

（2）环保要求：随着全球环保意识的提高，炼铁行业的环保要求也将越来越严格。未来，炼铁企业需要加强环保治理，采用更加环保的炼铁技术和设备，减少污染物排放，实现绿色生产。

（3）市场需求：市场需求是影响炼铁发展趋势的重要因素之一。未来，随着经济的发展和人口的增长，钢铁市场需求可能会继续增加。同时，市场对钢铁产品质量和性能的要求也可能会不断提高。因此，炼铁企业需要密切关注市场需求变化，加强产品质量管理和技术创新，提高市场竞争力。

（4）产业链协同：未来，炼铁企业需要与上下游企业加强合作，实现产业链协同。通过优化原料采购、物流运输、产品销售等环节，降低生产成本，提高整体效益。

炼铁企业需要加强技术创新和管理优化，适应市场需求变化，实现绿色、高效、可持续发展。

## 5.1 清洁高效炼焦技术

（1）焦炉大型化技术。焦炉大型化是炼焦技术发展的总趋势，大型焦炉在稳定焦炭质量、节能环保等方面具有不可取代的优势。十多年来，我国在大型焦炉运用和改造过程中，解决了诸多技术管理难题，积累了丰富的实践经验。2006年6月，山东兖矿国际焦化公司引进德国7.63 m顶装焦炉投产，拉开了中国焦炉大型化发展的序幕。此后中冶焦耐公司开发推出的7 m顶装、唐山佳华的6.25 m捣固焦炉，以及目前已研发出炭化室高8 m特大型焦炉，实现沿燃烧室高度方向的贫氧低温均匀供热，达到均匀加热和降低 $NO_x$ 生成的目的，标志着我国大型焦炉炼焦技术的成熟，焦炉大型化也是必由之路。

（2）焦炭性能评价及生产技术进展。传统的焦炭热性能试验方法，已经不适合评价现代喷吹煤粉高炉用焦炭，因此提出了新的焦炭热性能评价方法-高反应性焦炭热性能评价新方法。在此理论指导下，宝钢在八钢配煤中将艾维尔沟煤的配比大幅提高，达到62%，生产出的焦炭仍然能够满足2500 $m^3$ 高炉的生产要求。焦炭传统热性能CRI高达58%，CSR最低只有13.5%，远远突破了高炉对传统焦炭热性能的极限要求。

(3) 兰炭/提质煤应用技术。兰炭/提质煤是采用弱黏结性煤或不黏煤经中低温干馏而成，具有低硫、低磷和价格低廉的优势。炼铁工作者对于将其作为高炉喷吹、烧结燃料和焦丁替代品入炉的技术进行了深入的研究，形成了一套兰炭/提质煤在炼铁领域高效应用的技术方案。开发了兰炭/提质煤用于炼铁工序的调控技术，解决了喷吹可磨性偏低、烧结燃烧速率过快和替代焦炭强度偏低的技术难题，推动了煤炭资源的梯级利用和钢铁企业节能减排。同时我国炼铁技术人员提出了高炉喷吹燃料有效发热值的概念，研发了新一代高炉喷煤模拟实验装置，开发了基于有效发热值的高炉喷吹燃料经济评价与优化搭配软件，解决了兰炭/提质煤与喷吹煤混合喷吹时的燃料优化选择的技术难题。建立了兰炭运用于高炉、烧结的经济评价模型，开发了“喷煤-烧结-高炉配加兰炭经济核算系统”软件，科学预测兰炭在炼铁领域运用的经济效益；制定了兰炭用于高炉喷吹、烧结和替代焦炭的技术规范及相关标准。该成果已在包钢、酒钢、新兴铸管等国内知名企业推广和运用，给钢铁企业带来1.47亿元的经济效益，对国内钢铁行业节能减排具有重要意义。

(4) 捣固焦技术。为弥补炼焦煤和肥煤的不足，用非焦煤置换部分焦煤，用一定压强的捣锤加压炼焦配煤，然后从侧面装入碳化室干馏得到捣固焦。采用捣固焦技术，可以多配入高挥发分煤及弱黏结性煤，扩大炼焦煤源，降低成本。与顶装焦相比，入炉煤堆积密度大幅提高，煤粒间接触致密，使结焦过程中胶质体充满程度大，减缓气体的析出速度，从而提高膨胀压力和黏结性，使焦炭结构变得致密。用同样的配煤比焦炭质量会有明显改善和提高，$M_{40}$提高3%~5%，$M_{10}$改善2%~3%。我国长治、南昌、攀钢、大冶相继建成了捣固焦炉，生产捣固焦用于1000 $m^3$ 高炉。而涟源和中信集团在铜陵建设的捣固焦炉，生产的捣固焦可用于3200 $m^3$ 高炉。我国已建成的炭化室高6.25 m的捣固焦炉，为当前中国乃至世界上炭化室高度最高、单孔炭化室容积最大的大容积捣固焦炉。

## 5.2 节能环保烧结生产技术

(1) 烧结设备大型化。进入21世纪以来，随着钢铁工业的迅速发展，我国铁矿烧结技术无论是在烧结矿产量、质量，还是在烧结工艺和技术装备方面都取得了长足的进步。这期间建成投产的大型烧结机都采用现代化的装备，设置较为完善的过程检测和控制项目，并采用计算机控制系统对全厂生产过程进行操作、监视、控制及管理，工艺完善，高度自动化。尤其近些年，中国在开创新工艺、新设备、新技术方面相当活跃，烧结机不断向大型化、节能化、环保化方向发展，大型烧结机数量急剧增加，能耗指标大幅度降低，环境指标明显改善。2000—2013年是我国烧结发展的繁荣期，2010年太钢建成了国内最大的660 $m^2$烧结机，自此我国特大型烧结机自主研制技术取得重大突破；2013年烧结矿产量达到10.6亿吨，国内建成烧结机1300余台，行业处于10余年的高速发展期。2013年至今是我国烧结技术发展的转型期。随着国家供给侧结构性改革深入推进，2016—2017年国内累计压减钢铁产能约2.5亿吨，2018年再压减产能约3000万吨，有效缓解国内钢铁产能严重过剩的矛盾，截至2017年底，全国烧结机数量降低至900余台（2015年统计1186台），产量达到10亿吨。

（2）超厚料层烧结技术。厚料层烧结作为20世纪80年代发展起来的烧结技术，近40年来得到广泛应用和快速发展。生产实践调研表明：实施厚料层烧结能够有效改善烧结矿转鼓强度，提高成品率，降低固体燃料消耗，提高还原性等。烧结料层高度也在不断刷新，如宝武、太钢、莱钢的烧结机料层都超过了700 mm，有的高达800 mm。如今，某些精矿烧结试验的料层厚度也达到了900 mm水平，目前宝钢、首钢等企业通过加强原料制粒、偏析布料等技术措施，烧结的料层厚度达到950 mm水平，天钢联合特钢通过技术创新和设备改造，成功将烧结料层厚度提升至1000 mm。

（3）烧结料面喷吹技术。自2018年1月1日起，《中华人民共和国环境保护税法》正式实施，开始向企业征收环境税。环保税中对CO排放已做了明确的收税规定。但目前实施的包括末端处理在内的烧结烟气处理工艺均对烧结过程CO的减排没有效果，而部分末端治理技术对二噁英的脱除效果也不佳。因此如何从源头和过程控制的角度出发，有效地降低二噁英和CO排放量是烧结生产亟待解决的难题。

针对二噁英和CO协同减排问题，开发了烧结料面喷吹蒸汽工艺，明确了烧结料面喷吹蒸汽辅助烧结的机理：喷吹蒸汽对空气有引射作用，可提高料面风速；强化碳燃烧反应，提高燃烧效率，减少CO的排放；减少烧结矿残碳等有助于减少二噁英排放。烧结料面喷吹蒸汽研究项目应用后，经过测算，可以降低2 kg/t燃耗，按0.6元/kg计，吨矿降耗效益1.2元，CO减排25%，二噁英减排50%，环保和社会效益显著。按2018年环境保护税法对CO征税规定计算，应用喷吹蒸汽技术后有助于吨矿减税0.5元以上。

此外，在烧结过程中喷吹一定量的焦炉煤气，不仅可以降低烧结固体燃料消耗，而且对于提高烧结矿转鼓强度和利用系数均有积极作用。随着喷吹比例的增加，焦粉单耗逐渐减少。当喷吹比例为0.5%时，焦粉单耗最低可达40.436 kg/t，与基准烟气循环烧结工艺相比焦粉单耗减少了 3.848 kg/t，减少比例为 8.69%。在烧结过程热量收入不变的前提下，随着焦炉煤气喷吹比例的增加，焦炉煤气能够提供更多的热量，从而减少了焦粉单耗；同时，随着喷吹比例的增加，$CO_2$、$SO_2$ 和烟气排放量逐渐减少，当喷吹比例为 0.5%时，$CO_2$ 排放量和烟气排放量分别为 328.749 kg/t、1.276 kg/t 和 2004.064 kg/t，与基准烟气循环烧结工艺相比，$CO_2$、$SO_2$ 和烟气排放量分别减少了 10.374 kg/t、0.03 kg/t 和 56.414 kg/t，减少比例分别为 3.06%、2.3%和 2.74%。

（4）烧结热风烟气循环技术。首钢、中冶长天等公司在烧结热风烟气循环技术取得突破，目前烧结烟气循环利用技术已在宁钢、沙钢、首钢京唐等钢铁公司得到应用。生产实践应用表明，烧结烟气循环技术可减少烧结烟气的外排总量及外排烟气中的有害物质总量，是减轻烧结厂烟气污染的最有效手段；可大幅降低烧结厂烟气处理设施的投资和运行费用；可减少外排烟气带走的热量，减少热损失、CO 二次燃烧，降低固体燃耗。烟气循环烧结工艺可使烧结生产的各种污染物排放减少 45%~80%，吨铁降低固体燃耗 2~5 kg 或降低工序能耗 5%以上。

（5）强力混合机制粒技术。强力混合机在烧结机应用可取得如下效果：混匀效果提高，制粒效果增强，透气性提高 10%，焦粉添加比例降低 0.5%，烧结速度提高 10%~12%，生产能力提高 8%~10%。近年来，我国有不少钢厂在烧结中应用了强力混合机技术。2015 年本钢板材率先在 566 $m^2$ 新建烧结项目上采用立式强力混合机，中国宝武、山西建邦、江苏长强钢铁等烧结机均在一混前增加强力混合机的应用。

（6）降低烧结漏风率技术。烧结系统漏风是影响烧结矿产质量指标以及烧结工序能耗指标的一个重要因素。国内烧结机的漏风率达到 50%以上，相比发达国家 30%的漏风率有着不小的差距。烧结机漏风会造成生产率下降，电耗增加，甚至产生噪声恶化工作环境，导致国内烧结厂的能耗水平明显落后于发达国家。烧结机设备本身的漏风点主要集中在烧结机头尾密封、烧结机滑道密封、烟道放灰点及风量调节阀、风箱之间隔风装置、烧结机台车与台车之间的接触面等部位。

近年来，我国烧结生产技术人员从烧结机头尾密封装置、烧结机滑道密封、风箱的隔风装置、烧结机台车与台车之间接触面等多个角度出发对烧结机漏风现象进行了改善，这些新结构和新技术已经逐步应用到烧结机设计中。例如在补偿式箱式头尾密封、台车双板簧密封盒及头部两组风箱采用双板式风量调整阀；在点火炉后几个风箱使用活动式隔风，提高烧结机中部的密封性能，降低中部漏风率；将整体式台车结构和下栏板与台车体铸成一体的结构，在设计上减少了台车自身的漏风点；将烧结机台车箆条插销设计成锥面，目前成功应用于方大特钢 4 m台车、包钢 5.5 m 台车等很多项目中；在烧结机尾部星轮齿板采用修正后的齿形，有效改善烧结机台车的起拱现象。目前这些技术不仅应用于90%以上的烧结机设计中，而且在老产品改造项目中也逐渐应用。各大钢厂实践证明，这些新结构和新技术极大地降低了烧结机设备的总体漏风量，提升烧结机生产效率，实现了烧结机生产的效益最大化。

(7) 复合造块技术。我国炼铁工艺铁矿石造块生产中烧结占据支配地位，酸、碱炉料不平衡成为长期困扰我国钢铁企业的难题。21 世纪以来，自产细粒铁精矿供应量迅速增加，远超过现有球团生产的处理能力，细粒铁精矿的高效利用和酸碱炉料不平衡成为 21 世纪以来我国钢铁生产必须解决的紧迫问题。我国炼铁技术人员突破铁矿造块现有生产模式的限制，创造性提出了复合造块的技术思想，发明了铁矿粉复合造块法。与烧结法相比，该技术提高生产率 20%以上，节约固体燃耗 10%以上，碳、氢、硫氧化物的排放明显下降，且本方法还具有大幅提高难处理含铁资源利用率的优势，并在包钢得到应用，解决了包钢炼铁生产炉料不平衡以及难处理自产精矿利用率低的问题，经济社会效益十分显著。

(8) 低 MgO 优质烧结矿制备技术。降低烧结工艺中 MgO 添加量，不仅可以更加容易满足高炉冶炼对炉渣 $MgO/Al_2O_3$ 的要求，同时也可以改善烧结工艺中因添加过多的 MgO 导致烧结工艺生产效率下降、烧结工序能耗偏高、烧结矿转鼓强度下降以及高温软熔性能变差等负面影响，但是作为其代价是使烧结矿的低温还原粉化性能变差。近年来开发了 MgO 高效添加方法，形成了低 MgO 优质烧结矿制备技术，采用该技术不仅可以有效地减少烧结工艺中 MgO 的添加量，提高烧结工艺的生产效率、降低烧结工序能耗、改善烧结矿的转鼓强度和高温软熔性能，同时还能改善烧结矿的低温还原粉化性能。工业应用表明，在 MgO 添加不变的前提下，烧结低温还原分化指标改善了约 4 个百分点，若维持低温还原粉化指标不变可降低 MgO 添加量。另外，采用此技术亦可减少或停喷个别企业仍使用烧结矿喷洒 $CaCl_2$ 溶液的做法，提高设备的使用寿命。

## 5.3 高品质球团生产技术

(1) 大型带式焙烧机球团核心技术。带式球团工艺过程包括：原料处理与准备系统、造球系统、焙烧系统及成品运输系统。其中焙烧系统是技术的核心，由布料系统、燃烧系统和热风循环系统组成。整个焙烧系统是一个热工过程，而热工过程是借助于燃烧系统和风流系统实现的，这是一个相当大而复杂的热交换过程，在这一过程中，工艺参数、设备性能、系统控制至关重要。以球团矿作为高炉炼铁主要原料的优势和球团矿对高炉指标改善的价值已日趋明显。高炉大比例使用球团矿后，对球团矿质量提出了更高的要求，如熔剂性球团矿、镁质球团矿等，由于带式球团具有对原料适应性强的工艺特点，再加上其大型化优势，将推动带式球团工艺的发展。目前大型带式焙烧机技术及装备的国产化全部实现，不再依赖进口，为我国球团事业的发展打下坚实基础。

（2）熔剂性球团技术。熔剂性球团矿是指在配料过程中，添加有含 CaO 的矿物生产的球团矿（四元碱度 $R_4$>0.82）。熔剂性球团矿的焙烧温度较低，在此温度下停留时间较短时，显微结构为赤铁矿连晶，局部有固体扩散而生成铁酸钙。当焙烧温度较高且在高温下停留时间较长时，则形成赤铁矿和铁酸钙的交织结构。熔剂性球团可以使球团还原性及软融性能得到改善。通过不断摸索和攻关，湛钢球团已基本实现了熔剂性球团的连续稳定生产，成品球团矿的主要性能指标也得到了有效的改善。首钢京唐带式焙烧机实现了熔剂性球团的稳定生产，首钢京唐 3 号高炉投标以来，球团比例一直在 50%以上，长期维持 55%，燃料比 485 kg/t，煤气利用率 52%，效果达到预期。为超大型高炉实现高比例球团冶炼提供了有力支持，同时对推动钢铁企业节能环保、提升技术经济指标具有十分重要的参考价值和借鉴意义。

（3）含钛含镁球团技术。随着高炉强化冶炼，使用钛矿或钛球护炉已成为很多钢铁厂稳定生产和延长高炉寿命的主要手段之一，而随着需求量的增加，钛矿和钛球价格不断上升，对高炉炼铁和成本带来了很大的影响。球团矿代替块矿在高炉上应用，既达到补炉护炉，保证炉缸安全，延长高炉寿命的目的，又能起到高效生产的作用。首钢技术研究院在含镁添加剂和含钛资源的选择、热工制度的优化控制等方面进行了大量的创新研究，并在京唐公司大型带式焙烧机上实现了含钛含镁低硅多功能球团矿的生产和应用。含钛含镁球团矿生产工艺技术，不仅使用了低价含钛矿粉资源，而且生产出了物化性能和冶金性能优良的含钛球团矿，为炼铁使用粉矿护炉，降低成本，改善综合炉料冶金性能提供了很好的借鉴依据，为开发多功能球团矿奠定了基础，同时对钢铁企业提升高炉技术经济指标，促进节能减排，实现高炉长寿和降低炼铁成本开辟了新的方向。

## 5.4 高效长寿高炉炼铁技术

（1）特大型高炉应用煤气干法除尘技术。高炉煤气除尘类型分为干法除尘和湿法除尘两种，与传统高炉煤气湿法除尘相比，干法除尘不仅简化了工艺系统，占地面积小、投资少，基本不消耗水、电，从根本上解决了二次水污染及污泥的处理问题。宝钢 1 号高炉干法除尘系统为中国首次在特大型高炉上应用干法除尘技术，经过近几年的生产实践，干法除尘系统运行良好，在使用干法除尘系统过程中，高炉煤气中的氯离子和酸性物质会使得煤气管道存在严重的腐蚀问题，通过改进防腐工艺、增设喷淋塔等可以降低干法除尘系统对煤气系统腐蚀的影响。为干法除尘系统在大型高炉上推广应用积累了重要的操作经验，配合煤气余压发电系统，可以合理回收利用煤气显热，显著提高发电水平，有效降低吨铁能耗，是一项有效的重大综合节能环保技术。

（2）高效低耗特大型高炉关键技术。4000 $m^3$ 以上特大型高炉生产效率高，能耗低，排放少，是炼铁业实现集约化绿色发展的重大技术。我国冶金科技工作者针对特大型高炉体量及尺寸加大带来的煤气流分布不均等重大技术难点展开研究，经过多年的自主创新，取得了一整套覆盖特大型高炉工艺理论、设计体系、核心装备、智能控制的关键技术及成果，首创了 4000 $m^3$ 级以上特大型高炉高效低耗的工艺理论及设计体系，为我国高炉的大型化发展奠定了基础。同时开发了新型无料钟炉顶控制技术、高风温顶燃式热风炉、节能环保水渣转鼓等核心装备技术，以及高炉智能生产管理系统，为实现高效低耗的生产提供了装备和控制技术保障。该技术创建了以炉腹煤气量指数为核心的新指标体系，从本质上反映炉内煤气流特征，建立了炉内状况与生产指标的内在联系；提出特大型高炉炉腹煤气量指数的合理区间为 56~65 $m^3/(min \cdot m^2)$，为特大型高炉实现高效低耗的科学设计和生产指导奠定了理论基础。该成果推广到国内外 21 座 4000 $m^3$ 级以上高炉，产生了巨大的经济和社会效益。项目成果应用的宝钢 3 号高炉一代炉役 19 年，单位炉容产铁量 15700 t，一代炉役平均焦比（含焦丁）302 kg/t，煤比 196 kg/t，燃料比 498 kg/t，达到国际领先水平。该成果数次击败国外工程巨头，输出到越南台塑 2×4350 $m^3$ 高炉、印度 TATAKPO 2 号 5870 $m^3$ 高炉等具备重大国际影响力的项目，为中国特大型高炉技术建立了全球领先地位。

（3）无料钟炉顶技术。宝钢湛钢高炉采用了由宝钢、中冶赛迪、秦冶重工共同研发的具有国内自主知识产权的新一代 BCQ 无料钟炉顶装料设备，由中冶赛迪设备成套。BCQ 无料钟炉顶装料设备的主要技术指标达到国际先进水平，部分关键指标（如 α 角控制精度、溜槽倾动速度、对炉顶高温的适应性等）相比国外同类产品更具有独特的优势，打破了国外公司在国际大型无料钟炉顶技术上的长期垄断。BCQ 无料钟炉顶装备在湛钢高炉上投入应用后，设备运行平稳，状况良好，各项运行指标优异，达到或优于设计指标。尤其是其耐高温高压特性、快速响应、高冷却效率等特性，为湛钢高炉实现高顶压、高顶温、高 TRT 发电、灵活布料、节能减排等先进生产操作和优异生产指标提供了重要保障。

（4）现代高炉最佳镁铝比冶炼技术。我国进口矿量逐年增加，导致高炉渣 $Al_2O_3$ 含量随之增大。为适应高 $Al_2O_3$ 炉渣操作，控制炉渣适宜的 MgO 含量是有效措施之一。东北大学系统地研究了 MgO 对烧结—球团—高炉冶炼的影响规律及作用机理，并开展了大量的实验室和工业试验，建立了最佳镁铝比操作的理论体系，从根本上改变了长期以来高炉炼铁工艺中镁铝比操作的传统观念，促进了炼铁技术的进步。经过在梅钢 4 号、5 号高炉及其烧结工序上成功应用，将镁铝比降至 0.43，吨铁渣量降低 11.48 kg，吨铁燃料比降至 492.5 kg/t（降低

1.5 kg/t）。不仅降低了炼铁成本，还减少 $CO_2$ 和废弃物排放，取得了显著的经济、社会效益。

（5）高炉高比例球团技术。球团工艺近年得到全面发展与推广。我国各大钢铁企业在大比例球团领域进行了探索。首钢技术研究院和首钢伊钢现场的技术人员一起开展了球团降硅提碱度、改善冶金性能攻关研究，攻克了熔剂性球团矿焙烧温度控制难、配熔剂时预热球强度低、回转窑易结圈、球团产量低质量差等诸多技术难题，并于 2018 年实现了首钢伊钢高炉全球团冶炼及稳定运行，技术经济指标改善，吨铁成本降低 200 元以上。此外，2018 年，京唐公司炼铁部高炉进行了两次配用碱性球的大球比试验，球团比最高达到 50%，在总结前两次大球团比冶炼工业试验的基础上，围绕稳定中心煤气，提前对装料制度做小幅调整，尽量减少其他调整因素，逐步探索出一套与现在生产相适应的大球团比冶炼规律。从 2019 年 5 月开始高炉稳步提高球团比，一直到 6 月 10 日高炉球团比达到了 52%，6 月底至今，高炉球团比保持在 55%。其间，高炉压量关系平稳、炉况持续稳定，为铁水产量质量的稳定提供了保障，真正实现了大比例球团入炉冶炼。

（6）热压铁焦低碳炼铁技术。铁焦是一种新型低碳炼铁炉料，高炉使用铁焦可降低热储备区温度、提高冶炼效率、降低焦比、减少 $CO_2$ 排放，国内对铁焦制备及应用高度关注，正加强相关关键技术的研发。《钢铁工业调整升级规划（2016—2020）》明确提出将复合铁焦新技术作为绿色改造升级发展重点的前沿储备节能减排技术。东北大学目前正与某企业开展应用合作研究，并开展深入的工业化试验，验证实际效果。据估算，该技术投资少，应用于实际高炉后节能减排和降低成本效果显著，为我国低碳高炉炼铁起到示范和推动作用。

（7）高炉长寿技术。基于大量高炉破损调查案例的分析总结，树立了以渣皮控制为核心的铜冷却壁长寿技术理念。我国高炉工作者提出了延长炉腹至炉身下部寿命完整的技术理念，即："无（或少）过热冷却体系+留住渣皮"。所谓无过热的冷却体系就是在高炉任何工况条件下冷却设备的工作温度都不会超过它的允许使用温度，从而达到冷却设备烧不坏的目的。对于"留住渣皮"我们则更应关注薄壁高炉的炉腰直径、炉身角以及炉腹角，炉腰冷却壁的热面安装直径应该接近操作内型的炉腰直径，它们之间的偏差只是反"脱落-形成"的渣皮，其厚度不过 20~40 mm。因此，炉身部位的冷却壁安装角度就应该是高炉操作内型的炉身角，将炉腹角维持在 74°~78°，对于冷却设备的正常工作是有利的。在炉缸寿命方面，提出了以保护层控制为核心的长寿理念，炉缸采用优质的耐火材料必不可少，炭砖与冷却系统对于高炉长寿来说缺一不可。我国学者在开发研究高炉微孔和超微孔炭砖的进程中，根据高炉的实际状况，不仅把导热率和微孔指标，而且把铁水熔蚀指数纳入行业标准中，为全面评价炉缸用炭砖的质量提供了良好的依据。经过努力，我国已经有一批特大型高炉寿命达到10年以上，宝武3号高炉达到19年，进入世界先进行列，宝武2号高炉、太钢5号高炉达到14年；马钢A号、B号高炉达到12年；鞍钢1号高炉、鲅鱼圈2号高炉、本钢1高炉达到11年。

(8) 高炉高风温技术。高炉高风温技术是高炉降低焦比、提高喷煤量、提高能源转换效率的重要途径。目前，大型高炉的设计风温一般为1250~1300 ℃，提高风温是21世纪高炉炼铁的重要技术特征之一。近年来风温逐年提高，2016年全国平均风温达到了1168 ℃。中国已完全掌握单烧低热值高炉煤气达到风温(1250±20)℃的整套技术。

(9) 高炉可视化及大数据技术。当前，云计算、物联网、大数据等信息技术将加速企业从中国制造向“中国智造”转变的进程。而工业大数据是实现智能制造的基础，是企业转型升级抢占未来制高点的关键。大数据智能互联平台的构建，将推动炼铁厂实现低成本、高效率的冶炼，持续保持钢厂在行业中的竞争力。对于高炉可视化，目前主要存在两种方式，一种是通过相关设备对炉内情况进行直接检测的手段，如红外炉顶成像、风口热成像以及激光测料面技术等；另一种则是依据高炉生产参数，通过相关物理、化学、传热传质等成熟的基础理论进行模拟，获得炉内状况，对高炉生产进行指导，如炉缸炉底侵蚀模型、布料与料层预测模型等，近两年均取得了显著进步。

## 5.5 展　望

未来炼铁行业的发展是一个复杂而多元的话题，因为它涉及多个维度，包括技术、环境、经济、能源和政策等。以下是对未来炼铁行业可能的发展趋势的一些预测和展望。

(1) 技术进步和创新：随着科技的快速发展，炼铁行业将继续追求技术进步和创新。这包括提高冶炼效率、降低能耗、减少环境污染等方面。例如，高炉炼铁技术可能会得到进一步优化，以提高生产效率和铁水质量。此外，新的炼铁技术，如直接还原铁技术、熔融还原技术等，也可能会得到更广泛的应用。

(2) 环保和可持续发展：环保和可持续发展将成为炼铁行业的重要方向。随着全球环保意识的提高和环保法规的日益严格，炼铁企业需要加强环保治理，采用更加环保的炼铁技术和设备，减少污染物排放，实现绿色生产。此外，循环经济和资源综合利用也将成为炼铁行业的重要发展方向。

(3) 能源转型和能效提升：随着能源结构的调整和能源转型的推进，炼铁行业需要关注能源利用效率和能源替代问题。一方面，炼铁企业需要提高能源利用效率，降低能耗成本；另一方面，炼铁企业需要探索和开发新的能源替代方案，如使用可再生能源、氢能等，以减少对传统能源的依赖。

（4）市场变化和需求调整：未来钢铁市场的需求可能会发生变化，对炼铁行业产生影响。一方面，随着全球经济的发展和人口的增长，钢铁市场需求可能会继续增加；另一方面，市场对钢铁产品质量和性能的要求也可能会不断提高。因此，炼铁企业需要密切关注市场需求变化，加强产品质量管理和技术创新，提高市场竞争力。

（5）政策引导和法规约束：政府政策和法规约束也将对炼铁行业产生影响。例如，政府可能会出台更加严格的环保法规和标准，要求炼铁企业加强环保治理；同时，政府也可能会出台支持技术创新和产业升级的政策措施，推动炼铁行业的技术进步和可持续发展。

综上所述，未来炼铁行业的发展将受到多种因素的影响和挑战，但也将迎来新的机遇和发展空间。炼铁企业需要加强技术创新和管理优化，适应市场需求变化和政策法规的要求，实现绿色、高效、可持续发展。同时，政府和社会各界也需要共同努力，推动炼铁行业的转型升级和可持续发展。